Sachsenmeier (Hrsg.) · Die Coaching-Praxis

Die Coaching-Praxis

Mit Methode zu neuen Perspektiven

Herausgegeben von Ingeborg Sachsenmeier

Mit Beiträgen von
Regina Mahlmann, Björn Migge, Gabriele Müller,
Eckard König, Gerda Volmer

Beltz Verlag · Weinheim und Basel

Die Herausgeberin:
Ingeborg Sachsenmeier, Jg. 1957, M.A., Philosophie und Slawistik,
betreut seit 1991 beim Beltz Verlag den Programmbereich Weiterbildung.

Bildnachweis:
Logos: Florian Mitgutsch, München
S. 10, 19, 63: Erik Liebermann/Baaske Cartoons
S. 27, 289: Ulrike Rath, Aachen
S. 46: Martin Guhl/Baaske Cartoons
S. 71: Hennes/Baaske Cartoons

**Eine Gemeinschaftsaktion von der Handelsblatt GmbH
und dem Beltz Verlag**

© 2009 Beltz Verlag · Weinheim und Basel
www.beltz.de
Herstellung: Klaus Kaltenberg
Satz: Druckhaus »Thomas Müntzer«, Bad Langensalza
Druck: Druck Partner Rübelmann, Hemsbach
Umschlaggestaltung: grey worldwide GmbH, Düsseldorf
Printed in Germany

ISBN 978-3-407-36482-1

Inhaltsverzeichnis

Ziele, Visionen, Persönlichkeit

Kognitives Umstrukturieren

Gesundheit, Karriere und Team

Systemische Konzepte in der Beratung

Vorphase, Auftragsklärung, Prozessphase und Abschluss

Komplexe Beratungsprozesse

Vorwort

Wenn Sie eine individuelle Unterstützung zu beruflichen oder privaten Themen suchen, ist Coaching das Mittel der Wahl. Ein externer Coach kann einen entscheidenden Beitrag zur Standortbestimmung im Beruf und zur Neuorientierung leisten. Er kann Klientinnen und Klienten dabei unterstützen, persönliche Ziele klar zu erkennen und er kann zur Zielerreichung motivieren. Auch verdeckte Ressourcen und Fähigkeiten können freigesetzt, neue Kompetenzen entwickelt werden. Mithilfe von Coaching können herausfordernde Lebenslagen wie Konflikte oder Krisen besser bewältigt werden.

Coaching in der täglichen Praxis – wie sieht das eigentlich aus? Doch woran erkennt man einen guten Coach? Wie läuft Coaching eigentlich ab? Welche Methoden kommen zum Einsatz? Wo liegen die Grenzen des Coachings? – Diese und viele andere Fragen beschäftigen viele, die einen Coach hinzuziehen möchten oder sich überlegen, ob in der Firma das Coaching einzelner Mitarbeiter einen Sinn macht oder ob eventuell ein Gruppen-Coaching durchgeführt werden soll.

Antworten auf diese Fragen geben die Beiträge in diesem Buch. Die Leserinnen und Leser erhalten einen tiefen Einblick in die Coaching-Praxis, lernen zahlreiche Methoden und Ansätze kennen, die eingesetzt werden, und können sich anhand kleiner Übungen auch selbst in die Materie hineinvertiefen. So wird die Auswahl des passenden Coachs erleichtert.

Aus den Büchern der erfahrenen und bekannten Coaches Dr. Regina Mahlmann, Dr. Björn Migge, Gabriele Müller, Professor Dr. Eckard König und Dr. Gerda Volmer wurden diejenigen Beiträge ausgewählt, die für das Verständnis der Coaching-Praxis wichtig und grundlegend sind. Die vielfältigen Perspektiven der Autorinnen und Autoren bereichern den Überblick und zeigen die Vielfalt des Coachings auf.

Einen Blick auf die Coaching-Landschaft gibt Regina Mahlmann. Sie zeigt verschiedene Coaching-Arten sowie mögliche Anlässe auf, und erläutert in »Rechenschaft und Bekenntnisse eines Coachs« die Philosophie ihrer Coaching-Arbeit, behandelt Grundlegendes zur Arbeitsweise, umreißt Ansätze im Einzel-Coaching und beleuchtet das»Handwerkszeug«, Risiken und Fallen in der Coaching-Arbeit.

Gabriele Müller gibt einen Überblick über das systemische Coaching und charakterisiert den gesamten Coaching-Prozess von der Vorphase und Auftragsklärung, über die Prozessphase bis hin zur Abschlussphase und skizziert die zum Einsatz kommenden Methoden.

Björn Migge erläutert neben Definitionen und Abgrenzungen des Coachings Grundgedanken zur Kommunikation. Er behandelt hypnotische Sprachmuster, geht auf Ziele und Visionen im Coaching ein und erläutert welchen Stellenwert Werte,

Überzeugungen und Umdeutungen einnehmen. Auch Gesundheit, Karriere und Team spielen im coaching eine wichtige Rolle. Die theoretischen Grundlagen der systemischen Beratung sind vor allem interessant durch den lesenswerten Überblick.

Konkret werden schließlich noch zwei Diagnoseverfahren aus der Unternehmensberatung vorgestellt. Eckard König und Gerda Volmer zeigen wie man Interviews und Fragebogen entwickelt, die in Firmen zur Anwendung kommen können.

Wer sich tiefer in die einzelnen Themenbereiche einlesen möchte, dem seien die Bücher der Coaches empfohlen:

- »Einzel-Coaching: Kompetenz entwickeln« von Regina Mahlmann
- »Systemisches Coaching im Management« von Gabriele Müller
- »Handbuch Coaching und Beratung« von Björn Migge
- »Handbuch Systemische Organisationsberatung« von Eckard König und Gerda Volmer

Ein externer Coach kann in vielen Fällen sinnvoll sein. Ein Coach unterstützt, begleitet den Arbeitsalltag, den Karriereweg seines Klienten. Coaching ist zukunftsorientiert. Die Selbstverständlichkeit, mit der sich Sportler Hilfe bei einem Coach holen, sollte eigentlich auch für Manager; Führungskräfte und Mitarbeiter aller Ebenen gelten. Dieses Buch soll auf jeden Fall eine Entscheidungshilfe sein und Lust auf Coaching machen.

Weinheim, September 2008   *Ingeborg Sachsenmeier*

Regina Mahlmann

Ein Blick auf die Coaching-Landschaft

Aus: Einzel-Coaching: Kompetenz entwickeln

Die verschiedenen Coaching-Arten

Wie erwähnt, wird der Begriff des Coachings auf verschiedene Formen und Ausprägungen angewendet. Ich fasse die am häufigsten genannten zusammen:

- *Einzel-Coaching:* Eine Form der persönlichen Beratung oder Begleitung. Dieser Dialog wird gewöhnlich in Coaching-Sitzungen geführt, an denen Coach und Klient beteiligt sind. Anlässe, ein Einzel-Coaching durchzuführen, sind vielfältig. Das häufigste Ziel im Berufsfeld besteht in der persönlichen Kompetenzerweiterung.
- *Selbst-Coaching:* Diese Form des Coachings entbehrt der Betreuung durch eine zweite Person. Es ist eine Art Selbsttraining, das unter Anleitung von oder Anregung durch Literatur in Eigenregie erfolgt. (Siehe etwa mein Buch: »Selbsttraining für Führungskräfte«.)
- *Gruppen- oder Team-Coaching:* Diese Form des Coachings betreut eine Gruppe oder ein Team und orientiert sich an den Eigenheiten gruppendynamischer Vorgänge. Das Team-Coaching visiert an, die Gruppe arbeitsfähig zu machen, indem kommunikative Prozesse und methodische Fertigkeiten fokussiert werden. Manchmal wird das Team-Coaching mit Einzel- Gesprächen kombiniert.
- *Projekt-Coaching:* Das Projekt-Coaching ist eine Sonderform des Team- Coachings insofern, als unter Projekt eine interdisziplinär und unterschiedliche Hierarchiestufen vereinigende Gruppe verstanden wird, die zeitlich begrenzt zusammenarbeitet. Im Brennpunkt der Coaching-Arbeit steht das Umgehen mit Konflikten.

„ICH BRAUCHE DRINGEND EINEN COACH!"

● *System-Coaching* (manchmal auch *Organisations-Coaching* genannt): In diesem Fall werden häufig Teams durch einen, oft auch mehrere Coachs betreut. Die Anstrengungen richten sich auf unternehmensstrukturelle, -politische oder -philosophische Veränderungen (Vision, Leitbild), an denen jene Teams arbeiten oder in die sie maßgeblich involviert sind.

Generell zu unterscheiden sind ferner *unternehmensinternes Coaching* sowie *externes Coaching*. Den Fall eines internen Coachings finden Sie in dem Diskurs »Die Führungskraft als Coach«. Der Fall des externen Coachings bezeichnet den Dialog zwischen einem von außen kommenden Berater als Coach und dem Klienten.

In der Literatur, insbesondere dann, wenn Sie sich an den Titeln von Büchern oder Artikeln orientieren, bleiben diese Unterscheidungen häufig unscharf. Besonders irritierend ist es für am Thema Coaching Interessierte, wenn selbst aus den inhaltlichen Erörterungen zum Coaching nicht klar hervorgeht, ob, inwiefern und wann die Ausführungen das interne oder externe Coaching betreffen.

Zum Verständnis des externen Coachings

Über die Zielrichtung und über das Verständnis von Einzel- und auch Gruppen-Coaching gibt es einen allgemeinen Nenner. Die Ähnlichkeit der Auffassungen erklärt sich zum einen dadurch, dass Ziele und Bedeutung recht allgemein formuliert werden. Zum anderen kristallisieren sich die Unterschiede erst in der praktischen Arbeit heraus. Diese individuellen Nuancen oder, besser gesagt, Akzente entdecken Sie sowohl in jener Literatur, die die praktische Coaching-Arbeit demonstriert, als auch in der praktischen Arbeit der unterschiedlicher Coachs. Die folgende Übersicht über verschiedene Coaching-Formulierungen soll zweierlei leisten: Zum einen gibt sie Ihnen einen Überblick über Ziele und Ansätze in der Coaching-Arbeit und zweitens demonstriert sie, dass die Definitionen tatsächlich wenig differieren.

- A. Schreyögg deutet Coaching als »eine neue Form der Personalentwicklung«, als »emotions- und problemorientierte Beratungsform«, als »eine umfassende emotions- und problemorientierte Rekonstruktion« mit dem Ziel, »dass der Klient immer umfassender versteht, was ihn bekümmert, um sodann Veränderungen einzuleiten. Darüber hinaus wird der Klient durch übungszentrierte Sequenzen unterstützt, seine Veränderungswünsche zu realisieren.« Insofern meint Coaching die »Förderung beruflicher Selbstgestaltungspotenziale, also des Selbstmanagements«. Das »Persönlichkeits-Coaching« wird so auch im Sinne einer »Karriereberatung« verstanden, deren Anliegen in dem Ausbau individueller und sozialer Gestaltungspotenziale besteht (1995).
- H. Rückle sieht im Coaching eine »Begleitung auf Zeit«, die als »Hilfe zur Selbsthilfe« zu verstehen ist. Coaching bietet dabei »ein kompaktes Maßnahmenbündel zur Hilfe bei insbesondere beruflichen, aber, so weit sie den beruflichen Erfolg tangieren, auch privaten Konflikten, Aufgaben und Problemen«. Coaching ist »ein Prozess zur Entwicklung der Persönlichkeit und/oder rollenspezifischer Fähigkeiten und Fertigkeiten«. Dabei ist die »Aufgabe des Coachs nicht, die Probleme des Klienten zu lösen, sondern ihm bei der Lösung seiner Probleme zu helfen. Coaching hat einen interaktiven Verlauf. Beide, der Klient und der Coach, arbeiten miteinander an der Lösung von Konflikten und Problemen, wobei der Klient die Lösungsmöglichkeiten sucht, der Coach den Weg der Suche moderiert und die ausgewählten Möglichkeiten zusammen mit dem Klienten bewertet und anschließend bei der Verwirklichung der ausgewählten Möglichkeiten hilft.« Und: »Im Einzel-Coaching geht es im persönlichen Gespräch darum, Veränderungs- und Selbsterkenntnisprozesse zu ermöglichen, durch Erweiterung der Selbstwahrnehmung das eigene Verhalten durchschaubar zu machen.« (2000)

- Th. Holtbernd und B. Kochanek sehen im Coaching eine »Unterstützung der Persönlichkeitsbildung in Arbeitszusammenhängen« (1999).
- F. Stowasser und H.-G. Thumm begreifen das Coaching als »Prozess, in dem der Klient die Chance und den Freiraum hat, an alle relevanten Themen tabulos heranzukommen« (1999).

Werte Leserinnen und Leser, Sie werden sehen, dass sich mein Verständnis von Einzel-Coaching weitgehend mit diesen zitierten Verständnisweisen deckt. Individuelle Nuancen und Akzente schildere ich im nächsten Kapitel. Zunächst möchte ich Ihnen einen Eindruck vermitteln von den allgemeinen beziehungsweise häufigsten Anlässen, die einen Coaching-Prozess in Gang setzen.

Allgemeine Anlässe

Die Durchsicht der Literatur und meine Erfahrungen als Coach ergeben, dass sich die Anlässe oder Gründe, weswegen ein Einzel-Coaching durchgeführt wird, in zwei Kategorien gliedern lassen: in den Bereich des Konflikthaften und in den der Weiterentwicklung. Für beide Anlass-Arten gilt, dass der Coaching-Prozess häufig von dem Klienten initiiert wird und ausdrücklich auf seinen Wunsch hin stattfindet. Es kommt indes auch vor, dass Vorgesetzte dem Klienten einen Coaching-Prozess anraten. In diesem Fall ist es außerordentlich bedeutsam, in einem ersten Gespräch zwischen Coach und Klient abzutasten, inwiefern der Klient innerlich bereit ist, das Coaching als Chance für sich selbst zu interpretieren und zu behandeln.

Konfliktuelles als Thema

- *Individuelle Belastungen:* Häufig sind individuelle Belastungen im Arbeitsalltag der Anlass für ein Coaching. Dabei kann es vorkommen, dass die Belastungen schon länger andauern und/oder dass es sich um aktuelle oder längerwierige Krisen handelt. Ich unterscheide zwei Brennpunkte. Ein Fokus lenkt die Aufmerksamkeit auf persönliche Faktoren. Hier dreht sich die Coaching-Arbeit um persönliche Defizite beziehungsweise problematische Muster in der Kommunikation. Sie zeigen sich etwa in der eigenen Arbeitsorganisation, im Verhalten im Team oder in der Führungstätigkeit. Der zweite Fokus visiert situative oder systemische Faktoren an. Zu den situativen zählen der Wechsel des Arbeitsplatzes oder der Tätigkeit im Unternehmen; den systemischen werden beispielsweise interne Umorganisationen oder Fusionen zugeordnet. In beiden Fällen geht es um veränderte Anforderungen an das Verhalten.
- *Berufliche Deformationen:* Das ist ein Fachbegriff, der darauf hinweist, dass eine Person zwischen beruflichen und privaten Verhaltensroutinen nicht mehr unterscheidet. Konkret geht es um Einstellungen, Denk- und/oder Verhaltensweisen, die im Beruf sinnvoll und nützlich sind, die jedoch – in den privaten Alltag transferiert – destruktiv oder zumindest störend wirken. (Beispielsweise wenn sich ein Verkäufer auch im Privaten als Verkäufer verhält. Oder eine Krankenschwester, die mit Gesunden so umgeht wie mit Kranken. Oder eine Führungskraft, die im Beruf als »Macher« und Alleinentscheider auftritt – und auch im Privatleben meint, »das Zepter in die Hand« nehmen zu müssen).
- *Disstress im Arbeitsalltag:* Dabei kann es sich um verschiedene Arten von Belastung handeln, um Über- oder Unterforderung, Zeitdruck, Anforderungsdruck und/

oder um das Sich-gehetzt-Fühlen. Die Belastungen lösen Gefühle des Versagens, Nichts-richtig-Machens aus.

- *Ausgebrannt-sein (Burn-out):* Diese psychischen und physischen Erschöpfungszustände rufen negative Haltungen gegenüber der Arbeit und oft auch dem privaten Leben hervor und führen häufig zu Zweifeln an sich selbst bis hin zu einem lädierten Selbstwertgefühl.
- *Mobbing:* Mobbingopfer leiden unter dem Gefühl, ausgebootet zu werden und unerwünscht zu sein (was ja oft den tatsächlichen Bestrebungen der anderen entspricht). In diesen Fällen empfiehlt sich, die Kernpersonen oder die Gruppe (das Team, die Abteilung) in ein Einzel-Coaching einzubinden.

Weiterentwicklung als Thema

- *Der Wunsch nach persönlicher Weiterentwicklung:* Ein häufiger Grund für Coaching ist der Wunsch, Entfaltungschancen auszuloten, persönliche Stärken weiterzuentwickeln und nach Verbesserungschancen im eigenen Verhalten (sozial, methodisch) zu suchen. Hier geht es insbesondere darum, die persönlichen Neigungen und Potenziale aufzudecken. Oft läuft dieses Bestreben mit folgendem Bedürfnis Hand in Hand.
- *Den Umgang mit sich selbst »verbessern«:* Es geht hier um Veränderungen innerhalb situativ gegebener Variablen. Ziel ist, dass sich der Klient souverän fühlt, etwa durch ein qualitatives Zeitmanagement (das inhaltlich bedingte Prioritätensetzung betont), oder durch das Einüben mentaler Techniken, um die persönliche geistige und psychische Flexibilität zu erhöhen, gelassener zu reagieren.
- *Ausgewählte Optimierungsziele im persönlichen Verhalten:* Beispielsweise wird in solchen Fällen die Konfliktfähigkeit ausgebaut oder die Führungskompetenz innerhalb einer Abteilung gefördert.
- *Überprüfung des persönlichen Wirkens im Arbeitsalltag:* Insbesondere geschieht dies dadurch, indem Feedback-Mechanismen in die Alltagsroutine integriert werden und somit eine Feedback-Kultur entstehen kann.

In der Praxis vermischen sich die Anliegen aus den genannten Kategorien durchaus phasenweise oder es kommt zu wechselnden Schwerpunkten.

Initiator des Coachings

In meiner Arbeit mit Unternehmen kommt es öfter vor, dass der oder die Vorgesetzte eines Klienten diesem ein Coaching empfiehlt. Diese Situation ist für den Coach insofern prekär, als er zu Beginn des Prozesses im Gespräch mit dem Klienten unbedingt aufdecken sollte, inwiefern sich der Klient zu dem Prozess »committen«, das heißt, sich selbst verpflichten und ihn als Bereicherung erleben kann.

Empfindet der Klient die Aufforderung des oder der Vorgesetzen als Förderung im Rahmen der Personalentwicklung und daher als Auszeichnung, gibt es bezüglich der Selbstverpflichtung keine Schwierigkeiten. Probleme treten dann auf, wenn der Klient die Aufforderung als Ultimatum empfindet. (Manchmal wird es von Chefseite ehrlicherweise so formuliert!) In diesem Fall ist es unabdingbar, die Vorteile eines solchen Coachings herauszukristallisieren und zusätzlich die persönlichen Chancen des Prozesses hervorzuheben. Diese Klärung erleichtert es dem Klienten, sich mit dem Prozess einverstanden zu erklären. Zudem ermöglicht es ihm, das Ultimatum als Chance umzudeuten – oder es abzulehnen.

Der Coach sollte präzise klären, nach welchen Kriterien Informationen zwischen Coach und Klient sowie ihm und Vorgesetzten ausgetauscht werden. Ich bevorzuge hier eine Vereinbarungskultur: Ich teile der Chefin beziehungsweise dem Chef mit, dass ich mich in meiner Weitergabe an das halte, was der Klient mir freigibt – und vice versa.

Formales

Zwischen dem Auftraggeber und dem Coach wird ein formaler oder formloser Dienstleistungsvertrag geschlossen. Dieser regelt in mehr oder weniger ausführlicher Weise Folgendes:

- *Das Prozedere des Coachingprozesses:* Viele Coachs arbeiten ausschließlich mit Sitzungen. Andere, wie ich selbst, beginnen mit sogenannten »Schattentagen« (s. S. 19). An diesen begleite ich den Klienten während des gesamten Arbeitstages. Ich setze mindestens drei Schattentage an. Je nach Bedarfs- und Ziellage vereinbare ich bis zu zwei Wochen. Den Schattentagen schließen sich »Kurzreflexionen« an. Die erste ausführliche Sitzung nach Beendigung des »Schattenspielens« dauert drei bis vier Stunden. Die anschließenden Sitzungen bewegen sich zwischen 90 und 120 Minuten.
- *Termine für Sitzungen:* Es gibt Coachs, die gleich zu Beginn des Prozesses alle anfallenden (häufig zehn) Sitzungen terminieren. Andere, auch ich, terminieren am Anfang zunächst die ersten zwei bis drei Sitzungen.
- *Treffpunkte:* Je nach Arbeitsweise können die Treffen im Unternehmen, in Hotels, in der Praxis des Coachs stattfinden.

- *Zeitliche Dauer der Sitzungen:* Je nach Arbeitsweise des Coachs dauern diese gewöhnlich zwischen 45 und 90 Minuten.
- *Zielsetzung:* Die Ziele können zunächst nur vage umrissen werden. Ihre Markierung verläuft vorzugsweise anhand thematischer Bestimmungen wie etwa: Führungskompetenz verbessern oder Teamführung optimieren. Denn erst in der Arbeit von Coach und Klient erfolgt die Grundlegung und damit die Möglichkeit, die thematischen Schwerpunkte in Zielaussagen zu zerlegen und sie zu bündeln. Betont sei, dass auch diese Festlegungen prinzipiell Veränderungen unterliegen.
- *Zeitlicher Umfang des Coaching-Prozesses:* Manche Coachs definieren zehn Sitzungen a priori als nötig. Andere (auch ich) entscheiden im Verlauf der ersten Sitzungen, wie viele Sitzungen Klient und Coach etwa benötigen.
- *Sonderdienstleistungen klären:* Beispielsweise geht es um folgende Fragen. Wie geht der Coach mit kurzfristigen Absagen und Terminverschiebungen, mit Verspätungen um? Berät er auch telefonisch?
- *Honorar:* Normalerweise wird in einer Art Kostenvoranschlag skizziert, wie viele Schattentage, Sitzungen und andere Aktivitäten im Rahmen des Coachings nötig sind. Die Kosten pro Art der Leistung sind einzeln auszuweisen. Ich kenne Sonderfälle, in denen mir die Auftraggeber absolut vertrauen. Sie geben ein Budget vor, über das Coach und Klient frei verfügen können.
- *Geklärt werden sollten zudem:* Vergütung sonstiger anfallender Aufwendungen, Art der Rechnungstellung und Bezahlung sowie Regelungen für den Ausfall oder die Verschiebung von Sitzungen.

Die Schattentage

Ich nenne es »Schatten spielen«, wenn ich einen Klienten am Arbeitsplatz begleite. Ich möchte Ihnen zumindest einen Einblick in diese Art der »Feldforschung« geben. Die folgenden Bemerkungen sollen Sie in die Lage versetzen, sich einen Begleit- oder Schattentag vorzustellen. Ich werde etwas zum Prozedere sagen und auch Befindlichkeiten und Erlebnisse von Klient und Coach ansprechen.

Im Vorlauf zum ersten Schattentag haben sich Klient und Coach mindestens über drei Dinge verständigt. Erstens darüber, wann der Schattentag beginnt und wann er endet. Außerdem bittet der Coach den Klienten darum, dafür zu sorgen, möglichst zahlreiche und unterschiedliche Situationen in die Abläufe an diesen Tagen einzubauen. Er sollte solche Tage auswählen, an denen »viel los« ist. Dies dient dem Coach dazu, den Klienten in verschiedenen Zusammenhängen zu erleben. So erhält er ein möglichst reichhaltiges Spektrum an Eindrücken, um Muster in Verhaltensweisen zu identifizieren.

Von Mustern sprechen wir dann, wenn wir Regelmäßigkeiten, Gewohnheiten, Routinen und typische oder grundlegende Züge erkennen, die sich über verschiedene Situationen hinweg manifestieren. Häufig werden Muster in Verhaltensweisen als konditionale Reaktions- und Aktionsketten geschildert, als »Wenn-dann-Verknüpfungen«. Etwa: »Wenn ein Mitarbeiter sich ständig beklagt, dann werde ich ungeduldig.«

Außerdem ist es ratsam zu verabreden, dass der Coach den Klienten überallhin begleitet. Das bedeutet, dass er aufsteht und ihm hinterläuft, eben beschattet. (Die einzige Ausnahme besteht im Gang zu einem »gewissen Örtchen«. Dafür stimmen beide ein Signal ab oder deuten es verbal an.)

An Schattentagen – so haben meine Erfahrungen gezeigt – ist es wichtig, einige wesentliche Aspekte zu beherzigen. Zunächst, meistens innerhalb der ersten zwei Stunden, empfindet der Klient ein Unbehagen. Dies offenbart sich in Versuchen, Konversation mit dem Coach zu betreiben. Auch wenn es dem Coach schwerfällt und er sich fast unhöflich vorkommt: Er sollte sich kommunikativ zurückhalten. Das bedeutet vor allem, zwar auf Ansprache zu reagieren, aber keine zu suchen oder gar selbst aktiv eine Unterhaltung anzuzetteln. Der Coach muss Schweigen aushalten können.

Im Verlauf der nächsten Stunden, wenn Klienten am PC arbeiten, beginnen sie oft, mit dem PC oder mit sich selbst zu reden. Das ist ein Zeichen dafür, dass sie die Anwesenheit des Coachs vergessen haben. Der Coach registriert diese Unterhaltung, bleibt aber still.

Beobachtung heißt nicht: anstarren! Ein Coach wohnt bei, ist präsent, nimmt auf, und zwar über alle seine Sinneskanäle. Anstarren dagegen bedrängt den Klienten.

Ein Coach benötigt Courage. Es kann ihn selbst peinlich berühren, wenn er dem Klienten auf Schritt und Tritt folgt, zumal ohne immer zu wissen, wohin die Reise geht und wie lange sie dauern wird. Der Klient kündigt das selten an – und wird zuweilen selbst von der Dauer der Gespräche auf seinen Streifzügen überrascht. Oder er trifft die Zielperson nicht an. Es kommt natürlich auch vor, dass der Coach Zeuge einer heftigen Auseinandersetzung wird. Er empfindet vielleicht Scham und möchte sich am liebsten zurückziehen. Oder im Gegenteil: Sein Bedürfnis, die Kontrahenten zur Vernunft zu bringen und sich als Mediator zu betätigen, stichelt ihn dazu an, eingreifen zu wollen. Seine Funktion indes fordert von ihm, den Part des souverän und geduldig schweigenden, gleichzeitig wachsamen Zeugen einzunehmen. In solchen Situationen muss der Coach sehr diszipliniert sein und sich damit begnügen, den Streit als ein Datum in seine Notizen für den Coaching-Prozess aufzunehmen.

Einige konkrete *Beispiele* für prekäre Situationen an Schattentagen möchte ich Ihnen nennen:

- Ein Klient erinnert den Coach an einen Ping-Pong-Ball. Er spurtet, kaum dass er sitzt, schon wieder los zu einer Person auf demselben Flur, um irgendetwas loszuwerden oder zu fragen. Die Verständigungen währen jeweils nur kurz, zwei bis fünf Minuten. – Die körperliche Bewegung mag dem Coach willkommen sein. Irgendwann aber beginnt er, sich zu fragen, ob es Sinn macht, jedes Mal dem Spurt des Klienten zu folgen, insbesondere, wenn der Klient in Sicht- und Hörweite bleibt. Mutter dieser Frage kann seitens des Coachs das Gefühl des Überdrusses sein, aber auch das Empfinden, sich albern vorzukommen. Beide Affekte sollte der Coach überwinden, um seine Funktion als Schatten zu erfüllen.
- Ein Klient konsultiert Kollegen. Nach wenigen Minuten des Wortwechsels verschärft sich die Tonlage. Die Kontroverse eskaliert zum Konflikt. Auch wenn der Coach den Impuls verspürt, mittels einer kurzen Intervention Klärung herbeizuführen – er darf nicht einschreiten!
- Ein Klient sitzt mit Kollegen zusammen. Diese suchen öfter den Blickkontakt mit dem Coach oder sprechen ihn direkt an. Auch dies ist eine unangenehme Situation, weil der Coach »unhöflich« reagieren muss. Wieder ist er gefordert zu signalisieren, für direkte Ansprache nicht zur Verfügung zu stehen. Meistens kommuniziere ich dies nonverbal, beispielsweise durch Kopfschütteln. Je nach Absprache zwischen Klient und Coach hilft der Klient, indem er die anderen Anwesenden darauf hinweist: »Sie ist gar nicht da! Ihr könnt nicht mit ihr reden!«

Gabriele Müller

Überblick über das systemische Coaching

Aus: Systemisches Coaching im Management

Theoretische Ansätze für das systemische Coaching

Coaching ist eine Form der Prozessbegleitung und dient der Hilfe zur Selbsthilfe. Vor allem bei beruflichen Veränderungen und Kompetenzerweiterungen können durch Coaching neue Handlungsmöglichkeiten erschlossen werden. Um den Coachee optimal zu unterstützen, braucht der Coach fachliche Kompetenz, Einfühlungsvermögen, Respekt und die Liebe zu seiner Aufgabe.

Coaching ist eine Dienstleistung, die vom Coachee mit der Erwartung in Anspruch genommen wird, auf einen außergewöhnlich engagierten Coach zu treffen. Um dieses Engagement dauerhaft leisten zu können, ist es für den Coach wichtig zu klären, worin seine Motivation für das Coaching besteht.

Wie schon erwähnt, arbeite ich im Coaching »problem-lösungsorientiert«. Dieser Ansatz beinhaltet, dass es nicht einseitig nur um möglichst schnelle Veränderungen geht, sondern auch Probleme beleuchtet und bearbeitet werden.

Meiner Erfahrung nach ist das Auftragsverhältnis zwischen Gruppen- und Einzelcoaching 20 Prozent zu 80 Prozent. Gruppencoaching ist ein Variante, bei der mehrere Personen gleichzeitig zusammen gecoacht werden, also kleine Teams, Projektgruppen und Abteilungen. Ein Gruppencoaching sollte nicht mehr als zwölf Personen umfassen, da die Intensität der Beziehung zwischen Coach und Gruppe sonst zu schwach ist. In der Gruppe gibt es außerdem oftmals Hemmschwellen, persönliche Themen öffentlich zu machen, was den Fluss der Kommunikation behindert und die Intensität der Erfahrungen verringert.

Gruppencoaching ist eine gute Grundlage für Synergieeffekte. Allerdings besteht dabei immer die Gefahr, dass einzelne Personen im Fokus der Aufmerksamkeit stehen und dadurch falsche Schlussfolgerungen gezogen werden können. Da das Commitment zwischen Coach und Coachee die wichtigste Grundlage für ein erfolgreiches Coaching darstellt, ziehe ich persönlich das Einzelcoaching vor.

Die Erfolge des Einzelcoachings und eine individuelle Veränderung zum Besseren können allerdings schnell wieder gefährdet werden, wenn der Ratsuchende in das ihn umgebende »System« zurückkehrt und sich in den dort vorherrschenden Verstrickungen mit seinen neuen Ansichten und Fähigkeiten nicht entfalten kann. Das passiert häufig dann, wenn nicht die ganze Umgebung des Coachees im Coachingprozess berücksichtigt wird und die Auswirkungen der Veränderung im Coaching nicht geprüft werden.

Coaching sollte deshalb immer auch das Gesamtsystem – wie zum Beispiel das gesamte Unternehmen, eine Abteilung oder die Gruppe, in der sich der Coachee bewegt –, miteinbeziehen. Menschen müssen in ihrer Gesamtheit, in ihrem ganzen Umfeld und in all ihren sozialen Beziehungen betrachtet werden, weil angestrebte Veränderungen unvorhergesehene Auswirkungen mit sich bringen können, die sich sowohl negativ als auch positiv im Ergebnis zeigen. Da nicht alle Mitarbeiter in einem Unternehmen gleiche Ziele haben, geht es mir um die Idee, wie im Coaching mit dieser Unterschiedlichkeit umgegangen werden kann.

Um das Gesamtsystem im Blick zu behalten, bietet sich der flexible Einsatz unterschiedlicher Interventionstechniken an. Es handelt sich dabei immer um verschiedene Kontexte mit eigenen Regeln, die wie alle lebendigen Systeme nicht konsequent kontrollierbar und berechenbar sind. Mir ist im systemischen Coaching wichtig, auf die besondere Art der Formulierungen meiner Coachees einzugehen und meinen Coachee in seinem System abzuholen. Dazu verwende ich verschiedene Techniken, die es ermöglichen, sowohl auf sein Gesamtsystem als auch auf seine ihm eigenen bewussten und unbewussten Prozesse einzugehen.

> Wenn bei einem Einzelcoaching der Schwerpunkt der Zielstellung in der Erweiterung der persönlichen Kompetenz liegt und sich dafür die Methode der Timeline anbietet, ergänzen Interventionen wie beispielsweise die Arbeit mit dem Primär- und Sekundärbereich diesen Prozess.

In meiner langjährigen Praxis als Coach und Trainerin haben sich vor allem Methoden aus dem systemischen Ansatz, der prozessorientierten Psychologie und dem NLP für den Coachingprozess bewährt.

Die folgenden Ansätze lassen sich sehr gut miteinander verbinden, und es entsteht eine große Auswahl an Interventionsmöglichkeiten. Aus der Fülle der unterschiedlichen Möglichkeiten habe ich die effektivsten Methoden für das Coaching herausgefiltert und teilweise neu entwickelt. Mit ihnen lässt sich ein effizienter Veränderungsprozess erreichen, der die Wahlmöglichkeiten für den Coachee erweitert. Durch die flexible Handhabung der vorgestellten Interventionen entsteht ein sehr individueller Kontakt zwischen Coach und Coachee, und die Vielfalt von Fragestellungen schafft bei konsequenter Anwendung für alle Beteiligten eine Atmosphäre von Vertrauen und Wohlwollen.

 Die prozessorientierte Psychologie von Arnold Mindell (s. S. 26) setzt direkt am Konflikt an und ist oft für Problemerkennung in der Anfangsphase des Coachings, sowie in den Fällen, in denen der Coachee ein Problem beschreibt, nützlich. Mindells Methode erlaubt es dem Coachee, sich des Problems in allen Schattierungen bewusst zu werden, sich in ihm zu vertiefen und durch die Auseinandersetzung neue Lösungen entstehen zu lassen. Ich achte im Coaching darauf, dass der Coachee die Bereitschaft mitbringt, sich in seiner Identität zu erleben und Lust, aber auch Schmerz wahrzunehmen, um dadurch zu reflektieren, was es heißt, an eigene Grenzen zu geraten. Durch diesen Kontakt mit sich selbst betritt der Coachee neue Lösungsräume. Hier möchte ich erwähnen, dass es auch Anliegen ohne Probleme gibt, wie beispielsweise die Planung einer strategischen Ausrichtung. In solchen Fällen nutzt der Coachee die gezielte Fragestellung des Coachs als Reflektionsmöglichkeit seines Vorhabens.

Sobald ein respektvoller Kontakt im Klima des Vertrauens hergestellt, das Problem eingegrenzt ist und der Coach dem Coachee vermittelt hat, dass er die Problemsituation erkannt hat, gilt es im nächsten Schritt, Ressourcen zu wecken und den Fokus auf mögliche Lösungen zu richten. Dadurch kann das Problem als Schlüssel für den Veränderungsprozess genutzt werden.

 Gunther Schmidt: Systemisches Denken und Handeln (s. S. 30). Er hat unter dem Stichwort »Problemlösungsbalance« etwas beschrieben, das im systemischen Coaching unbedingt zu beachten ist: »*Jedes Verhalten ist gleichzeitig Ursache und Wirkung für das Verhalten von anderen.*« Dabei gibt er zu bedenken, dass die meisten Erlebnis- und Verhaltensprozesse unwillkürlich und meist auch unbewusst ablaufen. Sie sind deswegen nicht irrational, sondern entsprechen nur einer anderen Logik.

 Der lösungsorientierte Ansatz von Steve de Shazer (s. S. 32) geht davon aus, dass Ergebnisse auch ohne eine detaillierte Ursachenforschung gefunden werden können. Aus diesem Grund benutze ich diesen Ansatz häufig, wenn es für den Lernprozess wichtig ist, eine Umfokussierung in Richtung Lösung zu vollziehen. De Shazer zielt auf die Veränderung der Wirklichkeitskonstruktion, das heißt, er fordert den Coachee auf, sein Problem aus einer anderen Blickrichtung zu betrachten. Parallel arbeitet er an einer Verhaltensänderung, das heißt, er macht dem Coachee klar, dass sein Problem aufhört zu bestehen, wenn er anders darüber denkt und sich anders verhält.

> Ein typisches Beispiel ist die Verhaltensänderung, die eintritt, wenn der Coach dem Coachee die sogenannte Wunderfrage stellt: »Angenommen es passiert ein Wunder und Ihre Probleme sind ohne Ihr Zutun über Nacht gelöst. Woran werden Sie merken, dass dieses Wunder geschehen ist?«

Das NLP arbeitet unter anderem auch mit den Erkenntnissen der »**logischen Ebenen**« (s. S. 36) des britischen Anthropologen **Gregory Bateson**. Durch diese Erkenntnisse ist es möglich, dem Ratsuchenden zu verstehen zu geben, auf welcher Ebene er seine Prozesse richtig einordnen kann und wo die nächsten Interventionen eine logische Zuordnung ergeben. Die »logischen Ebenen« sind als Ebenen der Kognition (der Bewusstheit) zu verstehen. Robert Dilts hat dieses Modell im Sinn von NLP folgendermaßen operationalisiert.

> Wenn Menschen von Problemen reden, dann kann man anhand ihrer Formulierungen oft schon erkennen, auf welcher Ebene das Problem angesiedelt ist.

Es gibt die Ebene der Umwelt, des Verhaltens, der Fähigkeiten, der Werte und Glaubenssätze, der Identität und der Zugehörigkeit. Aussagen zur Identitätsebene enthalten stets Formulierungen wie »ich bin …«, »du bist …« oder »wir sind …«. Während Verhalten durchaus verändert werden und Fähigkeiten erlernt werden können, bilden die Werte und Glaubenssätze die Grundlage des menschlichen Handelns. Die Identität legt einen Menschen – zumindest tendenziell – fest, wobei sich bei der Zugehörigkeit eine übergeordnete Zuordnung ergibt, die die Sinnfrage des Lebens beantwortet.

Eine weitere nützliche NLP-Technik ist die **Timeline** (s. S. 38). Sie beschreibt das System, in dem unser Gehirn Erinnerungen zeitlich anordnet. Dieses Wissen spielt oft beim Suchen nach vorhandenen Fähigkeiten eine Rolle und hilft neue Ressourcen zu aktivieren. Erinnerungen und Zukunftsvorstellungen werden mit der Timeline in einer Weise gespeichert, die jederzeit Unterscheidungen und zeitliche Zuordnungen ermöglichen. So kann der Coach mittels räumlicher Anker unterschiedliche Ereignisse im Leben einer Person als »Zeitlinie« am Boden markieren. Sobald man eine bestimmte Stelle auf dieser Linie betritt, werden die entsprechenden Erinnerungen oder Fantasien aktiviert. Die Zeitlinie wird in vielen Veränderungsprozessen als Hilfsmittel eingesetzt, um Informationen zu sammeln oder um Ressourcen hinzuzufügen.

Wichtig bei dieser übergreifenden Methodenvielfalt ist die Einsicht, dass die bewussten und die steuerbaren Abläufe nur einen kleinen Teil des menschlichen Verhaltens ausmachen. Die meisten Erlebnis- und Verhaltensprozesse laufen unbewusst ab und orientieren sich nicht an rationalen Kriterien. Zudem werden im systemischen Coaching Verhalten als veränderbar und Fähigkeiten als erlernbar betrachtet. Alle Strukturen, die sich bei der Analyse der tieferen Gründe für ein problematisches Erleben erkennen lassen, gelten nur vorübergehend und nur für den Menschen, der sich in dieser Situation selbst betrachtet, beziehungsweise für den Berater, der hinzugebeten wurde.

Im Coaching geht es immer auch darum, dass der Coachee eine zieldienliche Veränderung erlebt. Zur Unterstützung dieser Veränderung ist es wichtig, das Ziel des Coachees in jeder Hinsicht zu respektieren. Ich verstehe meine Arbeit nicht im Sinne der Erarbeitung inhaltlicher Vorgaben für den Coachee, sondern gehe davon aus, dass durch ein Coaching die Erhöhung der Wahlmöglichkeiten im Handlungsbereich des Coachees geschieht und diese wiederum der Flexibilitätserweiterung dient. Respekt, Loyalität und Vertrauen bilden die Wurzeln für ein gelungenes Coaching. Mit dieser Grundlage fällt es mir leicht, das Konstruktive in jedem Menschen zu sehen und meinen Coachee in seinen persönlichen Entwicklungsschritten zu begleiten.

Arnold Mindell:
Prozessorientierte Psychologie

Arnold Mindell, der amerikanische Psychotherapeut und Lehranalytiker in der Tradition von C.G. Jung hat die »prozessorientierte Psychologie« entwickelt. Zu Beginn des Coachings tauchen Coach und Coachee gemeinsam in das Problem ein. Um Lösungen entwickeln zu können, empfiehlt Mindell, das Problem geradezu »auszuleben«. Die bewusste Auseinandersetzung mit einem Problem bewirkt nach Mindell, dass im Coachee nach einiger Zeit Ideen entstehen, wie nicht nur die Symptome des Problems, sondern das Problem an sich gelöst werden könnte.

Eine zentrale Idee, die Mindell in seiner Prozessarbeit entwickelt hat, lautet, dass die Symptome des Körpers wichtige Hinweise auf tiefer liegende Probleme und deren Lösung geben können. Er beschreibt sie als »wichtige Mitteilungen des Unbewussten«. Probleme, die nicht offen angegangen werden, teilen sich oft in Träumen, aber auch in körperlichen Symptomen, in Schmerzen, in Krankheiten, in Körperhaltungen und der gesamten Körpersprache mit. Mindell bezieht also sowohl konkrete Körpersignale als auch Träume, in denen der Klient sich selbst erlebt, in den Prozess mit ein. Bestimmte Stresssymptome wie zum Beispiel Magendruck oder Kopfschmerzen sind für Mindell nichts anderes als ein Mangel an Ausdrucksfähigkeit. Schmerzen bringen laut Mindell den Ratsuchenden dazu, über seinen Körper und das, was in seiner Welt schief läuft, nachzudenken.

Ausdrucksfähigkeit bedeutet also in diesem Zusammenhang vor allem die Möglichkeit über Schwierigkeiten zu sprechen und Unbehagen zu verbalisieren. Wer sich nicht ausdrückt, staut die Energie, die nach Ausdruck verlangt, in seinem Körper und stört damit den natürlichen Fluss seines Systems.

In seiner Theorie verwendet Mindell den Begriff »Prozess« nicht wie die herkömmliche Psychologie, wo »Prozess« als Gegenteil von »Inhalt« definiert ist. Für Mindell schließt ein Prozess den Inhalt mit ein. Er unterscheidet zwei verschiedene Arten von Prozessen:

- Den »primären« Prozess, das, was man mit vollem Bewusstsein erlebt. Darin eingeschlossen sind sowohl der Ablauf als auch der Inhalt des Erlebten.
- Und die »sekundären« Prozesse, die alle unbewussten Phänomene umfassen. Dazu gehören Körpersignale, die nur vage bewusst sind oder Träume.

Alle im Primärbereich geäußerten Wünsche und Willensbekundungen sind gut gemeint, positiv und hilfreich. Aber erst, wenn sie umgesetzt werden können! Was ist jedoch, wenn es unausgesprochene Ängste und Einwände gibt? Der Coachee kommt mit der Vorannahme in das Coaching, »dass nicht sein kann, was nicht sein darf«!

Coachee im Primärbereich (bewusst):	Im Sekundärbereich (unbewusst) äußern Coachee und Mitarbeiter in seinem Unternehmen:
»Wir haben Erfolg.«	»…, aber wer weiß wie lange!«
»Ich möchte gute Kommunikation in meiner Firma.«	»…, aber es gibt trotzdem häufig Rangeleien im Team!«
»Ich möchte, dass wir uns gut verstehen und gut miteinander umgehen.«	»…, es könnte jedoch besser sein!« »…, zwischen einigen Mitarbeitern gibt es ziemliche Spannungen!«
»Ich möchte zufriedene Mitarbeiter.«	»…, aber es gibt viele Krankheitsfälle.« »…, aber die Mitarbeiter sind trotz des Erfolges unseres Unternehmens beunruhigt über die weitere Entwicklung durch die gesamte Weltwirtschaftslage.«
»Ein gutes Klima ist nur durch offenes Feedback möglich.«	»Ich könnte ihnen öfter so richtig meine Meinung sagen beziehungsweise sie darüber aufklären, wo es mit ihrer Einstellung noch enden wird, aber das sollte ich in meiner Position lieber nicht tun!«

Kleine Störungen und Hinweise auf Inkongruenzen werden von ihm nicht wahrgenommen, schnell übersehen oder sogar verdrängt. Häufig kommen dann Äußerungen wie: »Es geschieht einfach so! Ich habe keinen Einfluss darauf. Ich habe in der besten Absicht gehandelt.« In diesem Fall besteht die nächste Intervention darin, den Coachee mit seiner Wahrnehmung in seinen Sekundärbereich zu lenken. Ihm wird so ermöglicht, »neue« Erkenntnisse in seinen Primärbereich zu integrieren.

Wenn Sie also einen Coachee mit starken Inkongruenzen erleben, ist es möglich, ihm durch die Arbeit mit dem Sekundärbereich einen Erhellungseffekt zu verschaffen.

Wer in Prozessen denkt, betrachtet die Gesamtsituation. Die verschiedenen Arten sich auszudrücken sind *»wie kleine Bäche, die in einen großen Fluss münden«*. (Mindell 2000, S. 17). Prozesse können ganz plötzlich, fast von einer Sekunde zur anderen, vom Hören ins Spüren, vom Spüren ins Visualisieren oder in die Bewegung hinüber wechseln. Mindell nennt das *»dem Fluss des Lebens folgen«*.

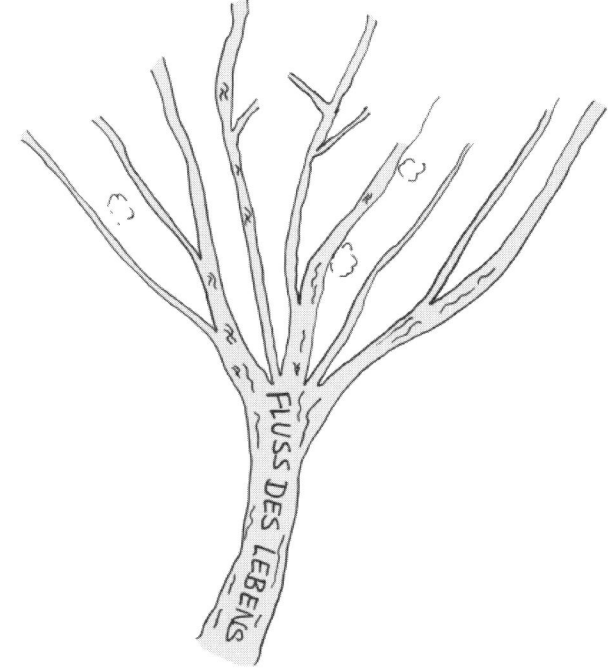

Dieser Prozess ist vergleichbar mit dem, was die chinesische Philosophie das Tao nennt. So liegt laut Mindell die Bestimmung des richtigen Zeitpunkts für eine Veränderung nicht in der Hand des Coachs, sondern sie ergibt sich durch Zeichen, die vom Individuum kommen. Das können wie anfangs beschrieben körperliche Symptome, verbalisierte Anliegen, aber auch die Sprache der Träume sein.

> Ich erinnere mich an einen Coachee, der mit dem Anliegen, an seinem »Zeitmanagement« zu arbeiten, zu mir kam. In einer Nacht träumte er, dass alle Mitarbeiter an einem Tag sowohl mit privaten als auch mit beruflichen Anliegen und Problemen zu ihm kamen und um Unterstützung und Hilfe baten. Am Abend saß er völlig erschöpft an seinem Schreibtisch und hatte weder seine Aufgaben noch die Anliegen seiner Mitarbeiter gelöst. Dies machte ihn krank und er fand sich bewegungslos in seinem Bett liegend wieder. In diesem Traum ging es um Überforderung durch zu viel Verantwortung für Dinge, die der Coachee allein nicht lösen konnte.
> Ich fragte ihn, was passieren würde, wenn er wie in seinem Traum, durch Krankheit längere Zeit ausfiele. An wen würde er was und auf welche Art delegieren? Mit dieser Vorstellung konnte er entscheidende Ideen entwickeln und später auch umsetzen. Die Möglichkeit, dass er für eine längere Zeit ausfallen könnte, hatte der Coachee vorher nie in Erwägung gezogen. Erst durch die erlebte Bedrohung in seinem Traum war er dafür sensibilisiert worden. Der Coachee hatte vor dem Traum noch kein explizites Wissen über seine Überforderung durch zu viel Verantwortung und konnte es daher vorher auch nicht mitteilen. Durch seinen Traum bekam er das implizite, also das Ich-nahe Wissen dazu. Durch die Kopplung dieser drei Wissensformen kam er in neue Kreativitätsprozesse bezüglich seines Zeitmanagements.

Wenn ein Mensch in Harmonie mit seinem Körper lebt, kann sich sein Körper selbstständig entspannen. Das kann man gut beobachten, sobald eine Kongruenz zwischen dem Gesagten und der Körpersprache sichtbar ist. Immer wenn der Körper gespannt ist, gibt es einen Grund dafür. Die Spannung ist ein wichtiges Signal und sie sollte nicht willkürlich aufgelöst werden.

Von Mindell stammt auch der Satz »*Für das größte Problem halte ich die Unfähigkeit der Menschen, mit ihren Gefühlen umzugehen*« (Mindell 2000, S. 37). Seine These ist, dass die westliche Kultur unter anderem die Empfindung von Schmerz ablehnt. Die Blockierung starker Gefühle schafft dann die Grundlage für negative Projektionen. Wenn jemand also zum Beispiel überhöhte Anforderungen an sich stellt und Überlastungssymptome nicht ernst nimmt, stellt er die gleichen überhöhten Anforderungen an seine Mitarbeiter und alle an seinem System beteiligten Menschen.

Mindells Therapie geht dahin, Menschen wieder lernen zu lassen, Schmerzen zu akzeptieren, sie auszuhalten und zu spüren. Es geht ihm darum, dass die Klienten in seiner Therapie eine andere Beziehung zu sich selbst und ihrem Körper aufbauen. Für den Coach kommt es in solchen Situationen darauf an, diese Erkenntnisvorgänge sehr präzise zu beobachten, zu lenken und in den Prozess mit einzubeziehen. Zeigt ein Coachee Zeichen von permanenter Überforderung wie beispielsweise Vergesslichkeit, kann er über den Prozess der Bewusstwerdung und Akzeptanz des vorhandenen Zustandes im Veränderungsprozess aktiv werden. Er wird seine Situation anders bewerten und sich dementsprechend anders verhalten.

Wie bei Einzelpersonen wird auch die Entwicklungsdynamik von Organisationen wesentlich von ungeplanten und scheinbar unvorhersehbaren Faktoren mitbestimmt. Mindells Prozessmoderation hat sich dabei als ein unentbehrliches Werkzeug zur Prozessbegleitung und Mitarbeiterführung erwiesen. Diese Methode ermöglicht es besonders den informellen, unausgesprochenen Bereich von Mitteilungen in den Blick zu bekommen. Dadurch wird der Informationsfluss eines Unternehmens in seiner Gesamtheit fassbar, wodurch wiederum Ressourcen effektiver genutzt und die Anforderungen an das Management in Krisen transparenter gemacht werden können. Bei der Prozessmoderation werden nicht nur die formellen und offiziellen Verlautbarungen in den Coachingprozess eingearbeitet, sondern auch die heimlichen Spielregeln und verborgenen Blockaden. So kann der Coach Orientierungshilfe anbieten, wo der Coachee mit einem rein kausal-linearen Denken nicht mehr weiterkommt.

Stellen Sie sich also vor, dass Sie in Ihrer Rolle als neutraler »sozialer Spiegel« fungieren. Dann tauchen Probleme wie konkurrierende Kollegen auf. Jetzt kommt es darauf an, Rückmeldung Ihrer Wahrnehmung zu geben und den notwendigen offenen Austausch mit den involvierten Personen anzuregen. Wenn Sie es dadurch schaffen, das Ausmaß der sich ansammelnden Probleme als eine Gefahr für das gesamte Unternehmen darzustellen, wird allen Beteiligten klar, wie wichtig konstruktives Feedback ist und dass sich durch entsprechende Interventionen auch vorgeprägte Rollen verändern können.

Gunther Schmidt: Systemisches Denken und Handeln

In der Welt des systemischen Denkens gibt es keine fest stehenden Charaktereigenschaften eines Menschen, die erklären, warum eine Person so und nicht anders ist. Systemiker wie der Arzt und Psychotherapeut Gunther Schmidt, der die »**Problemlösungsbalance**« entwickelte, verstehen die Art, wie sich jemand verhält, als Teil eines Wechselwirkungsprozesses: Jedes Verhalten eines Mitglieds des Systems ist gleichzeitig sowohl Ursache als auch Wirkung des Verhaltens eines anderen Mitglieds. Wie sich ein Mensch fühlt, ist deshalb oft auch in besonderem Maße an der Beziehung oder durch die Beziehung zu anderen, durch die Wechselwirkung in diesen Beziehungen, zu erklären.

> Gunther Schmidt kommt es darauf an, Menschen nicht einfach zu etikettieren, sondern neutral festzustellen, dass sie unter bestimmten Bedingungen ein bestimmtes veränderbares Verhalten zeigen. Eigenschaften, die man einem Menschen zuschreibt, lassen sich dagegen nur schwer ändern. Darum ist es wichtig zu wissen, dass es bestimmte Verhaltensmuster gibt, die der Coach erkennen und verstehen lernen sollte. Eingefahrene Verhaltensmuster sorgen dafür, dass wir unsere Rollen spielen. Welche Verhaltensmuster Menschen entwickeln, hängt von Strukturen ab, in denen sie leben und groß geworden sind. Die Lebensformen von Menschen sind sehr vielfältig, genau so vielfältig ist ihre Art, Muster zu zeigen.

Verhaltensmuster entstehen im Rahmen eines Prozesses der Selbstorganisation oder Synergie. Synergetik heißt Selbstorganisation mit nicht-linearer Dynamik. Die Theorie der Synergetik beschreibt die Wechselwirkungen zwischen Elementen eines Systems und wie sich daraus kohärente Verhaltensmuster ergeben (Ordnungsstrukturen). Damit es zur Selbstorganisation kommt, damit etwas «von selbst» auftritt, müssen bestimmte Bedingungen gegeben sein:

- Dichte Wechselwirkung von Systemelementen.
- Nicht-Linearität in diesen Wechselwirkungen.
- Energieimport und -durchsatz von außen beziehungsweise Mobilisierung systeminterner Energiereserven.

Die Synergetik ist für den Coachingprozess so interessant, weil die genannten Bedingungen nicht nur für zahlreiche physikalische und chemische Systeme charakteristisch sind (zum Beispiel Strömungsdynamik, Wolkenformation, Laser, chemische Uhren), sondern auch für lebende Systeme (zum Beispiel zelluläre Prozesse, neuronale Netze im Gehirn) gelten. Eine Vielzahl von psychologischen und sozialen Phänomenen lässt sich dadurch beschreiben und in ihrer Ablaufdynamik untersuchen, beispielsweise motorische Koordination, visuelle Wahrnehmung, kognitive und affektive Verhaltensmuster und gruppendynamische Prozesse.

Wichtig beim systemischen Denken ist es auch, Kategorien von entweder/ oder oder wenn/dann zu verlassen. Kausale und lineare Ursachen können unsere komplexe Welt nur unzureichend beschreiben. Es macht mehr Sinn, in Wechselwirkungen zu denken. Es kommt darauf an, die Muster und Regeln zu erkennen, nach denen das Verhalten eines oder mehrerer Menschen abläuft und unter welchen Bedingungen sie sich verändern. Beim systemischen Denken wendet sich die Aufmerksamkeit von einzelnen Objekten ab, um komplexe Systeme zu betrachten. Für einen Coach kommt es darauf an, dass er dem Coachee zuhört, ihn akzeptiert und beobachtet, auch nicht anwesende Personen mit in den Prozess einbezieht und seine Beobachtung gezielt rückmeldet. Wenn er dann die Muster des Coachees erkennt und ihn seine Engpässe wie zum Beispiel Scheu vor Konflikten erleben lassen kann, wird sich der Blick nicht nur für diese Situation, sondern auch für künftige Handlungsalternativen weiten.

Steve de Shazer: Lösungsorientierte Kurzzeittherapie

Den Soziologen Steve de Shazer und seiner Frau Insoo Kim Berg vom Brief Family Therapy Center in Milwaukee/Wisconsin haben wir die »**lösungsorientierte Kurzzeittherapie**« zu verdanken. Diese Methode, die beide Therapeuten erfolgreich in ihrer Arbeit anwenden, hat sich im Coaching vor allem bei Managern bewährt. Vom ersten Moment an geht es bei diesem »lösungsorientierten« Ansatz darum, die Aufmerksamkeit konsequent auf die Lösung zu richten. Die Beschreibung des Problems ist dabei nur so weit interessant, als – laut Steve de Shazer – in der Beschreibung eines Problems oft schon dessen Lösung erkennbar ist. Lösungsansätze werden genau an dem Punkt deutlich, wo der Ratsuchende Situationen und Zustände beschreibt, in denen er das Problem nicht oder nur abgeschwächt hatte.

> De Shazer nutzt zwei Vorgehensweisen. Er sucht die Ausnahmen vom Problem auf einer Zeitlinie in der Vergangenheit und geht – mit der Wunderfrage – auf der Zeitlinie in die Zukunft. Diese Frage ist die Zielfrage, da sie sich mit der Zeit, in der das Problem gelöst sein wird, beschäftigt. Sie lädt dazu ein, neue Räume zu betreten und damit neue Möglichkeiten zu eröffnen. Bei beiden Vorgehensweisen geht es um die Suche nach Referenzerfahrungen, wobei die eine den Weg über die Zukunft wählt und die andere den Weg über die Vergangenheit.

Diese »Ausnahmen«, gleichgültig ob sie bewusst erzeugt wurden oder ob sie nur zufällig aufgetreten sind, werden als Lösungsschlüssel aufgefasst. Sobald sie identifiziert sind, dreht sich die gesamte Coachingsitzung – wenn man nach dem Ansatz von Steve de Shazer arbeitet – nur noch darum, diese Ausnahmen dazu zu nutzen, eine Bewältigungsstrategie für das Problem zu erarbeiten. Über die Frage nach den Ausnahmen gelingt es dem Coach, dem Gesprächspartner seine Fähigkeiten für die aktive Problemlösung bewusst zu machen. Eine modifizierte Coaching-Sitzung nach Steve de Shazer kann vereinfacht nach folgendem Schema ablaufen:

- Der Coachee schildert sein Problem.
- Es wird nach Ausnahmen gesucht: Wann tritt dieses Problem nicht auf, obwohl man es eigentlich erwarten könnte? Welche Bedingungen sind erfüllt, wenn das Problem nicht auftritt?
- Es werden Ziele aufgestellt, die der Coachee erreichen will.
- Es werden Lösungsansätze aufgrund der Analyse der Ausnahme erarbeitet.
- Der Ratsuchende erhält die Hausaufgabe, bis zum nächsten Coaching auf alle auftretenden Ausnahmen zu achten und diese schriftlich festzuhalten.

Für die »Kurzzeitarbeit« mit Ratsuchenden haben sich besonders die folgenden Fragen bewährt:

 Fragen nach den Ausnahmen vom Problemen. Vergleicht man Zeiten, in denen das Problem auftritt, mit solchen, wo das Problem nicht auftritt, werden die Bedingungen eines Problems und damit auch dessen mögliche Beseitigung deutlich. Dazu empfehlen sich folgende Formulierungen:

- Wie oft, wann und wo ist das Problem nicht aufgetreten?
- Was haben Sie und andere in dieser Zeit anders gemacht?
- Wie haben Sie es da geschafft, das Problem nicht auftreten zu lassen?
- Wie könnten Sie mehr von dem machen, was Sie in Nicht-Problem-Zeiten gemacht haben?

 Die Wunderfrage. Oft sagen Menschen, die in ihrem Problem verstrickt sind, es gäbe überhaupt keine Ausnahme. Stellen Sie in solchen Situationen die Wunderfrage: »Angenommen, es passiert während Sie nachts schlafen ein Wunder. Sie wachen morgens auf und Ihr Problem beziehungsweise Ihre Schwierigkeiten sind gelöst, ohne dass Sie dies bewusst gemerkt haben. Woran werden Sie am nächsten Tag (und in den folgenden Wochen) merken, dass das Wunder passiert ist?« – Dazu empfehlen sich folgende Formulierungen:

- Was würden Sie danach als Erstes anders machen, und was würden Sie als Zweites anders machen?
- Was würden die Menschen um Sie herum danach anders machen?
- Wenn Sie etwas anders machen würden, wie würden die Menschen um Sie herum darauf reagieren?
- Wer wäre am meisten überrascht davon?
- Wie sähe die Beziehung zwischen Ihnen und den Menschen in Ihrer Umgebung einen Monat, ein halbes Jahr oder ein Jahr nach dem Wunder aus?

Mit der Wunderfrage wird unverbindlich angetestet, ob jemand sich Veränderungen vorstellen kann, ohne gleich für deren Ausführung verantwortlich sein zu müssen. Zum anderen verliert das Wunder, wenn man darüber redet, seine Übernatürlichkeit, und dadurch entsteht zwangsläufig der Eindruck, dass sich die eigenen Wünsche auch durch normale Anstrengungen erfüllen lassen. Im Grunde genommen soll der Coachee dadurch begreifen, dass er die Ausnahmen auch für ein Wunder oder ein »Bisschen-Wunder« hält.

Oft macht es auch Sinn, einem Ratsuchenden den Tipp zu geben, sich einmal am Tag für einen Zeitraum von 10 oder 20 Minuten so zu verhalten, als ob das Wunder oder ein kleines Wunder bereits geschehen sei.

Da beim Kurzzeitansatz sehr konzentriert auf Veränderungen hingearbeitet wird, gehören »Hausaufgaben« zu den wesentlichen Elementen dieses Coachings. Je nachdem, wie aktiv der Betroffene selbst etwas zur Verbesserung der eigenen Situation beitragen möchte, gibt es Hausaufgaben, die von der Beobachtung des eigenen Verhaltens bis hin zum Absolvieren verhaltensrelevanter Aufgaben führen. Mögliche Aufgaben sind:

- »In der Zeit bis zur nächsten Sitzung möchte ich, dass Sie genau beobachten, was in Ihrem Arbeitsleben so bleiben soll wie bisher.«
  Der Fokus der Aufmerksamkeit richtet sich auf positive Ereignisse, die normalerweise nicht im Bewusstsein des Betreffenden präsent sind und so helfen können, negative Denkmuster zu durchbrechen.
- »Machen Sie einmal etwas ganz anders« oder »werfen Sie beim nächsten Mal, wenn Sie sich nicht entscheiden können, eine Münze, die entscheidet, ob Sie etwas tun oder nicht.«

Wichtig ist eine Hausaufgabe, die darin besteht, dass der Betroffene darauf achtet, was er tut, wenn er ein bestimmtes Verhalten, das er als problematisch beschrieben hat, an den Tag legt. So passiert es häufig, dass durch die Reflexion die ersten Verhaltensänderungen als Wunsch geäußert werden. Wenn der Coachee das zum ersten Mal bewusst an sich erlebt, können Sie mit ihm Verhaltensalternativen erarbeiten, diese dann wiederum als Hausaufgabe reflektieren lassen, um ihn anschließend durch die Fokussierung Stück für Stück in den Veränderungsprozess zu führen.

Durch die Beobachtung seines Verhaltens soll der Coachee von der Annahme weggeführt werden, sein Problemverhalten habe nichts mit ihm selbst zu tun und befinde sich außerhalb seiner Kontrolle.

Erwachsene, aber auch junge Menschen finden laut Steve de Shazer alle Ressourcen, die ihnen helfen, ihre Probleme in den Griff zu bekommen, in sich selbst.

> Steve de Shazer spiegelt dieses Wissen seinen Klienten, indem er ihnen gleich zu Beginn der ersten Sitzung eine Frage stellt, die sich im Coaching bewährt hat: »*Ich habe die Erfahrung gemacht, dass in der Zeit zwischen der Anmeldung zu diesem Termin und der ersten Stunde eine Veränderung stattfindet, die dazu dienen soll, ein bestimmtes Problem zu lösen. War das bei Ihnen auch so?*«
> Bei einer positiven Antwort wird er konkreter: »*Was genau haben Sie anders gemacht*« oder: »*Was hat Ihnen dabei geholfen?*«

So werden Tätigkeiten, bei denen die Schwierigkeiten sich von selbst gelöst haben, präzise beleuchtet. Bei gezielter Nachfrage zeigt sich laut Steve de Shazer, dass zwei Drittel der angemeldeten Klienten bereits vor dem Erstgespräch Veränderungen wahrgenommen haben, die zur Lösung der identifizierten Probleme beitragen können beziehungsweise beitrugen.

Bei einer negativen Antwort ist seine Erstintervention die Wunderfrage.

Richard Bandler/John Grinder: Das Neurolinguistische Programmieren (NLP)

Neurolinguistisches Programmieren ist eine äußerst effektive Kommunikationstechnologie, die Erkenntnisse der Psychologie und der Gehirnforschung gleichermaßen verbindet. Es wurde von den Amerikanern J. Grinder (Linguist) und R. Bandler (Psychologe, Mathematiker) entwickelt.

- **Neuro** bedeutet, dass jedes menschliche Verhalten, jeder Körperzustand und jedes Denken im Gehirn durch neuronale Verknüpfungen repräsentiert ist und durch diese Verknüpfung wiederum organisiert wird. Dies gilt gleichermaßen für erwünschtes und unerwünschtes Verhalten.
- **Linguistisch** heißt, dass wir über diese Verknüpfungen mithilfe unserer Sprache kommunizieren können. Wörter sind so gesehen lediglich neuronal gespeicherte Codes für die Sinneseindrücke der Außen- und Innenwelt. Die Struktur von Sätzen verknüpft diese Sinneseindrücke zu ganzheitlichen Bildern und Erfahrungen.
- **Programmieren** bezieht sich auf den Vorgang, durch den wir mithilfe der Sprache Gedanken entwickeln, die wiederum die neuronalen Verknüpfungen von unerwünschtem Verhalten und Befinden in eine gewünschte Richtung positiv verändern.

NLP ist eine Gebrauchsanweisung zur Nutzung, Entfaltung und Weiterentwicklung menschlicher Fähigkeiten. Es wurde aus der Beobachtung besonders erfolgreich kommunizierender Menschen entwickelt und hat sich insbesondere bei der Verbesserung von Kommunikationsverhalten, zur Motivationssteigerung und der Ausrichtung von zielgerichtetem Handeln und Verhandeln bewährt. NLP wird heute in allen Bereichen eingesetzt, in denen Menschen kommunizieren: Management, Gesundheit, Therapie, Coaching, Verkauf, Sport, Pädagogik, Beratung, Kundenorientierung und Organisationsentwicklung.

Robert Dilts:
Die »logischen Ebenen«

Der britische Anthropologe Gregory Bateson hat in den 1960er-Jahren sechs »logische Ebenen« definiert, auf denen sich das Verhalten von Individuen abspielen kann. Bateson benennt die folgenden Ebenen:

- Die Ebene der Umwelt.
- Die Ebene des Verhaltens.
- Die Ebene der Fähigkeiten.
- Die Ebene der Werte und Glaubenssätze.
- Die Ebene der Identität.
- Die Ebene der Zugehörigkeit.

Diese Ebenen bilden eine Klassifikationshierarchie. Je höher die Ebene, umso stärker die Veränderung. Zum Beispiel zieht eine Veränderung auf der Verhaltensebene keine Veränderung auf der Identitätsebene nach sich. Im umgekehrten Fall kann eine Veränderung auf der Identitätsebene eine Veränderung auf jeder der darunter liegenden Ebene mit sich bringen.

Auf Batesons Theorie aufbauend hat Robert Dilts, einer der Mitentwickler des Neurolinguistischen Programmierens (NLP), das Format der »logischen Ebenen« weiterentwickelt. Dilts teilt die »logischen Ebenen« wie Bateson auf und beschreibt sie für seinen Ansatz folgendermaßen:

- **Die Ebene der Umwelt:** Die Ebene der Umwelt beschreibt sowohl zwischenmenschliche Beziehungen als auch äußere Rahmenbedingungen wie die Einrichtung des Arbeitsplatzes.
- **Die Ebene des Verhaltens:** Damit sind alle Aktionen gemeint, die wir in unserem Berufslebens ausführen. Verhalten ist das, was wir konkret tun.
- **Die Ebene der Fähigkeiten:** Fähigkeiten sind Verhaltensweisen, die man geübt hat, sehr gut kann und fast automatisch beherrscht. Wer zuverlässig und professionell arbeitet, bewegt sich auf der Ebene der Fähigkeiten.
- **Die Ebene der Werte und Glaubenssätze:** Auf dieser Ebene sind die Gründe festgelegt, weshalb wir etwas tun. Diese Ebene beschäftigt sich mit unseren Überzeugungen und dem, was uns wichtig ist. Gemeinsame Überzeugungen und Werte schaffen Bindungen innerhalb einer jeden Organisation. Sie sind daher der eigentliche »Klebstoff«, der alle zusammenhält.
- **Die Ebene der Identität:** Viele Unternehmen haben eine eigene Identität, die oft schon von den Gründern definiert wurde. Identität ist unsere innerste Überzeu-

gung von dem, wer wir sind und was unsere Aufgabe im Leben ist. Identität drückt sich zum Beispiel aus in dem Satz: »Ich bin Unternehmer und nicht Unterlasser« oder: »Ich bin selbstständig, das heißt für mich selbst und ständig, also nicht kurzzeitig.«

● **Die Ebene der Zugehörigkeit:** Hier geht es zum einen um unsere berufliche, familiäre, gesellschaftliche oder wie auch immer geartete Zuordnung. Es ist die tiefste Ebene, wo sich tief greifende Fragen auftun: Warum sind wir auf der Welt? Was ist der Sinn des Lebens? Diese spirituelle Ebene leitet und formt unser Leben und gibt unserer Existenz eine Grundlage.

Um die Arbeit auf den verschiedenen Ebenen zu verdeutlichen, hier ein Beispiel:

Die Servicemitarbeiter einer Firma empfanden es als eine Bedrohung, als sie von der Geschäftsleitung beauftragt wurden, bei ihren Kundendienstbesuchen zusätzliche Leistungen oder Produkte zu verkaufen. »So was machen wir nicht«, lautete die empörte Antwort. Bei genauerer Betrachtung wurde klar, dass sich diese Mitarbeiter nicht so sehr gegen die Neudefinition ihrer Arbeit, sondern vielmehr gegen die Übernahme einer Tätigkeit wehrten, die nicht zu ihrem Selbstverständnis passte. Als Servicemitarbeiter auch noch »Klinkenputzer« spielen zu müssen, wurde in diesem Zusammenhang als ein Angriff auf die eigene Identität wahrgenommen. Damit wurde eine zentrale Größe angegriffen. Hätte man die zusätzlichen Aufgaben mit einem Appell auf der Fähigkeitsebene eingeführt, wären die Reibungsverluste sicherlich nur gering gewesen.

Ein anderes Beispiel, um die »logischen Ebenen« zu verstehen, ist die folgende Aussage: »Ich kann das hier nicht tun.« »Ich« ist die Identität der Person, »kann nicht« bezieht sich auf ihren Glauben, »tun« drückt ihre Fähigkeit aus, »das« zeigt ein Verhalten an, »hier« steht für die Umwelt, »das nicht tun« heißt, man kann ein bestimmtes Verhalten nicht zeigen. Allein durch die Betonung eines Wortes in diesem Satz gibt der Coachee wichtige Hinweise darauf, auf welcher »logischen Ebene« der Coach mit dem Coaching starten sollte.

Dieser Vorgang wird »stimmliches Markieren« genannt. Wenn jemand sagt: »Ich kann das hier nicht tun« und betont das Wort »kann«, dann könnte man fragen: »Was hält Sie davon ab?«. Wenn jemand die Betonung auf »das« richtet und meint, etwas nicht tun zu können, könnten Sie fragen: »Was genau können Sie nicht tun?«. Darauf zu achten, welche Wörter jemand durch seine Stimme oder Körpersprache betont, ist ein Weg zu erkennen, welche Geschehnisse oder welche »logische Ebene« zu hinterfragen sind.

Eine andere Strategie wäre es, dem Betreffenden für einige Minuten zuzuhören und darauf zu achten, welche »logischen Ebenen« er am häufigsten anspricht. Darin zeigt sich, wo sein Denken eingeschränkt ist – ein guter Ansatzpunkt, um mit dem Hinterfragen zu beginnen.

Richard Bandler, Wyatt Woodsmall und Tad James: Timeline

Das Konzept der Zeitlinien (Timeline) geht auf Richard Bandler, Wyatt Woodsmall und Tad James zurück.

> Im Mittelpunkt der Timeline steht die Frage, wie unser Gehirn Zeit verarbeitet, wie es in der Lage ist, die Zukunft von der Vergangenheit zu unterscheiden und wie die Ereignisse, aus denen die Vergangenheit besteht, abgespeichert werden. So haben Menschen zum Beispiel den Eindruck, dass innere Bilder umso weiter von ihnen entfernt sind, je weiter zurück das Ereignis in der Vergangenheit liegt. Dieser Eindruck entsteht, weil unser Gehirn zeitliche Abstände in räumliche Abstände übersetzt.

Üblicherweise laufen diese Wahrnehmungen unbewusst ab, man kann sie sich aber mit dem NLP bewusst machen. So wird die Timeline ermittelt, indem der Coach den Coachee bittet, sich an Ereignisse zu erinnern, die zum Beispiel einen Monat, ein Jahr, fünf Jahre, zehn Jahre, 20 Jahre zurückliegen. Dabei achtet er darauf, dass die Ereignisse eher alltäglich und nicht sehr emotional sind. Er bittet bei jeder Erinnerung darum, dass die Position und die Entfernung des inneren Bildes im Raum angegeben wird. So verfährt er sowohl mit vergangenen als auch mit zukünftigen Ereignissen. Zieht er dann anschließend eine Verbindungslinie von den frühesten Erinnerungen bis zur Zukunftsvision, erhält er die Zeitlinie dieser Person.

Jeder Mensch hat seine eigene Zeitlinie, allerdings bestehen zwei grundsätzliche Varianten: Es gibt Zeitlinien, die durch den Körper der jeweiligen Person hindurchgehen und andere Zeitlinien, die vollständig außerhalb des Körpers verlaufen. Die Zeitlinie, die vollständig außerhalb des Körpers verläuft, wird auch mit den Worten »durch die Zeit« charakterisiert. Wer seine Zeit so speichert, hat ein klares Empfinden für die Dauer der Zeit und ist von seinen Erinnerungen emotional relativ weit entfernt. »Durch-die-Zeit«-Menschen sind häufig ausdauernd, sie werden zum Beispiel ihre Projekte mit großer Wahrscheinlichkeit beenden, aber ihre Fähigkeit, lange im Hier und Jetzt zu sein, ist nicht sehr ausgeprägt. Sie können sich oft nicht gut konzentrieren, Hektik lenkt sie ab und bringt sie leicht aus der Ruhe.

»In der Zeit« dagegen leben Menschen, bei denen die Zeitlinie durch ihren Körper hindurchgeht. Ihre Selbstkonzeption besteht darin, die Zeit hauptsächlich im Hier und Jetzt zu erleben. »In-der-Zeit«-Menschen möchten ein ungebundenes Leben führen, sie planen ihre Zukunft nicht gern voraus und nehmen alles lieber so, wie es kommt.

Ganz deutlich wird der Unterschied zwischen den beiden Zeittypen bei der Terminplanung und das ist wiederum wichtig für den Coachingprozess, weil »Durch-die-Zeit«-Menschen gern alle Coaching-Termine im Voraus planen, »In-der-Zeit«-Menschen hingegen bevorzugen eher die Termine von einem zum anderen Treffen festzulegen. Bei ihnen kann es auch passieren, dass sie spontan um Verlängerung des Coachings bitten, wenn es gut läuft.

Regina Mahlmann

Rechenschaft und Bekenntnisse eines Coachs

Aus: Einzel-Coaching: Kompetenz entwickeln

Meine Philosophie der Coaching-Arbeit

Um die Grundeinstellung meiner Arbeit auf den Punkt zu bringen, habe ich bereits in meinem (als Selbst-Coaching les- und bearbeitbaren) Buch »Selbsttraining für Führungskräfte« Galilei mit folgenden Worten zitiert: *»Man kann einen Menschen nichts lehren. Man kann ihm nur helfen, es in sich selbst zu entdecken.«*

Diese Botschaft Galileis erhält im Einzel-Coaching ein besonderes Gewicht. Denn Dreh- und Angelpunkt der Zusammenarbeit von Coach und Klient sind nicht Gehirnwäsche und das Erlernen von Schauspielerei, sondern: gezielte Potenzialentfaltung unter der Federführung des Klienten. Es geht – um ein weiteres Motto meiner Arbeit zu formulieren – darum, *die Wahrscheinlichkeit zu erhöhen zu wissen, was wir warum und mit welchen Wirkungen tun.*

Was heißt das konkret?

Meine Arbeit wird getragen von zwei (weiteren) Glaubenssätzen: *Jeder Mensch lernt das, was er lernen will.* Er nimmt das auf, wofür er sich öffnet. Und: *Jeder Mensch beheimatet die Definition seiner Schwierigkeiten, die Lösungen seiner Probleme und das Potenzial zur Verwirklichung seiner Ambitionen in sich selbst.*

Die erst genannte Überzeugung thematisiert persönliche Neigungen und Präferenzen; die zweite benennt persönliche Fähigkeiten. Darauf bezogen liegt die Aufgabe des Coachs darin,

- Neugier zu erregen, beispielsweise für neue Sichtweisen;
- zum Experimentieren mit ungewohnten Perspektiven und Handlungen zu ermuntern.

Hierbei fungiert der Coach als Initiator und Katalysator. Er inspiriert durch Angebote, Handlungen und Ereignisse aus mehreren Blickwinkeln zu betrachten. Damit bewirkt er, dass der Klient ausgetretene Pfade seines Fühlens, Denkens und Handelns verlässt beziehungsweise seine gewohnten Deutungsmuster hinterfragt und neue Wege ausprobiert. Außerdem ermutigt der Coach den Klienten, den neuartigen und noch fremden Betrachtungen und Bewertungen von Handlungen und Ereignissen Taten folgen zu lassen. Er markiert Rahmenbedingungen, innerhalb derer der Klient seine tradierten Handlungsmuster aufbrechen und neue Aktionen versuchsweise anwenden kann. (Beispiele zu beiden Aspekten finden Sie im folgenden Kapitel. Ausführungen und Übungen zu diesem Thema finden Sie in meinem Buch »Selbsttraining für Führungskräfte«.)

Dem bisher Gesagten können Sie bereits entnehmen, dass der Coach im Rahmen der Veränderungsarbeit weitere Aufgaben und Rollen hat, nämlich zu unterstützen und zu moderieren. Beide Funktionen laufen ineinander. Der Coach als *Moderator* sorgt zum einen dafür, dass das Aufdecken des Problematischen oder Veränderungsbedürftigen im Interesse und Wirkungskreis des Klienten verbleibt. Der Coach dirigiert am roten Faden entlang und verhindert, dass der Klient unbeabsichtigt die Richtung wechselt. Er kanalisiert stets zur Person des Klienten und dessen Gestaltungsmöglichkeiten hin und lenkt die Aufmerksamkeit auf das, was den Klienten direkt berührt. Insofern moderiert der Coach sowohl ziel- als auch themenbezogen. Der Coach als *Unterstützer* oder *Assistent* des Klienten hilft diesem dabei, seine Veränderungsziele, Problemlösungen und Wege zu Verbesserungen zu bestimmen. Er tut dies, indem er sich (auch hier) auf den Klienten konzentriert: auf dessen Bedürfnislagen und Neigungen, Fähigkeiten und Fertigkeiten. Er orientiert sich daran, was der Klient mit »Herz und Verstand«, also überzeugtermaßen selbst realisieren möchte. Unterstützung gewährt der Coach inhaltlich, indem er situationsgerecht Wissen vermittelt und in didaktischer Hinsicht die Möglichkeiten einräumt, zu experimentieren und zu trainieren. Zu diesen vier Funktionen oder Rollen des Coach, als

- Initiator,
- Katalysator,
- Moderator und
- Assistent

im Dienst des Klienten aufzutreten, gesellen sich zwei weitere hinzu, nämlich die des

- Vertrauten und
- des Korrektivs beziehungsweise Promotors.

Zahlreiche Autoren, die über das Thema Coaching schreiben, fordern vom Coach, er möge sich nicht ausschließlich als Berater und Partner, sondern als Freund des Klienten verstehen. Da dieser Begriff primäre Bedeutung im privaten Umfeld hat und zudem vielfältige Bedeutungsvarianten aufweist, wähle ich den Begriff des Vertrauten. Die erfolgreiche Zusammenarbeit von Coach und Klient bedingt, dass zwischen beiden Akteuren ein Vertrauensverhältnis entsteht. Vertrauen in die Aufrichtigkeit des Partners (und bei Klienten zusätzlich: in die Diskretion des Coachs). Das Vertrauen richtet sich auf die Persönlichkeit. Es wächst durch die Art, wie Coach und Klient miteinander umgehen und welche Inhalte sie bearbeiten. Insofern ist zudem wechselseitiges Zutrauen nötig. Zutrauen zielt primär auf grundsätzliche Kompetenz. Der Coach traut dem Klienten zu, Veränderungsabsichten zu verstehen und umzusetzen. Der Klient traut dem Coach zu, über Kompetenzen zu verfügen und diese so einzusetzen, dass die Veränderungsarbeit die gewünschten spür- und sichtbaren Folgen nach sich zieht.

Um einen Coaching-Prozess in Gang zu setzen, geben beide Akteure einen Vorschuss an Vertrauen und Zutrauen. Vertrauen und Zutrauen sind grundlegend. Ohne dieses prinzipielle Wohlwollen oder diese positive Voreingenommenheit kommt kein

Coaching aus. Auch nach einem noch so ausführlichen Erstgespräch sind Coach und Klient auf diesen Vorschuss an Vertrauen und Zutrauen angewiesen. Denn der Anteil dessen, was sie in dem Erstgespräch voneinander erfahren, also wissen, nimmt sich im Vergleich zu dem, was sie nicht wissen, gering – um nicht zu sagen kümmerlich – aus. Folglich baut der Start der Zusammenarbeit auf Gespür und Zuversicht, auf Gefühl und Hoffnung auf. Vertrauen und Zutrauen sind psychologische und soziale Kategorien, die uns in Sicherheit wiegen, wo keine ist.

Um die Zusammenarbeit überhaupt beginnen zu können, benötigen Coach und Klient diesen vor allem emotional und intuitiv genährten Vorschuss. Zugespitzt formuliert: Sie müssen aneinander glauben. Noch einmal: Dieses Urvertrauen ist »notwendig«, weil sich der Coaching-Prozess zunächst als kooperative Enthüllungsarbeit darstellt. Sie kreist um die Person des Klienten und bringt daher viel Persönliches zu Tage. Der Klient muss sich dem Coach öffnen und der Coach damit diskret und verantwortungsvoll umgehen. Nur dann hat die Arbeit eine Aussicht darauf, in der gewünschten Weise effektiv zu sein.

Der besagte Vorschuss (oder: die Bonität) kann im Lauf der Zusammenarbeit verspielt werden. Etwa durch Indiskretionen oder Lügen. Ist dies nicht der Fall, dann wächst das Vertrauen. Das bedeutet, es wird durch Erkenntnisse und Wissen, Erfahrungen und Erlebnisse genährt. Wird Vertrauen derartig fundiert, festigt es sich und Verlässlichkeit sowie Vertrautheit entstehen. Dies ist der Geburtsmoment des Coachs als Vertrautem. Für seine Arbeit ist dabei essenziell, dass er diese Vertrautheit professionell begreift, lebt und den Klienten vermittelt. Das Wesentliche liegt hier in der Beschränkung auf den Rahmen des Coaching-Auftrags. (Schwierige Situationen dazu finden Sie in dem Abschnitt: »Risiken und Fallen«, S. 60ff.) Gelingt ihm dies nicht, leidet die Effektivität seiner weiteren Rollen, namentlich die des Korrektivs oder Promotors.

Der Coach fungiert insofern als *Korrektiv* oder *Promotor*, als er dem Klienten klar und deutlich Feedback über Fortschritte, Rückschritte, Stagnationen zu geben verpflichtet ist. Als Referenzrahmen dienen ihm die Vereinbarungen mit dem Klienten. Die Daten des Feedbacks entnimmt er den Schattentagen, Supervisionen (zum Beispiel von Meeting-Auftritten des Klienten), Erzählungen des Klienten und eigenen, darüber hinausgehenden Beobachtungen und Erfahrungen. Alle Daten stehen zur Diskussion. Moralische Beurteilungen soll es aber nicht geben, sie werden als Lieferanten von Sichtweisen behandelt.

Je nach Arbeitsweise übernimmt der Coach zusätzlich die Funktion des Supervisors. Als *Supervisor* begleitet er den Klienten bei der Arbeit.

Die Ausführungen dieses Abschnitts möchte ich nochmals für Sie zusammenfassen: Im Coaching-Prozess geht es darum, vereinbarte Vorhaben und Ziele zu verwirklichen. In seinen sechs Funktionen arbeitet der Coach klientenzentriert. In der Überzeugung, der Klient wisse am besten, was er warum bearbeiten will, fördert ihn der Coach. Seine Bemühungen richten sich darauf, gemeinsam mit ihm in problematische Felder vorzudringen, Veränderungswünsche herauszukristallisieren und diese in Zielformulierungen zu übersetzen. Beide Akteure arbeiten darauf hin, Deutungs- und

Handlungsoptionen zu mehren, also eine Vielfalt von Perspektiven, Varietät und Handlungsflexibilität zu eröffnen. In diesen Anstrengungen berücksichtigen Coach und Klient sowohl das Selbstkonzept als auch das Umfeld des Klienten. Auf diese Weise gelingt es, in mentaler Hinsicht die Wahrscheinlichkeit zu erhöhen, dass der Klient weiß, was er warum wie denkt, fühlt und tut. In behavioraler, das Verhalten betreffender Hinsicht gelingt es, die Wahrscheinlichkeit zu erhöhen, dass der Klient die Wirkungen erzeugt, die er erzeugen möchte. Der Coach leistet also Hilfe zur Selbsthilfe.

Grundlegendes zur Arbeitsweise

Gerade in der vertrauensvollen Zusammenarbeit im Einzel-Coaching erleben wir immer wieder, dass sich Aspekte der Person und ihrer Tätigkeit, die von dem Arbeitsumfeld weitgehend unabhängig sind, mit solchen Seiten verflechten, die mit dem Umfeld verflochten sind. Einzel-Coaching ist immer auch Arbeit an der Persönlichkeit oder Identität. Damit meine ich Facetten des Klienten, deren Entstehung und gegebenenfalls Mobilisierung wenig bis nichts mit der beruflichen Tätigkeit zu tun haben (zum Beispiel Konfliktbereitschaft). Von kontextabhängigen Variablen spreche ich dann, wenn persönliche Regungen, Gedanken und Handlungen primär funktions- oder tätigkeitsgebunden sind (zum Beispiel Führungsverhalten).

Selbstverständlich kann diese Trennlinie nicht strikt gezogen werden. Um aber nicht in psychotherapeutische Sphären zu entweichen und die Coaching-Arbeit zur Psychotherapie umzudefinieren, ist der Coach aufgerufen, die intime/private Dimension zu berücksichtigen und mit der beruflichen zu verknüpfen. Der definierte (Auftrags-)Rahmen kann so in manchen Fällen ausnahmsweise, aber nur vorübergehend verlassen werden. Dies geschieht stets ausschließlich zu Gunsten der vereinbarten Ziele. Sollte das Pendel aber hartnäckig zur privaten Persönlichkeitsseite hin ausschlagen, muss eine grundlegende Zielrevision angesteuert und unter Umständen ein neuer Auftrag erarbeitet werden.

Theoretisches Fundament und Praxis

Vielleicht konnten Ihnen die bisherigen Ausführungen einen Eindruck davon vermitteln, wie vielfältig und vielseitig Coaching-Arbeit ausfällt. Diese immense Bandbreite empfiehlt ein ebenso breites Spektrum des professionellen Repertoires. Dieses Repertoire besteht aus Annahmen und Haltungen sowie aus Methoden und Modellen. An dieser Stelle möchte ich Sie zunächst mit meinen eigenen fundamentalen Einstellungen bekannt machen.

In meiner Arbeit gehe ich vom humanistischen Menschenbild aus, das Lernkompetenz und Lernneugier hervorhebt. In erkenntnistheoretischer Sicht habe ich mich der Leitidee verschrieben, die aus der konstruktivistischen und funktionalistischen Betrachtung der Geschehnisse in der Welt herrührt: *Jede Tatsache (»Tat-Sache«) ist ein Konstrukt, das heißt ein Resultat von Deutungs- und Handlungsprozessen.* Diese Prozesse gehorchen einer subjektiven Auswahl und Funktionalität. Insofern unterscheide ich in meiner Arbeit nicht »wahr und gelogen«, nicht »richtig und falsch«, sondern funktional. Hier differenziere ich nochmals, und zwar zwischen disfunktional als unpassend, kontraproduktiv/destruktiv, als dem Interesse abträglich und eufunktional als passend, produktiv/konstruktiv, als dem Interesse dienlich. In meiner Arbeit suche ich mit dem Klienten folglich nach eufunktionalen Maßnahmen und Lösungen. Durch Fragen und Diskussion schälen wir das heraus, was wünschenswert und angemessen ist.

Eine weitere, dritte Grundlage meiner Arbeit bildet die systemtheoretische Annahme: *Jeder Mensch lebt in einem Umfeld, das ihn beeinflusst und das er seinerseits beeinflusst.* Es besteht eine Beziehung wechselseitiger Mitgestaltung. Dostojewski sagt: *»Jeder ist an allem Schuld«.* Ich behandle den Klienten als einen Akteur, der sein Umfeld (mit)prägt und der seinerseits prägenden und steuernden Umgebungsfaktoren ausgesetzt ist.

Ein Coach sollte außerdem auf einer großen Klaviatur von Modellen und Methoden spielen können. Dies erscheint mir wichtig, da Klienten Individuen sind, also verschiedenartig behandelt werden müssen. In diesem Zusammenhang eröffnen verschiedene Zweige der Psychologie Möglichkeiten, auf den Klienten zuzugehen und mit ihm zu arbeiten.

Um einige Beispiele zu nennen: Ich habe Klienten, deren Selbstwertgefühl derartig labil ist, dass ich umsichtig und »weich« (ich nenne es »quasi-therapeutisch«) auf sie zugehen muss; in einer ähnlichen Vorgehensweise wie in der Gesprächspsychotherapie. Andere muss ich stärker über paradoxe Interventionen provozieren. Wieder andere Klienten formulieren in sehr verschlüsselter, also symbolisierender Sprache, sodass ich die Symbolik von Märchen, Sagen, Fabeln und Ähnliches verwende und Anleihen bei der Tiefenpsychologie mache. Als ein letztes Beispiel nenne ich Ihnen Klienten, denen ihr eigenes Verhalten erst dadurch zugänglich und verstehbar wird, indem wir es sozialpsychologisch erhellen und Handlungsweisen in der Wechselwirkung mit dem Verhalten anderer betrachten.

Ein Modell- und Methoden-Mix kommt, so meine Überzeugung, Coach und Klient zugute. Der Coach beweist Flexibilität im Deuten, Denken und Intervenieren; der Klient gewinnt eben diese dazu.

Geheimer Lehrplan

Das theoretische und methodische Wissen sollte ein Coach nicht dazu benutzen, Macht oder Herrschaft zu inszenieren – in der Form eines geheimen Lehrplans. Mit einem geheimen Lehrplan zu hantieren bedeutet, die Karten nicht offen auf den Tisch zu legen, Versteck zu spielen und an einer Nebelschwaden erzeugenden (methodischen, didaktischen und rhetorischen) Maschinerie zu drehen. Alles mit der Absicht, klare Sicht und Luzidität zu verhindern. Der Coach als Guru, der weiß, was für seinen Schützling das Beste ist – egal, was dieser dazu meinen könnte.

Verfolgt der Coach einen geheimen Lehrplan, verstößt er gegen das Gebot der Partnerschaftlichkeit in der Coach-Klient-Beziehung; gegen das Vertrauen in seine Aufrichtigkeit und gegen die Norm, den Verstehenshorizont des Klienten gemäß der

Strategie der Hilfe zur Selbsthilfe zu erweitern. Diese Vorgehensweise ließe die Devise »Hilfe zur Selbsthilfe« zur Leerformel verkümmern. Damit habe ich einen vierten, in diesem Fall ethischen Grundsatz formuliert. Max Weber, ein großer Soziologe des 20. Jahrhunderts, sprach von der »Entzauberung der Welt« und Immanuel Kant von der »Entlassung aus der selbst verschuldeten Unmündigkeit« mit Blick auf die Aufklärung. Meine Philosophie und mein Ethos als Coach gebieten mir, diese Art intellektueller, emotionaler und interaktiver Klarheit anzustreben – sowohl in meiner begleitenden als auch in meiner katalysierenden Funktion.

Gemäß meiner Überzeugung verantwortungsvoller Coaching-Arbeit versteht es sich von selbst, Transparenz herzustellen. Der Coach erläutert dem Klienten, warum was wie und mit welchen angestrebten Wirkungen und Zielen bearbeitet wird. Er räumt ferner wahrscheinliche Nebenwirkungen, ungewollte und gewollte, ein. Mein Anspruch, der Klient soll stets im Bilde sein und ungetrübten Einblick haben, speist sich aus dem Ethos grundsätzlicher Gleichwertigkeit sowie dem des verantwortungsvollen Umgangs mit Vertrauen. Zudem ist mir meine Arbeitsphilosophie nicht nur Ziel, sondern auch Weg zum Ziel. Sie beweist sich in der Anwendung – und auf diese Weise trage ich auch meinem Bestreben Rechnung, als Rollenmodell nützlich sein zu können.

Die Meta-Funktion des Coachs

In meiner Trainings- und Coaching-Arbeit durfte ich zu meiner großen Freude häufig das Feedback hören: »Das, was Sie erzählen, nimmt man Ihnen ab, weil Sie es vorleben.« Die exponierte Funktion in Training, Beratung und – noch sensibler – im Coaching erlegt es dem Coach auf, sich weitestgehend vorbildhaft zu verhalten. Damit meine ich, dass sein Verhalten geeignet ist, als Vorlage oder Modell für andere Personen zu dienen, die sich an ihm orientieren möchten. Diese Norm stilisiert den Coach ebenso wenig zu einem Übermenschen wie sie ideale Anforderungen an ihn stellt. Was ich von einem Coach verlange, ist professionelles Verhalten. Dies schließt Fehler, Missgeschicke und dergleichen nicht aus. Es geht weniger um Perfektion als um die Frage: Wie geht der Coach mit Fauxpas um. Was macht er beispielsweise, wenn er eine deplatzierte Frage stellt oder eine harte Bemerkung macht, wider besseren Wissens und aus Ungeduld. Um es kurz zu machen: Unterläuft ihm solch ein Fehltritt, sollte der Coach dies zugeben, sobald er es bemerkt, um Entschuldigung bitten und korrigieren. (Siehe dazu auch S. 60ff. »Risiken und Fallen«.)

Wissen, Intuition, Gefühl und Feedback

Alles Erwähnte suggeriert, der Coach wisse ausnahmslos, welche Intervention er aus welchen Gründen wählt. Selbstverständlich sollte der Coach stets sein auf Wissen und Erkenntnis basierendes Instrumentarium verfeinern, erweitern und anwenden. Gleichzeitig gilt: Ein Coach gehört der menschlichen Spezies an. – Also arbeitet auch er mit intuitiven Inspirationen und mit Gespür, also Gefühl. Ihm fällt beispielsweise »plötzlich« eine Frage oder ein Experiment ein, ohne dass er in dem Augenblick das Woher und Warum begründen könnte. Oder, um ein weiteres Beispiel zu nennen, er »spürt«, dass mit dem Klienten »irgendetwas nicht stimmt«, sich an seiner Haltung »irgendetwas geändert hat«, ohne dass er dem Klienten genau die Indizien für seinen Eindruck angeben könnte.

Diese Wirkung von Intuition (auf Wissen, Erkenntnissen, Erlebnissen beruhende Ahnung) und Gefühl reift mit der Erfahrung. Das hört sich banal an, ist indes kein Automatismus. Die Sensibilisierung für nonverbale Zeichen und »Schwingungen« hängt zunächst einmal davon ab, wie sehr es dem Coach am Herzen liegt, die traditionellen Kommunikations-Medien zu transzendieren und immaterielle, nicht nachweisbare Weisen des Sendens und Empfangens in der Interaktion zu empfinden, zu begreifen und zu nutzen. (Modi der traditionellen verbalen und nonverbalen Kommunikation sind vor allem: Sprache, Bilder, Gestaltung, Musik, Formeln, Gestik, Mimik, Motorik, Atmung, Redetempo, Wortwahl, Stimmführung.) – Inwiefern die Intuition ausgebildet wird, hängt davon ab, ob man wirklich empathisch sein möchte, also bereit ist, sich in den anderen einzufühlen und sich in seine Situation hineinzudenken. Diese mentale und emotionale Fähigkeit zeigt sich auch daran, ob und inwieweit der Coach Freude fühlt, wenn der Klient erleichtert feststellt, das der Coach genau das äußert, wozu ihm selbst der Mut bisher fehlte oder was er zwar in sich spürte, aber nicht in Worte kleiden konnte.

Eine zweite grundlegende Komponente in der Ausbildung dieser Sensibilität und Wachheit liegt meines Erachtens in der Bereitschaft des Coachs, sein eigenes Verhalten kritisch zu reflektieren. Er kann dies im Zuge einer selbstständigen Qualitätskontrolle tun. Er kann beispielsweise selbst einen Coach beauftragen, um mit ihm das persönliche Verhalten unter die Lupe zu nehmen. Oder er kann Feedback von Klienten, Kollegen sowie von Auftraggebern einholen. Die gleichen Möglichkeiten kann er im privaten Bereich nutzen. All dies hilft ihm dabei, die Palette seines eigenen Wirkens kennen zu lernen und gegebenenfalls auszukundschaften, an was er arbeiten sollte, um die Trefferquote emotionaler und intuitiver Eingebungen zu erhöhen.

Direktive und non-direktive Führung

Da der Coach nicht seine, sondern die Bedürfnisse und Ziele des Klienten im Blick hat, stimme ich der verbreiteten Auffassung zu, den Dialog prinzipiell non-direktiv anzulegen. Das heißt: Der Coach »assistiert« seinem Klienten und fördert ihn, damit in erster Linie er zum Zuge kommt. In der praktischen Arbeit bedeutet non-direktiv zweierlei:

● Erstens bezeichnet es die Methode der freien Assoziation. In diesem Fall lädt der Coach den Klienten ein, alles auszusprechen, was er gerade denkt und fühlt. Dieses Verfahren der psychoanalytischen Therapie lässt sich meines Erachtens nur selektiv anwenden, insbesondere wenn es darum geht, ein Gefühls- und Gedanken-Chaos in Worte zu kleiden, es zu ordnen beziehungsweise ihm durch Interpretation das Wesentliche zu entlocken.
● Zweitens bedeutet non-direktiv in einer etwas abgeschwächten Form: Der Coach überlässt es weitgehend dem Klienten, Themen zu definieren und zu vertiefen. Er selbst übt sich vor allem in Empathie und aktivem Zuhören. Er nimmt auf, was der Klient äußert, knüpft daran an und steuert auf diese Weise »sanft«.

Diese Art der Gesprächsführung kommt aus der Gesprächspsychotherapie. Sie verleiht dem Klienten dirigierende Macht und einen hohen Grad an Selbstbestimmung. Einerseits trifft dies mit ethischen und fundamentalen Haltungen im Coaching zusammen, etwa mit der Überzeugung, jeder Mensch wisse am besten, was ihm fehlt, was er braucht und tun muss. Andererseits ist es ein kardinaler Fehler zu übersehen, dass der Klient in der Regel dazu neigt, Themen oder Erfahrungen, die ihn mit Scham oder anderen unangenehmen Gefühlen berühren, auszuweichen beziehungsweise diese schleunigst zu verlassen. In diesem Fluchtverhalten entfalten Klienten einen erstaunlichen Erfindungsreichtum. Ihre Themenwechsel sind dann ebenso kreativ wie verdächtig. Dies ist der Moment, in dem der Coach abwägen muss, von dem non-direktiven Interaktionsstil abzuweichen und direktiv zu steuern.

Direktiv heißt: die Richtung klar vorgeben, lenkend intervenieren. Der Coach steht in der Verantwortung, vom Klienten gewünschte und mit ihm vereinbarte Zielrichtungen einzuschlagen und Resultate zu verwirklichen. Um dieser Verpflichtung im Dienste des Klienten nachzukommen, muss er – individuell und situativ – den Mut zum Dominieren oder Steuern aufbringen können. Nicht ultimativ und auch nicht befehlend, sondern optional und die Gründe, Funktionen und Ziele erklärend. Direktiv zu intervenieren ist meistens ein Balanceakt. Die Entscheidung, wann es sinnvoll ist, so zu handeln, fällt der Coach, indem er die Situation ganzheitlich betrachtet. Anders gesagt: Ob er drastisch interveniert oder nicht, muss er genau abwägen. Er muss sich fragen, welchen Stellenwert und welche Bedeutung der Eingriff sowie das vermutliche Ergebnis im Zusammenhang mit der Gesamtsicht einnimmt, das bis dato erarbeitet und zukünftig zu verwirklichen ist.

Philosophie und Pragmatismus

Die Frage nach dem Interventionsstil keimt in der Relation von Philosophie und Pragmatismus wieder auf. Coachs tragen in sich häufig das Selbstkonzept, unparteiischer, neutraler Beobachter und Frager aus der Meta-Ebene zu sein. Sie überblicken, so das Selbstbild, die gesamte psychische, soziale und handlungsrelevante private und berufliche Landschaft aus der Vogelperspektive. Sie halten sich für Eulen: Sie sehen dann, wenn andere nichts sehen, erkennen Dinge, die andere nicht sehen, und üben sich in Wissen und Weisheit.

Lassen Sie uns, werte Leserinnen und Leser, auf die Debatte verzichten, inwiefern dieser Ansatz als ausnahmslose Haltung des Coachs fragwürdig ist. Nehmen wir stattdessen den Grundgedanken und wenden ihn konstruktiv. Das Fazit dieser Wende können wir so formulieren: Thematisch bezogene grundsätzliche Betrachtungen, philosophierendes Sinnieren, sorgloses Nachdenken und Schweifenlassen von Gedanken, Bildern und/oder Gefühlen entführen zu neuartigen Landschaften und Panoramen.

Diese helfen, Muster, Traditionen oder Gewohnheiten in Fühlen, Denken und Handeln zu entdecken (Diagnose); ermöglichen, zu verstehen (Klärung) und Alternativen zu finden (Therapie, Aktion). Auf diese Weise tragen sie dazu bei, die persönliche Flexibilität und die Vielfalt an Optionen im Denken und Handeln zu erweitern. Kurzum: Wenn der Coach den Klienten dazu inspiriert, sich in lockerer Gedankenfolge mit Grundthemen zu beschäftigen, kann dies durchaus effektiv sein. Auch wenn sich der »return on investment« nicht sofort einstellt.

Aber eben: Dies ist nicht immer, das heißt in jeder Situation effektiv! Die Eule sollte von ihrem Baum hinuntergleiten, wenn sie sieht, dass sie am Boden mehr bewirken kann als durch das Beobachten vom Wipfel aus.

Der Coach sollte sein Selbstkonzept der empirischen Realität anpassen oder, schlicht gesagt: ehrlich sein. Er nimmt sich zwar vor, grundlegend und vor allem aus der Meta-Perspektive zu agieren und unparteiisch sowie enthaltsam (was Ratschläge betrifft) zu sein. Er begreift sich aber auch als Protegé seines Klienten und das wiederum schließt pragmatische Interventionen mit ein. Die praktische Coaching-Arbeit kann erfordern, dass der Coach direkt in den Prozess eingreift und sogar Empfehlungen ausspricht. Er diktiert diese aber nicht, sondern er offeriert Wahlmöglichkeiten. Diese werden mit dem Klienten ausführlich diskutiert, genauso wie ihre Funktion, wahrscheinliche Konsequenzen, ihre Chancen und Vorteile sowie Risiken und Nachteile. Manchmal allerdings liegen Angelegenheiten einem Klienten derart dringlich am Herzen, dass sie umgehend behandelt werden müssen. Dann kann es vorkommen, dass der Klient den Coach spontan anruft und ihn um Rat bittet. Es gibt also Situationen, in denen schlicht die Zeit fehlt, die drängende Angelegenheit ausführlich zu besprechen und das übliche Prozedere der (zugegebenermaßen recht aufwändigen) Erarbeitung eufunktionaler Alternativen zu durchlaufen. Unter solchen Bedingungen darf der Coach, so meine Ansicht, in Kenntnis seines Klienten und dessen beruflicher Einbettung Empfehlungen aussprechen.

Solange dies ausnahmsweise geschieht, sehe ich keinen Widerspruch zu den eingangs formulierten Grundansichten verantwortungsvollen Coachings. Es handelt sich um pragmatisch geleitete »Spots«, um Ausnahmen, nicht um das ganze Programm. Meine eigene Erfahrung zeigt zweierlei. Zum einen hat das idealisierte Selbstbild in der Praxis keine Chance. Zum Zweiten lässt die Bereitschaft zu besagten Ausnahmen

Exkurs: Das ideale Selbstbild des Coachs

Dieses Selbstbild hat inzwischen selbst die Zunft der Psychotherapeuten überwunden. Bereits Einsteins Relativitätstheorie und Heisenbergs Unschärferelation, geschweige denn die neuere Systemtheorie oder der Konstruktivismus, weisen darauf hin, dass der Beobachter stets selbst Systemelement, also Akteur ist und Wirkungen im Beobachtungsfeld hervorruft. Ob er das nun will oder nicht.

Nun, berufliches Einzel-Coaching steckt im deutschsprachigen Raum noch in den Kinderschuhen und stolpert trotz seiner Anleihen aus der Psychotherapie in der kritischen Selbstbetrachtung noch hinterher. Das mag damit zusammenhängen, dass diejenigen Coachs, die Berufspersonen betreuen, mehrheitlich ihre Identität noch suchen. Gegenwärtig leben sie ein Paradoxon: Viele entnehmen dem psychotherapeutischen Repertoire methodische und didaktische Anregungen. Gleichzeitig fühlen sie sich der etymologischen Herkunft des Begriffs Coach, nämlich der des Kutschers beziehungsweise dem Sport-Coach nahe. Kutscher und Sport-Coach gebärden sich aber (anders als der aufgeklärte Psychotherapeut) als von außen einwirkende Impulsgeber.

Ich weiß, ich bin hier etwas polemisch. Aber wie in jeder Polemik, so steckt auch in diesen Worten ein ernsthaftes Anliegen. Und ich will fair sein. Es gibt Coachs, die um ihre Bezogenheit auf Klienten und die damit verbundenen (gerade auch: nicht intendierten) Wirkungen wissen und sie in ihrer Arbeit berücksichtigen. Breitenwirkung genießt dies leider noch nicht.

Fakt ist, dass das zuerst genannte idealisierte Selbstbild den weit verbreiteten Glauben gebiert, in direktiver und pragmatischer Hinsicht Abstinenz üben zu müssen. Der Coach sollte sich darauf beschränken, Fragen zu stellen, zuzuhören, zu entlarven, und diagnostizierendes Sinnieren anregen. Er soll darauf verzichten, pragmatische Antworten, gar Empfehlungen zu formulieren.

das Ver- und das Zutrauen des Klienten zum Coach wachsen. Das Abweichen vom Prinzip deuten sie als »wider-willige«, gleichzeitig aber als progressive Maßnahme. Sie nehmen dem Coach ab, dass ihm das Wohlergehen und der Erfolg des Klienten ein Anliegen ist. Das Zutrauen in die Kompetenz wird genau durch diese Bereitschaft, »in die Bresche zu springen, wenn es brennt«, gestärkt. Beides kommt der weiteren Arbeit zugute: Der Klient »weiß«, dass das manchmal als orakelhaft oder sibyllinisch anmutende Fragen und Kommentieren des Coachs von Kompetenz und Zieltreue getragen ist und also Sinn macht. Außerdem schätzen Klienten »Holprigkeiten« im Coaching-Prozess zuversichtlich ein und akzeptieren sie als nötige Schritte im Vorankommen.

Zwei Ansätze im Einzel-Coaching

In der Literatur zum Einzel-Coaching dominiert eine Ablauf-Routine: Coach und Klient treffen sich zu vereinbarten Terminen zu etwa einstündigen Sitzungen. Meines Erachtens kommt dabei allerdings das Umfeld, genauer gesagt: der Klient in seiner Beziehung zu seinem Arbeitsumfeld zu kurz. Denn der Coach verlässt sich (ich resümiere das Gros mir bekannter Literatur) auf Informationen, die er aus offiziellen Quellen, wie etwa Geschäftsbericht, Organigramm, PR-Material sowie auf Informationen, die er vom Klienten erhält. Allesamt also Secondhand-Informationen.

Es wird Sie nicht überraschen, dass meine Arbeitsweise über eine derart begrenzte Sitzungskultur hinausgeht. Ich habe bereits darauf hingewiesen, dass die Coaching-Arbeit nicht »den Klienten selbst«, also seine Persönlichkeit unabhängig vom konkreten Aktivitätsfeld zum Gegenstand kürt. Deshalb kann sie sich normalerweise auch nicht auf dessen Aussagen (und auf offizielle Unternehmensdaten) beschränken. Coaching nimmt seinen Ausgang vom Klienten, kreist um ihn und speist Informationen ein, die außerhalb der unmittelbaren Interaktion von Coach und Klient gewonnen sind. Diese Informationen bezieht der Coach aus dem Umfeld, in das der Klient eingebettet ist. Der Coaching-Prozess muss den Klienten in seinem spezifischen beruflichen Umfeld »sehen«. Und zwar direkt und unvermittelt. Mir ist es in meiner Funktion als externer Coach, der neutral zur Kultur des Unternehmens und seinen Subkulturen steht, daher ein Anliegen, sowohl Einblick in die kulturellen Gegebenheiten und Gepflogenheiten zu erhalten als auch den Klienten bei der Arbeit zu erleben.

Die offiziellen Informationen sind eine Quelle – in der Regel aber nicht die wichtigste. Aussagekräftiger sind alle Informationen, die ich via Interviews, teilnehmender Beobachtung, »Feldforschung« und Supervision erhalte. (Dabei handelt es sich um qualitative Methoden insbesondere aus der Sozialforschung. Die Supervision hat ihren Ursprung im psychotherapeutischen Raum, in Sozial- und Gesundheitsberufen.) Ich schildere jetzt, wie ich diese methodischen Konzepte in meine Arbeit integriere.

Methoden im Coaching

Schattentage

Nach dem Erst-Gespräch vereinbare ich mit dem Klienten sogenannte Schattentage (s. auch S. 19f.). Je nach Coaching-Anlass sind das drei bis zehn Tage. An diesen Tagen »spiele« ich Schatten: Ich begleite den Klienten (mit Ausnahme eines gewissen Örtchens) überallhin. Ich beobachte ihn bei der Schreibtischarbeit, höre seine Telefonate, bin bei Besprechungen mit internen und externen Kunden anwesend. Während dieses Schatten-Daseins verhalte ich mich in der Regel ruhig, lasse den Klienten weitgehend unbehelligt seine Arbeit tun. Ich unterbreche seinen Arbeitsfluss nur dann, wenn ich den Eindruck habe, sofort etwas erfahren zu müssen, um es zu verstehen (etwa mit wem er gerade so angespannt telefoniert hat). Häufig notiere ich Unverständliches und bitte erst am Ende des Tages um Auskunft. Dieses Fließenlassen ist meiner Meinung nach unbedingt erforderlich. Nur so kann der Klient meine Präsenz schnell vergessen und verhält sich in der Dynamik seiner gewohnten Muster (die ja Gegenstand unserer Arbeit sind). Um diese Absicht, ignoriert zu werden, zu unterstützen, platziere ich mich im Raum so, dass ich leicht übersehen werde. Wenn möglich, sitze ich im Rücken des Klienten und bleibe auch, wenn er herumläuft beziehungsweise sich stehend mit anderen Personen unterhält, hinter ihm. Zum Erstaunen vieler Klienten – und meiner Erleichterung – vergessen sie mich wirklich binnen kurzer Zeit!

Der Abschluss eines Schattentages fällt unterschiedlich aus. Je nachdem, wie ich die Bedeutung der Ereignisse des Tages für den Klienten und den Grad seiner Erschöpfung einschätze, lasse ich mir noch in einer »Blitzlicht- Revue« schlaglichtartig mitteilen, wie der Klient was erlebt hat. Häufig stelle ich Fragen, die sich auf bestimmte Ereignisse beziehen. Es kommt aber auch vor, dass wir das »Blitzlicht« unterlassen. Gewöhnlich treffen wir uns nach dem dritten Schattentag für eine ausführlichere Reflexion. Diese Sitzung dauert dann drei bis vier Stunden. In ihr arbeiten wir die Themen auf, die sich aufgrund meiner Beobachtungen und der Geschehnisse während der Mitlaufzeit manifestiert haben. Diese Aufarbeitung führt dazu, dass Coach und Klient im Erst-Gespräch definierte Ziele überprüfen und gegebenenfalls neue Anforderungen und Ziele formulieren. (Diese Feedback- oder Revisions-Schlaufen wiederholen wir während des Coaching-Prozesses mehrmals.)

Supervision von Meetings, Mitarbeitergesprächen und Teamsitzungen

Die Schattentage gewähren mir einen Einblick in den Alltag und das routinierte Verhalten des Klienten in seinem Arbeitsumfeld. In der Supervision von Meetings und Gesprächssitzungen lerne ich sowohl Meeting- und Kommunikationskulturen kennen als auch Verhaltensweisen des Klienten in für ihn herausgehobenen Situationen. Dazu gehört auch das Mitarbeitergespräch, das primär Auskunft gibt über die Beziehung zwischen Führungskraft und Mitarbeiter sowie über sein Führungsverhalten. Ich möchte nochmals betonen, dass all diese sowie die noch zu nennenden Maßnahmen ausnahmslos mit dem Einverständnis des Klienten erfolgen.

Interviews und Befragungen

Ich interviewe in der Regel einzelne Personen, wie etwa Vorgesetzte, Kollegen, Mitarbeiter. Mit der Befragung ziele ich auf schriftliche Befragungen von Mitarbeitern und/oder Teamkollegen, die parallel zu den Interviews stattfinden oder diesen folgen. Je nach Lage der Dinge erfolgt die Verarbeitung der diversen mündlichen und schriftlichen Befragungen anonym oder nicht. Interviews und Befragungen führe ich dann durch, wenn es für die anvisierten Veränderungsziele relevant ist zu erfahren, wie der Klient von anderen Personen beziehungsweise Gruppen wahrgenommen wird. (Etwa wenn es um Aspekte im Führungsverhalten geht.)

Moderation

Insbesondere die Themen »effektive Teamführung«, »Entwicklung eines Teams« oder »Teamgeist« können den Klienten motivieren, mich zu bitten, eine Abteilungs- oder Teamaussprache zu moderieren. Wir bereiten uns darauf vor und bearbeiten das dort Geschehene selbstverständlich gemeinsam nach. Häufig flechten wir in die Moderation ein, die Beteiligten anzuregen, sich zu bestimmten Maßnahmen zu verpflichten (Commitments einzugehen). Dies überschreitet zwar strikte Moderation. Andererseits assistiere ich meinem Klienten dabei, zielorientiertes Arbeiten für die Zeit zu fördern, die auf eine Moderationssitzung folgt.

Sie sehen, liebe Leserinnen und Leser, ich nähere mich dem Klienten in der Coaching-Arbeit aus verschiedenen Richtungen. Die skizzierten Aktivitäten wähle ich situativ und bedarfsbezogen. Schattentage gibt es immer, allerdings nach Zahl und Intervallen individuell.

Erlauben Sie mir, diese Ausflüge, die ich als Coach in das Arbeitsumfeld meiner Klienten unternehme, ausführlich zu begründen: Meines Erachtens ist es sinnvoll, den personellen und kontextuellen Kreis auszuweiten, und nötig, ja sogar ein Muss verantwortungsvollen Coachings. Denn: Das Fühlen, Denken und Handeln des Klienten findet in konkreten Zusammenhängen (Situationen, Rahmenbedingungen) statt. Das Verhalten wird davon beeinflusst, gleichermaßen wie es selbst diese mitgestaltet. Da wir es folglich mit einer Beziehung zu tun haben, die sich durch wechselseitige Prägung auszeichnet, können wir die Abläufe, Eigenheiten und Muster des Klienten nur eingebettet in ihrem Umfeld nachvollziehen und verstehen.

Ferner: Coaching ist eine Unterstützung dafür, sich im beruflichen Umfeld adäquater zu bewegen (was immer das in der konkreten Situation genau heißt). Die Auswirkungen der Coaching-Arbeit sollen sich – so Anlass und Ziel – innerhalb eines bestimmten Handlungs- und Aufgabenrahmens bewähren. Dafür muss Coaching handlungs- und zielrelevante Arbeit leisten. Dies wiederum bedingt, dass das Umfeld des Klienten in den Coaching-Prozess einbezogen wird. Erzählungen des Klienten sowie formale Informationen über das Unternehmen und seine Teilbereiche offenbaren jeweils nur eine Perspektive. Sie sind »gefiltert« und stets im Zusammenhang mit ihrer Entstehung, Deutung und Verarbeitung von Interessen geleitet. Also hochselektiv und parteiisch.

Der Gesamtzusammenhang besteht indes aus weiteren Puzzleteilen. Für den systemisch oder ganzheitlich denkenden und arbeitenden Coach gilt es, möglichst viele

Teilchen – und damit Einflussgrößen – zu kennen. Denn, wie gesagt, zwischen System und Umfeld, zwischen Klient und Aktivitätsraum finden Wechselwirkungen statt, und zwar in Form von Beeinflussungen, Anforderungen und Erwartungen. Gestalt-theoretisch gesprochen: Die Figur (Klient) wird nur vor seinem Hintergrund (das Aktionsfeld) erkennbar und sein Verhalten nachvollziehbar. Der Coach ist angesichts dieser Figur-Hintergrund-Konfiguration gefordert zu identifizieren, was exakt im Vordergrund steht und welche Konsequenzen dies nach sich zieht. Je mehr der Coach über den Hintergrund oder das System (beziehungsweise die Sub-Systeme), auf dem beziehungsweise in dem sich der Klient bewegt, in Erfahrung bringt, desto fundierter, umfassender und zielbezogener kann er den Klienten unterstützen.

Um Ihnen einen Eindruck von den Komponenten zu geben, auf die der Coach ein Augenmerk richten sollte, nenne ich nun die wesentlichen. Dass der Coach die non-verbalen und verbalen Kommunikationsweisen sowie die Handlungen des Klienten beobachten sollte, versteht sich von selbst. Das Gleiche gilt für Personen, mit denen er interagiert. Der Coach sollte ferner auf alle ihm zugänglichen unternehmenskulturellen Daten achten, die sich als mitbestimmend für das Klientenumfeld sowie -verhalten erweisen. Dazu gehören: explizite, manifeste und implizite, latente formelle wie informelle Normen, Werte und Regeln. Es ist zu prüfen, welche von ihnen gelten, welche von ihnen im Handeln befolgt werden und welche Funktionen sie erfüllen. Der Coach sollte Normen und dergleichen stets auch auf Kongruenz und Divergenz von gewollt/nicht-gewollt, von Soll oder Wunsch und Ist oder Tatsächlichkeit beleuchten. Außerdem geben Redewendungen, Witze, Geschichten, Anekdoten usw. Auskünfte über Wertvorstellungen und Präferenzen, Einstellungen und Erfahrungsinhalte. Einen guten Einblick in Kultur und Klima gestatten zudem Kommunikationsstile und Kooperationsverhalten. Dazu zähle ich auch, auf welche Weisen Wert- und Gering-schätzung sowie interne und externe Kundenorientierung gelebt werden. Neben strukturellen und organisatorischen Regularien, die das Führungshandeln und die Zusammenarbeit mitbestimmen, sollte sich der Coach auch um konkrete Anhalts-punkte kümmern, die über Aspekte der Führungs- und Mitarbeiter-Philosophie so-wie darauf bezogene Rollenzuschreibungen und Anforderungen informieren.

Diese Ausführung ist nicht erschöpfend, umreißt aber das Wichtigste. Die Aufgabe des Coachs ähnelt hier den Funktionen des Kulturmanagers (vgl. dazu mein Buch »Selbsttraining für Führungskräfte«). Die spezielle Anforderung an den Coach besteht darin, die Vielfalt der Informationen zum Klienten in Bezug zu setzen. Er muss die Masse und Verschiedenartigkeit der Informationen selektieren, um den Coaching-Prozess voranzubringen.

Zwei Coaching-Ansätze fasse ich nun nochmals zusammen: Ein Ansatz sieht aus-schließlich Einzelsitzungen vor. Coach und Klient arbeiten in Form des Dialogs und allein. Der zweite Ansatz bereichert die Sitzungen um Ergebnisse aus Aktivitäten im Beruf. Der Coach lernt über Schattentage, Supervisionen und Befragungen das kon-krete Arbeitsumfeld und die Beziehungen des Klienten zu anderen Akteuren näher kennen. Diese Maßnahmen sind mit dem Klienten vereinbart und werden offen in die Arbeit eingeflochten.

Rhythmen im Coaching

Zahlreiche Autoren zum Thema Coaching standardisieren und verwechseln dies mit Systematik. Ihr Bemühen um klare Struktur gipfelt darin, die Prozessphasen, die ein Coaching durchläuft, in ihrer Abfolge analytisch und inhaltlich vorzudefinieren. Im Extrem führt dies dazu, jeder Sitzung eine Phase samt Funktion und Kategorie zuzuordnen (so etwa Holbernd/Kochanek 1999). Eine solche Vorgehensweise mag zwar den Vorteil jeder Struktur haben: Ordnung herzustellen. Im Coaching-Prozess halte ich dies für deplatziert; denn es widerspricht

- dem Prozesscharakter und damit der dem Coaching innewohnenden Dynamik nd Unvorhersehbarkeit der Ereignisse,
- der geforderten Flexibilität der Interventionen,
- dem Gebot, situative Dringlichkeiten zu berücksichtigen sowie
- spontane, dennoch zielgerichtete Themen- und Richtungswechsel zuzulassen,
- der Notwendigkeit von Feedback- und Wiederholungsschleifen,
- der Individualität eines jeden Coachings.

Freilich, jeder Coaching-Prozess durchläuft bestimmte Phasen (des Kennenlernens und Abtastens, des Öffnens und Schließens, der Zuversicht und Resignation und Ähnliches). In meiner Arbeit nutze ich die Kategorien analytisch: zur Orientierung, Diagnose und Prognose in meiner Vor- und Nachbereitung. Ich gebrauche sie nicht, um einzelne Sitzungen oder eine Sitzungs-Reihe vorzudefinieren. Coaching und Standardisierung widersprechen einander. Der Coaching-Verlauf ist grundsätzlich offen zu halten für Neues, anderes und Spontanes ebenso wie für Rückbesinnung, Wiederholung und Feedback.

Sitzungsdauer

Wie im ersten Kapitel erwähnt, ist eine Sitzungsdauer von etwa einer Stunde (50 bis 60 Minuten) verbreitet. In meiner Arbeit verfahre ich insofern unorthodox, als ich die Dauer einer Sitzung häufig variabel halte. Üblicherweise setze ich für eine Sitzung etwa 90 Minuten an. Je nach Anliegen und Dringlichkeit kann sie diesen Rahmen überschreiten und bis auf zwei Stunden ausgedehnt werden. Es kann auch sein, dass der Klient und ich uns bereits in der Vorbereitung auf die folgende Sitzung bestimmte Themen vorgenommen haben, deren Bearbeitung mehr als die gewöhnliche Dauer verlangt. Das kalkulieren wir dann für die nächste Sitzung entsprechend ein. Zudem berücksichtige ich das Zeitreservoire des Klienten. Das kann beispielsweise heißen, dass eine Sitzung, für die 90 Minuten vorgesehen sind, nur 60 Minuten dauert.

Auch wenn diese flexible Handhabung der Zeiteinteilung für das Planungsinteresse des Coachs nachteilig ist, überwiegen meines Erachtens die Vorteile. Sie dient dem Klienten und damit dem Fortschritt im Coaching- Prozess.

Das erste Gespräch

Mit dem ersten Gespräch meine ich die erste persönliche Begegnung mit dem Klienten. Dieses Gespräch dient dem gegenseitigen Abtasten, um zu prüfen, ob eine Zusammenarbeit möglich ist. Inhaltlich betrachtet, verschafft sich der Coach einen ungefähren Überblick über das Anliegen des Klienten und beantwortet diesem Fragen zum Prozedere des Coachings und zu den anfallenden Kosten. Kommen beide überein, miteinander arbeiten zu wollen, werden erste Termine für die verabredeten Aktivitäten definiert. (In meinem Fall sind das die »Schattentage« und die erste darauf folgende Sitzung.)

»Handwerkszeug« in der Coaching-Arbeit

An dieser Stelle ist es weder opportun noch möglich, die gesamte Spannbreite der Theorien, Modelle, Konzepte und Methoden aneinander zu reihen, von denen sich Coaching-Arbeit leiten lässt. Ich konzentriere die Darstellung deshalb auf diejenigen, die für ein seriöses Coaching mehr oder weniger grundlegend sind und jedenfalls meine Arbeit maßgeblich mitgestalten. Zur Erinnerung: Im Coaching geht es um

- *Diagnose* (des Ist-Zustandes: Deutungs- und Handlungsmuster, soziale und systemische Variablen sowie Zusammenhänge, die relevant für den Klienten sind),
- *Klärung* (von Ist- und Soll-Zustand inklusive der Reflexion grundlegender und entscheidender mentaler, psycho- und soziodynamischer sowie systemischer Komponenten, wie beispielsweise Vorannahmen, individuelle Verarbeitungsprozesse, Umfelddeterminanten, Klärung der Funktionen von Geschehnissen, Normen, Rede- und Verhaltensweisen),
- *Beschreibung* (von Situationen, Erlebnissen, beobachteter Phänomene in Interaktionen, gegenwärtiger Bedingungen),
- *Erarbeitung* (neuer Denk-, Deutungs-, Fühl- und Handlungsoptionen),
- *Befähigung* (Erkenntnisse in Optionen transformieren, in der Praxis umsetzen).

Damit ist der Dialog Dreh- und Angelpunkt des Coaching-Prozesses. Modelle beziehungsweise Ansätze, die dem Coach helfen, das Gespräch offen und vertrauensvoll sowie zielführend zu gestalten, sind:

 Das Vier-Ohren-Modell von Schulz von Thun, bereichert um die fünfte Dimension der Selbstprogrammierung durch Sprechen und Handeln von O. Neuberger. Beide Modelle sind geeignet, die Bedeutungsvielfalt und damit die inhärenten Botschaften von Gesprochenem für den Sender wie für den Empfänger zu erfassen. Die Modelle können eingesetzt werden, um für das eigene sowie für das Sprech- und Deutungsverhalten anderer Personen zu sensibilisieren. In der Folge können Maßnahmen erarbeitet werden, um die persönlichen kommunikativen Beiträge so zu senden (verpacken), dass die Wahrscheinlichkeit wächst, die gewünschten Wirkungen (Deutungen) zu erzielen. Ferner können persönliche Hör- beziehungsweise Deutungsgewohnheiten beleuchtet und ebenfalls in gewünschter Weise verändert werden.

 Die Gesprächsstile nach Schulz von Thun. Sie eignen sich, um die Gesprächstypik und deren Funktion wie Wirkungen herauszuarbeiten. Auch sie eröffnen Ansatzpunkte, um die persönliche Kommunikationsweise zu verbessern.

Das Modell der Transaktionsanalyse. Mit ihm können neben aktuellen Verhaltensdominanzen der Person auch Interaktionsverläufe erhellt werden. Die Transaktionsanalyse kann im Rahmen der Persönlichkeitsarbeit ebenso genutzt werden wie im Rahmen sozialer, insbesondere kommunikativer Abläufe. Mit ihr können Muster und Wirkungen im Verhalten untersucht und Wege erarbeitet werden, wie der Klient persönliche Schwerpunkte in Verhaltensbereitschaften und im Handeln verändern kann.

 Diesen Erkenntnisgewinn ermöglicht auch das Arbeiten mit **tiefenpsychologischen Kategorien.** Sie dienen dem tieferen, weil psychologisch geleiteten Verständnis von Interaktionen und deren Funktionen. Sie legen die Betonung auf unbewusste Verhaltensweisen oder allgemeiner: Reaktionsbereitschaften und faktisches Verhalten.

 Die Kenntnis von **Konflikttheorien** sind für analytische und diagnostische sowie für therapeutische (aktionsbezogene) Überlegungen grundlegend. In der Coaching-Arbeit leisten insbesondere drei konflikttheoretische Ansätze wertvolle Dienste. Es handelt sich, erstens, um Theorien, die sich mit inneren (intrapersonalen) Konflikten beschäftigen; zweitens um Theorien, die zwischenmenschliche und hier vor allem Spannungen zwischen zwei Personen behandeln; und drittens um Theorien, die die Kommunikation und Kooperation in kleineren Gruppen (Mikrobereich) ins Zentrum rücken. (Vgl. dazu »Konflikte managen« 2000.)

 Gesprächs»techniken« wie aktives und analytisches Zuhören, gezielt Fragen stellen, Feedback geben und erhalten. Diese aus dem gesprächspsychotherapeutischen Bereich entlehnten Gesprächs»techniken« erlauben es, sowohl das eigene Dialogverhalten kritisch zu reflektieren als auch die persönliche Aufmerksamkeit dem Partner gegenüber zu erhöhen und auf diese Weise sowohl die verbalen als auch die non-verbalen Botschaften aufzunehmen und an sie anzuknüpfen. Sie sollten vom Coach angewendet und gegebenenfalls an den Klienten vermittelt werden.

 Integration nonverbaler Zeichen. Hiermit meine ich die ausdrücklich non- verbalen Dimensionen des Kommunizierens. Insbesondere für den Coach ist es zentral, mit allen Sinnen wahrzunehmen und wachsam zu sein. Ich halte diese Seite des Kommunizierens für wesentlich, um sich dem Klienten ganzheitlich zu widmen und Nicht-Ausgesprochenes zu realisieren.

Neben diesen Ansätzen, die sowohl der Analyse beziehungsweise Diagnose als auch der »Therapie« im Sinne von Möglichkeiten dienen, Problemlagen zu bearbeiten, mache ich methodische beziehungsweise didaktische Anleihen bei folgenden Konzepten oder Methoden:

 Dem Neurolinguistischen Programmieren (NLP) als Konzept, das zahlreiche psychotherapeutische Ansätze vereinigt und die nonverbale Dimension sowie die Kraft der

Imagination/Visualisierung exponiert und auch den Körper einsetzt. Die hauptsächliche Funktion sehe ich darin, Problematisches zu klären und Alternativen auszuprobieren. Wesentliche Stichworte sind hier: Sinneskanäle, Meta-Sprache, Rapport, Umdeutungsflexibilität, Ankern, Ökocheck.

 RET: Um sowohl Verstehensprozesse zu fördern als auch zu Umdeutungsaktivitäten anzuregen, arbeite ich mit dem Konzept der *Rational Emotiven Therapie.*

 Das innere Team nach Schulz von Thun (sehr verwandt der Arbeit mit »Teilen« des Ichs im NLP) als Modell, das innere Konflikte extrahieren hilft. Dies leistet es, indem mittels der inneren Diskussion untersucht wird, was warum konfliktär ist, welche Lösungsvarianten zugunsten und zuungunsten welcher Stimme (Position/Interesse) geht und welche Lösung die adäquateste ist.

 Modelle (insbesondere das Feedback-Modell aus der Gestalttherapie) und **Fragestellungen,** die das Selbstbild des Klienten beleuchten und somit den Umgang mit sich selbst erleichtern. Sie räumen zudem die Möglichkeit ein, sich bewusst(er) zu verhalten, um die Wahrscheinlichkeit zu erhöhen, erwünschte Wirkungen zu erzeugen.

 Rollenspiele (mit imaginierten Antagonisten gemäß der Gestalttherapie) oder als szenische Darstellung erlebter beziehungsweise erwünschter Interaktionsverläufe mit oder ohne Rollentausch. Entweder übernimmt der Klient alle Rollen oder ich übernehme eine der relevanten Rollen. Die wichtigsten Funktionen sehe ich darin, mit verschiedenen Möglichkeiten zu experimentieren (aus der Aktionsforschung) und Optionen zu erarbeiten, die in der Praxis realisierbar sind. Ferner schälen sie persönliche Eigenheiten wie Sensibilitäten, Ängste, Stärken heraus, rücken diese stärker ins Bewusstsein und ermöglichen, mit ihnen Optionen zu entwerfen. Unter anderem integriere ich hier

- *Sprachspiele:* gemäß der Erkenntnis, dass wir uns über Sprache immer auch selbst erschaffen und profilieren, wie wir ferner andere in ihrem Verhalten »programmieren« sowie »Realitäten« schaffen. (Mit diesem Thema befassen sich vorzugsweise die Theorie des kommunikativen Handelns, die Rational Emotive Therapie sowie der Konstruktivismus.) Die wesentlichen Funktionen sehe ich darin, Klientinnen und Klienten für die gestalterische Kraft von Sprache zu sensibilisieren und unterschiedliche Optionen der Umdeutung und Umformulierung ausprobieren zu lassen.
- *Hausaufgaben:* Der Klient verpflichtet sich, eine vereinbarte Maßnahme (zum Beispiel eine Verhaltensweise) in der Praxis zu erproben. Die Funktion besteht darin zu überprüfen, ob eine Maßnahme praktikabel ist und die gewünschten Effekte folgen. Außerdem soll der Klient Mut und Sicherheit im neuartigen Verhalten gewinnen. Er soll erfolgreiche Veränderungen erleben und in das persönliche Repertoire aufnehmen.

Risiken und »Fallen«

Von einem Coach wird viel verlangt: seitens der Autorinnen und Autoren, die über Coaching schreiben; seitens des Coachs selbst sowie seiner Kolleginnen und Kollegen; seitens der Klienten und Auftraggeber sowie hinsichtlich der Frage wie »gutes« oder »professionelles« Coaching auszusehen habe.

Die *Anforderungen*, die ein Coach an sich selbst und die andere an ihn richten, formuliere ich gerne in der Form von *Paradoxien*. Paradoxien sind in sich widersprüchlich oder widersinnig. Sie sind damit so strukturiert oder angelegt, dass es prinzipiell unmöglich ist, sie zu leben. Ich wähle diese überspitzte Form der Darstellung, um Extreme zu enttarnen beziehungsweise um das Nebeneinander diametral entgegengesetzter Erwartungen zu trennen. (Nebenbei: Wenn ein Mensch ständig paradoxen Verhaltenserwartungen ausgesetzt ist, tendiert er dazu, »ver-rückt« zu reagieren. In der Schizophrenie-Forschung hat sich gezeigt, dass Kinder, die von ihren Bezugspersonen antagonistischen Aufforderungen ausgesetzt sind, psychisch erkranken. Zum Beispiel sagt ein Vater seinem Kind: »Ich habe dich sehr lieb« und streckt dem Kind gleichzeitig (!) abwehrend die Hände entgegen oder dreht sich vom Kind weg.)

Anstatt von Paradoxien können wir auch von *dilemmatischen Situationen* sprechen. Dies sind Situationen, die nicht eindeutig sind – folglich gibt es kein »richtiges« Verhalten. Paul Watzlawik demonstriert dies gern anhand der folgenden Anekdote: Eine Mutter schenkt ihrem Sohn zwei Krawatten: eine rote und eine blaue. Am nächsten Morgen kommt der Sohn freudestrahlend in die Küche – mit der roten Krawatte um den Hals. Die Mutter, enttäuscht blickend: »Ach, die blaue gefällt dir wohl nicht?« – Nun, liebe Leserinnen und Leser, was hätte der Sohn tun können, um es der Mutter recht zu machen? Hätte er die blaue Krawatte umgebunden, fiele die Reaktion ebenso aus wie oben zitiert. Bindet er beide Krawatten um, hielte sie ihn für verrückt. Bindet er keine um, hielte sie ihn für einen schlechten Sohn. Der Sohn steckt in einem Dilemma oder einer paradoxen Erwartungssituation und hat die Wahl zwischen »mad or bad«, verrückt oder böse.

Warum erzähle ich Ihnen das? Nun, ich möchte Sie, wie angekündigt, mit einigen zentralen *Anforderungen* bekannt machen, die ein Coach verinnerlichen und befolgen sollte. Einige dieser Anforderungen sind paradox oder dilemmatisch. Und es ist besonders wichtig, diese zu erkennen.

Ganz grundsätzlich möchte ich alle diejenigen, die Coaching bereits praktizieren beziehungsweise die sich darauf vorbereiten, Coachings durchzuführen, ermuntern, sich mit strukturell definierten Möglichkeiten und Unmöglichkeiten zu beschäftigen. Die paradoxe oder dilemmatische Struktur zu erkennen, halte ich nicht nur für hilfreich, sondern sie ist meiner Überzeugung nach bereits die erste Anforderung an den

Coach (sie ist im Übrigen eindeutig, nicht paradox). Denn fehlt diese Erkenntnis oder, milder, das Gespür für Mögliches und Unmögliches, werden die besagten paradox angelegten Probleme für lösbar (im Sinne von auflösbar) gehalten. Halten wir Probleme für Herausforderungen, die wir in dieser auflösenden Art bewältigen können, engagieren wir uns für sie. Engagieren wir uns, bedeutet dies, dass wir Energie, Willen, Ehrgeiz und Disziplin aufbringen, um die Lösung zu erarbeiten. Setzen wir uns dagegen für ein strukturell unmögliches Unterfangen ein, verschwenden wir Energie. Für den Coach ist dies vor allem psychische Energie. Er wendet sie für etwas auf, das zum Scheitern verurteilt ist. Er ringt mit sich und den realen oder irrealen Anforderungen. Während dieses Kampfes reibt er sich auf. Er bleibt erfolglos. In diesem Prozess spricht sich der Coach seine Befähigung zum Coach in wachsendem Ausmaß ab und zerstört sich allmählich selbst in seiner beruflichen Identität. Ich weiß, das klingt dramatisch. Nüchterner formuliert bedeutet das: Je mehr der Coach dieses erfolglose Abmühen erfährt, umso mehr wächst das Risiko, auf die nicht gelingende Auflösung der (nicht als paradox erkannten) Schwierigkeiten mit Impulsen oder Tendenzen zu reagieren, die am Selbstwertgefühl und der Kompetenz nagen und in der Resignation enden können. Das muss nicht sein.

Neben den Paradoxien möchte ich Ihre Aufmerksamkeit auf weitere heikle Situationen lenken, mit denen Sie sich früher oder später auseinander setzen müssen. An Klienten richte ich diese Ausführungen, damit sie eine Vorstellung davon gewinnen, warum ein Coach unterschiedlich auf sie wirken kann. Etwa, warum ein Coach sich zuweilen sehr zugeknöpft oder – im Gegenteil – besonders offen oder Anteil nehmend verhält. Coachs und Klienten sollten erkennen, dass ein Coach »auch nur ein Mensch« ist. Das meine ich nicht als Allheilmittel oder Alles-Entschuldigung. Der (eigentlich triviale) Hinweis soll hervorheben: Menschliches-Allzumenschliches kann ein noch so erfahrener Coach nicht ausklammern. Er kann – und das ist so schwierig wie verdienstvoll – sowohl die Paradoxien als auch die weiteren Ansinnen pragmatisch übersetzen und umgestalten. Hält er sich dabei an das Grund-Ethos des Coachings, handelt er professionell und verantwortungsvoll.

Anforderungen an den Coach

Nach diesem langen Vorwort kommen wir endlich zu den Anforderungen! Ein Coach soll sozial, emotional und intuitiv sowie methodisch kompetent sein. Lassen Sie uns einige Sachverhalte dieser Kompetenzen betrachten.

Emotionale Kompetenz

Emotionale Kompetenz eines Coachs manifestiert sich durch seine Fähigkeit, sich in den Klienten einzufühlen und in seine Situation hineindenken zu können. Gleichzeitig – Achtung: ein Paradoxon – soll der Coach »objektiv«, nüchtern und unparteiisch sein. Das ist zusammen natürlich nicht möglich. Übt sich ein Coach in Empathie, nimmt er bereits Partei und ist nicht mehr objektiv. Den Ausweg aus diesem Dilemma kann der Coach wie folgt einschlagen. Zunächst ruft er sich die Grunddistanz zum Klienten ins Bewusstsein. Der Klient ist ein vom Coach verschiedenes Individuum mit einer eigenen Geschichte. Das klingt einfach, ist indes in der Ausführung nicht immer leicht zu beherzigen. Denn je mehr wir uns in einen anderen Menschen hineinversetzen, in ihn hineintauchen, desto mehr verlieren wir an Distanz. Ein weiterer Schritt liegt darin, gezielt die Meta-Ebene einzunehmen. In diesem Fall findet sich der Coach in einer typischen Doppelrolle: sowohl Akteur als auch Beobachter zu sein. Jene Coachs, die beanspruchen, der Freund ihres Klienten zu sein, tun sich mit dem zweiten Teil der Doppelfunktion schwerer als jene, die Klienten als Geschäftspartner beschreiben und begreifen. Je tiefer ein Coach in die Persönlichkeit des Klienten hineindringt und je persönlicher die Ebene ist, auf der sie arbeiten, desto diffiziler ist es, Grunddistanz und Meta-Ebene einzuhalten. Und – auch das ist ein Risiko – desto größer wird die (nicht bewusste) Neigung beim Coach zu projizieren (beispielsweise eigenen Ehrgeiz, eigene Ziele) und auf diese Weise den Klienten zum Agenten seiner eigenen Ambitionen umzufunktionieren.

Intuitive Kompetenz

Intuitive Kompetenz wird vom Coach verlangt. Das heißt, er hat zu »erspüren«, was den Klienten »wirklich« beschäftigt. Gleichzeitg – Achtung: wieder ein Paradoxon – erwarten Klienten von ihm, alles glasklar in Worte fassen und erklären zu können. Dieses Dilemma kann der Coach dadurch entschärfen, indem er zugibt, nicht alles mit dem Verstand zu erfassen, nicht jedes Detail erläutern und nicht jede Beobachtung benennen zu können. Er gesteht dem Klienten, dass er sich auch von Eingebungen und Spürsinn leiten lässt. Praktisch relevant ist allerdings, dass sich der Coach in seinen Inspirationen und Intuitionen vom Klienten korrigieren lässt!

Methodische Kompetenz

Vom Coach wird ferner methodische und systematische Stringenz erwartet. Gleichzeitig – hoppla, wieder ein Paradoxon – soll er flexibel und unorthodox sein. Das impliziert zuerst einmal: Der Coach soll durchaus vom Wege abkommen, seine Systematik verlassen und anti-methodisch agieren können.

Diese widersprüchlichen Anforderungen können dazu führen, den Coaching-Prozess undurchsichtig werden zu lassen. Dies gilt vor allem für den Coach, der mehr intuitiv als kognitiv gesteuert handelt. Der Klient kann dann den Interventionen des Coachs nicht mehr folgen. Abwegigkeit und Intransparenz erscheinen als chaotisch (nicht verstehbare Ordnung). Auch dieses Paradoxon kann der Coach pragmatisch umwandeln. Grundsätzlich wohnt dem heillosesten Durcheinander eine Ordnung und Methode inne (das wissen wir spätes»tens seit der Chaos- und Systemtheorie). Dies allein hilft aber weder dem Coach noch dem Klienten. Der Coach muss das Chaotische einsichtig und deutlich machen und dabei sein Methodenverständnis, das seinen Schlussfolgerungen zugrunde liegt, transparent werden lassen. Er muss dem Klienten verständlich machen, wann er aus welchen Gründen eine Methode oder Systematik verlässt. Auf diese Weise kann er glaubwürdig vermitteln, dass er methodisch den-und-den Weg geht, sich aber die Freiheit nimmt, im Falle der- und-der Konditionen von ihm abzuweichen. In der Regel schätzen Klienten die Beweglichkeit, die der Coach im Wechsel von Methodik und (gelenkter) Spontaneität beweist; denn es kommt ihnen zugute. Dies heißt ja Flexibilität: sich den wechselnden Bedingungen schnell anpassen zu können.

„UND WAS GIBT IHNEN DIE ZUVERSICHT, DER RICHTIGE
COACH FÜR UNSER UNTERNEHMEN ZU SEIN?"

Fallgruben in der Coaching-Arbeit

Die soeben skizzierten Dilemmata zeigen die wichtigsten Fallgruben, in die ein Coach hineinstolpern kann. Um diese Fallen zu konkretisieren und sie Ihnen näher zu bringen, möchte ich einige detaillierter schildern.

Sympathie – Antipathie

Wir alle wissen aus Erfahrung, dass es uns an unserem non-verbalen und verbalen Verhalten anzumerken ist, ob und wie sympathisch uns ein anderer Mensch ist. Ist uns jemand angenehm, befassen wir uns lieber mit ihm, engagieren uns mehr und räumen ihm »Sonderkonditionen« ein. So ergeht es auch dem Coach. Es gibt Klienten, die sind ihm sehr sympathisch und andere sind es weniger. (Ich spreche von differenten Sympathie-Stufen, weil A-Pathie oder gar Anti-Pathie eine Coach-Klient-Beziehung ohnehin unmöglich machen.) Normalerweise bleibt den Klienten der Unterschied in der Sympathie (und auf diese Differenz kommt es hier an!) verborgen. Denn sie können nicht vergleichen. Es sei denn: Die Klienten kennen sich, weil sie beispielsweise aus einem Unternehmen kommen und miteinander über das Coaching oder über den Coach reden. Dann könnten sie Abweichungen bemerken, dass der Coach beispielsweise die Möglichkeit, ihn außerhalb der vereinbarten Termine zu konsultieren oder anzurufen, unterschiedlich gewährt.

Nun, was folgt daraus für den Coach? Gewiss ist die Forderung, er solle alle Klienten gleich behandeln, professionell legitim. Sie ist in formaler Hinsicht sogar erfüllbar. Er müsste »nur« darauf verzichten, unterschiedliche Konditionen einzuräumen. In der Praxis ist das als Leitlinie sinnvoll, als ausnahmslose Regel aber heikel. Denn es gibt Klienten, bei denen es beispielsweise angeraten ist (sei es aus Sympathie, sei es aufgrund der Dringlichkeit und damit verbundenen gelebten Empathie), ihnen zu erlauben, auch »außer der Reihe« anklopfen zu dürfen. Dies sollte – schon aus Gründen des Fortschritts im Coaching-Prozess – nur vorübergehend gelten. Konspirative Verabredungen der Art: »Aber sagen Sie das bitte nicht weiter«, halte ich für nicht empfehlenswert. Unter anderem deshalb nicht, da sie die Coach-Klient-Beziehung in einen Geheimbund verwandeln. Es gibt Coachs, die mit dieser Geheimnis- Pädagogik arbeiten, um dem Klienten das Gefühl zu geben, jemand ganz Besonderes zu sein, um ihn damit stärker zu binden. – Letztlich obliegt es dem Ethos des Coachs, mit diesem Dilemma: individualisierte Klienten-Zentrierung und Gleichbehandlung umzugehen. Ein Coach sollte sich in dieser Entscheidung stets von seinen Grundannahmen und Glaubenssätzen leiten lassen – und von dem Wissen, dass es der Klient ist, der den Daumen hebt oder senkt.

Selbstwertgefühl

In der Interaktion von Klient und Coach kann es vorkommen, dass der Coach sich verletzt fühlt. Es kann zu Verletzungen kommen, wenn der Coach Bemerkungen oder mimische wie körpersprachliche Zeichen des Klienten falsch auffasst und als Veralberung, Infragestellung oder Bezweiflung seiner eigenen Kompetenz interpretiert. Schleichen sich solche oder ähnliche Empfindungen ein, ist das ein Signal dafür, dass der Coach die professionelle Distanz verliert. Er neigt dann dazu, das Verhalten des Klienten als »aggressiv« und gegen sich gerichtet zu deuten. Er bezieht das Verhalten auf sich selbst als Person.

Typischerweise geschieht dies, wenn der Klient ironische oder sarkastische Bemerkungen oder Anspielungen macht und scheinbar hilflos tut. Etwa: «Ich frage mich, wie ich bisher ohne Ihre Hilfe und das ganze theoretische Zeug ausgekommen bin«, oder: »Das haben Sie wirklich gut gesagt: vieldimensionale Betrachtungsweise. Hört sich sehr gelehrt an. Nur – was mache ich jetzt damit?« Oder der Klient startet verdeckte Attacken, wenn eine seiner Erwartungen nach Praxisnähe unerfüllt bleibt.

Etwa: »Ich habe von einem Coach gehört, der seinen Klienten durchaus Checklisten macht«, oder: »Finden Sie etwa das Rumgeeiere hier gut?« Der Klient kann ferner das Leistungsvermögen des Coachs bezweifeln: »Ich glaube nicht, dass Sie das wirklich beurteilen und mir in diesem Punkt helfen können.« Außerdem kann der Klient den gesamten Prozess als Zeitfresser brandmarken: »Wissen Sie, mit Ihnen zu plaudern, ist sehr angenehm. Ich unterhalte mich ja gern mit Ihnen. Aber ob das viel bringt?« Oder der Klient hält Vereinbarungen, beispielsweise für Sitzungsvorbereitungen oder Umsetzungen in der Praxis, häufig nicht ein. Oder ein Klient bringt sein Missfallen nonverbal, etwa durch hochgezogene Augenbrauen oder abgewandte Körperhaltung zum Ausdruck. – All dies kann einen Coach enttäuschen und ihm wehtun, insofern er sich despektierlich behandelt fühlt.

Klienten praktizieren unterschiedliche Varianten, den Coach zur Zielscheibe von Unzufriedenheit, Abwehr oder Gegenwehr zu machen. In diesen Zusammenhängen ist die grundlegende Fähigkeit des Coachs gefragt, sich abzugrenzen und sein psychologisches Wissen auf sich selbst anzuwenden. Fällt es ihm prinzipiell leicht, die professionelle Distanz einzunehmen und zu wahren, erliegt er dem Risiko weniger, Angriffe persönlich zu nehmen, als wenn ihm dieser Abstand schwer fällt. Denn dann neigt er dazu, sich mit dem Klienten zu identifizieren. Er leidet mit ihm, teilt seine Wut und Empörung genauso wie seine Freude. Diese Intensität an Empathie mag sympathisch erscheinen; denn der Klient erfährt durch sie Bestätigung und der Coach findet einen »Fan«. Im Zweifelsfall ist die Wirkung indes subversiv bis fatal und häufig irreversibel. Wieso?

Je persönlicher der Coach sich einem Klienten verbunden fühlt, desto eher entfaltet er elterliche oder kameradschaftliche Gefühle. Wird die patriarchalische oder matriarchalische Beziehungsdimension betont, liegt der Schwerpunkt des Beratungsprozesses auf Hilfe, Fürsorge und Verantwortungsübernahme. Dominiert der kameradschaftliche Aspekt, verlagert sich der Beratungsprozess auf die Ebene der freundschaftlichen Verbundenheit und Unterstützung, bis hin zur Kumpanei. Beide Beziehungsakzente verleiten den Coach dazu, »das Gute« und »das Beste«, das er für seinen Klienten erreichen möchte, in das Zielinventar seines persönlichen Ehrgeizes zu legen – ganz so, wie Eltern zuweilen ihre unerfüllten Berufswünsche ihren Sprösslingen oktroyieren. Hand in Hand mit dieser Identifikation legt der Coach (zum Teil nicht bewusste) Erwartungen in den Klienten. Er möchte, dass der Klient die Identifikations-Offerte, der Klient möge Sohn oder Tochter, Schwester oder Bruder, Freund oder Freundin spielen, annehmen. Ob und inwiefern der Klient die Rollenzuschreibung und die mit ihr verwachsenen Anforderungen akzeptiert, erkennt der Coach unter anderem daran, wie der Klient Zufriedenheit ausdrückt; ob in einer Geste des Erfreutseins oder der der Dankbarkeit.

Nun gibt es Klienten, die diese Rolle als Zumutung empfinden und sie daher verweigern. Das mag den Coach zunächst irritieren. Allerdings kommt es dem Prozess zugute, ebenso wie der Selbstständigkeit und Abgrenzung des Klienten. Der Coach wird vor gravierenden Verletzungen geschützt. Er muss (sich) nicht »enttäuschen«. Es gibt aber auch Klienten, die in die Rolle des Kindes oder Kameraden für eine Weile hineinschlüpfen, aber – für den Coach überraschend, also nicht vorhersehbar – plötzlich herausbrechen. (Wir ignorieren an dieser Stelle die kritische Frage nach der Kompetenz des Coachs.) Sie tun dies, indem sie sich ablehnend, verweigernd und distanzierend verhalten. Alles subtile Signale der Emanzipation, die sich oft durchaus aggressiv verkleiden. Der Coach erleidet, zugespitzt gesagt, einen Schock. Statt die Reaktion des Klienten als konstruktives Zeichen dessen Reifung zu begreifen oder/und als Chance, der eigenen (unprofessionellen) Illusion der »Vormundschaft« oder Verbrüderung zu entkommen und die Enttäuschung als Korrektur eines Fehlverhaltens zu behandeln, empfindet der Coach die Emanzipierung (Verselbstständigung) als Attacke auf seine Bemühungen und seine Person. Er fühlt sich betrogen, und zwar um die Dankbarkeit, die der Klient ihm schuldet. Wieder: ganz so, wie Eltern reagieren, wenn sie meinen, der Sprössling verselbstständige sich in die falsche, weil nicht in die Richtung, in die die Eltern viele Anstrengungen gelegt haben.

Je tiefer der Coach diese Verletzung spürt und je penetranter sie an seinem Selbstwertgefühl und Selbstverständnis nagt, desto hartnäckiger legt sich seine Gemütslage auf die Interaktion mit dem Klienten. Wird er derartig von »niederdrückenden« Emotionen angetrieben, verbeißt er sich in die Vorstellung, der Klient schulde ihm Worte des Bedauerns und der Entschuldigung. Ist dieses Stadium erreicht, wird es immer schwieriger, »Münchhausen zu spielen« und sich am eigenen Schopf aus den Gefühlswogen herauszuziehen. Der Coach verliert die Möglichkeit, aus der Meta-Ebene die Logik der Entwicklung und die Zusammenhänge zu erkennen. Entzieht sich der Klient ebenso dickköpfig dem Ansinnen, in die Rolle des undankbaren und schuldbewussten Subjekts zu schlüpfen und um Vergebung zu bitten, eskaliert die Dynamik und mündet in den Abbruch der Zusammenarbeit.

Jeder, der als Coach tätig sein möchte oder bereits tätig ist, sollte sich seine Rolle und Funktion insbesondere in heiklen Momenten vor Augen führen: Er tritt an, um professionell zu unterstützen, und das heißt vor allem, bewusst machen, klären, Kontexte begreifen und offen legen, Deutungs- und Verhaltensalternativen erarbeiten. Er soll katalysieren und initiieren. Um diesen Anforderungen gerecht zu werden, sollte er sich klarmachen, dass er der Beobachter aus der Vogelperspektive ist, also Städte und nicht nur Häuser sieht. Ferner muss er bereit sein und es aushalten können, gleich einem psychoanalytisch arbeitenden Therapeuten als Projektionsmedium auch feindseliger Gefühlsoffenbarungen des Klienten herhalten zu müssen. Ob er das Ziel aufgestauter Frustrationen, von Wut oder Empörung oder Tränen der Verzweiflung ist – der Coach sollte erkennen, dass er die Funktionen des Sündenbocks, des Schuldigers oder des Beichtvaters stellvertretend übernimmt. (Die Betonung liegt auf der Stellvertreter-Funktion für andere Personen.) Und schließlich geht es darum, Verhaltensweisen des Klienten, die er als revoltierend erlebt, konstruktiv zu deuten und in die Coaching-Arbeit einzuschleusen.

Beherzigt der Coach diese Aspekte, stehen seine Chancen gut, sich vom Klienten abgrenzen zu können. Der Coach verfügt dann über Optionen zur Interpretation: »der Klient ist böse«, und diese Alternativen gewähren ihm sowohl professionelle Distanz als auch Toleranz.

Es kann sein, dass ein Coach von einem Klienten nicht nur gelegentlich »gepiesackt«, sondern systematisch »gestochen« wird. In diesem Fall empfiehlt es sich, Regelmäßigkeiten in den Anlässen und Erscheinungsformen aufzuspüren, um in einem ersten Schritt erst einmal zu verstehen, was abläuft. Hierbei behandelt der Coach das Verhalten des Klienten als Symptom eines Syndroms; denn andernfalls unterließe er die Recherche. Es geht in diesem Schritt um Muster-Erkennung. Ideal ist, wenn der Coach seine Beobachtungen und damit verbundenen Gefühle dem Klienten mitteilt, um gemeinsam an der Klärung zu arbeiten. Im zweiten Schritt fragen Coach und Klient nach den Vorteilen des Verhaltens, um eventuell in einem dritten Schritt Mittel und Wege zu finden, diese Vorteile anders als bisher nutzen zu können. – Schlimmstenfalls muss der Coach die Zusammenarbeit auflösen.

Wie immer der Coach konkret vorgeht: Er sollte das Verstehen, Klären und Verändern nicht als persönlich motivierte Reparationsleistung anstreben, sondern den Nutzen für den Klienten im Blickpunkt behalten.

Mehrere Klienten aus einem Unternehmen

Begleitet ein Coach mehrere Klienten aus einem Unternehmen beziehungsweise aus benachbarten oder denselben Abteilungen, steckt er in einem weiteren Dilemma. Er muss gegenüber dem einzelnen Klienten immer so tun, als wisse er ausschließlich das, was dieser ihm mitgeteilt hat. Diese Anforderung nenne ich die Praxis des beschränkten Informationsstandes. Sie hat den Vorteil, dass der Coach leicht herausfinden kann, inwieweit der Klient ihm vertraut. Er muss sich so verhalten, damit der Klient nicht frustriert feststellen muss, dass der Coach öfter etwas bereits weiß, ohne dass der Klient der Informations-Lieferant war.

Mithin wird die Coach-Klient-Beziehung wesentlich von der Emotionalität des Klienten getragen. Klienten wandeln sich von »harten Männern« und »starken Frauen« schnell in äußerst verletzliche und nach Bestätigung dürstende Persönlichkeiten. Agiert der Coach öfter mit dem Gestus des Ich-weiß-das-Schon, kommen sich diese sensiblen Klienten schnell hintergangen vor.

Gleichzeitig, also neben dem Umstand, dass der Coach bei jedem Klienten bezüglich seines Wissens aus anderen Quellen als »Tabula rasa« auftreten sollte, kann der Coach sich nicht hinter seinem Wissen verstecken. – Wer einmal davon überzeugt ist, dass es den Weihnachtsmann nicht gibt, der kann nie wieder an ihn glauben. – Das Wissen wirkt unterschwellig und beeinflusst die Arbeit mit dem Klienten. Diese Situation gestaltet sich insofern als ausweglos, als Tabula rasa und Wissen zusammenlaufen. Der Coach kann diese Synthese nicht verhindern. Was er kann, ist, in der Kooperation mit dem Klienten darauf achten, die Regel des Unwissens (des beschränkten Informationsstandes) zu befolgen. Diesbezüglich kann er dem Klienten gegenüber offen sein. Er kann beispielsweise sagen: »Schauen Sie, ich komme viel im Unternehmen herum, spreche mit Leuten und erfahre deshalb viel. Sie können also davon ausgehen, dass ich gewöhnlich über Interna gut unterrichtet bin. In unserer Zusammenarbeit werde ich mich trotzdem an das halten, was Sie mir mitteilen. Sollte ich von dieser Norm abweichen, werde ich Ihnen das sagen und begründen.«

Diese Handhabung löst zwar das Paradox nicht auf, entschärft es aber. Wie gesagt, kann der Coach in seinem Denken und Fühlen nicht ignorieren, was er, insbesondere über den Klienten oder für diesen relevant, erfahren hat. Seine Kenntnisse schwingen in allem mit, beispielsweise in der Auswahl der Themen, die er mit dem Klienten bearbeitet. Als probate Faustregel mag helfen: Immer dann, wenn der Klient in entscheidender Weise von Informationen betroffen ist, sollte dies in die Interaktion zwischen Klient und Coach einfließen. Sei es direkt, sei es indirekt. Direkt bedeutet: Der Klient erfährt in Erläuterungen, worum es geht. Das direkte Verfahren sollte dann gewählt werden, wenn der Coach die Wirkung der Information im Klienten so einschätzt, dass dieser sie »gut verdauen« kann und sein Fortschreiten im Coaching-Prozess fördert. Erscheint es wahrscheinlich, dass das Gegenteil passiert, empfehle ich das indirekte Verfahren. Hierbei arbeitet der Coach nicht mit einem versteckten Lehrplan. Das heißt: Er lenkt den Dialog so, dass heikle Themen vom Klienten selbst angesprochen werden können. Der Coach assistiert dabei, sie an der Oberfläche auftauchen zu lassen, prüft nebenbei die unterschiedlichen Versionen einer Angelegenheit und kann so das Thema mit dem Klienten offen bearbeiten.

Neutralität

Noch einmal begegnet uns die »Fallgrube« Neutralität. Dieses Mal in der Form von eigenen Meinungen. Die Ideologie verbietet dem Coach, Meinungen zu äußern. Das ist zum einen durchaus fraglich und zum anderen ist das Gebot realitätsfern, da ein Coach schon durch seine Grundeinstellung gewissen Beurteilungen näher steht als anderen. Zudem hat er einen Lebensweg zurückgelegt, also Erkenntnisse gewonnen, Erfahrungen und Erlebnisse im privaten wie im beruflichen Umfeld gemacht. Aus diesen Bestandteilen setzt sich die Plattform zusammen, die die Grundlage seines Wirkens und den Rahmen seiner Einschätzungen und Meinungsbildung maßgeblich bestimmt. Mit anderen Worten: Er agiert immer schon in einem Meinungsumfeld, das Filterwirkung hat. Es legt Präferenzen nahe, in denen sich Meinungen niederschlagen. Im Coaching-Prozess gesellen sich aktuelle und spezifische Daten hinzu, die den Klienten und sein Umfeld betreffen. Diese speist der Coach in seinen Horizont des Fühlens, Denkens und Handelns ein. Ein Coach begegnet dem Klienten folglich nie ohne persönliche Präferenzen oder Meinungen. Also ist es einem Coach nicht möglich, keine eigene Einschätzung und damit Meinung zu haben, und genauso wenig ist es ihm vergönnt, diese wirkungslos zu halten.

Die Frage ist nun, inwiefern er seine Meinung dem Klienten diktiert, zur Basis oder ultimativen Richtlinie für seine Interventionen und Arbeit mit dem Klienten macht. Insbesondere dann, wenn ein Coach grundsätzlich davon ausgeht, dass jeder Klient die Definition und auch die Lösung seiner Probleme in sich selbst trage und er, der Coach, katalysatorische Funktion habe, wird er sich mit der Formulierung einer eigenen Meinung zurückhalten. Er wird Fragen stellen und an die Gedanken des Klienten anknüpfen, diese mit ihm weiterspinnen. Dennoch wird er sich ab und zu dabei ertappen, Empfehlungen (und damit Meinungen) kundzutun. Das geschieht erfahrungsgemäß vor allem in Situationen, in denen der Klient unter außerordentlichem Handlungsdruck steht, sich in Lagen befindet, die nach sofortiger Reaktion drängen. Hier finden wir einen weiteren Grund dafür, weshalb die Meinungsabstinenz fraglich und wirklichkeitsfern ist. Denn in dringenden Situationen, in denen der Leidensdruck enorm ist, sucht der Klient ausdrücklich nach pragmatischer Orientierung oder gar praktischer Unterstützung.

Selbst in Fällen der »Alarmstufe rot« muss der Coach vor seinem Anspruch an seine Rolle nicht kapitulieren. Am Beginn steht die Diskussion der Ideen des Klienten. Ist diese erschöpft und keine akzeptable Lösung in Sicht, kann der Coach eigene Sichtweisen (Meinungen) zur Disposition stellen.

Auch diese werden einer kritischen Debatte unterworfen. Der Coach exponiert seine Meinungen nicht als Ultima Ratio, sondern stellt sie als mögliche Reaktionsweisen vor. Er verfährt mit seinen Auffassungen nicht nach dem Motto: »So, wie ich es sehe, sollten Sie … Machen Sie das mal so!« Selbst wenn er seine Vorstellungen als Empfehlungen äußert, haben sie den Charakter des Wählbaren. Mit dieser Vorgehensweise genügt der Coach seinem Anspruch, dass der Klient die Lösung definiert; gleichzeitig kommt er dem Klienten zuhilfe, gibt ihm Orientierung und unterstützt ihn. Absolut wichtig in einer solch brenzligen Lage ist, dass der Coach von einer »Guru-Haltung« absieht und sich nicht zum Besserwisser emporschwingt. Legitim sind Meinungsäußerungen und Empfehlungen stets dann, wenn sie dem Klienten zusätzliche Erkenntnisse ermöglichen, ihm weitere Sichtweisen eröffnen und damit ein Repertoire unterschiedlicher Handlungsmöglichkeiten anbieten.

Widerstand und Abwehr

Mit der zuvor beschriebenen Problematik, wann ein Coach seine Präferenzen äußern sollte, ist eine weitere verwandt. In der Erörterung der wesentlichen Funktionen eines Coachs sprachen wir unter anderem über die Rollen als Unterstützer, Vertrauter und Korrektiv. In diesem Zusammenhang kann der Coach in brisante Lagen geraten. Eine dramatische Situation tritt ein, wenn er im Rahmen der gemeinsamen Zielsetzung auf Widerstand, Ab- oder Gegenwehr beim Klienten stößt. Wie soll der Coach in einem solchen Fall handeln? Er will seinen Grundeinstellungen treu bleiben, fühlt sich seinem Auftrag und den Vereinbarungen (mit dem Klienten) verpflichtet und sieht, dass die Weigerungs- oder Blockadehaltung seines Klienten die Realisierung des Ziels gefährdet.

Das »Commitment« zur Zielrichtung vorausgesetzt, ist die Verlockung groß, den Klienten zu überrumpeln, ihn zu überreden oder mit einem geheimen Lehrplan zu traktieren. Unter den genannten Bedingungen bleibt dem Coach nichts anderes übrig, als sich in Geduld zu üben. Damit meine ich nicht einfach abwarten. Der Coach muss respektieren, dass die abwehrende Reaktion »gute Gründe« hat. Meine Erfahrungen zeigen, dass es fruchtbar ist, mit dem Klienten offen über die Situation, die Eindrücke und Vermutungen zu sprechen. Meistens dient es der Zielverfolgung, die »guten Gründe« in einer gemeinsamen Anstrengung aufzuspüren und auf deren Ergebnisse aufzubauen. Die Resultate dieser Recherche können Überraschungen bringen. Deshalb ist es wichtig, dass sich der Coach gedanklich und im Prozess flexibel verhält. Ebenso wie er sich jedweder Rechthaberei und Dogmatik enthalten sollte, ist es ratsam, für Zielkorrekturen und bis dato unvorgesehene Maßnahmen empfänglich zu sein. Häufig mündet eine solche gemeinsame Arbeit in die Öffnung des Klienten. Manchmal gelingt dem Coach diese Wende nicht. Dann ist seine Fantasie, Intuition und Perspektivenvielfalt gefragt, um einen gleichwertigen Ersatz zu finden und mit dem Klienten auf einem anderen Weg zum selben Ziel zu gelangen.

Private Probleme

Wir haben bereits gesagt, der Coach sei seinem Auftraggeber wie dem Klienten verpflichtet. In der Praxis bedeutet das: Er hat sich in der Kooperation mit dem Klienten auf den beruflichen Zusammenhang und damit verbundene Zielsetzungen zu konzentrieren. Davon abgesehen, dass die Interessen von Auftraggeber und Klient in Teilbereichen durchaus inkongruent ausfallen können, gerät der Coach in einen Loyalitätskonflikt, sobald den Klienten private Probleme belasten. Wie soll der Coach darauf antworten? Verhält er sich illoyal dem Auftraggeber gegenüber, wenn er die private Seite vorübergehend in der Arbeit dominieren lässt?

Der Coach verpflichtet sich, mit dem Auftraggeber und dem Klienten vereinbarte Absichten und Ziele zu verfolgen. Diese liegen im beruflichen Tätigkeitsfeld. Inzwischen ist es eine Binsenweisheit, dass ein Mensch nicht seine Identität wechseln kann, je nachdem, ob er sich im Beruf oder im Privatleben bewegt. Beide Aspekte sind ineinander verschlungen. Was Menschen versuchen können, ist, die Belastungen in einem der zwei Lebensfelder weitgehend aus dem anderen herauszuhalten. Beispielsweise, indem ein Manager seine Mitarbeitenden nicht unduldsam behandelt, weil er familiäre Probleme hat oder weil er eine persönliche Sinnkrise durchläuft. Gleichzeitig ist bekannt, dass privater Leidensdruck eine Intensität erreichen kann, die die Leistungsfähigkeit drastisch verringert. Daraus folgt für den Coach: Sobald er erkennt, dass Probleme im privaten Bereich das berufliche Wirken durchdringen, ist er verpflichtet zu überprüfen, ob und inwiefern er den Brennpunkt des Coachings zeitweise zu dieser Problematik hin verlagert. (Dabei sollte er darauf achten, wann er sich in psychotherapeutische Gefilde begibt und die Zuständigkeit diesbezüglich an eine entsprechende Person delegiert.)

In der Gruppendynamik legitimiert das Modell der Themenzentrierten Interaktion (TZI) diese Abweichung vom »eigentlichen« Thema durch die Devise: »Störungen haben Vorrang« – eben weil Störungen, bleiben sie unbehandelt, im Verborgenen wirken und den Arbeitsalltag infiltrieren. Wurzeln die Störungen in persönlichen Belangen oder in der Beziehungsdimension der Akteure, liegt eine Störung auf der sozialen Ebene vor. Verharren die Handelnden beim Sachthema und versuchen, die Störungen (Reibungen, Konflikte, Spannungen) zu ignorieren, wird die Sacharbeit erschwert. Denn Störungen wirken auf der Gefühlsebene. Sie emotionalisieren und schärfen den Blick für Unterschiede, nicht für Gemeinsamkeiten. Nicht zuletzt im Dienste der Zielführung kann – meines Erachtens sollte – das Motto des TZI- Modells in diesen Fällen auf die Coaching-Situation transferiert werden.

Vorbildfunktion

Abschließend möchte ich Ihnen eine Fallgrube nennen, die wir unter den Aspekten Selbstanspruch und »Meta-Funktion des Coachs« bereits ansprachen. Das Stichwort lautet: »Vorbild« oder – wie wir es weiter oben nannten – »Rollenmodell«.

Wir sahen, dass die Ansprüche, die ein Coach an sich selbst stellt und die andere Personen an ihn herantragen, die Aufforderung einschließen, er möge sich imitierenswert verhalten. Zur Schaufel, mit der der Coach die Fallgrube selbst gräbt, greift er, sobald er sein Postulat, als Vorbild oder Rollenmodell zu taugen, mit Fehlerfreiheit gleichsetzt. Das Graben der Grube beginnt, sobald er einen Fehler macht. Und hineinfallen tut er in dem Augenblick, in dem er probiert, einen Fehler zu vertuschen. Weniger bildhaft ausgedrückt: Das Postulat des Coachs an sich selbst und das der anderen, insbesondere des Klienten, in bestimmten Hinsichten als Vorbild dienen zu können, berührt das Selbstwertgefühl des Coachs. Die Anspruchshaltungen bereiten den Boden für seine Gefühle von Scham, Peinlichkeit oder Verlegenheit, sobald er einen Missgriff tut. Das kann – wie gesagt – eine unpassende Frage sein; eine ungeschickte Intervention oder eine Empfehlung, die sich als nicht als tragfähig erweist.

Manchen Fauxpas bemerkt der Klient nicht. Oder der Coach meint, den treffenden Eindruck des Klienten »umbiegen« zu müssen, weil er seinen Fehler verbergen will. Gewöhnlich kann ein Coach auf ein rhetorisches Spektrum und eine Eloquenz zurückgreifen, die es ihm ermöglichen, Korrekturen so zu inszenieren, dass sie gar nicht als Berichtigung wahrgenommen werden. Er kann dabei nach dem Motto verfahren: »Ich habe keinen Fehler gemacht, sondern der Klient hat mich falsch verstanden.« Oder er kann der Auffassung folgen, die Umberto Eco dem Edelmann Saint-Savin in den Mund legt: »Die Wahrheit ist eine ebenso schöne wie schamhafte Jungfer, und darum geht sie immer in ihren Mantel gehüllt.« (Die Insel des vorigen Tages, 1995, S. 124)

In beiden Fällen versucht der Coach, seine Vorbildfunktion im Sinne der Perfektionsidee zu entfalten und aufrechtzuerhalten. Ich gebe zu bedenken, dass Klienten nicht dumm sind und von keinem Coach unterschätzt werden sollten. Auch sie sind sensibel genug, um eine fehlende Übereinstimmung auf non-verbaler und verbaler Ebene zu bemerken. Ich gebe außerdem zu bedenken, dass ein Coach selbstverständlich Fehler machen darf. Zudem erinnere ich Sie an das Wesentliche der Beziehung, Respekt vor dem Partner und Aufrichtigkeit ihm gegenüber zu zeigen, sowie daran, Glaubwürdigkeit und Vertrauen zu ernten. Dies impliziert: Missgeschicke müssen offen eingestanden werden. Ein Coach sollte Fehler zugeben und korrigieren oder, ist das nicht sofort möglich, zumindest angeben, wie und wann er sie zu berichtigen gedenkt. Erst wenn Fehler häufig auftreten, wird der Klient an der Kompetenz zu zweifeln beginnen. Und dann wohl zu Recht.

Björn Migge

Definitionen
und Kommunikation

Aus: Handbuch Coaching und Beratung

Was ist Coaching?

Coaching ist eine gleichberechtigte, partnerschaftliche Zusammenarbeit eines Prozessberaters mit einem Klienten. Coaching bedeutet, dem Klienten in seiner Arbeitswelt (wieder) einem »ökologischen« Zugang zu seinen Ressourcen und Wahlmöglichkeiten zu eröffnen. Der Klient soll durch die gemeinsame Arbeit an Klarheit, Handlungs- und Bewältigungskompetenz gewinnen. Coaching ist eine handlungsorientierte hilfreiche Interaktion.

Ein Coach gibt Feedback und eröffnet dem Klienten neue Perspektiven. Die Beratung kann sich auf verschiedene Lebensbereiche erstrecken: Beruf, Karriere, Partnerschaft, Familie, Sport und anderes. Gelegentlich wird von *Business- oder Executive-Coaching* gesprochen, wenn die Themen sich eher um Beruf und Karriere bewegen und wenn der Klient eine Führungsperson ist. Auf der anderen Seite spricht man von *Personal-Coaching, Life-Coaching oder psychologischer Beratung*, wenn die Themen der Beratung auch Partnerschaft, Familie, Work-Life-Balance und Ähnliches umfassen.

Das Wort *Coaching* klingt in den Ohren vieler Profis abgegriffen. Besser wäre es vielleicht, wir sprächen von *Beratung.* Einige Autoren meinen, das Wort Beratung sei nur für *Expertenberatung* zulässig (zum Beispiel Vermögensberatung, Personalberatung oder Consulting).

Wer heute in der psychologisch orientierten Beratung nicht abseits stehen möchte, der spricht meist von *Coaching.* Das hört sich moderner an, da es ein Fremdwort ist. Im Folgenden schreiben wir einmal von Coaching, ein anderes Mal von Beratung, um jedem Geschmack gerecht zu werden. Wir meinen damit eine *psychologisch orientierte und handlungsorientierte Prozessberatung.* Den Unterschied zwischen Expertenberatung und Prozessberatung erklären wir Ihnen später noch genauer.

Ein amerikanischer Coach wäre eher – aber nicht nur – geneigt, Ihnen konkrete Tipps zu geben:

»Stopfen Sie Ihre Energielöcher! Trinken Sie keinen Kaffee mehr und machen Sie sich unabhängig! Lösen Sie sich von Ihren selbst erschaffenen ›Ich-sollte-eigentlich‹-Forderungen!«

Ein deutscher Coach bemüht sich eher – aber nicht nur –, indirekt vorzugehen und die Wünsche, Absichten und Ziele seiner Klienten mit diesen gemeinsam aufzudecken, bevor es an die maßgeschneiderte Veränderung geht. Beide Herangehensweisen können sinnvoll und hilfreich sein.

Sicher haben Sie auch schon bemerkt, dass wir nicht von *Patienten* sprechen, sondern von *Klienten.* Das englische Fremdwort für Coching-Klienten ist *Coachee.*

Vielleicht rollen wir die Frage, was Coaching denn ist, gemeinsam auf und stellen erst einmal fest, was Coaching nicht ist und welche anderen Formen der kommunikativen Hilfe uns bekannt sind. Schließlich fragen wir, wo gecoacht wird, welche Themen im Coa-ching behandelt werden und wer überhaupt coacht. Danach werden wir noch-mals kurz erklären, was Coaching ist.

Was ist Coaching nicht?

Coaching ist keine Psychotherapie. Dabei sind die Grenzen aber sehr fließend: Viele ernsthafte Lebenskrisen, die nur noch psychotherapeutisch aufzufangen sind, wären vielleicht im Vorfeld zu verhindern gewesen – durch ein gutes Coaching. Viele Psychotherapien dagegen sind eigentlich Lebensberatungen und Coaching, wenn Patienten (eigentlich Klienten) nämlich nach Sinn, Ziel oder Erfüllung in ihrem Leben suchen. In einem Lehrbuch zum Coaching fand ich folgende Unterscheidung.

> *»Psychotherapie ist ein Muss, wenn eine Störung mit Krankheitswert vorliegt, beim Coaching hingegen geht es um ein ›Ich will …‹, um eine Optimierung der Lebensqualität.«*

Diese Unterscheidung ist heikel: Was behandlungsbedürftige Krankheit ist, wird nämlich rechtlich, medizinisch, ökonomisch und »verbandspolitisch« immer wieder neu definiert. Auch, weil es um einen Verteilungskampf um zahlende Kunden (»Patienten«) geht. Hoch qualifizierte Psychotherapeuten sind daher manchmal wirtschaftlich gezwungen, mehr Krankheiten zu sehen, da ihnen sonst Kunden entgehen. Vertreter mancher Methoden oder sogenannter Schulen diskreditieren die Vertreter der anderen Schulen, damit sie selbst »an den Topf kommen«. Wer sehr viele Jahre eine Methode erlernt hat, ist außerdem enttäuscht, wenn jemand als Berater arbeiten möchte, der nur wenige Monate sein Handwerk, beispielsweise in einem Coaching- oder Seelsorgeseminar, erlernt hat. Sie sehen: Es geht auch um Geld und um persönliche Empfindlichkeiten. Wer will sich da anmaßen, genau festzulegen, was sein *muss* und was sein *könnte*?

Auch viele psychisch oder psychosomatisch kranke Menschen *wollen* übrigens gesund sein und suchen Beratung. Häufig stellen sie sich dabei aber mit »einfachen« Problemen vor, deren »Behandlung« auf den ersten Blick einem Coaching oder einer Tablette beim Hausarzt angemessen wäre. Viele Ratsuchende und auch Patienten möchten sich nämlich nicht zu sehr ändern, da gewohntes Leid sicherer erscheint als Wandel und da einfache Probleme in den Lebensumständen oder im Körper erträglicher erscheinen als Einsicht und Wandel. Solche »Überlegungen« geschehen natürlich unbewusst.

Als zukünftiger Coach sollten Sie über den rechtlichen Rahmen, in dem sich Beratung und Therapie berühren, unbedingt informiert sein. Günstig ist es, das Coaching-Thema mit einem klaren Anliegen sauber abzustecken. Hierzu gehört eine klare Ziel- und Arbeitsdefinition, die sich thematisch und methodisch von einer Psychotherapie unterscheiden sollte.

Übrigens: Wenn Sie als zukünftiger Coach die amtsärztliche Prüfung zur Erlaubnis der Ausübung der Heilkunde ohne Approbation nach dem Heilpraktikergesetz – beschränkt auf das Gebiet der Psychotherapie – (»Heilpraktiker für die Seele«) absolvieren, hätten Sie den rechtlichen Rahmen für kleinere Überlappungen zwischen Coaching und Therapie geschaffen. Viele Coaches streben daher diesen sogenannten »kleinen Heilpraktikerschein« an.

Unsaubere Grenzen zur Psychotherapie?

Das »Handbuch Coaching und Beratung« wendet sich in erster Linie an psychosoziale Berater, die nicht die staatliche Erlaubnis haben, Psychotherapie auszuüben. Die meisten vorgestellten Interaktionsformen und hilfreichen Überlegungen sind aber in der Psychotherapie entwickelt worden. Wir füllen unseren *Werkzeugkoffer* also mit Vorstellungen und Handlungsanweisungen, die aus einem therapeutischen Umfeld stammen.

Viele Coaches oder nicht-therapeutische Berater interessieren sich für psychotherapeutische Fragen oder möchten im Verlauf ihrer Berufstätigkeit selbst die Kompetenz erwerben, psychotherapeutisch tätig zu sein. In den Manager-Zeitschriften zu Wirtschaft, Weiterbildung und Seminaren finden sich immer häufiger Artikel über die Beratung bei »Angststörungen«, die Beratung »narzisstischer Führungspersonen« u.a. Dabei handelt es sich eigentlich um psychotherapeutische Themen. Auch in den Personalentwicklungsabteilungen großer Unternehmen gibt es einen Trend zu einer zunehmenden Psychologisierung oder »Psychotherapeutisierung« der Beratung.

Wir möchten dieses Durcheinander verschiedener Beratungsformen nicht fördern. Auf der anderen Seite möchten wir Ihnen Modelle, Vorgehensweisen und Beispiele anbieten, die Sie sowohl im Coaching als auch in der Psychotherapie nutzen könnten; entsprechend ihres Erfahrungshorizontes und Ihrer rechtlichen Voraussetzungen.

Strotzka hat 1975 in seinem Buch »Psychotherapie: Grundlagen, Verfahren, Indikationen« versucht den Begriff der Psychotherapie handlungsorientiert einzugrenzen. Danach sei Psychotherapie ein *bewusster und vereinbarter interaktioneller Prozess*

- zur Beeinflussung von Verhaltensstörungen und Leidenszuständen,
- die im Konsensus (möglichst zwischen Patient, Therapeut, Bezugsgruppe) für behandlungsbedürftig gehalten werden,
- mit psychotherapeutischen Mitteln (durch Kommunikation) verbal und averbal,
- in Richtung auf ein definiertes, nach Möglichkeit gemeinsam erarbeitetes Ziel (zum Beispiel Symptomminimalisierung und/oder Strukturveränderung der Persönlichkeit),
- mittels lehrbarer (und nachvollziehbarer) Technik,
- auf der Basis einer Theorie des normalen und pathologischen Verhaltens.
- In der Regel sei dazu eine tragfähige emotionale Bindung erforderlich.

Wir möchten die heute noch gültige Definition von Strotzka etwas weiter führen, um die Abgrenzung von Coaching und Psychotherapie zu erleichtern.

Nicht die Schwere eines Schicksals entscheidet darüber, ob ein Klient im Coaching Klärung erfahren kann oder besser in einer Therapie aufgehoben ist: In einer Therapie sollten die Personen behandelt werden, die an einer psychischen Störung mit Krankheitswert leiden. Was eine Krankheit ist, wird in unserer Gesellschaft zurzeit von ökonomisch orientierten Gremien festgelegt und ist in der internationalen Klassifikation der Krankheiten der WHO definiert (ICD der WHO). Ein »schweres Schicksal« und »enorm schwere Probleme« sind in dem Sinne also keine Definition einer krankhaften Störung. Auch die »Aufarbeitung« einer komplizierten Vergangenheit gehört nur in eine Psychotherapie, wenn dies der Behandlung einer definierten krankhaften Störung dient. Ansonsten kann ein »Aufarbeiten« auch im Coaching geschehen; wenn Methode, Vorgehensweise oder Zielvereinbarung außerhalb der Heilkunde angesiedelt sind.

»Persönlichkeitsentwicklung« oder »-entfaltung« sollte nicht zu Lasten der Krankenkassen in Psychotherapien durchgeführt werden. Derzeit findet eine Verlagerung in den privaten, selbst finanzierten Bereich statt: Viele Menschen suchen nach ihren Zielen, inneren Stärken, nach Rat – und sind immer häufiger bereit, diese Arbeit selbst zu finanzieren. Daher konzentriert sich die Psychotherapie zunehmend auf definierte Störungen mit Krankheitswert (oder den Ratsuchenden wird in einzelnen Fällen eine medizinische Diagnose übergestülpt, um die Abrechenbarkeit durch eine Krankenkasse zu ermöglichen). Alle anderen »schwierigen Fälle« suchen Hilfe und Rat außerhalb der Heilkunde; bei freien Beratungsinstitutionen, kirchlichen Beratungsstellen, psychologischen Beratern und Coaches. In Ihrer zukünftigen Beratungstätigkeit werden Sie daher auf einige Klienten stoßen, die schwere Schicksale erlebt haben.

Im »Handbuch Coaching und Beratung« werden umfangreiche Falldarstellungen vorgestellt, die in diesem Buch nicht behandelt werden. Diese Falldarstellungen stammen inhaltlich aus den Grenzbereichen von Coaching und Psychotherapie. Bei vielen Klienten erfolgte zunächst ein Coaching und später eine Psychotherapie. Bei einigen Klienten war das anders herum. Wir möchten Sie damit auch auf andere Ziele oder Probleme hinweisen, wie sie sich in der Arbeit als Coach ergeben könnten. Wir stellen Ihnen auch »schwierige Klienten« vor. Menschen, die schwere Schicksale durchlebt haben. Vielleicht fragen Sie sich, was solche Fälle in einem Handbuch über Coaching und Beratung zu suchen haben? In den schweren Schicksalen verdichten sich oft die Probleme und Lösungsstrategien, die auch in jeder »normalen Beratung« zutage treten. Daher sind die Fälle ein gutes didaktisches Instrument, mit dessen Hilfe wir Sie auf diese menschlichen Grundprobleme hinweisen möchten. Viele Leser arbeiten außerdem in Beratungsinstitutionen, in denen solche »schwierigen Fälle« täglich vorkommen! (Wer mehr dazu lesen möchte, dem sei das »Handbuch Coaching und Beratung« empfohlen.)

Gelegentlich liest man, dass Coaching sich mit Zukünftigem befasst und Psychotherapie mit Vergangenem; oder dass Coaching auf Stärken und Lösungen fokussiert und Psychotherapie auf Mängel und Leiden. Diese Liste kann beliebig fortgesetzt werden. Solche Unterscheidungen sind heute nicht mehr gültig. Vielleicht trafen sie auch nie zu.

Welche anderen Formen der Beratung gibt es?

Bei den folgenden Beratungsformen sind die Übergänge fließend und die Definitionen für Vertreter der jeweiligen Beratungsart sicher zu knapp oder einseitig gewählt. Methoden und Arbeitsweisen unterscheiden sich häufig nur graduell.

- *Mediation:* Allparteiliche und ergebnisoffene Vermittlung zwischen zwei Konfliktparteien, um eine konstruktive Win-Win-Situation herzustellen.
- *Training:* Der Schwerpunkt liegt auf der Vermittlung von Fertigkeiten und Kenntnissen im Handeln.
- *Fortbildung:* Hier steht die Vermittlung von Wissen, Fertigkeiten und Kenntnissen im Vordergrund.
- *Supervision:* Berufliche Beratung von Professionals, Gruppen und Teams mit dem Ziel erhöhter Selbstreflexion und verbesserten beruflichen Handelns.
- *Philosophische Lebensberatung:* Der Schwerpunkt ist das geistige Durchdringen von Werten, Weltvorstellungen, Prinzipien und Handlungen.
- *Pastorale Lebensberatung:* Der Schwerpunkt dieser Coaching-Form ist eingebettet in religiöse Wert- und Glaubensvorstellungen des Beraters und der Ratsuchenden. Diese Beratungsform wird auch Seelsorge genannt.
- *Mentoring:* Hier begleitet ein Fachmann den Neuling durch seine ersten Berufsjahre und steht mit Rat und Tat hilfreich zur Seite.
- *Freundschaft:* Von Freunden erwarten wir häufig Beistand oder gelegentliche gute Ratschläge und weniger den Impuls zur (manchmal unliebsamen) Veränderung oder anderen Sichtweise.

Wo wird gecoacht?

Der interne Coach in einer Organisation

In vielen Unternehmen gibt es interne Coaches, die meist der Personalabteilung oder Personalentwicklungsabteilung zugeteilt sind. Sie sollen ziel- und erfolgsorientiert die Leistung der Mitarbeiter fördern. Auch viele Vorgesetzte haben sich in Coaching-Techniken eingearbeitet und benutzen *Coaching als Führungsinstrument.* Hierdurch kommt frischer Wind und psychologisches Know-how in diese Unternehmen.

In jeder Organisation existieren neben der offiziellen »Firmenphilosophie« auch unausgesprochene Regeln und Vorannahmen, die nur Insider kennen können. Das nötige Wissen um Struktur, Markt, Personalentwicklungsplan und Ziel der Firma kann ein externer Berater nicht so schnell erfassen. Die Vorteile des internen Coachings liegen also auf der Hand.

Der Spielraum des Coachings ist hier aber begrenzt: Die Beratung wird häufig angeordnet oder empfohlen. Sie findet nicht als Arbeit zweier gleichberechtigter Partner statt, sondern innerhalb einer hierarchischen Dyade. Peinliche, intime, potenziell firmen- oder karriereschädigende Themen dürfen nicht angesprochen werden. Außerdem sind meist beide – interner Coach und Klient – ein bisschen betriebsblind durch verinnerlichte und nicht mehr hinterfragte Annahmen.

Der externe Coach in einer Organisation

Wenn Sie als Berater in ein Unternehmen eingeladen werden, sind Sie als externer Coach tätig. Zwar fehlt Ihnen einiges an Insiderwissen über die Organisation, durch professionelle Fragetechnik lässt sich diese Lücke jedoch schnell schließen.

Auftraggeber und Klient sind aber häufig nicht identisch. Viele Ratsuchende sind daher mit einer klaren Zielsetzung von ihren Vorgesetzten zum externen Coach geschickt worden. Sie selbst haben aber oft ganz andere Vorstellungen vom Ziel der Intervention. Der Geldgeber des Coaches ist der Vorgesetzte; sein Klient der Geschickte. Jeder gute Coach findet meist einen Weg, die Wünsche und Zielsetzungen beider »Auftraggeber« erfolgreich zu transformieren.

Ein Berater kostet pro Tag durchschnittlich 500 bis 1.800 Euro. Dabei gibt es – abhängig vom Ruf des Coaches, der Firma oder der Projektgröße – erhebliche Schwankungen bezüglich des Honorars, besonders nach oben.

Der externe Coach als Lebensberater

Wenn ein Klient Sie selbst beauftragt, finden Sie die einfachsten Bedingungen für das Coaching. Die Beratung kann direkt beim Klienten oder in Ihrem Büro stattfinden. Dies ist die Beratungsvariante, welche die meisten Menschen suchen, die sich neben den Themen *Karriere und Beruf* auch gezielt auf andere Themen einlassen möchten und sich eine ausgewogene Neugestaltung ihres gesamten Lebens wünschen (Work-Life-Balance). In Einzelfällen kommen jedoch auch Entscheidungsträger aus der Wirtschaft unabhängig von ihrem Unternehmen zu Ihnen.

Zahlt die Firma dieses Coaching, liegt das übliche Honorar bei ungefähr 100 bis 200 Euro pro »Stunde« (meist 60–120 Minuten). Für Privatpersonen wird meist ein niedrigeres Honorar ausgehandelt, das etwa 35–75 Euro pro Stunde (60 Minuten) beträgt.

In der Psychotherapie ist es üblich, eine Sitzung auf genau 50 Minuten zu beschränken und diese dann auch konsequent zu beenden. Dies ist im Coaching nicht üblich: Hier erwarten die Klienten eine größere Flexibilität. Psychotherapiehonorare liegen meist deutlich unter denen im Coaching.

Welche Themen gibt es im Coaching?

Coaching-Klienten kommen mit unterschiedlichsten Anliegen zur Beratung. Wir nennen Ihnen einige Beispiele für Coaching-Anlässe:

- Sinnkrisen,
- Zeitmanagementprobleme,
- Burn-out,
- Verbesserung der Führungsfähigkeit,
- Partnerschaftskonflikte,
- neue Herausforderungen,
- Mobbing und Teamkonflikte,
- Kommunikationsstörungen,
- Gesprächsvorbereitung,
- Kreativitätsblockaden,
- Mängel in Lebensbereichen,
- das Gefühl unausgefüllt zu sein,
- Suche nach neuen Zielen und Visionen,
- Prüfungsvorbereitung,
- Leistungssteigerung,
- erfolglose Partnersuche,
- Lust auf Veränderung,
- widersprüchliche Ziele ...

Coaching vermittelt zwischen den verschiedenen Bereichen unseres Lebens und hilft, die Balance der unterschiedlichen Rollenanforderungen herzustellen:

- **Arbeit** (Leistung, Karriere)
- **Körper** (Gesundheit)
- **Selbstverwirklichung**

- **Familie** (Liebe, Freunde)
- **Materielle Sicherheit**
- **Spiritualität**

Viele Menschen suchen einfache Entscheidungshilfen – in Form von konkreten Ratschlägen, die sich durch Tipps und Tricks in Verhalten umsetzen lassen.

Das Verhalten lässt sich manchmal erstaunlich leicht und elegant verändern. Diese Veränderungen und die erlebte Reaktion der Umwelt darauf sickern dann langsam in die Persönlichkeit des Klienten und bewirken nach und nach »Veränderungen von innen«.

Die Ursachen für die Probleme, Zielunschärfen und die Visionsarmut vieler Klienten liegen aber meist tiefer: *in verwurzelten Werten, Einstellungen und sogenannten Glaubenssätzen, in der Identität und Selbstdefinition.* Diese Bereiche unserer Psyche und unseres Geistes sind sehr widerstandsfähig gegen jede Art der Veränderung. Gleiches gilt übrigens für die Veränderungsbereitschaft von Organisationen und für größere gesellschaftliche Systeme.

● *Leicht erweiterbar oder veränderbar:* Wissen, Fähigkeiten, Verhalten (sofern kein Konflikt mit dem nächsten Punkt auftritt).
● *Schwer veränderbar:* Werte, Einstellungen, Glaubenssätze, Selbstbild und Selbstdefinition, Zugehörigkeit zu Menschen, Gruppen, Systemen. Hier tauchen oft innere Widerstände gegen die Veränderung auf.

Wer coacht?

Ein Psychologiestudium allein qualifiziert nicht zum Coaching (!), ebenso wenig kann ein Mediziner nach dem letzten Staatsexamen einen Blinddarm herausnehmen.

Die meisten Berater sind über eine Kommunikationsausbildung an ihre neue Tätigkeit geraten. Ein häufig eingeschlagener Weg sieht so aus: Kommunikations- und Beratungstraining in einem Coachingseminar von zirka 90–260 Stunden und anschließend *Learning by Doing*, mit einer selbst gedruckten Coaching-Visitenkarte in der Brieftasche.

In Österreich gibt es bereits ein Universitätsstudium »Systemisches Coaching«, in Deutschland gibt es zumindest einen Hochschulkurs, und einige weitere Kurse privater Hochschulen sollen in Planung sein.

Andere Coaches haben ihre Ausbildung in Beratungsfirmen oder großen Personalabteilungen von einer Fachfrau oder einem Fachmann erhalten. Ein akademisches Studium oder berufliches Hintergrundwissen sind hilfreich, aber nicht die alleinigen oder die wichtigsten Bausteine für eine erfolgreiche Beratung. Feld- und Lebenserfahrung sowie Selbsterfahrung sind als Voraussetzungen ebenso wichtig.

Was ist Coaching?

Überall wird von *Coaching* geredet. Gemessen an seiner mutmaßlichen Bedeutung ist die wissenschaftliche Ausbeute zu diesem Thema bislang aber sehr mager: In den bedeutenden wissenschaftlichen Fachzeitschriften (nicht gemeint sind populäre Manager- oder Weiterbildungszeitschriften!) sind bisher erst einige hundert Artikel weltweit zu diesem Thema veröffentlicht worden – das ist sehr wenig. Vor der Veröffentlichung in diesen Zeitschriften werden die Artikel auf ihre wissenschaftliche Methodik überprüft *(peer review)*. Was in all den anderen populären Publikationen zu Lebensberatung und Management über Coaching berichtet wird, ist nicht empirisch belegt und hat den wissenschaftlichen Stellenwert eines normalen Zeitungsartikels in der Tagespresse.

In der Sprache der Psychologen und Soziologen wird Coaching meist folgendermaßen beschrieben:

- Coaching ist individuelle und kontextbezogene Lebensberatung. Dabei werden Probleme, Ziele, Visionen und Ressourcen geklärt, persönliches Feedback gegeben, Bewältigungs- und Umsetzungsstrategien erarbeitet und trainiert.
- Es werden unterschiedliche Verhaltensebenen, verschiedene Rollenanforderungen oder Lebensbereiche, Leitsätze und Wahrnehmungs- oder Gedankenverzerrungen bewusst gemacht und maßgeschneidert vom Klienten – unter Beistand des Coachs – neu entworfen, erprobt und an die individuellen Bedürfnisse angepasst.
- Coaching bewegt sich auftragsgebunden mehrdimensional auf den Ebenen des Verhaltens, der Fähigkeiten und des Wissens, des Glaubens, der Wert- und Identitätsebene, der soziologischen Rollen und Systemzugehörigkeiten, der Sinnfindung und auf der Ebene des Spirituellen oder der religiösen Vorstellungen.

In den gängigen Coaching-Lehrbüchern werden Sie ebenfalls unterschiedliche Definitionen finden. Jeder Berater wird andere Schwerpunkte setzen, eine andere Perspektive haben und so ein eigenes Bild vom Coaching vermitteln.

Ihr Selbstkonzept als Coach – Ihr Image – werden Sie später nach außen vermitteln: durch Ihren Werdegang, Ihre Kleidung und Ihr Auftreten, Ihre Visitenkarte, Ihr Auto, die Hotels, die Sie wählen, Ihre Website, Ihren Faltprospekt und Ähnliches. Und Sie werden eine Identität als Coach ausbilden, die durch innere Sätze, Bilder, Symbole oder Metaphern belebt wird. Dies wird sich von Person zu Person unterscheiden.

Wenn Sie die persönliche balancierte Entwicklung Ihrer Klienten betonen, wird man Sie in Wirtschaftskreisen für einen Soft-Berater oder »Birkenstock-Berater« halten. Der Fachbegriff hierfür ist *Personal Coach,* oft auch *Life-Coach.* Wenn Sie den beruflichen Erfolg betonen oder Coaching als Führungsinstrument propagieren, gelten Sie eher als *Management-Coach, Business-Coach, Executive-Coach* oder »Hardliner«.

Softies arbeiten viel in sogenannten Non-Profit-Organisationen oder Behörden. Die *Hardliner* suchen beispielsweise Führungspersönlichkeiten in großen Unternehmen oder Geschäftsführer aus dem Mittelstand als ihre Zielgruppe. Was Coaching für Sie ist, werden Sie selbst bestimmen!

Vielleicht möchten Sie sich auch gar nicht selbstständig machen, sondern arbeiten in einer Beratungsstelle, suchen nur nach Selbsterkenntnis oder Sie beschäftigen sich nur aus Interesse mit den Themen dieses Buches?

Was ist systemisches Coaching oder systemische Beratung?

Viele Klienten meinen, eine systemische Beratung sei wirkungsvoller als andere Beratungsansätze. Wenn Sie im Internet nach systemischen Beratern suchen, finden Sie zahlreiche Selbstdarstellungen, aus denen sich folgende Definition ableiten ließe.

- Systemisch ist eine Beratung, wenn sie das System berücksichtigt.
- Systemisch ist eine Beratung, wenn sie mehrere Methoden vermischt.
- Systemisch ist eine Beratung, die nach der Methode von Bert Hellinger arbeitet.

Die Beispiele ließen sich so weiterführen. Die genannten Definitionen, die einzelne Kollegen anwenden, sind weder ganz falsch noch ganz richtig. Sie sind auch nicht umfassend. Das große Problem der systemischen Beratungs- und Therapieschulen ist, dass sie keine Gründer- oder Stifterperson haben, von der sich Theorie oder Technik ableiten lassen. Die systemische Methode ist aus zahlreichen geistigen Strömungen entstanden und hat heute viele Ausdrucksformen.

Gibt es eine Theorie der systemischen Beratung?

Ich werde nicht versuchen, gemeinsam mit Ihnen eine Theorie der systemischen Beratung zu finden oder zu definieren. Genauso wenig haben wir versucht, eine Theorie der methodenübergreifenden Beratung zu konstatieren. *Theorien* haben sowieso nur den Wert von Hypothesen, die sich an der Erfahrung bewähren müssen.

Gute Theorien bringen viele Phänomene in ein Ordnungsschema und erlauben Voraussagen auf Ereignisse, oder sie können zwischen verschiedenen Ereignisklassen differenzieren. Ebenso wie Theorien erlauben *Überzeugungen oder Meinungen,* viele Phänomene in ein Ordnungsschema zu bringen. Überzeugungen verleihen außerdem noch Sinn und haben die Fähigkeit, Wahrnehmungen zu strukturieren und Identität zu stiften. Die Grenzen zwischen Theorie und Überzeugung sind meist unscharf.

Viele Anhänger einer Theorie sind in Wirklichkeit Anhänger einer Überzeugung. In diesem Buch möchten wir keine Anhänger gewinnen. Wir möchten Ihnen einen breiten Überblick über Beratungsmodelle bieten und hoffen, dass Sie daraus einen praktischen Nutzen für die Arbeit mit Ihren Klienten ziehen können. Dabei werden wir Ihnen viele Modelle und Erklärungsmöglichkeiten anbieten. Das erwähnten wir bereits mehrfach. All diese Modelle dienen nur einem Zweck: Sie dort anzuwenden, wo sie hilfreich sind und passen. Modelle haben auch erklärende Kraft, sie folgen aber nicht den Gesetzen der Logik, und sie entsprechen nie der Wirklichkeit. Bitte fassen Sie daher jede Meinung und jedes Modell in diesem Buch nur als eine unter vielen Betrachtungsmöglichkeiten auf.

Gibt es in diesem Buch auch Modelle aus anderen Beratungs- oder Therapieschulen?

Ja! Sie werden Modelle oder Übungen finden, die in ähnlicher Weise auch im Neuro-Linguistischen Programmieren (NLP), der Hypnotherapie, dem Psychodrama, der Gestalttherapie und in den psychodynamischen Verfahren angewandt werden. Es gab immer einen regen Austausch zwischen Theorien und Beratungspraxis dieser Schulen – auch wenn dies von einigen Theoretikern oder Verbandspolitikern geleugnet wurde. Daher weiß heute niemand mehr genau, »vom wem was genau erfunden wurde«.

Andere Theorien, wie beispielsweise die Psychoanalyse, haben mit Ihren Ideen unsere Gesellschaft so sehr beeinflusst, dass wir heute Fachbegriffe und Modelle dieser

Theorien nutzen, ohne uns dessen bewusst zu sein. Es wäre falsch, diesen Einfluss zu leugnen. Jede Therapie- oder Beratungsschule versucht sich von anderen Theorien abzugrenzen. Das geschieht einmal sehr sachlich, ein anderes Mal sehr polemisch. Häufig wird dabei kontrastierend auf Modelle der klassischen psychoanalytischen Behandlungspraxis oder Theorie zurückgegriffen (obwohl niemand weiß, was »klassisch« in diesem Zusammenhang bedeutet). Aber auch alle anderen Schulen können Angriffs- oder Reibungspunkt der Abgrenzungsversuche sein.

In diesem Buch möchten wir Sie dazu anregen, über den Tellerrand nur einer Theorie zu blicken: Sie dürfen sich erlauben, nützliche Modelle oder Übungen anderer Schulen oder Theorien auszuprobieren und diese in ein methodenübergreifendes Beratungskonzept zu integrieren. Dies soll keine Anregung zu Raubrittertum oder unkritischem Eklektizismus sein. Sie sollten aber im Blick haben, dass wir nicht unsere Klienten an eine stringente Theorie oder schulenspezifische Praxis anpassen sollten. Vielmehr sollten wir uns ein vielfältiges Wissen und Können aneignen, das den Anforderungen in der Beratungspraxis – und damit auch unseren Klienten – gerecht wird.

Übung

Coaching können nicht nur andere für ihre Entwicklung nutzen. Schlüpfen Sie selbst einmal in die Schuhe eines Menschen, der nach Veränderung und Weiterentwicklung sucht:

- In welchen Bereichen des Lebens hätten Sie einmal Coaching gebrauchen können?
- Wen holen Sie sich als Berater, wenn Sie Probleme haben oder vor wichtigen Entscheidungen stehen?
- Was wären in Ihrer Situation, an Ihrem momentanen Arbeitsplatz die Vor- und Nachteile eines externen und internen Coachings?
- Möchten Sie später »Birkenstockler« oder »Hardliner« werden?

Bitte entwerfen Sie eine Visitenkarte für sich als Coach (auch falls Sie glauben sollten, noch keiner zu sein).

Lesehinweise:

Einen guten Überblick über die »Coaching-Szene« finden Sie im Buch von Uwe Böning und Brigitte Fritsche »Coaching fürs Business«.
Auf das Thema »Beratung« geht John McLeod umfassend in seinem Buch »Counselling – eine Einführung in die Beratung« ein. Astrid Schreyöggs Einführungslehrbuch »Coaching« ist seit 1995 ein Klassiker, der wissenschaftlich fundiert wesentliche Aspekte des Coachings darstellt.

Praktische Kommunikation für Coaches

In diesem Buch beschäftigen wir uns – auf die eine oder andere Weise – mit Kommunikation. In diesem Kapitel stellen wir Ihnen einige Grundgedanken vor.

Sprache formt unser Gehirn

In den neuronalen Netzwerken höherer Tiere sind die Gedächtnisinhalte nicht in einzelnen Neuronen (Nervenzellen) gespeichert, sondern in einem neuronalen Netzwerk kodiert. Die vernetzten Neuronen bilden ein Ensemble, welches einen Glauben, eine Hoffnung oder Idee festhält. Durch einen Lernvorgang findet eine molekulare Umgestaltung statt, indem strukturelle und biochemische Veränderungen vorgenommen werden. Das Netzwerk hat darauf seine Biochemie und Vernetzung geändert.

Die alte Unterscheidung zwischen organischen strukturellen und nur psychischen Erkrankungen oder Symptomen ist daher, bei Berücksichtigung dieser neuen neurophysiologischen Erkenntnisse, überholt. Jede Kommunikation in uns selbst oder mit anderen kann die materielle Struktur unserer Ensembles verändern. Dabei werden vielleicht nur die Inhalte in materielle Form gegossen, die »merkwürdig« genug sind, sich vom Bekannten zu differenzieren, oder die mit Emotionen gekoppelt sind. Im Coaching kann also das Gehirn eines anderen Menschen tatsächlich – wenn auch nur im Kleinen – materiell verändert werden.

> Beratung oder Kommunikation ist daher eine »Ansteckung« im guten oder bedenklichen Sinne, also eine Impfung (gut) oder Infektion (schlecht) unserer neuronalen Netzwerke.

Aus den genannten Gründen sind wir strukturell keine Steinzeitmenschen mehr, trotz der gleichen Gene: Unsere Ansichten, die durch Lebensstil, Kultur und Struktur der jeweiligen Sprache geprägt sind, haben ebenso die Hardware unseres Gehirns geformt, die neuronale Vernetzung der *Ensembles* somit zeitgemäß geprägt.

Der Gebrauch unserer Sprache legt die Art der »Gehirn-Verdrahtung« nicht nur kulturell, sondern auch individuell fest. Wichtiger Baustein unseres Denkens ist dabei der unbewusste oder bewusste innere Dialog (»silent speech«), der aus neuronalen Trampelpfaden Straßen und Autobahnen entstehen lässt. Hier setzen übrigens viele kognitive sprachliche Beratungsverfahren an: die kognitive Verhaltenstherapie (Beck), die Rational Emotive Therapy (Ellis), das Stressimpfungstraining (Meichenbaum) sowie die hypnotherapeutische Gesprächsführung nach Milton Erickson.

Gleiches gilt für nichtsprachliches Denken: Die Erinnerung eines geistigen Bildes oder eines Gefühls stimuliert definierte Hirnareale und Ensembles und führt so zu einer »Neu-Verdrahtung«. Hier setzen unter anderem imaginative Beratungsverfahren an. Die psychophysischen Veränderungen dieser Art – die »Neuroplastizität« – sind ein Paradigma dafür, wie psychische Prozesse die Körperlichkeit ändern können und umgekehrt. Und wie wir mit den Mitteln der Sprache wirken können.

Rapport – Pacen – Leaden

In den folgenden Abschnitten werden Ihnen diese drei Anglizismen mehrfach begegnen. Sie haben sich aus der Hypnotherapie, über den Umweg des NLP, in der gesamten Coaching-Szene etabliert. Vorab daher eine Begriffsbestimmung.

> **Rapport:** damit ist der »gute Draht« zum Klienten gemeint. Er kann durch aktives Zuhören und eine kognitive und emotionale Einstimmung auf die Welt des Klienten hergestellt werden. Der Rapport ist die Voraussetzung für eine vertrauensvolle Zusammenarbeit. Dies können Sie durch Pacing, durch »aktives Zuhören« und ähnliche Techniken der klientenzentrierten Kommunikation erreichen. Für jede Art der Kommunikation gilt das Gleiche: Die *Beziehungsfähigkeit* ist die wichtigste Voraussetzung für den Erfolg eines Redners, Coachs, Verkäufers oder Therapeuten.
>
> **Pacen (Pacing) oder Mirroring** ist die Technik, mit der Sie Körperbild, Bewegung, Emotion, Kommunikationsstil und Kognition Ihrer Klienten »widerspiegeln«, damit Sie sich auf sie einstimmen können und auch nonverbal dieses »Mitgehen« demonstrieren. Außerdem holen Sie den Klienten »in seiner Welt« ab.
>
> **Leaden (Leading)** ist das langsame und maßgeschneiderte Hinführen zu neuen Arten des Denkens, Empfindens und Handelns, mit der Sie Klienten auffordern, den üblichen Problemrahmen zu verlassen, da dieser bisher keine adäquate Lösung geboten hat. Leading funktioniert nur bei gutem Rapport.

Am Anfang steht das Zuhören

Vom aktiven Zuhören haben Sie sicher schon gehört: *Aktiv* sein bedeutet, dass *wir* uns disziplinieren! Am Anfang des Beratungsgesprächs sollte es (noch) nicht um uns und unsere unwillkürlichen mentalen Reaktionen auf das Gesagte gehen: Es geht um den Klienten. Zuerst ist es wichtig, ihn *abzuholen* und Vertrauen herzustellen *(Rapport)*. Das kann folgendermaßen geschehen:

- Schaffen Sie eine Atmosphäre, die von Wohlwollen und Akzeptanz geprägt ist.
- Vermitteln Sie dem Klienten, dass er sich öffnen kann und seine subjektiven Ansichten äußern darf. Zeigen Sie wertschätzendes Interesse.
- Verzichten Sie auf Deutungen, Belehrungen und Konfrontationen. Zeigen Sie, dass Sie die Inhalte verstanden haben.

- Vergessen Sie, »dass Sie so etwas schon erlebt haben« oder was Sie über dieses Thema denken. Dabei handelt es sich nur um Ihre Projektionen, Vorurteile oder Übertragungen. Bleiben Sie beim Klienten.
- Fühlen Sie sich in den Klienten und seine Emotionen ein: Zeigen Sie, dass Sie ihn im Herzen verstanden haben.

Dazu einige Verhaltenstipps und Formulierungsvorschläge, die am besten wirken, wenn sie nicht aufgesetzt sind. Denken Sie zunächst über folgende Übungsfragen nach.

Übungsfragen

- Wann lächeln Sie von selbst aus sich heraus?
- Wer müssen Sie dann sein?
- Wann wirkt Ihr Lächeln aufgesetzt?
- Was macht Sie in den Augen eines Klienten wohl besonders charmant?
- Wann strahlen Ihr Blick und Ihre Körperhaltung Güte, Zuversicht und Freundlichkeit aus?

Aktiv zuhören und mitgehen

Sie können Ihrem Klienten verschiedene Signale senden, um zu zeigen, dass Sie aufmerksam und empathisch zuhören.

- *Ich höre Ihnen zu:* Durch aufmunternde Fragen, Nicken, »hmm«, »ja«, »verstehe« signalisieren Sie, dass Sie Interesse am Gespräch haben und dem Klienten folgen.
- *Ich bin zuversichtlich:* Lächeln Sie, seien Sie freundlich und charmant, bleiben Sie selbst zuversichtlich und neugierig. Ihr »Mitfühlen« soll Verständnis zeigen, nicht aber Resignation ausstrahlen. Der Klient wird diese Botschaft verstehen.
- *Ich verstehe den Inhalt:* Wenn Sie Kernaussagen des Klienten kurz wiederholen (als Echo), signalisieren Sie ihm, dass Sie die Thematik in seinem Sinne verstanden haben. Im Anschluss daran können Sie eine aufmunternde Frage stellen.

  Klient: »*Dann stürmt der Chef immer in mein Büro und macht mich durch sein Schreien ganz konfus. Ich stecke danach irgendwie immer ganz fest und komme mit der Arbeit nicht weiter.*«
  Coach: »*Sie stecken dann ganz fest. Hmm. Und dann ...?*«

- *Ihr Gefühl ist mir klar:* Durch empathisches Nachfragen, durch Gestik, Mimik, Stimmlage und Ähnliches signalisieren Sie Ihre emotionale Beteiligung. Fassen Sie Inhalt und Affekte kurz als Frage zusammen. Sie können auch Metaphern für die beschriebene Emotion verwenden (»... das ist so, als ob ...«):

Coach: »*Wenn Ihr Chef so in Ihren Arbeitsbereich hereinplatzt und schreit, fühlen Sie sich hilflos? So, als ob Ihnen dann Ihre eigene Energie fehlt?!*«

Aber Achtung: Plappern Sie nicht einfach nach. Wenn der Klient bereits erzählt hat, welche Gefühle und Konflikte mit dem Problem oder Ziel verbunden sind, ist es häufig geschickter, diese Alternativen auf den Punkt zu bringen oder die dahinter liegende Frage aufzuwerfen. Das erreichen Sie, indem Sie die Klientenaussage auf ein höheres Abstraktionsniveau heben:

Coach: »*Möchten Sie lernen, wie Sie sich besser gegenüber Ihrem Vorgesetzten abgrenzen können – und zwar auf eine Weise, dass er danach nicht ständig sauer auf Sie ist?!*«

Die effektivste Form des aktiven Zuhörens ist es, Verständnisfragen zu stellen, die auf Gefühle, geistige Strategien oder Handlungen des Klienten eingehen.

Zirkuläres Fragen

In der systemischen Familientherapie wurde die Technik des zirkulären Fragens zuerst systematisch angewandt. Dabei wird der Klient sprachlich angeregt, in die Schuhe oder die Haut eines anderen Menschen zu schlüpfen oder sich selbst – in der Interaktion mit einem anderen Menschen – aus einer anderen Perspektive zu erleben (*Metaposition* oder *Rollentausch*).

Beispiele für zirkuläre Fragen sind:
»*Angenommen, ich würde in der Kaffeepause Ihre beste Kollegin fragen, was die wohl denkt, warum sich Ihr Chef diese Auftritte bei Ihnen erlauben kann. Was würde die sagen?*«
»*Angenommen, ich würde Ihren Chef fragen, warum er denkt, dass er Sie anschreien muss, was würde er wohl sagen?*«

Mithilfe dieser Fragetechnik entsteht ein Verständnis für die unterschiedlichen Rollenanforderungen. Empathie – das Einfühlen in andere – wird möglich. Wünschenswerte Alternativen werden aufgezeigt. Gewohnte Denkmuster und ihre Kopplung mit Affekten können unterbrochen werden.

Übung

Denken Sie sich weitere zirkuläre Fragen aus, die besonders darauf abzielen, eine Alternativensuche in oben genannter Situation anzuregen. Dabei ist die Wirkung wichtiger als die gekonnte oder vorgeschriebene Konstruktionsweise der Sätze!

Den Klienten in seiner Welt abholen

Ein nützliches Modell, um »miteinander warm zu werden«, ist das Konzept des *Pacings* oder Mitgehens und Spiegelns: Wir versuchen dabei, uns auf unsere Klienten einzustimmen und dies auch zu signalisieren. Das sollte nicht so weit gehen, dass wir selbst verwirrt, ablehnend, ängstlich oder niedergeschlagen sind, wenn unsere Klienten dies sind. Worauf können Sie achten, wenn Sie Ihren Klienten in seiner Welt abholen wollen?

- *Die Körperhaltung:* Wie sitzt Ihr Klient, wie hält er die Arme, ist der Rumpf vor- oder zurückgeneigt, ist der Klient Ihnen zugewandt oder leicht abgewandt ...? Versuchen Sie bitte nicht, die Körperhaltung des Klienten »nachzuäffen«. Das wirkt aufgesetzt. Wenn Sie aber Teile des Bewegungs- und Haltungsmusters übernehmen, fällt Ihnen eine Einstimmung auf den Klienten leichter.
- *Sprache:* Ist die Sprechweise laut, ausdrucksstark, fließend, stockend, leise? Welche Stilebene benutzt der Klient? Welche Sinnesebenen bevorzugt er in seinen Schilderungen?
- *Sehen:* Nutzt der Klient Metaphern oder Aussagen, die visuell orientiert sind? Beispiele: »Dann sehe ich rot.« »Da geht mir ein Licht auf.«
- *Hören:* Nutzt der Klient Metaphern oder Aussagen, die auditiv orientiert sind? Beispiele: »Das klingt verrückt.« »Das hört sich gut an.«
- *Fühlen:* Bezieht sich der Klient eher auf Körperempfindungen oder den Tast- oder Stellungssinn? Beispiele: »Das lähmt mich.« »Das reißt mich runter.«
- *Schmecken:* Bezieht sich der Klient auf Sinneswahrnehmungen des Geschmackssinns (gustatorische Wahrnehmung)? Beispiel: »Da muss ich bitter aufstoßen.«
- *Riechen:* Bezieht sich der Klient eher auf Sinneswahrnehmung des Riechapparates (olfaktorische Sinneseindrücke)? Beispiel: »Das stinkt mir.«

Ein Beispiel: Wenn der Klient »feststeckt«, bleiben Sie in Ihrer Wiederholung oder Zusammenfassung bei dem Sinnessystem, das er äußert. Es wäre störend, wenn Sie auf die Aussage »*Das stinkt mir*« folgendes Echo geben: »Dann sehen Sie also rot. Hmm. Und dann ...?«

Ähnliches gilt auch für Sprachstil, Tonfall und Tempo. Nutzen Sie dabei aber nur Ihren eigenen Spielraum aus: Sobald Sie nämlich anfangen, »nicht mehr wie Sie selbst zu reden«, werden Sie unglaubwürdig.

- *Gestik und Mimik:* Sind Gestik und Mimik ausdrucksstark oder unkoordiniert, eher arm und leer, schnell oder langsam? Erkennen Sie das Muster, mit dem der Klient in Bewegung gerät.
- *Ressourcen:* Was bestimmt ihn gerade: Inhalte oder Emotionen? Ist er bei sich oder bei anderen? Welche Grundmuster sind ihm wichtig: das Ganze, das Detail, Menschen, Orte, Handlungen, Vergangenheit, Zukunft?

Gute Gesprächskontakte zeichnen sich meistens dadurch aus, dass die Körperhaltung offen und symmetrisch ist, die Sprache flüssig und ausdrucksstark und dass die Gestik natürlich und angemessen ist.

Übung

Machen Sie sich eine Tabelle: »Sehen« – »Hören« – »Fühlen« – »Schmecken« – »Riechen«. Kreuzen Sie an, welche Sinneskanäle Ihre Kollegen in Konferenzen oder Gruppengesprächen vorwiegend benutzen. Bitten Sie jemanden darum, dies auch für Sie zu tun. Abhängig von der Gesprächssituation werden Sie vermutlich unterschiedliche Sinneskanäle bevorzugen.Diese Übung wird in NLP-Anfängerkursen sehr intensiv genutzt. Sie lernen dabei, aufmerksam zuzuhören.

Was für ein Typ ist der Klient?

Es gibt zahlreiche Modelle der Persönlichkeit – viele gehen auf das kommunikative Verhalten ein. Niemand entspricht in gleichen oder unterschiedlichen Situationen jeweils ganz einem solchen Typ: Es finden sich lediglich bestimmte Vorlieben oder Tendenzen. Die bekannte amerikanische Familientherapeutin Virginia Satir hat vier häufige Kommunikationstypen oder -rollen vorgestellt:

- Beschwichtiger,
- Ankläger,
- Rationalisierer und
- Ablenker.

 Der Beschwichtiger: Er ist etwas zusammengesunken, hält die Hand bittend nach vorne, der Kopf ist leicht erhöht und etwas schwankend. Mit beinahe piepsig winselnder Stimme presst er seine Sätze hervor: »Ich bin so glücklich, dass ich bei Ihnen arbeiten darf. Es ist überhaupt alles so interessant hier. Nur hier kann ich mich entfalten.«

 Der Ankläger: Er wirkt angespannt und etwas verzerrt. Der Atem ist gepresst und flach, wenn er mit lauter und beinahe harter Stimme seine Ansichten verkündet: »Wenn es dich nicht gäbe, hätte ich aus meinem Leben etwas machen können.« »Ihre Nachlässigkeit bringt unser ganzes Projekt schon wieder in Gefahr.«

 Der Rationalisierer: Er wirkt ein bisschen unbewegt, gespannt und arm an Reaktionen. Trocken und mit monotoner Stimme macht er nüchterne Feststellungen: »Nach neuen wissenschaftlichen Ergebnissen verhält es sich eher folgendermaßen ...« »Bei reiflicher Überlegung kommt man doch zum Schluss, dass ...«

Der Ablenker: Er ist viel in Bewegung. Kopf, Rumpf und Extremitäten sind ständig unterwegs und wirken unkoordiniert. Die Stimme ist schnell, manchmal überschießend und fahrig, wenn er zwischen den oben genannten Rollen hin und her hüpft, um sich nicht zu erkennen zu geben: »Da kommt mir in den Sinn – aber halt, gestern kamen Sie ja zu spät und können das nicht wissen – na ja, niemand kann vorschreiben, wann wir zu kommen haben, schließlich ist Gleitzeit heute das Konzept der Zukunft ...«

Übungen

Bitten Sie Ihren Klienten, seine Klagen, Wünsche oder Gedanken aus der Rolle jedes dieser Typen vorzustellen.

Für Sie selbst: Denken Sie an eine nahe zurückliegende Teamdiskussion. Stellen Sie sich den Diskussionsverlauf noch einmal vor, wenn Sie eine der oben genannten Positionen konsequent durchgehalten hätten.

Welches ist Ihr bevorzugter Satir-Kommunikationstyp? Üben Sie die Rollen einmal vor dem Spiegel oder mit Kollegen zu bekannten Themen Ihres Berufs.

Der Beziehungsaspekt von Botschaften

> »*Unsere Botschaft gibt immer auch den Beziehungsaspekt wieder, den wir zu unserem Gegenüber definieren.*« (Watzlawick)

Friedemann Schulz von Thun hat die Idee von Paul Watzlawick aufgegriffen und zu seinem bekannten Kommunikationsquartett ausformuliert – indem er jeder Botschaft vier Ebenen der Kommunikation zuordnet:

- *Inhaltsaspekt:* die vermittelte Information über Sachverhalte.
- *Selbstoffenbarung:* die Information über uns selbst.
- *Appelaspekt:* die implizite Aufforderung, in einer gewünschten Weise zu handeln.
- *Beziehungsaspekt:* die Definition der Beziehung zwischen den Gesprächspartnern.

Ein Beispiel soll diese Aspekte verdeutlichen:

> »*Können Sie mir bitte diesmal die Akten rechtzeitig bringen?!*«

- *Inhalt:* Die Akten werden zu einem bestimmten Termin gebraucht. Sie sollen vorbeigebracht werden.
- *Selbstoffenbarung:* Ich bin verärgert!
- *Appell:* Machen Sie mich nicht wieder wütend durch Ihren langsamen Arbeitsstil. Gehorchen Sie zukünftig besser.
- *Beziehung:* Sie stehen übrigens in der Hierarchie unter mir.

Übungen

Schreiben Sie die Sätze auf, die Ihrem Klienten, zum Beispiel in einer beruflichen Situation, gesagt wurden. Bitten Sie ihn, die Sätze wörtlich wiederzugeben. Sie werden feststellen, dass Klienten zuerst ihre Interpretation angeben, in der ein Aspekt des Kommunikationsquartetts im Vordergrund steht.

Analysieren Sie die vier Aspekte der gefundenen Sätze nach der Methode von Schulz von Thun.

Die Sprache hinter der Sprache

Dass mehrere Ebenen der Kommunikation gleichzeitig mitschwingen, erreichen wir durch die gedankliche Struktur unserer Sprache: Wie in den Träumen gibt es eine Oberfläche (oder manifeste Äußerung) und eine *Tiefenstruktur* (die latente Äußerung). Während der Gedankenkonstruktion selbst und auf dem Weg zur sprachlichen Äußerung finden zahlreiche Prozessschritte statt, die das Gedachte verzerren und verallgemeinern. Geistige Vorannahmen und dahinter stehende Werte werden getilgt. Im Folgenden geben wir Ihnen einige Wortbeispiele für solche Prozesse:

- *Unspezifische Substantive:* »Ereignis« – statt »Tennisspiel am Rothenbaum«. Frage zur Tiefenstruktur: Wer oder was genau?
- *Unspezifische Verben:* »Melde dich bei mir!« – statt: »Rufe mich um 15 Uhr zu Hause an!« Frage: Wie und wann genau?
- *Vergessene Vergleiche:* »Der Vorschlag ist besser!« – statt: »Ihr Vorschlag ist besser [warum?] als der von Herrn Meyer.« Frage: Verglichen womit?
- *Bewertungen:* »Ihre Vorschläge sind immer besonders brauchbar.« – statt: »Ich finde, Ihre Vorschläge immer besonders brauchbar, da ich dadurch jedes Mal viel Geld spare.« Frage: Auf welcher Basis erfolgt diese Bewertung – und wer genau macht sie?
- *Nominalisierungen:* »Pünktlichkeit und Verlässlichkeit sind die Stützen von Wachstum und Erfolg in unserem Team.« – statt: »Um genau acht Uhr zu kommen und jeden Arbeitsschritt zu Hause gut vorbereitet zu haben ...« Frage: Was ist die genaue Bedeutung der Nominalisierung (überspitzt – im Nominalstil: Erfragung des Bedeutungskontextes der Nominalisierung)?
- *Modaloperatoren der Möglichkeit:* »Ich kann nicht, man darf nicht.« Frage: Wer oder was hindert Sie genau und vor allem wie?
- *Modaloperatoren der Notwendigkeit:* »Ich sollte doch fleißiger sein in der Firma.« »Ich darf den Chef nicht unterbrechen.« Frage: Was genau würde passieren, wenn Sie es wären oder täten?
- *Verallgemeinerung:* »Leute, die um 17 Uhr nach Hause gehen, sind faul.« »Fastfood macht dick.« Frage: Gibt es Ausnahmen hiervon?

- *Gleichsetzungen unterschiedlicher Sachverhalte:* »Sie gehen mittags essen? Sie wollen wohl bei uns nichts werden!?« Frage: Weshalb bedeutet das eine gleichzeitig für Sie das andere?
- *Vorannahmen:* »Später werden Sie das verstehen« (... denn jetzt sind Sie noch zu dumm). »Diese Aufgabe wird Sie herausfordern« (... dass Sie das machen, ist schon mal klar, und schwierig wird es auch!). Frage: Was lässt Sie glauben, dass es so ist?
- *Falsche Kausalverknüpfungen:* »Sie machen mich wütend.« Fragen: Wie genau bewirke ich das? Wie schaffen Sie das, so zu fühlen?
- *Gedankenlesen:* »Ich wusste, dass Sie das ablehnen würden.« Frage: Woher genau wissen Sie das?

Es gibt viele weitere ähnliche Mechanismen unserer »Denksprache«, mit deren Hilfe wir unsere Realität und unsere Sprache vereinfachen. Vorurteile, Volksverhetzungen, Werbung und alltägliche Dummheit bedienen sich dieser Mechanismen.

Verzerrungen, Verallgemeinerungen und Tilgungen sind aber auch Bestandteile unseres gesunden und normalen Alltagsdenkens. Nur Sprachwissenschaftler, Philosophen, Therapeuten und Coaches bemühen sich, diese Muster zu entwirren, um Anregungen für ihre Fragen zu erhalten.

Das ist der tiefere Sinn für das Coaching: Aus jeder Aussage des Klienten erwachsen für uns Fragen, die zum Weiterdenken anregen. Aber Achtung: Bitte verwenden Sie diese Fragen nicht in normalen Lebenssituationen, da sie den *guten Draht* zum Gesprächspartner stark stören können.

Kommunikationstipps

Konkrete Verhaltensanweisungen zur Kommunikation werden in Rhetorikseminaren, Telefontrainings oder der Coaching-Ausbildung vermittelt. Solche Kenntnisse können auch im Coaching an die Klienten weitergegeben und mit diesen geübt werden. Die Klienten sind für solche konkreten Ratschläge und Übungssequenzen dankbar. Meist taucht dann die Frage auf, ob dieses Verhalten nicht nur aufgesetzt sei. Wie schon erwähnt, sind Verhalten und die damit verbundenen Fähigkeiten häufig leicht veränderbar oder erweiterbar. Damit lassen sich jedoch keine Veränderungen im Denken oder der Selbstdefinition erreichen.

Bei einer konsequenten Anwendung einer erlernten Kommunikationstechnik verändert sich aber auch die Reaktion unserer Umwelt auf uns. In unserem Hirn werden neuronale Ensembles umstrukturiert, und unsere Selbstdefinition beginnt sich zu wandeln.

Im Folgenden finden Sie exemplarisch zwei Handlungsanweisungen, die in Form von Übungen mit Klienten erprobt werden können. Solche Minitrainings zur kommunikativen Grenzziehung sind für viele Klienten hilfreich. Ein umfassendes Kommunikationstraining wird beispielsweise unter dem Titel »Gewaltfreie Kommunikation« angeboten.

Sprachlich Grenzen setzen

Die Frau im erwähnten Beispiel, deren Chef schreiend ins Büro stürmte, kann sich gegenüber dem Vorgesetzten nicht abgrenzen. Sie macht ihre Grenzen nicht deutlich. Solche Grenzen finden sich normalerweise in allen Rollen unseres Lebens in unterschiedlicher Ausprägung. Vielleicht trauen Sie sich nicht, Freunde, die spät zu Besuch kommen, wieder wegzuschicken. Vielleicht lassen Sie sich Sticheleien gefallen oder müssen zu Hause stets alleine den Abwasch machen, obwohl Sie das schon immer geärgert hat. Vielleicht fühlen Sie sich zu wenig beachtet oder ausgenutzt. Ständig trampelt jemand auf Ihren Nerven herum, verplant ungefragt Ihre Zeit ...? Dann müssen Sie sich abgrenzen. Abgrenzung und Selbstbehauptung sind mit einfachen sprachlichen Mitteln möglich.

 Informieren Sie Ihren Gesprächspartner: Machen Sie dem Gegenüber sachlich und ruhig klar, dass er sich – Ihrer Meinung nach – nicht adäquat verhält. Begeben Sie sich in die gleiche Sprechposition: Stehen Sie auf, wenn Ihr Chef vor dem Schreibtisch steht, und treten Sie neben ihn: »Sie schreien mich gerade an! Das ist nicht die normale Art, miteinander konstruktiv zu kommunizieren.«

 Erinnern Sie an die Information (erste Mahnung): Wenn Ihr Gesprächspartner sein Verhalten nicht ändert, fordern Sie ihn nochmals sachlich und freundlich auf, sein Verhalten angemessen zu gestalten: »Ich möchte Sie bitten, normal mit mir zu reden. Hören Sie auf zu schreien. Wenn Sie vernünftige Gründe haben, mich zu kritisieren, dann tun Sie das bitte sachlich und konstruktiv.«

 Erinnern Sie erneut (zweite Mahnung): Wenn sich Ihr Gesprächspartner diesen Informationen nicht zugänglich zeigt, fordern Sie ihn nochmals ruhig auf: »Ich bitte Sie nochmals, nicht zu schreien und konstruktiv und sachlich zu werden. Sonst kommt keine vernünftige Kommunikation zustande.«

 Entziehen Sie sich der unkonstruktiven Kommunikation: Wenn das nichts ändert: »Ich kann mich so nicht mit Ihnen unterhalten. Ich werde jetzt diesen Raum verlassen. Bitte beruhigen Sie sich und sprechen Sie mich nachher nochmals deswegen an.« Verlassen Sie dann den Raum.

Gehen Sie nicht gleich zur Beschwerdestelle oder zu anderen Vorgesetzten. Beruhigen Sie sich selbst und machen Sie sich klare Gedanken darüber, wie Sie die Situation konstruktiv und kreativ lösen können – bei Beachtung Ihrer Grenzen.

Meist kommt der schreiende Chef übrigens sehr schnell zu einer normalen Sprechweise, und es ist ihm dann ein bisschen peinlich. Wenn Sie einmal so deutlich Ihre Grenzen gezeigt haben, wird er Sie danach eher mit Respekt behandeln. Die Befürchtung der meisten Menschen ist, der Chef würde dieses Verhalten nicht verzeihen. Die Erfahrung mit dieser kleinen Methode zeigt aber, dass sie meist den gewünschten Ef-

Übungen und Fragen

Stellen Sie in einer Liste unklare Grenzen in Ihrem Leben zusammen. Wo sind Sie schon lange verwundert oder verärgert über das Verhalten der anderen oder Ihre Reaktion darauf?

Ordnen Sie die Liste nach den verschiedenen Rollenanforderungen in Beruf und Privatleben. Mit welcher Grenzziehung werden Sie beginnen? Wie genau, wo, wann werden Sie das tun? Woran werden Sie erkennen, dass das geklappt hat?

fekt hat. Durch das andere Verhalten des Chefs oder der Kollegen verändert sich dann auch das Selbstkonzept: »Ich bin jemand, der seine Grenzen ernst nimmt und das anderen auch vermittelt. Daher respektiert man mich!«

Gelegentlich treffen wir auf Klienten, deren Grenzen bei jeder äußeren Forderung zerfließen. Sie sind sofort bereit, alles gerne zu machen, was man ihnen aufträgt. In dem Bemühen, nicht aufzufallen oder zu gefallen, verlieren sie jedes Gefühl für ihre Grenzen. Andere Klienten – manchmal sogar dieselben in anderen Situationen – haben starre und unbarmherzige Grenzen und strahlen eine Überlegenheit oder Überheblichkeit aus, die der Situation nicht angemessen ist. Bei der Arbeit mit solchen Klienten brauchen Sie viel Feingefühl und auch pädagogisches Geschick. Denn hier überlappen sich Coaching und Verhaltenstraining.

Den inneren Dialog umformulieren

Sobald uns jemand anschreit, steigen uns normalerweise Affekte zu Kopf: Wut, Ohnmacht, Verzweiflung. Dies wird entweder eingeleitet oder begleitet von einem kaum bewussten oder unbewussten inneren Dialog, der sich folgendermaßen anhören könnte: »Oh, Backe! Ich Idiot! Verdammt! Bin ich blöd ...!« Das sind für die Emotionen in unserem Gehirn Wegweisschilder auf der neuronalen Autobahn:

- Wir nehmen bestimmte Reize auf.
- Diese werden negativ interpretiert: Es entstehen festgelegte Sequenzen innerer Bilder, Gefühle, Dialoge.
- Wir stecken fest!

Diese Kette kann mit kleinen Kunstgriffen unterbrochen werden: Wenn jemand Ihre Grenzen überschreitet und Ihnen einreden möchte, wie Sie seien *(also dumm, blöd oder Ähnliches)*, statt Ihnen mitzuteilen, was er an Ihrem Verhalten beobachtet hat, dann sagen Sie zu sich selbst mit einem inneren Grinsen:

> »**Moment mal!** *Hier passiert etwas Spannendes! Entsteht das in mir oder kommt das von außen? Was sagt das über den anderen – und was eigentlich wirklich über mich!?«*
> (Modifiziert aus einem Seminar 1994 von Klaus Grochowiak)

Es ist wichtig, mit einem lauten innerlichen *»Moment mal!«* zu beginnen. Der Rest kann dann leise hinterher gedacht werden.

> **Übung**
>
> Sagen Sie sich mehrmals **»Moment mal!«** und grinsen Sie dabei innerlich breit, selbstironisch, neugierig und verschmitzt. Dann stellen Sie sich unangenehme Gesprächssituationen vor und sagen sich sofort nach dem Start dieser Vorstellung: »Moment mal!« Machen Sie das immer zuerst, wenn es irgendwo brenzlig wird!

Diese Übung scheint banal zu sein, sie wirkt aber kleine innere Wunder: Zum einen unterbricht sie unser übliches Stressschema und verschafft uns Zeit. Zum anderen lernen wir dadurch ganz nebenbei:

- sachliche von persönlicher Kritik zu trennen,
- Information und Angriff zu trennen,
- Kritik an unserem Verhalten von Aussagen zu unserer Person zu unterscheiden.

Bei aller Theorie über die Kommunikation und bei dem Versuch, innere Einstellungen, Werte und Muster zu verändern, sollten die vielen kleinen Tricks und Tipps, die in Kommunikations- und Coaching-Seminaren gelehrt werden, trotzdem an die Klienten weitergegeben werden.

> **Übung**
>
> Stellen Sie sich eine Kugel aus Energie vor, die durch Ihre Gedanken geformt werden kann. Sie halten diese Kugel vor Ihrem Körper zwischen den Händen. Streifen Sie diese Energie langsam und bedächtig über Ihren Körper – so, als würden Sie sich in einen Raumanzug hüllen. Nehmen Sie wahr, wie dick dieser Raumanzug ist.
> Dieses energetische Schutzschild hat die Eigenschaft, alle Verletzungen und Grenzüberschreitungen nur sehr langsam zu Ihnen gelangen zu lassen. Dadurch gewinnen Sie Zeit, sich Ihre Reaktion in aller Ruhe zu überlegen. (Modifiziert aus einem Seminar von Liz Lorenz-Wallacher – Milton Erickson Institut für klinische Hypnose in Saarbrücken)

Killern kontern

Der Umgang mit unfairen Gesprächspartnern ist besonders schwierig. Diese schaffen es, durch Gesten, Mimik und Phrasen eine konstruktive Kommunikation zu zerstören. Die Taktiken unfairer Gesprächspartner zu kennen kann uns davor bewahren, den »Killern« in ihre Messer zu laufen. Welche Kommunikationskiller gibt es?

Abwürgende Körperbewegungen: abfällige Handbewegung, Zeigefinger erheben, abwehrend mit der Hand winken, Augen verdrehen, verächtliches Ausschnauben, bestürzter und tiefer Atemzug, sich abwenden.

> Eine Möglichkeit des Konterns in einer Gesprächsrunde: Weisen Sie mit der offenen einladenden Hand und einem zuversichtlichen freundlichen Lächeln auf den »Killer«: »Entschuldigen Sie bitte, mit Ihrer Gestik (Mimik) wollten Sie sich gerade zu Wort melden, um einen konstruktiven Verbesserungsvorschlag zu machen?« Oder: »Wenn Ihre Hand, Ihr Zeigefinger, Ihr Augenverdrehen, Ihr tiefer Atemzug sprechen könnte …, was wollten Sie uns damit sa*gen?*« Darauf folgt als Reaktion häufig eine weitere Killerphrase: *»Das ist doch alles Blödsinn, was Sie da vortragen!«* Sie: »Vielen Dank für den weiterführenden Einwand. Wir sehen, dass Sie sich ernstlich mit dem Thema/meinen Argumenten auseinander gesetzt haben. Dann fahre ich jetzt fort …« Wiederholen Sie dieses »Spiel« ruhig mehrmals!

 Abwürgende Killer-Techniken sind:

- jemandem drohen,
- elterliche Ratschläge erteilen,
- jemanden moralisch verurteilen,
- herablassend sein,
- jemanden lächerlich machen,
- verletzend sein,
- im Befehlston sprechen.

Eine Möglichkeit des Konterns: Wie bereits erwähnt – Grenzen ziehen! Beispiele für Killerphrasen sind:

> *»Sie immer mit Ihren sogenannten Anregungen.« »Dafür sind andere zuständig.« »Das hat bei uns noch nie geklappt.« »Bei uns geht so etwas grundsätzlich nicht.« »Sie sind nicht der Erste, der mit der Idee kommt.« »Bei uns geht das einfach nicht.« »Sie können ja klug reden, damit ist aber nichts geändert.«*

Möglichkeiten des Konterns: Offenlegen der Tilgungen, Verzerrungen und Generalisierungen in diesen Aussagen – oder überlegen Sie eine geschickte Umdeutung der Killerphrase:

> *»Irgendjemand muss schließlich neue zukunftsweisende Ideen entwickeln.« »Das heißt, Sie haben da nicht die Befugnis – oder müssen wir jemanden mit dem notwendigen Know-how heranziehen?« »Woran genau fehlte es denn immer, dass es nicht klappen konnte?«*

> ### Übungen und Fragen
>
> Entschärfen Sie die oben genannten Killerphrasen mit Ihren eigenen Kontervorschlägen! Welche Killerphrasen begegnen Ihnen üblicherweise? Schreiben Sie sie auf und überlegen Sie Ihre zukünftigen Reaktionen darauf – passend zu Kontext und Gesprächspartnern.
>
> Herr Müller, stellvertretender Abteilungsleiter, lässt an den Aufenthaltsraum der Sachbearbeiterinnen und Sachbearbeiter ein Schild anbringen: »Sachbearbeiter«. Frau Dora spricht dies in der Abteilungssitzung kurz an, da 70 Prozent der Mitarbeiterinnen und Mitarbeiter in der Abteilung immerhin Frauen seien. Herr Müller fasst sich darauf an die Stirn, beugt sich klagend vornüber und murmelt leise: »Nicht schon wieder diese Emanzenvorschläge!« Wie genau könnte Frau Dora auf diese Killergeste reagieren und ihre Grenzen klarmachen? Machen Sie konkrete Formulierungsvorschläge!

Etikettenschwindel

Wir stecken gelegentlich in Übertragungen und Vorannahmen über unseren Gesprächspartner so fest, dass wir gerne zu »rhetorischen Figuren« greifen. Manchmal werden diese auch als Trick oder als Killerphrase eingesetzt:

- *Bagatellisieren.* Sie übertreiben: »Nun seien Sie doch nicht gleich so beleidigt. So schlimm war die Äußerung nun auch wieder nicht.«
- *Pathologisieren.* Sie sind ein Patient: »Nun seien Sie doch nicht gleich so beleidigt. Immer fühlen Sie sich gleich so verletzt – wie eine Mimose.«
- *Etikettieren.* Es klebt ein Schild an Ihrer Stirn: »Dass Sie aus der Buchführung kommen, sieht man sofort. Sie haben keinen Blick für das Ganze.«
- *Infantilisieren.* Sie werden nie erwachsen: »Für Sie will ich das gerne nochmals in einfachen Worten erklären.«
- *Idealisieren.* Ach, sind Sie toll: »Mit Ihrer Berufserfahrung dürfte das kein Problem darstellen; so etwas haben Sie bisher ja mit links gemacht.«
- *Moralisieren.* Sie sind unanständig: »So, wie Sie sich hier aufführen, verstößt das gegen die Regeln des Anstands.«

Solche Zuschreibungen sind ebenfalls Killer einer freien und offenen Diskussion. Das Gespräch wird dann schnell eisig, entgleist, wird aggressiv und führt selten zu konstruktiven Einigungen.

Sich wütenden Gesprächspartnern öffnen

Nicht jeder will Ihnen Schlechtes! Viele Menschen sind aufgeregt, vorwurfsvoll oder unfair, weil sie sich selbst ungerecht behandelt fühlen oder weil sie positive Absichten verfolgen – und bisher keine besseren Mittel kennen, diese durchzusetzen.

Kritik, Ablehnung oder Aggression sind gelegentlich auch unbewusste Angebote, aus denen wir eine sogenannte *Win-Win-Situation* schaffen können: Kritik hält uns einen Spiegel vor. Wenn wir diese Information als »Feedback« annehmen, können wir uns dadurch verbessern und etwas über uns selbst lernen.

Aggression ist Annäherung (von lat. aggredi), Energie und gebündelte Aufmerksamkeit: Wenn Sie diese Energie, die sich zwischen zwei Menschen aufbaut, in die richtige Bahn lenken, haben Sie beide etwas davon und stehen am Ende bereichert da. Das zu lernen braucht aber viel Übung. Ein »normales« Beispiel aus dem Alltag:

> *Frau Kolpe ist Grundschullehrerin. Zum Einzelgesprächsabend hat sie die Eltern ihrer zweiten Klasse eingeladen. Mehrere Eltern sitzen vor der Tür und werden nacheinander von ihr zu einem zehnminütigen Gespräch in den Raum gebeten. Als sie Frau Wulperich aufruft, spürt sie sofort, dass etwas in der Luft liegt. Diese kommt auch gleich zur Sache und äußert laut und unfreundlich ihren Vorwurf: »Sie haben meinem Hinnak eine Vier gegeben in der Mathearbeit. Zu Hause habe ich den Test mehrfach nachschreiben lassen. Da war er immer besser. Außerdem sagt er, es wäre zu laut gewesen vor der Klasse, da einige Schüler schon fertig waren und vor dem Klassenzimmer gewartet haben. Ich habe Hinnak schon gesagt, dass ich Sie für ungeschickt halte.«*
> *Woraufhin Frau Kolpe sich angegriffen fühlt: »Ich kann nicht so tun, als ob es nur Ihren Sohn alleine gäbe! Wollen Sie mir sagen, wie ich meine Arbeit zu tun habe?«*
> *Das Gespräch eskaliert, wird zu einem emotionalen Durcheinander von Vorwürfen und Machtbeweisen. Beide Gesprächspartner gehen wütend auseinander. In den folgenden Wochen gerät der kleine Hinnak schließlich zwischen die Fronten und versucht, sich beiden Seiten gegenüber loyal oder angemessen zu verhalten.*

Als Kommunikationsprofi hätte Frau Kolpe auch zu sich sagen können: »Moment mal ...!« Im Anschluss daran ergibt sich meist die Möglichkeit, nach der positiven Absicht oder dem gemeinsamen und verbindenden Ziel zu suchen. Die Lehrerin hätte Frau Wulperich in ihrem emotionalen Zustand abholen und deren Ziele und Absichten herausstellen können.

> *»Frau Wulperich, ich verstehe Ihre Verärgerung. Mir ist klar, dass man nicht alle Kinder völlig gleich behandeln kann und dass es dann gelegentlich dazu kommt, dass Kinder nicht das optimale Umfeld für ihre Leistungsmöglichkeiten vorfinden. Hinnak ist ein kluger Junge, und ich finde es toll, dass Sie sich so für sein Vorankommen in der Schule interessieren. Das freut mich, dass Sie sich da so engagieren ... Wenn ich das jetzt weiß, kann ich mich auf ihn vielleicht besser einstellen. Was denken Sie, sollten wir in Zukunft genau tun, um ihn am besten zu fördern?«*

Als *Kurzformel:* Nehmen Sie Ihrem Gegenüber den Wind aus den Segeln, steigen Sie zuerst ins selbe Boot und setzen Sie sich dann selbst ans Ruder! Sich von Boot zu Boot mit Kanonenkugeln zu beschießen bringt keine Lösung.

> **Übung**
>
> Übertragen Sie dieses Beispiel auf eine Ihrer kritischen Gesprächssituationen. Schreiben Sie mögliche Vorwürfe auf und sehen Sie die dahinter liegenden guten Absichten. Wie könnten Sie dem Gespräch eine positive konstruktive Wendung geben? Üben Sie mit Kolleginnen und Kollegen diese Gespräche.

Hypnotische Sprachmuster

Sprache schafft Wirklichkeiten! Sprachliche Reize erzeugen in uns Bilder, Affekte, Gedanken und führen so zu Handlungen. Bei dem Versuch, die Wirklichkeit unserer Klienten neu zu formulieren, können wir entweder plump oder auch sehr einfühlsam vorgehen: »Sie fangen jetzt an, positiver zu denken!« Die innerliche Antwort hierauf: »Nee, eigentlich nicht! Schön wär's ja?!«

Geschickter oder einfühlsamer ist eine indirekte Aufforderung, die beim Klienten nicht auf innere Ablehnung stößt. Dies können Sie mit *hypnotischen Sprachmustern* erreichen. Aus diesem Grunde werden die gleichen Muster gerne in Politik und Werbung genutzt – von den Experten aber meist nicht als solche benannt. Diese Sprachmethode kann man gut einsetzen, um positive Veränderungen im Klienten zu ermöglichen.

Äußerungen werden dabei so formuliert, dass sie für beinahe jeden passend sind, vage bleiben, damit sie von der inneren Vorstellungswelt des Klienten ausgefüllt werden, innerliche Suchprozesse auslösen und starre Denkmuster umschiffen. Im Folgenden einige Beispiele für solche Sprachmuster:

- *Vage oder allgemeine Nominalisierungen:* »Es ist gut zu wissen, wie die Empfindung eines ruhenden Kerns irgendwo in uns den Weg zum Positiven bahnen kann.« Was für eine Empfindung? Wer weiß das eigentlich …? So kann man erst einmal denken: »Na ja, stimmt wohl irgendwie …«
- *Tilgungen:* »Sich einfach zu freuen und neugierig sein zu dürfen kann den Kontakt zu vergessenen Kräften wecken.« Wer sagt das?
- *Unspezifische Referenzindizes:* »Du kannst dir in dieser Atmosphäre der Entspannung all den Raum geben.« Was für Raum, welche Atmosphäre?
- *Unspezifische Verben:* »Wahrzunehmen, wie sich die Veränderungen in deiner Innenwelt langsam formen, ist einfacher, wenn man sich sagt: ›Ich atme ruhig!‹, und dann einfach nur wahrnimmt, wie dies von selbst geschieht.« Was genau für eine Art von Wahrnehmen?
- *Kausale Verknüpfungen:* »Während du noch die richtige Position auf diesem Stuhl überprüfst, kann ein Teil von dir bereits unbewusst beginnen, nach neuen Lösungen zu suchen.« Wieso ist das eine die Folge vom anderen? Im Beispiel darüber gibt es ebenfalls eine solche falsche Kausalverknüpfung: Sie werden auch »komplexe Äquivalenzen« genannt und sind auch in der Kampfrhetorik oder in vielen Arten der Gedankenverzerrung anzutreffen.

- *Gedankenlesen:* »Du fragst dich vielleicht schon, wie genau ein Teil in dir bereits bei der kreativen Umgestaltung der Situation ist, während du noch gleichzeitig auf der bewussten Ebene danach suchst.« Woher weiß jemand, was ich mich frage?
- *Präsuppositionen* (unhinterfragte Vorannahmen): »Vielleicht überlegen Sie jetzt noch bewusst, wie tief die Trance sein wird, während in Ihnen schon Bilder entstehen, die auf das Ziel hinweisen.« Vorannahmen: Es wird eine Trance geben, und es werden Bilder auftauchen. Ein typisches Negativbeispiel: »Hier erlernen Sie Methoden im Kampf gegen den stressigen Alltag!« Vorannahme: Der Alltag ist stressig. Dagegen muss gekämpft werden.
- *Eingebettete Aufforderungen oder Zitate:* »Menschen fragen sich manchmal, wo genau ihre Fähigkeiten am nützlichsten sind, und sie spüren im Inneren genau: Sie haben diese Fähigkeiten.« Sie haben diese Fähigkeiten. Sie spüren im Inneren.
- *Versteckte Fragen:* »Manchmal sind es diese Momente der Ruhe und Innenschau, wenn wir neugierig darauf sein dürfen zu erfahren, was eigentlich im Leben wichtig ist.« Was ist Ihnen wichtig?
- *Konversionspostulate:* »Vielleicht wissen Teile in uns bereits, was besser für uns ist, und suchen nach Möglichkeiten, es unserem Bewusstsein mitzuteilen.« Ein Teil in uns will jetzt mit uns reden.
- *Alltagsweisheiten – Truismen:* »Jeder kennt Situationen, in denen er sich stark und schwach zugleich gefühlt hat.« »Erst mit der Erfahrung wächst die Weitsicht vieler Menschen.«
- *Analoges Markieren:* »Nimm dir all den Raum, den du brauchst, wenn du merkst, dass du neugierig darauf sein darfst zu erfahren, wie viel inneres Wissen du bereits hast.« Durch Tonalität und Tempo können bestimmte Teile des Textes hervorgehoben oder unterschieden werden.
- *Mehrdeutigkeit (Ambiguität):* »Das innere Bild der Eltern kann sich für viele Menschen wandeln, wenn sie spüren, wie viel Liebe sie haben. Dadurch entsteht ein Mehr (Meer) an Möglichkeiten.« Sie als Eltern oder Sie als Klient?

Diese Sätze wirken am besten, wenn sie anfangs ganz auf die Wirklichkeit des Adressaten zugeschnitten sind und erst allmählich zum gewünschten Such- oder Veränderungsprozess übergehen. Im Coaching sollten die Sätze zumindest der Alltagssprache ähneln, da es sich nicht um ein Entspannungstraining oder eine Hypnose handelt.

Fragen sind im Coaching äußerst wichtig

Jede Frage ist eine »kleine Hypnose«: Sie lenkt innere Suchprozesse, wechselt Themen, wühlt Emotionen auf oder ernüchtert uns, verschafft Erleichterung, klärt auf, verwirrt ... Als Coach sind Sie sich der Wirkung Ihrer Fragen in der Regel bewusst, bevor Sie den Mund aufmachen und die Frage stellen – zumindest wäre das ein lohnendes Ziel. Seien Sie sehr zurückhaltend mit Ihrer Meinung und mit psychologischen Deutungen. Wenn Sie Ihre Ideen als »Feedback« deklarieren, hört sich das zwar professionell an, ist aber nichts anderes als Ihre Meinung.

Die meisten Menschen kennen die Unterschiede klassischer Fragetypen. Zur Erinnerung führe ich sie noch einmal auf:

- **Offene Fragen:** Was führt Sie zu mir? Was ist Ihr Anliegen?
- **Offene Fragen – mit Suggestion:** »Wie kann ich Ihnen helfen? Welches Problem haben Sie?« Die Suggestion dabei ist: Ich kann Ihnen helfen – Sie haben ein Problem!
- **Geschlossene Frage:** »Geht es Ihnen um ein Ziel oder ein Problem?« (entweder – oder)
- **Ja-Nein-Fragen:** »Sind Sie Führungskraft?«
- **Suggestive Frage:** »Ein Problem haben Sie nicht, oder?«

Offene Fragen kosten im Alltag viel Zeit. Die Antworten darauf schleichen häufig um den Kern eines Anliegens herum. Geschlossene Fragen sparen Zeit, da sie meist zwei Möglichkeiten anbieten. Suggestivfragen werden gerne in der sogenannten Akkord-Kommunikation angewendet: »Machen Sie den Mund bitte nur kurz auf, wir haben keine Zeit, und ich interessiere mich auch nicht für Sie. Ich tue nur so!«

Anfangs tun Sie gut daran, offene Fragen zu stellen. Dadurch bauen Sie Vertrauen auf, sammeln Informationen über Themen, kognitive Muster und Emotionen. Meist lenken die Klienten das Gespräch von selbst dorthin, wo es ihnen wichtig ist.

Viele Berater glauben, sie müssten ihre Klienten zur Selbsterkenntnis anregen, ihnen die Augen öffnen und sie auf den blinden Fleck aufmerksam machen, den jeder Mensch hat. Dieser Eifer behandelt häufig die Projektionen des Beraters. Natürlich steuern Sie das Gespräch, indem Sie Fragen stellen: »Wer fragt, führt«, heißt es. Dabei sollten Sie sich aber ebenso führen lassen – durch die Antworten Ihres Klienten. Dann wird die Beziehung wieder gleichberechtigt. Vorsicht also mit zu viel Gesprächssteuerung.

Das innere Team befragen

Verschiedene *Teile* in uns – oder unterschiedliche *Rollen* – verfolgen unterschiedliche Ziele und handeln nach unterschiedlichen Werten. Um den Standpunkt dieser unterschiedlichen Rollen zu würdigen, können Sie Zettel auf den Fußboden legen oder Sie wählen Stühle oder Sessel als Positionen der einzelnen Sichtweisen. Bei der Wahl der Rollen können Sie sehr kreativ sein. Im Laufe des Gesprächs wird der Klient Ihnen mitteilen, *wie viele Teile* sich an der Verhandlung beteiligen müssen. Halten Sie also Zettel oder genügend Stühle bereit. Eine mögliche Auswahl:

1. Teil für Gesundheit
2. Teil für Karriere
3. Teil für Familienglück
4. Teil für Kreativität

Jede Rolle – oder jeder Teil – sieht die Ereignisse aus seiner eigenen Perspektive. Die Handlungen sind aus der Perspektive eines einzigen Teils vielleicht sinnvoll und durchaus klug gewählt. Andere Teile sehen das jedoch nicht so und gehen mit den Zielen und Mitteln ihrer »Konkurrenten« häufig unverschämt um: Innere Zweifel, Selbstvorwürfe, schlechtes Gewissen, krank machende Geheimstrategien sind dann gelegentlich die Folgen.

Würdigen Sie die einzelnen Rollen, ihre Ziele, Werte und den bisherigen Einsatz. Fragen Sie jeden Teil einzeln, ob er bereit ist, auf eine neue konstruktive Weise mit den anderen Teilen zu kommunizieren. Bitten Sie den kreativen Teil, Vorschläge für neue Verhaltensweisen zu machen oder Ideen einzubringen, die zu mehr Ausgewogenheit zwischen den verschiedenen Rollen führen.

Mit dieser Art des Coachings stellen Sie dem Klienten außerdem nebenbei die *Metapher eines inneren Teams* vor. Neben den inneren Repräsentanten einzelner Lebensbereiche oder Rollen können Sie auch innere Teile für verschiedene Bestrebungen miteinander ins Gespräch bringen. Einige Beispiele:

- der Teil für Genuss und Freude,
- der Teil für Autonomie und Freiheit,
- der Teil für Bindung und Nähe,
- der Teil für Stabilität und Bewährtes,
- der Teil für Wandel und Kreativität,
- der Teil für Ehrgeiz und Leistung …

Durch die wechselnden Selbstidentifikationen stärken sich ein innerer Teamgeist und das Verständnis für ambivalente Regungen und Ziele.

Wie kann das Gespräch durch Fragen gesteuert werden?

Im Journalismus lernt jeder Volontär »W-Fragen« zu einem Thema zu beantworten: *Wer, was, wann, wo, wie, wie viel, warum …?*

Mit diesen Fragen lenken Sie die Aufmerksamkeit zu dem Thema, um das es dem Klienten gerade geht. Sie sammeln dabei Informationen, und der Klient gewinnt Klarheit. John Whitmore empfiehlt in seinem Buch »Coaching für die Praxis« (³1996), die Fragen »Warum?« und »Wie?« zu umschreiben: »Was waren die Gründe …?« »Was sind die Schritte …?« Das blanke »Warum?« oder »Wie?« würde demotivieren, einen Anflug von Kritik enthalten und zur Verteidigung anregen. Im Deutschen lädt das »Warum?« stärker zu Rationalisierungen ein als das englische »Why?«

Die W-Fragen lenken die Aufmerksamkeit zu einem Thema. Dieses kann

- als Problem,
- als Ziel oder
- als Ressource

hinterfragt werden. Klienten kleben gerne an ihren Problemen. Erst durch gezielte Fragen lenken wir sie zu ihren Kräften und Zielen. Außerdem können wir die Aufmerksamkeit auf den Inhalt oder auf die beteiligten Emotionen lenken:

- *Frage zur Sache:* »Was genau sagt die Vorgesetzte dann?«
- *Frage zur Emotion:* »Wie fühlt sich das dann an? Was verändert das für Sie?«

Vertiefte Emotionen können durch geschickte Fragen wieder mit Abstand betrachtet werden: »Was denken Ihre Kolleginnen dann wohl, wie Sie sich fühlen müssten? Wie würden Sie aus einer Beobachterposition – selbst ganz unbeteiligt – beschreiben, was Sie dort in dieser Situation wohl empfinden? Was denken Sie eine Woche später über solche Begegnungen, wenn Sie Zeit hatten, dazu klare Gedanken zu fassen?«

Wenn Sie das Problem sachlich und emotional genügend ausgeleuchtet haben, können Sie zum Ziel oder zur Ressource übergehen und dort Themen und Emotionen mit unterschiedlicher »Betriebstemperatur« bearbeiten. Martina Schmidt-Tanger hat in ihrem Buch »Veränderungs-Coaching« (1998) für diese Arbeitsweise die Metapher von Kochplatten eingeführt. Sinngemäß könnte dieses Prozessmodell so aussehen: Berater kochen mit den Klienten ihre Süppchen auf den Kochplatten *Problem*, *Ressource* und *Ziel*. Aufgabe des Coachs ist es, in geschickter Reihenfolge in den einzelnen Suppen zu rühren und dabei die Temperatur der Kochplatten zu verstellen: So können Sie die Temperatur erhöhen, wenn Sie Fragen stellen, die direkt zur Person und zum Hier und Jetzt führen; Sie können abkühlen, wenn Sie eine Außenperspektive inszenieren und eher ins Dann und Dort mit Ihren Klienten gehen.

- *Heiß:* Direkter Bezug zur Person, assoziiert (aus den eigenen Augen), genau hier und jetzt gefühlt.
- *Kalt:* Zirkulär, wie es die anderen sehen, dissoziiert (innere Beobachterposition), dann und dort in Vergangenheit oder Zukunft.

Übung

Mit welchen der folgenden Fragen wird auf welche Kochplatte umgeschwenkt? Welche Fragen erhöhen die Betriebstemperatur, welche kühlen eher ab?

- Gab es Situationen, in denen Sie mit solchen Schwierigkeiten früher einmal fertig geworden sind?
- Was soll sich alles geändert haben, wenn Sie Ihr nächstes Projekt starten?
- Was war dabei das allergrößte Problem?
- Was erfreut Sie daran besonders?
- Wie weit kann Sie so etwas eigentlich runterreißen – wie fühlt sich das dann an?
- Wie sehen das die Kollegen, wenn Sie in einer ruhigeren Phase mit ihnen darüber reden?

Andere Sichtweisen erfragen

Zur Vorbereitung auf wichtige Gespräche und zur Klärung der eigenen Wahrnehmung hat sich ein *Perspektivenwechsel* bewährt. Legen Sie dazu drei Zettel auf den Fußboden:

- *Mein Standpunkt:* meine Sichtweise – ich-assoziiert.
- *Standpunkt des anderen:* dessen Sichtweise – du-assoziiert.
- *Übergeordneter Standpunkt:* umfassende Sichtweise – Metaposition.

Bitten Sie Ihren Klienten, nacheinander auf diese drei Positionen zu gehen und sich in der Rolle dort einzufinden und kurzfristig damit zu identifizieren. Sprechen Sie ihn als die Person an, die er dort gerade verkörpert. Der Klient soll auf Ihre Fragen dann mit den Argumenten und Gefühlen der Person antworten, die er repräsentiert. Dabei sind Bewertungen, Stereotype, voreingenommene Aussagen und Vorurteile ausdrücklich erlaubt. Nachdem alle drei Perspektiven auf der »Problemkochplatte« durchlaufen sind, gehen Sie dazu über, Annäherungswege und Kompromisse zu erfragen.

Lesehinweis

Das Thema »Kommunikation für Coaches« wird sehr gut verständlich in den Karteikarten von Martina Schmidt-Tanger und Thies Stahl »Change Talk« vorgestellt.

Hypnotische Sprachmuster

Die Kenntnis hypnotischer Sprachmuster ist hilfreich. Wir verstehen darunter aber keine plumpen Suggestionen, sondern das Aufgreifen und Umdeuten von Klientenaussagen sowie die Möglichkeit, dem Klienten unaufdringliche Angebote zu machen, etwas anders oder auf ungewöhnliche Weise wahrzunehmen, zu denken oder zu erfahren. Den Klienten eröffnen sich dabei oft neue Perspektiven, und sie finden »wie von selbst« neue Lösungen für alte Probleme, wenn sie dabei geschickt unterstützt werden. Was löst das Wort »hypnotisch« bei Ihnen aus? Fragt man psychologische Experten, Ärzte und andere »Laien«, findet man zahlreiche Missverständnisse oder Vorurteile zur Hypnose und Hypnotherapie. Viele davon sind leicht erklärbar.

Hypnose: Vorurteile, Gefahren, Befürchtungen

Zitronen schmecken plötzlich süß

Aus Showhypnosen kennen wir Beispiele, in denen hypnotisierte Menschen Zitronen für süße Früchte halten oder wie Hühner gackernd über die Bühne hüpfen. Showhypnosen haben den gleichen Anspruch auf Seriosität wie jede andere »Show«: Sie dienen der Unterhaltung eines mehr oder weniger anspruchsvollen Publikums. Menschen, die an einer Showhypnose teilnehmen, haben eine unbewusste Bereitschaft, das zu tun. Sie werden durch gezielte Auswahlmethoden vom Showhypnotiseur auf ihre Eignung hin geprüft. Bei mehreren Auswahlkandidaten werden dann nur die (unbewusst) »Willigsten« für die Show herangezogen.

Die Akteure auf der Bühne machen sich dabei unter Umständen lächerlich oder nehmen sogar Schaden durch ihr eigenes Handeln. Außerdem wird das öffentliche Bild einer sehr hilfreichen psychotherapeutischen Methode für Laien und unwissende Experten verzerrt. Aus diesen Gründen kämpfen die meisten Hypnosegesellschaften gegen diesen Missbrauch der Methode und möchten die Showhypnose gesetzlich verbieten oder einschränken lassen. In zahlreichen Staaten ist diese Form der Hypnose aus den oben genannten Gründen verboten.

Verbrechen in Hypnose

In den Seifenopern des Fernsehens oder in der Klatschpresse sehen und lesen wir immer wieder von kriminellen Handlungen in Hypnose. Tatsächlich gibt es geschickte unterschwellige Beeinflussungen und Verführungen: durch Personen, politische Interessengruppen, Werbekampagnen sowie durch alltägliche Wertevermittlung in den Medien und unserem kulturellen Umfeld.

Der unbemerkte und gezielte Einfluss auf andere ist also nicht der Hypnose vorbehalten: Er begegnet uns in der Werbung, im Film, in den Verlautbarungen politischer Akteure täglich an jeder Straßenecke als eine Form der »Alltagshypnose«.

> Den Zigarettenkonsumenten wurde früher zum Beispiel suggeriert, Rauchen mache lebendig, aktiv, kommunikativ und frei. In Wahrheit ist dies alles falsch: Es macht schlapp, krank und abhängig, führt zur Isolation und hat furchtbare soziale und gesundheitsökonomische Folgen. Sehr viele Menschen sterben im Glauben an die »Alltagshypnose« früherer Zigarettenwerbung.

Sicherlich kennen Sie viele Beispiele, manche weniger dramatisch, aus Ihrem alltäglichen Leben. Die verständliche Angst vor dieser und jeder anderen Art von Beeinflussung oder Manipulation wird auf »die Hypnose und ähnliche Methoden« verschoben und so karikiert im »Billig-Fernsehen« dargeboten. Es gibt wohl auch einige Kriminalfälle, in denen Hypnose eine Rolle gespielt haben soll. Dort war es aber so wie in der Showhypnose: Die Kriminellen hatten eine innere Bereitschaft zu ihrer Tat und suchten zum Beispiel unbewusst eine Ausrede, damit sie für die Tat nicht selbst verantwortlich zu sein brauchten.

Dämonen werden in Hypnose entfesselt

Weit verbreitet ist die Annahme, Hypnotiseure hätten eine besondere Begabung zur energetischen Beeinflussung anderer Menschen und könnten sie in einen tiefen Wachtraum zwingen. In diesem unnatürlichen Zustand verliere man die Kontrolle über sich und sei dem Hypnotiseur oder vielleicht auch dunklen dämonischen Mächten hilflos ausgeliefert. Die Angst vor Kontrollverlust ist verständlich: »Was sage oder tue ich dann? Könnte mir das peinlich sein? Hat es in meinem Leben Situationen gegeben, in denen ich Stärkeren ausgeliefert war, und möchte ich solche Situationen deshalb vermeiden?«

Solche Ängste sind berechtigt und können durch eine gute Aufklärung und einen gemeinsamen Beratungs- oder Behandlungsplan abgebaut werden. Moderne Hypnose arbeitet kooperativ: Berater oder Therapeut und Klient bestimmen gemeinsam Art, Tiefe und Vorgehensweise. Wenn jedoch ein schlecht ausgebildeter Laie eine »richtige Hypnose« durchführt, sind die oben genannten Befürchtungen vielleicht begründet. Zwar verweigert fast jeder Mensch eine Hypnose, sobald Fragen, Inhalte oder Beziehungsangebote auftauchen, die nicht akzeptabel sind, doch sollte man sich die Erfahrung, von jemandem »hereingelegt oder manipuliert zu werden«, ersparen. Gut ausgebildete Hypnotherapeuten gehen sehr behutsam, kooperativ und klientenzentriert vor. Dort besteht diese Gefahr nicht.

> In der modernen Form der Hypnose oder Hypnotherapie arbeiten Klient und Therapeut kooperativ zusammen: Der Patient ist dabei meist nur in einer leichten oder mittleren Trance und erlebt gleichzeitig bewusst die gemeinsame Arbeit. Mit Ängsten und Abwehr wird sehr behutsam und respektvoll umgegangen.

Aber wie ist das mit Dämonen oder übernatürlichen Phänomenen, denen man in Hypnose ausgesetzt sein könnte? Das ist nämlich eine große Angst, von der besonders stark gläubige Menschen berichten: In der Hypnose hätten dunkle dämonische Kräfte unbemerkt die Möglichkeit, von dem Menschen Besitz zu ergreifen, da sein Bewusstsein dann nicht ganz wach und abwehrbereit sei. Diese Erfahrung habe ich bei Klienten oder Patienten nie gemacht. Ich erkläre ihnen, dass man auch im Schlaf, in Narkose, im Tagtraum, bei einem interessanten Kinofilm, beim Sex, jeden Tag immer wieder Phasen hat, in denen der bewusste Verstand nicht abwehrbereit ist. Insofern erscheint mir die Befürchtung nicht logisch, dass in Trance ein solcher Übergriff stattfinden könnte. Außerdem ist Trance ein natürlicher Prozess, genauso wie Essen, Schlafen oder Träumen. Vielleicht beruhigt Sie der Hinweis, dass Traum, Trance, Fantasie, Innenschau und bekräftigende Worte immer schon Bestandteile der christlichen, der moslemischen und der fernöstlichen Glaubenstradition waren. Das gerät häufig in Vergessenheit.

Woher kommen dann diese Ängste einiger gläubiger Menschen? Sie lassen sich psychologisch vielleicht aus der Angst vor Kontrollverlust und vor dem Aufwühlen verborgener oder abgewehrter unbewusster Anteile verstehen: Was in uns tief vergraben liegt an Schuld, Scham, Schmerz oder Angst möchte nicht angetastet werden. Aus unbewusster Angst vor Entdeckung dieser inneren »Dämonen« tauchen dann Dämonisierungen der Hypnose auf.

Können nur »schwache Menschen« hypnotisiert werden?

Tatsächlich sind kreative und selbstbewusste Menschen meist besser oder nachhaltiger hypnotisierbar: Sie haben keine übersteigerte Angst vor Kontrollverlust, haben leichten Zugang zu Imaginationen, sind spielerisch-neugierig und lernbereit: Dies sind Voraussetzungen für innere Such- und Lernprozesse. Die Vorstellung, dass sich nur willensschwache Personen hypnotisieren ließen, ist ein überkommenes Vorurteil aus den beiden letzten Jahrhunderten.

Hypnose im Wandel der Zeiten

Wenige Psychologen und Ärzte propagieren aus Unkenntnis noch heute überlieferte Anschauungen, indem sie behaupten, Hypnose unterdrücke nur Symptome und arbeite mit direkten Suggestionen oder alten Modellen des sogenannten *positiven Den-*

kens. Daher könne die Hypnose keine tieferen Änderungen bewirken und habe bestenfalls einen stützenden, zudeckenden oder entspannenden Effekt.

Klassische Hypnotiseure haben zu Beginn des 20. Jahrhunderts tatsächlich recht autoritär mit direkten Suggestionen gearbeitet. Das hat sich aber seit etwa 1970 gänzlich geändert: Die moderne Form der kooperativen Hypnose hat mit der damaligen kaum mehr etwas gemein. Auch die Führungsmethoden in der Wirtschaft oder die Bademoden von damals stimmen schließlich nicht mehr mit der Vorstellung von Führung oder dem Bade-Outfit von heute überein. Kein Experte würde behaupten, eines der dilettantischen Traumdeutungsbücher sei maßgeblich für die Traumdeutung; wenn es aber um Hypnose oder Hypnotherapie geht, zitieren »Experten« gerne populäre Suggestionsbücher, um den Unwert der Methode zu verdeutlichen. Hypnose arbeitet heute tiefenpsychologisch, humanistisch, systemisch und ressourcenorientiert. Dabei werden Kognitionen, innere Bilder und andere Wahrnehmungen, Emotionen und der Körper einbezogen.

> Für unsere Belange ist wichtig, dass in der Hypnotherapie auch mit der inneren Familie, dem früheren Selbst, dem späteren Selbst und anderen konstruierten inneren Instanzen, mit Symbolen, Stellvertretern und vorsprachlichem Material gearbeitet werden kann. Dadurch wird die Methode für die methodenübergreifende Beratung und Therapie nutzbar.

Hypnotherapie ist genauso aufdeckend, durcharbeitend und lösend wie die anderen klassischen Therapiemethoden – vermutlich aber in höherem Maße integrativ und methodenübergreifend.

Wie setze ich hypnotische Methoden in der Beratung ein?

In der Beratung dürfen und müssen Sie keinen therapeutischen Anspruch an die Methode haben: Hier genügt es, wenn Sie den segensreichen Wert von »richtigen« Fragen oder Erklärungen erkennen und für den Klienten durch »hypnotische Sprachmuster« nutzbar machen.

Wie funktioniert Hypnose heute?

Die moderne Form der Hypnosetherapie wurde stark geprägt von dem amerikanischen Psychiater Dr. Milton H. Erickson. In seiner Form der kooperativen Hypnose, der *Hypnotherapie*, arbeiten Klienten und Berater mit Kognition, Imagination, Vision und dem differenzierten inneren Erleben des Klienten. Dadurch entdeckt der Klient »wie von selbst« neue Lösungswege, nimmt neue Standpunkte ein und erhält die Möglichkeit zur Veränderung. Die Arbeit ist kreativ und respektvoll. Sie kann nicht-direktiv oder direktiv sein – entscheidend sind der gute Zugang zum Klienten und die Möglichkeit zu nachhaltiger und angepasster Veränderung.

Nicht die Tiefe der Hypnose oder die »Kraft« des Hypnotiseurs ist entscheidend, sondern die maßgeschneiderte Hilfe beim Wachstumsprozess des Klienten. Moderne Hypnose ist stark ressourcen- und zielorientiert.

Die Technik der Hypnotherapie soll nicht Thema dieses Kapitels sein. Es wäre schade, wenn einige Leser die wenigen technischen Hinweise, die im Rahmen des Buches möglich sind, als Tool oder Kochbuch missverstehen würden und damit arbeiteten. Wir möchten Sie daher auf spezielle Hypnoseseminare und die spezielle Literatur verweisen.

> In der Hypnotherapie geht es nicht um eine allgemeine Theorie der Gesundheit oder Krankheit, wie andere Therapiemethoden dies zu liefern versuchen, sondern darum, dass der Patient oder Klient die Art von Hilfe erhält, die er braucht: Im Mittelpunkt steht also eine hilfreiche Anwendung und nicht eine konstruierte Theorie, deren Richtigkeit in der Anwendung bewiesen werden soll.

Moderne Hypnotherapie ähnelt daher einem Coaching in Trance. Der Unterschied zum Coaching ergibt sich unter anderem aus dem äußeren Rahmen und der Art des Vortrages. Die Intensität des »So tun als ob« unterscheidet sich ebenfalls: In Hypnose wird der Inhalt der Imagination deutlicher erlebt als in der bewussten Vorstellung von Situationen oder Umständen, die im Coaching üblich ist. Für eine tiefere Trance ist ein großes Vertrauen zwischen Therapeuten und Klienten erforderlich. Eine weitere Unterscheidung ist der Ausbildungsweg von Hypnotherapeuten und Coaches, die hypnotherapeutische Sprachmuster integrieren: Die offiziellen Ausbildungsstandards der Hypnotherapie passen, was die Zugangsvoraussetzungen und die Dauer der Ausbildung anbelangt, eher zur Psychotherapie. Eine entsprechende Coaching-Spezialisierung steht dagegen jedermann offen und nimmt nicht so viel Zeit in Anspruch.

Daher kann jeder Coach zwar auf hypnotische Sprachmuster, Denkweisen und kleine Übungen zurückgreifen, sollte eine »richtige« Hypnose jedoch ausschließlich Therapeuten überlassen. Viele Coaches haben deshalb zwei Ausbildungen – auch eine zum Therapeuten, um rechtlich abgesichert zu sein – und arbeiten unter anderem mit der kooperativen Hypnose.

Wie Kinder »hypnotisiert« werden

Im Folgenden stelle ich Ihnen eine Form der »klassischen Hypnose« vor, die mit positiven und negativen Suggestionen arbeitet. Diese Form der Hypnose kennen Sie vermutlich aus Ihrer Kindheit, aus Partnerschaften oder aus Ihrer eigenen Elternrolle. Einen großen Teil seines Selbstbildes, seiner Vorstellungen von kommunikativem Verhalten und seiner Glaubenssätze oder inneren Sätze nimmt der Mensch in der Kindheit auf. Unbedacht benutzen viele Eltern kraftvolle negative Suggestionen.

»Du bist ...« bezieht sich nicht auf ein Verhalten oder eine Fähigkeit, sondern setzt auf der logischen Ebene der Identität und des Seins an.

»Du bist einfach zu blöd!« »Du bist unordentlich!« »Du bist eine dumme Göre!« »Du bist genauso wie Tante Uschi!« (Die war eine Hure.) *»Du bist mein lieber, kleiner, dummer Kuschelbär!« »Du bist schuld an unserem schrecklichen Schicksal.«*

Die folgenden Botschaften vermitteln Schuld und ein Unerwünschtsein im Leben.

»Wärst du nur nie geboren!« »Ich könnte in meinem Leben Besseres tun, als für dich zu arbeiten!« »Wenn du nicht wärst, könnte ich wenigstens ausgehen!« »Du bringst mich noch ins Grab!« »Siehst du: Ist es das, was du Papa antun wolltest?«

*»*Du wirst es später sehr schlecht haben!« Diese Suggestionen sind *sich selbst erfüllende Prophezeiungen,* die sich auch sprachlich auf die Zukunft beziehen.

»Aus dir wird eh nie was Gescheites!« »Du kannst von Glück sagen, wenn du bei deiner Faulheit eine Lehrstelle bekommst!« (Mehr ist eh nicht drin.) *»Du wirst einmal so wie Tante Uschi!«* (Die hat nie einen Partner gefunden.)

Wie Sie sehen, arbeitet auch die Erziehung mit der klassischen Form der hypnotischen Beeinflussung. Neben all den anderen Formen des Lernens – wie Lernen am Vorbild oder Modelllernen – begegnen Sie stets den klassischen positiven und negativen Suggestionen.

Statt der genannten Suggestionen wäre es geschickter, nur das Verhalten anzusprechen, das kritisiert werden soll.

Beispiel: Der sechsjährige Tobias räumt sein Zimmer nicht auf, obwohl es so besprochen worden war. Tobias' Mutter ist verärgert darüber: *»Mit deiner Schlamperei und Unordnung wirst du es nie zu etwas bringen!«*

Stattdessen hätte sie sein Verhalten, ihre Emotionen, den zeitlichen Rahmen, mögliche Konsequenzen ansprechen und ihren Sohn nochmals zum Aufräumen auffordern können: *»Tobias, das Zimmer ist immer noch nicht aufgeräumt. Ich bin sauer! Bitte räume jetzt sofort auf, wie wir das abgesprochen haben! Wenn du das nicht sofort machst, gibt es heute Fernsehverbot.«*

Noch besser wäre es, sie förderte Einsicht und Kooperation und arbeitete mit positiven, motivierenden und stärkenden Suggestionen. Viele Anregungen dazu gibt es in dem Buch von Steve Biddulph: »Das Geheimnis glücklicher Kinder« (2001).

Übung

Formulieren Sie die bisher genannten Zuschreibungen oder negative Suggestionen um:

- in eine Kritik am beobachteten Verhalten – nicht am Sosein!
- in positive Suggestionen.

Es gibt auch eine sehr heilsame Form, Kinder oder die Kinder in den Erwachsenen zu »hypnotisieren«: Vielen Menschen fehlt das Gefühl angenommen, akzeptiert und aufgenommen zu sein. Und viele Menschen haben verlernt, wertvoll, einzigartig, liebenswert und wichtig für andere zu sein.

In der Trance-Arbeit ist es daher sehr wirkungsvoll, das innere Erleben, die Gefühle, Gedanken, Bilder des Klienten annehmend zu kommentieren. Wenn ein Klient zum Beispiel bei einer inneren Arbeit tief atmet oder schluckt, kann dies (ohne den Grund und Inhalt zu kennen!) mit »ja« oder »genau« kommentiert werden. Die Klienten entwickeln dadurch – manchmal das erste Mal in ihrem Leben – das Gefühl, richtig zu sein, sich auf ihr Erleben verlassen zu dürfen, so angenommen zu sein, wie sie wirklich sind. Besonders hilfreich sind dabei folgende Prozesskommentare, die auch häufig wiederholt werden können:

- »Genau!«
- »So ist richtig.«
- »Ja.«
- »In deinem Tempo.«
- »Auf deine Weise.«

Diese Prozesskommentare oder Begleitkommentare der inneren Arbeit des Klienten wirken in einem beschützenden, stützenden und akzeptierenden Beziehungsrahmen als enorm starke »positive Nachbeelterung«. Sie vermitteln die innere Gewissheit:

- Ich bin richtig, so wie ich bin.
- Ich bin liebenswert, auch ohne Leistung.
- Ich kann mich auf meine Wahrnehmung verlassen.
- Ich bin wertvoll, nur durch mein Sein.
- Ich bin einzigartig.
- Meine Gefühle bedeuten jemandem etwas (meine Liebe ist anderen Menschen wichtig).

Dies führt uns wieder zu der Erkenntnis, dass eigentlich Beziehungsgestaltung und die Haltung des Beraters die wesentlichen Wirkfaktoren in Beratung und Therapie sind. Kommunikative oder psychotherapeutische Techniken sind bestenfalls die Werkzeuge, die wir in diesem Rahmen einsetzen.

Hypnosen in traumatisierenden Situationen

Besonders kraftvoll und zerstörerisch sind Zuschreibungen und »hypnotische« Sätze in traumatischen Situationen. Traumata haben meist Schwerpunkte.

- *Emotional:* Entzug von Liebe oder Zuwendung oder direkte Zuschreibungen wie: »An dir ist wirklich nichts Liebenswertes!«

- *Kognitiv:* Die Wahrnehmung des Kindes wird als falsch dargestellt, obwohl sie eigentlich der allgemein akzeptierten Realität entspricht: »Nein, deine Beobachtung ist völlig falsch! Du bist ein Kind und hast keine Ahnung. Deine Art zu denken oder wahrzunehmen ist unsinnig.« – »Nein, Bäume sind nicht grün! Sie haben blaue Blätter! Wo hast du bloß deine Augen!«
- *Körperlich:* Schläge und Gewaltandrohung. Freiheitsberaubung und Ähnliches.
- *Spirituell:* Der Glaube an Vertrauen, Zugehörigkeit, Liebe und alles bisher Vertraute wird genommen: »Du bist ein Bastard, dich hätten wir abtreiben sollen, du warst unerwünscht, du hast nie zu uns gehört, sei froh, dass ich dich leben lasse!«
- *Sexuell:* Sexuelle Gewalt, besonders in der Familie, traumatisiert Kinder auf allen genannten Ebenen nachhaltig und ein Leben lang!

Alles, was während solcher Traumata gesagt wird oder durch Gestik und Mimik vermittelt wird, geht vom äußeren Dialog in den inneren Dialog des Kindes über. Es wird dort zu einer mächtigen Kraft, die das ganze weitere Leben beeinflusst. Der Fachbegriff für solche eingeschleusten Sätze und Vorstellungen ist *Introjekte*.

Manchmal sind die Botschaften der Worte, der Gestik oder Mimik nicht kongruent: wenn zum Beispiel etwas Verletzendes mit einem liebevollen Lächeln gesagt oder gemacht wird. Oder wenn eine Oma etwas Nettes zum Säugling sagt, ihm aber (aus unbewusster Aggression) ständig den Schnuller aus dem Mund zieht, bis das Kind weint.

Diese Verzerrungen – als *paradoxe Kommunikation* oder *double bind* bekannt – verwirren auch das spätere Denken und Fühlen des Kindes. Viele Glaubenssätze, die Ihnen im Coaching begegnen werden, sind in traumatischen Situationen Ihren Klienten eingepflanzt worden. Hier berührt das Coaching schnell die Grenze zur Psychotherapie.

Affirmationen anbieten

Affirmationen sind Bilder, Metaphern oder Sätze, die wir unseren Klienten anbieten. Wenn unser Angebot passend ist, können die Klienten diese für sich annehmen und bejahen. Manchmal sind Probleme, Ziele oder Ressourcen mit einem Gefühl gekoppelt, für das es in diesem Zusammenhang noch keine Umschreibung und keine Worte gibt. Diese angehefteten Gefühle entstehen in frühen Jahren, wo dem Menschen noch nicht die Sprache des Erwachsenen zur Verfügung steht. Für den Klienten ist es befreiend, wenn für dieses Gefühl, für die Lust auf Wandel, für die Freude, die Motivation, den Schmerz und andere Empfindungen ein Bild oder ein Satz gefunden wird. Die kann der Klient annehmen. Vorher lief in ihm vielleicht ein unbewusster Film oder Tagtraum ab, dem es an einer Überschrift oder Vertonung fehlte.

Ein Beispiel aus der Therapie: Susanne P. hatte einen Motorradunfall. Die körperliche Verletzung war leicht. Trotzdem schmerzte ihr seitdem die Schulter, und immer wieder tauchten Bilder vom Unfallhergang in ihr auf: Ein Auto drängt sie ab, sie überschlägt sich und liegt schließlich am Boden – umringt von Menschen, die auf sie herabblicken. In dem Gespräch über diese Bilder und Gefühle haben wir nach einer neuen Überschrift gesucht: *»Schön, dass nichts passiert ist! Noch einmal Glück gehabt! Alles ist noch dran – gut!«* Diese Sätze waren kraftlos. *»Ich darf leben!«* Das war der Satz, der sie tief berührte und der befreiend wirkte. Die Schmerzen in der Schulter waren anschließend verschwunden.

Im Coaching können Sie Affirmationen anbieten als Metapher, Symbol, Farbe, Klang oder als Glaubenssatz – hierüber entscheiden Ihr Fingerspitzengefühl und Ihre Kreativität. Es muss dabei nicht der »ganz große Wurf« sein, der genau ins Schwarze trifft. Affirmationen regen dazu an, die Situation und das Gefühl anders zu sehen als im bisherigen Wachzustand (oder im verzerrten Tagtraum?).

»Passt zu Ihrer Situation, zu diesem Gefühl der Satz: ...?« »Was genau verändert sich, wenn Sie dieses Gefühl oder dieses Bild mit einer der folgenden Überschriften versehen?« »Ich liebe neue Herausforderungen.« »Vielleicht verhält sich alles ganz anders.« »Ab jetzt kann ich mir ja auch mal helfen lassen.« »Probeweise kann ich mir ja mal Zeit nehmen.« »Ich trete auf der Stelle.«

Coaching in Trance und Schamanismus

Gemeinsame Wurzeln?

Viele angehende Berater sind spirituell vorgebildet. Sie suchen nach einem Beratungskonzept, das neben kognitiven, psychologischen und linguistischen Techniken noch eine Qualität enthält, die häufig mit »Herz« umschrieben ist: Damit sind spirituelle Wurzeln, eine Verknüpfung mit dem Glauben, Subjektivität und Emotion gemeint, die als ebenso bedeutsam angesehen werden wie andere kognitiv-mentale Lehrinhalte. Viele angehende Berater fragen explizit nach den Wurzeln der Beratung und Heilung und beispielsweise nach der Verbindung zum Schamanismus. Hier ein kleiner Überblick zu diesem Thema.

> »Schon vor Jahrtausenden versuchten die Menschen ihr Schicksal aktiv zu gestalten, ihre Einheit mit der Natur oder ihre Verschiedenheit zu ergründen und einander bei Schicksalsschlägen und Krankheiten beizustehen. Die modernen Mittel der heutigen Medizin und Technik waren damals nicht verfügbar. So haben sich über viele Generationen Übungen und Wissen angesammelt, die Experten erlauben, mit geistigen Mitteln Einfluss zu nehmen auf körperliche und psychische Vorgänge. Die Spezialisten dieses Wissens nennen wir *Schamanen* (abgeleitet von einem sibirischen Wort für *Heiler* oder *Weiser*). In anderen Sprachen hießen solche Heiler beispielsweise Medizinmann, weiser Mann, weise Frau, Druide, gute Hexe.

Die Schamanen aller Völker haben meist ähnliche Rituale und Vorstellungen entwickelt, um ihr Wissen für Patienten und Klienten nutzbar zu machen und um sich selbst fortzubilden: In allen alten Kulturen ist ein wesentlicher Teil der Heilungs- oder Beratungsprozedur eine Trance und Visualisierung. Trotz vieler feiner Unterschiede gibt es große Gemeinsamkeiten im Kern dieser Arbeitsweisen (Kern: engl. *core*).

In Europa wurden die Schamanen während der Christianisierung und Inquisition meist als Ketzer und Ungläubige umgebracht oder am Wirken gehindert. Aus dieser Phase, in der sich das institutionelle Christentum abgrenzen musste gegen jede Art anderen Glaubens, stammen alte christliche Vorurteile gegen heilkundliche und kulturelle Pluralität. Doch diese »Engstirnigkeit« des Mittelalters und der angehenden Neuzeit ist heute meist überwunden. Das Evangelium selbst berichtet von zahlreichen spirituellen Heilungen durch Jesus Christus und durch seine Jünger; zum Beispiel durch Handauflegen. Auch in den Naturwissenschaften wird nun nach einer tieferen Verbindung und Erkenntnis gesucht und die Begrenztheit natur- und gesellschaftswissenschaftlicher Modelle der Aufklärung und der Neuzeit ist heute kaum mehr spürbar.

Nachdem der naive Realismus des 18. und 19. Jahrhunderts als wenig hilfreich erkannt wurde, setzte sich seit etwa 1950 eine Bewegung durch, die wir heute *kognitiven Relativismus* oder auch *Konstruktivismus* nennen. Die Wirklichkeitswahrnehmung wird als relativ und subjektiv beschrieben – ähnlich, wie es alte Gedankensysteme in Asien, Afrika, Amerika und in Europa vor Jahrtausenden schon behauptet hatten. Die Sicht auf die Dinge ist veränderbar und hat großen Einfluss auf unser Leben.

Aus heutiger natur- und geisteswissenschaftlicher Sicht ist daher moderne Hypnose oder die Arbeit mit inneren Bildern ein Wiederaufleben alten Wissens. So benutzt zum Beispiel der Strahlentherapeut Carl Simonton bei der Behandlung seiner krebskranken Patienten innere Bilder und Symbole, mit denen die Patienten gegen ihre Krankheiten kämpfen (Carl Simonton: »Wieder gesund werden«, 1982). Ähnliche Bilder und Symbole benutzten bereits die indianischen Heiler im Amazonas, in Sibirien, Australien, Asien und Nordamerika.

Es gibt sehr viele äußerliche Berührungspunkte bei der Arbeit mit moderner Hypnotherapie, Visualisierung, schamanischen Übungen, asiatischer innerer Energiearbeit, christlicher Geistheilung und ähnlichen Heilritualen. Letztendlich handelt es sich nur um Unterschiede des Weges und der geistigen Verwurzelung. Manche Heiler und

---

Für die Veränderungsarbeit mit Ihren Klienten brauchen Sie ein schlüssiges kognitives Konzept, hinter dem Sie selbst stehen müssen und das für den Klienten und seine kulturellen Normen akzeptabel erscheinen sollte. Das ist für die Wirkung Ihrer Arbeit entscheidend. Welches Konzept Sie dabei entwickeln, ist für den Erfolg der Arbeit eher unbedeutend.

Ob Sie als Konzept das Gedankengut der Psychoanalyse wählen, den Schamanismus, die Astrologie, Edelsteine, humanistisch-existenzielle Gedanken oder andere Konzepte ist für die Wirksamkeit der Veränderungsarbeit meist egal. In diesem erschreckend relativistischen Sinne ist also fast jede Erklärungsmethode brauchbar und hilfreich für Klienten.

Berater möchten gern als wissenschaftlich gelten und nicht als esoterisch, andere lieber als ganzheitlich und nicht als schulmedizinisch. Hier kommt es zwischen den Verfechtern von Glaubenssystemen zu Auseinandersetzungen und gegenseitigen Vorwürfen bezüglich der Wirklichkeit und Beweisbarkeit ihrer Theorien. Oft finden sich aber nur graduelle Unterschiede im Handeln und Wirken, und oft werden andere Worte und Erklärungen für sehr ähnliche äußerliche Taten gebraucht.

Lesehinweise

Auf »hypnotische Sprachmuster« gehen unter anderem folgende Bücher ein: Jeffrey K. Zeig »Meine Stimme begleitet Sie überall. Ein Lehrseminar mit Milton H. Erickson« und John Grinder und Richard Bandler »Therapie in Trance«.

Björn Migge

Ziele, Visionen, Persönlichkeit

Aus: Handbuch Coaching und Beratung

Ziele und Visionen im Coaching

Vom Problem zum Ziel

Während der Lektüre dieses Buches werden Sie zahlreiche Beratungsmodelle und -möglichkeiten kennenlernen. Vielen dieser Ansätzen ist gemeinsam, dass es ein *Problem*, ein *Ziel* (oder eine Lösung) und *Ressourcen* gibt. Häufig bedingt das eine schon das andere, weshalb eine scharfe Trennung oft kaum möglich ist: Wenn ein Berater nicht nur nach dem »Warum?« fragt, sondern seinen Blick auch für das »Wofür?« öffnet, kann er dem Klienten helfen, in jedem Problem bereits eine »Lösung« und ein Ziel zu erkennen.

Dabei geht es nicht nur um einen sogenannten sekundären Gewinn. Die Frage nach dem »Wofür?« richtet den Blick auf das (unbewusste) Sinnhafte, auf einen Lebensplan, der auch im Problem verborgen liegt. Diese Perspektive nennt man teleologisch. Es ist ein wichtiges Prinzip in der sogenannten Individualpsychologie Alfred Adlers. Er inspirierte mit seinem Gedankengut die neopsychoanalytischen, humanistischen und lösungsorientierten Beratungsschulen.

Im Alltagsverständnis des Klienten und des Beraters liegt die Unterscheidung zwischen einem Problem, einer erhofften Lösung und den dafür erforderlichen Fähigkeiten und Möglichkeiten, also den Ressourcen, meist »auf der Hand«.

In diesem Kapitel lernen Sie zahlreiche Fragen kennen, mit denen Sie und Ihr Klient das Beratungsanliegen und seine Hintergründe klären können, indem Sie Probleme, Ziele und Ressourcen hinterfragen. Diese Fragen sind die Kernarbeit des Coachings, und Sie sollten darauf immer wieder im Laufe Ihrer Lektüre zurückkommen. Jede weitere Theorie und alle weiteren Übungen können Sie später in dieses Konzept von »*Problem – Ziel – Ressourcen*« integrieren oder es damit kombinieren.

Ein wichtiger Hinweis noch: Es kommt in der Beratung fast nie darauf an, sofort einen Lösungsweg anzubieten; schon gar nicht den des Beraters in Form eines Ratschlags. Auch die Problemklärung braucht Zeit: im Kopf, im Bauch, im Herzen – und sie sollte überschlafen werden. Einige Tage Verwirrung, Niedergeschlagenheit und Tränen sind oft »klärend«! Bitte ertragen Sie zusammen mit Ihren Klienten kurz- bis mittelfristig diese *Lösungslosigkeit*. Vermitteln Sie Ihren Klienten, dass diese Phase ganz normal ist und ein heilsamer Beitrag zur Klärung in Richtung auf ein passendes Ziel. Ein Großteil der Beratungsarbeit soll danach der Zielklärung und Ressourcenarbeit gewidmet werden.

> Gute Berater müssen auch darin geübt sein, (scheinbare) Lösungslosigkeit zuversichtlich zu ertragen!

Das Problem

Viele Probleme sind anfangs vage. Im Laufe eines strukturierten Gesprächs wandelt sich das Problem meist oder begibt sich auf ganz andere Ebenen des Lebens. Viele Menschen sind mit ihren Schwierigkeiten tief verbunden, was weder Coach noch Klient anfangs im vollen Ausmaß zu verstehen brauchen. Oft zeigt sich zunächst nur eine Oberflächenstruktur. Mit dieser Oberfläche kann gearbeitet werden, und es sollte hauptsächlich den Klienten überlassen werden, in welchem Ausmaß sie im Gespräch die Tiefenstruktur ihres Problems erkennen möchten.

Was bedeuten »Oberflächen- und Tiefenstruktur« von Klientenanliegen?

Wir möchten Ihnen den unbewussten Zusammenhang von Oberflächen- und Tiefenstruktur an einem Bildbeispiel verdeutlichen, das von *F.W. Schink* stammt. Er ist Leiter der Gestaltungstherapie in der Hardtwald-Klinik II der Wicker-Gruppe.

> Eine Klientin stellt sich vor mit dem Problem, dass sie sich endlich wieder einmal erholen möchte. Sie fühle sich im Arbeitsalltag erschlagen. Ihr wird vorgeschlagen, zur Klärung ihres Anliegens ein Bild zu malen oder zu zeichnen, das ihren momentanen Wünschen entspricht. Ihr Ergebnis sehen Sie in der unten stehenden Skizze.

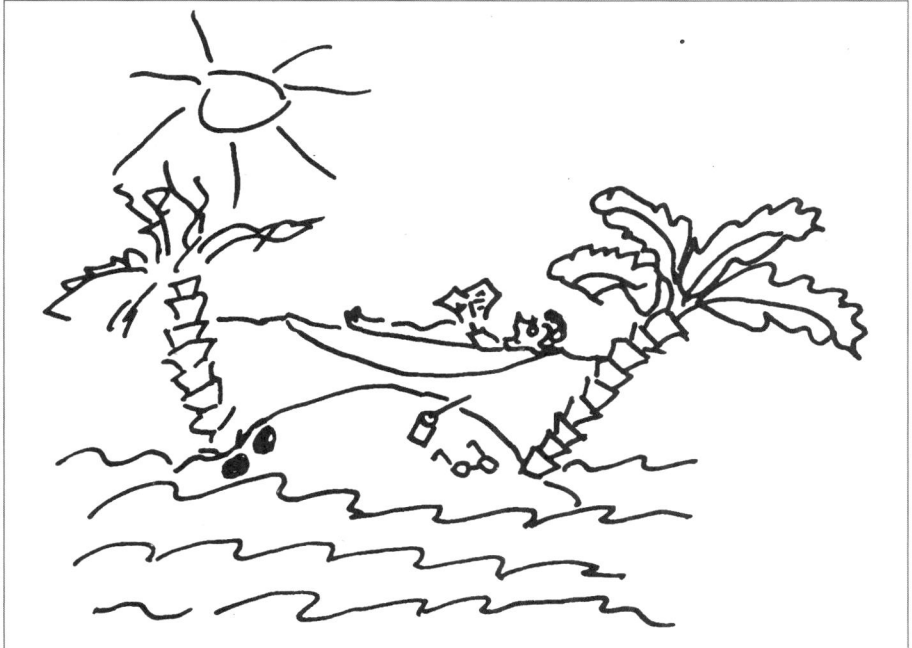

Skizze vom Autor aus dem Gedächtnis nachgezeichnet

Die Klientin beschreibt ihr Bild wie folgt: »*Endlich mal wieder Ruhe finden, gemüt-lich auf einer Insel, unter Palmen, die Sonne genießen, weg vom Stress der Arbeit und sich entspannen ...*«

Zunächst sieht es so aus, als wolle die Klientin allein auf einer Insel Ruhe und Erho-lung suchen. Aus der oberflächlichen Betrachtung des Bildes wird nicht klar, welche Tiefenstruktur im Bild verborgen liegt.

»*Warum liegt denn die Brille unten, so können Sie doch gar nicht lesen?*«, fragt der Berater die Klientin. – Das wisse sie jetzt auch nicht, sie sei eigentlich gar keine Brillenträgerin, rätselt sie. – »*Ist es nicht irgendwie einsam oder sogar bedrohlich auf solch einer Insel, da man dort ja auch feststecken könnte?*« – »*Mmh, wo Sie das sagen, fällt mir das jetzt auch auf ...*«, stellt sie nachdenklich fest.

Im weiteren Verlauf des Coachings wird nach einigen Tagen deutlich, welcher Kon-flikt die Klientin belastet. Diesen Konflikt hatte sie bereits unbewusst in ihrem Bild skizziert:

Die rechte Bildhälfte: Die Klientin ist mit einem sehr gebildeten Mann glücklich verheiratet. Sie würden viel gemeinsam lesen und auch diskutieren. Der Mann sei Brillenträger. Seine Brille liege häufig auf dem Nachtschrank. Die gut ausgebilde-ten Blätter der rechten Palme repräsentieren womöglich die intellektuelle Über-einstimmung in der Beziehung zu ihrem Mann (oder die »Kopflastigkeit« in der Beziehung?). Außerdem ist ihrem Mann (hier symbolisiert durch die rechte Palme) ihre obere Körperhälfte auf dem Bild zugewandt. Der Sex mit ihm sei nicht so wichtig. Ist die Palme deshalb etwas nach unten geneigt?

Die linke Bildhälfte: Sie habe einen Liebhaber, der für wirklich gute Gespräche nicht tauge. Mit ihm sei der Sex sehr wichtig. Im Bild: Die linke Palme hat schlecht ausgebildete Blätter (»*da hatte ich keine Zeit mehr für das Malen ...*«, sagt die Klien-tin), an dem Palmenstamm liegen zwei Kokosnüsse, die Hoden repräsentieren könnten, der Stamm ist eher nach oben gebogen, wie ein erigierter Penis. Ihre un-tere Körperhälfte ist der linken Palme zugewandt.
Sie »liegt zwischen zwei Stühlen« oder hängt zwischen zwei Palmen. Anfänglich konnte sie die fantasierte Situation auf der Insel genießen, nach einigen Tagen aber empfand sie diese als einengend, bedrohlich und belastend. Sie könne sich nicht entscheiden, wolle »alles« aber gleichzeitig auch niemanden verletzen, wisse nicht mehr weiter ...

So weit unser Bildbeispiel. Sie können es auf jede andere Verhaltensmöglichkeit, sich zu äußern, übertragen: reden, sich bewegen, schreiben ...
Unsere Aufgabe in der Beratung ist es aber nicht, die Klienten zu hinterfragen oder in ihre eigene Tiefe zu drängen, oder in einem vermeintlichen Unbewussten »herum-

zustochern«. Verstehen Sie sich bitte eher als Hebamme in der langen Phase einer Geburtsvorbereitung. Gebären dürfen die Klienten selbst – und nur, wenn sie dies auch selbst wollen!

Sind Probleme nützlich?

Einen weiteren Aspekt von Problemen gilt es zu berücksichtigen: ihre **Nützlichkeit**. Klingt das paradox? Probleme sind, oberflächlich betrachtet, eine Plage. Sieht man jedoch mehr in die Tiefe oder betrachtet man die Beziehungsverflechtungen, in denen unsere Klienten leben, wird klar, dass Probleme häufig auch hilfreich, notwendig oder »nützlich« sind. Viele Schwierigkeiten werden nicht von außen oder durch einen Zufall an uns oder unsere Klienten herangetragen, sondern sind innerhalb eines Systems entstanden, an dem wir unbewusst aktiv mitwirken. Eine schnelle Problemlösung könnte die Stabilität des Systems gefährden. Ein Problem kann also auch Stabilität sichern. Hierzu zwei Beispiele:

> **Beispiel 1:** Ein Kind ist durch sein unsoziales und aggressives Verhalten in der Schule auffällig. Andere Familienmitglieder sind hierüber sehr besorgt. Nachdem das Kind durch den Schulpsychologen und den Kinderpsychiater erfolgreich behandelt worden ist, erkrankt die Mutter plötzlich an einer schweren Depression. In diesem Fall »schaffte sich das System« in dem Kind zuvor einen Symptomträger, eine Art Blitzableiter oder Sündenbock für Probleme im System. Fällt dieser Sündenbock oder Index-Patient aus, zum Beispiel weil er »geheilt« wird, werden ungelöste Probleme durch ein anderes Familienmitglied »ausgedrückt«, dem dadurch auch die Aufgabe zukommt vor Veränderungen zu schützen, die das System grundlegend verändern könnten. Die Auffälligkeit des Kindes war für die Stabilität der Familie »nützlich«. Diese Prozesse sind unbewusst und keine Willensäußerungen.

> **Beispiel 2:** Nach einem Verkehrsunfall ist der Abteilungsleiter einer Versicherung längere Zeit wegen Rückenschmerzen krankgeschrieben. Auch Rehabilitationsmaßnahmen können seine Arbeitsfähigkeit nicht wieder herstellen, obwohl keine bleibenden körperlichen Schäden festgestellt wurden. Der Klient hatte schon seit langem Alkoholprobleme, und seine Kollegen hatten dies nicht länger decken wollen. Das Problem »Rückenschmerz« war in diesem Falle »nützlich«, da er sich so dem Konflikt am Arbeitsplatz entziehen konnte.

In der Psychoanalyse werden solche Mechanismen »sekundärer Krankheitsgewinn« genannt. Es handelt sich um unbewusste Vorgänge, die nicht nur Individuen betreffen, sondern ebenso in Familien oder anderen Systemen wirken. Eine schnelle Problemlösung im Sinne des Coachs könnte somit die momentane psychische und soziale Stabilität des Klienten empfindlich stören.

Hilfreiche Fragen zur Problemklärung

Jedes Problem, das aufrechterhalten wird, verlangt nach Aufwand, nach Energie oder einem Preis, der erbracht werden muss, damit das Problem nicht verschwindet. Probleme weisen schon auf ein Ziel hin und haben einen Fokus. Sie zeigen auch auf, welche Hindernisse überwunden werden müssen, um das Problem zu lösen, und enthalten bereits die Frage nach den verdeckten Ressourcen, die bisher nicht genutzt wurden, um das Problem zu überwinden. Sie sehen: In jedem Problem unserer Klienten sind viele verborgene Hinweise enthalten. Wir möchten Ihnen einige Beispiele für Fragen aufführen, mit denen Sie und Ihr Klient sich diesen »verborgenen Kostbarkeiten« (nach M. Varga von Kibéd) im Problem nähern können.

- *Fragen zum Symptom:* Wie genau äußert sich das Problem, was sind seine Symptome? Was genau wird innerlich erlebt: gesehen, gefühlt, gehört oder zu sich selbst gesagt? (Gefragt wird jetzt noch nicht nach Ursachen, Wirkzusammenhängen oder nach langen Erklärungen!)
- *Fragen zur Geschichte:* Wann trat das Problem das erste Mal auf? Woher kennt der Klient dieses Problem bereits aus anderen Lebensphasen? Welche Erklärungskonzepte hatte der Klient bisher? Was sagten Freunde oder Bekannte über mögliche Ursachen oder die Entstehungsgeschichte?
- *Fragen zur Auswirkung:* Wie wirkt sich das Problem aus? Was wird durch das Problem verhindert, gestört oder erschwert? Was wird durch das Problem aber auch erst möglich? (Als Beispiel der sekundäre Krankheitsgewinn: »Bei Krankheit kann ich zu Hause bleiben und sehe meinen Chef nicht, der mir so viel Angst macht.«)
- *Fragen zu den Auslösern:* Wie genau muss sich Innen- oder Außenwelt ändern, damit der Klient weiß, dass das Problem jetzt auftaucht oder da ist: Was genau muss sichtbar sein (außen und vor dem inneren Auge), was genau muss hörbar sein (außen und vor dem inneren Ohr), was genau muss fühlbar sein (außen und im Körper), was genau muss riech- oder schmeckbar sein ...? Gefragt ist nach konkreten inneren und äußeren Ereignissen.
- *Fragen zu den Alternativen:* Was würde passieren, wenn das Problem jetzt schon – wie von Zauberhand – verschwunden wäre? Was würde der Klient dann als Erstes machen? Wofür wäre das gut, was er dann täte?

Solche Fragen klären nicht alle Aspekte eines Problems. Sie und Ihr Klient gewinnen so aber erste wichtige Hinweise auf Schutzfunktionen und verdeckte Kostbarkeiten im Problem.

Das Ziel

Einige Klienten kommen bereits mit Zielen in die Beratung. Den meisten Ratsuchenden sind ihre Ziele aber recht unklar. Viele Klienten haben auch nur Wünsche an die Welt oder an andere. Wie man diese Wünsche in Ziele umformuliert, werden wir Ihnen später in diesem Handbuch erläutern. Wenn sich hinter einem Problem eigentlich ein Ziel verbirgt, wird dies oft nur vage wahrgenommen. Zunächst einmal sammelt der Coach Informationen über das vorläufige Ziel. Während dieser Vorfragen verdichtet sich bereits die Zielvorstellung.

- *Was ist das Ziel hinter dem Ziel?* Ist das Ziel eigentlich wirklich wichtig in Ihrem Leben? Tragen Sie dieses Ziel schon lange mit sich herum und schwingt darin ein kleines »Ich sollte dieses Ziel erreichen«? Ist es wirklich Ihr ganz eigenes Ziel oder haben Sie es früher oder in letzter Zeit von jemandem übernommen?
- *Wofür ist das Ziel eigentlich gut?* Was wollen Sie damit sicherstellen – außer der Problemabschaltung oder -umformung? Fragen Sie nach jeder Antwort weiter: »Und wofür ist das gut (wichtig, hilfreich)?«
- *Woran merken Sie genau, dass das Ziel erreicht ist?* Was genau wird dann in Außen- und Innenwelt zu sehen, hören, riechen, fühlen ... sein?
- *Kann die Zielerreichung jetzt beginnen?* Gibt es eine realistische Chance, jetzt mit der konkreten Zielumsetzung zu beginnen, oder gibt es Hemmnisse oder Erschwernisse in der Innen- und Außenwelt, die unbedingt vorher beseitigt oder umgangen werden müssen?
- *Was ist der Weg zum Ziel?* Wie lange wird es dauern, wie sieht der Weg aus, was sind die einzelnen Schritte, Fantasien, Bilder und Gefühle, die den Weg begleiten? Wie bereiten Sie Ihr Umfeld behutsam und liebevoll auf die kommende Veränderung vor? Welche Vorschläge haben Sie, um Ihrem nächsten Umfeld die Annahme der Veränderung leichter zu machen?
- *Wie wird sich die Zielerreichung auswirken?* Wie wird sich Ihr Leben im Problemkontext ändern? Wie wird Ihr nächstes Umfeld auf diese Änderungen reagieren? Was sind die Auswirkungen auf die verschiedenen Bereiche des Lebens?

Die Ressourcen

Ressourcen sind Stärken, Fähigkeiten und nützliche Erfahrungen in uns, in unserem Umfeld, in unserer Lebensgeschichte und in ganz anderen Bereichen unseres Lebens, die wir bisher nicht zur Lösung des Problems eingesetzt haben. Viele dieser Kräfte und Fähigkeiten »liegen auf der Hand«, werden aber aufgrund einer Betriebsblindheit oder »Problemtrance« nicht eingesetzt. Viele Ressourcen dürfen nicht genutzt werden, da es unbewusste Verbote gibt, diese zu nutzen oder da sie die Stabilität eines Systems oder des Selbst gefährden könnten.

Ressourcen ermöglichen oder unterstützen uns, Ziele zu finden und zu erreichen. Sie begleiten uns auf dem Weg dorthin. Nützliche Fragen beim Aufspüren dieser Stärken können sein:

- *Welche Ressourcen müsste ich haben, um in kleinen oder auch großen Schritten das Ziel zu erreichen?* In welchen Lebensbereichen habe ich vergleichbare Ressourcen?

Achtung: Defizite in anderen Lebensbereichen können in diesem Kontext sogar hilfreiche Kräfte sein (und umgekehrt).

- *Kräfte aus der Vergangenheit oder aus anderen Lebenszusammenhängen?* Gab es früher schon andere oder ähnliche Probleme, die gelöst werden konnten? Mit welchen Mitteln und Methoden ist das geschehen? Welche anderen Lebensbereiche gibt es, in denen ich mich behaupte oder selbst verwirkliche? Mit welchen Ressourcen erreiche ich das dort?

- *Unterstützende Menschen?* Gibt es nährende Beziehungen (ein Wort aus der Transaktionsanalyse) oder ein Netzwerk unterstützender Freunde, Kollegen oder Bekannter? Welche Unterstützung gibt es in der Familie? Können die notwendigen Stärken bei anderen Menschen abgeschaut oder gelernt werden?

- *Darf ich die Ressourcen überhaupt zur Zielerreichung einsetzen?* Gibt es innere Widerstände oder tiefe Glaubenssätze, die den Einsatz der Ressourcen verbieten? Beispiele: »Das dürfen nur Studierte!« »Mir darf es nicht besser gehen als Mama!« Hätte der Einsatz der Ressourcen negative Effekte auf die Stabilität der bisherigen Beziehungen? Beispiel: »Wenn ich mich ändere, kommt mein Partner nicht mehr mit!«

- *Was genau muss gelernt oder getan werden, damit sich in kleinen Schritten die nötigen Ressourcen aufbauen lassen?* Es ist für unsere Klienten nicht erforderlich, »gleich alles« zu nutzen, was an Ressourcen bisher nicht ausgeschöpft wurde. Viele Ressourcen müssen mithilfe des Coachs erst wieder entdeckt oder in andere Lebensbereiche übertragen werden. Andere Ressourcen können gezielt aufgebaut werden: Durch Coaching (zum Beispiel planvolles Handeln), durch Selbsterfahrung (zum Beispiel an sich selbst bisher unbekannte Beziehungs- und Denkmuster erfahren), durch Gruppentraining (beispielsweise an Selbstsicherheit und sozialer Kompetenz zu gewinnen), durch Vermittlung von Wissen und Fertigkeiten (zum Beispiel berufliche Fortbildungen, Kommunikationstrainings) und durch viele andere planvolle Schritte.

Mimik, Körperhaltung und Sprechweise des Klienten lassen meist klar erkennen, worum es gerade geht: Problem, Ressource oder Ziel. Diese drei Bereiche können Sie weiter hinterfragen, wenn Sie herausarbeiten, welche kognitiven Grundmuster, Glaubenssätze und logischen Ebenen damit verwoben sind, in welchem systemischen Zusammenhang ein Problem oder ein Ziel steht. – Darauf und auf andere nützliche Hintergründe und Übungen gehen wir in späteren Kapiteln noch ein.

Ziele und Visionen

> *»Du bringst nichts mit hinein, Du nimmst nichts mit hinaus, lass eine goldene Spur im alten Erdenhaus.«* (Friedrich Rückert)

Auf was zielt unser Leben?

Was Sie für Ihre Zukunft erträumen, bleibt Fiktion, wenn Sie sich nicht engagiert auf diese Zukunft hin bewegen. Erst wenn Sie die Ärmel hochkrempeln, wird aus Ihrem Traum ein mögliches Ziel. Visionen entstehen aus Schöpfungskraft und aus unserer Suche und dem Streben nach

- Sinn,
- neuen Eindrücken,
- Betätigung,
- Zugehörigkeit.

Es sind innere Bilder, Wünsche und Vorstellungen, die uns auf den Weg bringen. Komplexere Ziele, welche die Kraft haben, große Teile unseres Lebens zu gestalten und zu bestimmen, nennen wir *Visionen*. Das sind gewollte Tagträume, für die wir uns anstrengen möchten. Ohne diese Anstrengung bleiben sie nur Träumerei. Es gibt große und kleine Ziele. Im Coaching ist es hilfreich, wenn Sie ein Konzept verschiedener Zielarten haben. Hier eine mögliche Einteilung kleinerer, mittlerer und größerer Ziele (es handelt sich um willkürliche, aber nützliche und hilfreiche Kategorien, die formal keine scharfen Grenzen aufweisen und sich teilweise überlappen):

 Kompetenz- und Leistungsziele entstehen aus der wahrgenommenen Kluft zwischen vorhandenen Fähigkeiten und den Fähigkeiten, die für das Erreichen eines Zieles erforderlich sind (bewusste Inkompetenz). Sie bewegen sich in den Dimensionen des Könnens und Wissens.

> Beispiele: Wer in der Auslandsabteilung einer Firma arbeiten möchte, muss hierfür Fremdsprachenkenntnisse erwerben. Wenn Sie einen Marathonlauf absolvieren möchten, müssen Sie hierfür Kenntnisse über Schuhe und Lauftechnik erwerben sowie mentale und körperliche Fähigkeiten erarbeiten.

 Etappenziele oder Zwischenziele: Wenn Sie komplexere Ziele entwickeln, können Sie auf dem Weg dorthin Zwischenziele anstreben. Es handelt sich dabei um Kompetenz- und Leistungsziele, die bewusst als Zwischenschritte zu »höheren Zielen« angestrebt werden.

> Beispiele: Wenn Sie Hauptabteilungsleiter werden möchten, müssen Sie zuvor verschiedene Zwischenziele auf der Karriereleiter anstreben. Jedes Studium und jede Ausbildung, bei der Sie verschiedene Fächerkomplexe erfolgreich absolvieren müssen, enthält solche Zwischenziele. Wie Sie sehen, ist bei dieser Einteilung die Grenze zum Leistungsziel nach »unten« oder zum großen Ziel nach »oben« durchlässig.

Große Ziele sind häufig auf eine Lebenssaison und eine spezifische Rolle zugeschnitten; die anderen Bereiche unseres Seins werden zurückgestellt und unsere Sinnsuche ist an das Wertkonzept einer spezifischen Rolle oder Idee gekoppelt.

> Beispiel: Man möchte Vorstandsvorsitzender eines Konzerns werden. Ausgeblendet werden dann häufig Familie, Freunde, Gesundheit. Kommt es dabei zu Konflikten mit diesen anderen Lebensbereichen, die nicht ausgeglichen werden können, entsteht Inkongruenz und Dysbalance. Dies führt zu einem Mangel an Authentizität und Charisma. Beispiel: Vorstandsvorsitzender eines Konzerns mit »Defiziten in anderen Lebensbereichen«.

 Spirituelle oder balancierte Lebensziele (Visionen) richten sich auf einen zukünftigen ganzheitlichen Zustand, in dem sich die verschiedenen Bereiche des Lebens in Balance finden und das Leben im Ganzen Sinn macht. In der Tiefe werden Demut und Verantwortlichkeit empfunden, man lebt in allen Lebensbereichen in Harmonie mit seinen Werten, Wünschen, Hoffnungen, Talenten und Möglichkeiten. Klingt das in Ihren Ohren wie eine Utopie? Vielleicht haben Sie Recht. Aber wir sagten bereits, dass es hier nur um hilfreiche Vorstellungen und Modelle geht – nicht um die Wirklichkeit.

Viele Menschen kennen ihre Ziele nicht. Andere jagen mit großer Effizienz ihren Kompetenzzielen oder großen Zielen hinterher, bis sie am Ende einer Lebenssaison bemerken, dass es nicht ihre eigenen Ziele waren. Manch einer erreicht seine Ziele, verliert aber die Balance zwischen dem Ansporn und der Muße.

Übungsfragen

Auf Fragen zum Ziel sind wir im vorangegangenen Kapitel bereits eingegangen. Hier finden Sie weitere Fragen zu Zielen, die auch die Unterteilung in »Zielarten« erleichtern.

- Wessen Ziele verfolgen Sie eigentlich zurzeit mit viel Energie?
- Wenn es eine Skala von eins bis zehn gäbe, auf der Sie Ihr Ziel danach beurteilen, w e sehr es Ihnen am Herzen liegt, wo findet sich dann Ihr aktuelles Lebensziel?
- Wie verantworten Sie Ihre Handlungen und Ziele vor Gott?
- Was genau wird sich beruflich und privat ändern, wenn Sie das Ziel erreicht haben?
- Verhalten Sie sich manchmal ganz anders, als es Ihrer Vorstellung von Glaubwürdigkeit und innerer Harmonie entspricht?
- Was würden spätere Familienhistoriker und Biografen über Sie und Ihr Ziel soziologisch und auch psychologisch scharfsinnig berichten?
- Was werden Ihre Kinder über Ihre Ziele später einmal sagen?
- Was würde Ihre Partnerin oder Ihr Partner dazu in einigen Jahren sagen?
- Was werden die Menschen darüber sagen, die später einmal als Spaziergänger vor Ihrem Grabstein stehen?

Es ist leider nicht so, dass rechtes Zielen nur ein Akt des Wollens ist, dass man das Ziel nach linguistischen Kriterien wohlgeformt nur definieren muss und sich der gewünschte Erfolg dann schon einstellt. Die größten Probleme bei der Visionsbildung – der Suche nach einem tieferen Sinn im Handeln – sind folgende:

- die Unfähigkeit, Ziele wahrzunehmen oder zu entwickeln,
- eine innere Scheu vor Veränderungen und Verantwortung,
- der Verlust des eigenen inneren Weges – die Ziele von anderen werden zu den eigenen.

Verpasste Chancen

Da wir keine Wahlmöglichkeiten haben, unsere Vergangenheit zu ändern, können wir uns ihr gegenüber eigentlich nicht schuldig machen. Viele Menschen empfinden jedoch ein Gefühl von Schuld und Scham, wenn sie an die »verlorene oder falsch genutzte Zeit« ihrer Vergangenheit denken. Vielleicht haben wir ungute oder falsche Richtungen eingeschlagen und sind darüber betrübt. Für unsere Zukunft aber haben wir jede Wahlmöglichkeit wieder in unseren Händen: »Alles beginnt genau jetzt!« (Dr. Jon Kabat-Zinn, amerikanischer Experte für Gesundheitstraining)

Trotzdem fühlen viele Menschen eine Schuld oder Traurigkeit über verpasste Chancen. Dieses Gefühl ist erst einmal verwirrend, da wir Schuld mit Visionen oder Zielen selten in Zusammenhang bringen: »Wir haben ein Streben nach Sinn, welches meist mit unserem Gewissen gekoppelt ist«, sagt Viktor Frankl, der Begründer der Logotherapie oder Existenzanalyse.

> Wenn in der Vergangenheit eine Wahl wider den Sinn getroffen wurde, entsteht unterschwellig ein Gefühl der Schuld.

Befragt man Klienten oder Freunde über ihren Lebensweg, so antworten sie häufig rational verständlich: »*Das Leben ist wie ein Trichter: Zuerst hat man alle Möglichkeiten. Je weiter man schreitet, desto mehr engt sich der Bereich der Wahlmöglichkeiten ein. Dann muss man den eingeschlagenen Weg weitergehen.*«

Oder ein anderes Beispiel für diese Selbsteinschränkung: »*In diese Berufsausbildung bin ich irgendwie reingerutscht, dann kam das erste Geld, die Familie, Kinder. Jetzt habe ich mich ganz gut arrangiert: Schließlich kann man nicht nur träumen, sondern muss auch Geld verdienen. Was soll ich denn jetzt noch aus mir machen?*«

Glück oder Sinn?

In den Versuchslabors der Verhaltensforscher haben die Ratten schon vor Jahrzehnten bewiesen, dass Säugetiere nicht nur nach dem Einfachen und Bequemen suchen, sondern nach

- Veränderung,
- Betätigung (Handlung),
- Zugehörigkeit und
- Sinn.

Trotzdem glauben vielleicht auch Sie, dass Menschen auf der Suche nach Glück und nach der Befriedigung von Bedürfnissen sind? Um einer sinnvollen Aufgabe willen sind Menschen aber bereit, zu verzichten und Bedürfnisse aufzuschieben oder sie ungestillt zu lassen. Die innere Sinnsuche ist viel mächtiger als gängige Glücks- oder Bedürfniskonzepte. Wenn diese Sinnsuche scheitert, können auch andere Versuche, Glück in das Leben zu bringen, nur scheitern. In der Wirtschaft wird dieses Konzept bereits erfolgreich angewandt; wenn auch noch viel zu selten (management by meaningful occupation, etwa: Führen durch sinngebende Arbeitsplatzkonzeption). Daher müssen Sie als Coach zuerst Ihren Klienten helfen, die innere Sinnsuche auf allen Ebenen zu beflügeln. Übungen zur »Aufheiterung«, die in Selbstmanagement-Kursen häufig gelehrt werden, können diese Sinnlücke übrigens nicht schließen.

Übungen und Fragen

Machen Sie eine kleine Liste mit Ihren persönlichen Zielen und schreiben Sie dahinter in Klammern den tief empfundenen Sinn. Wo kein tiefer Sinn sich auftut, ist das Ziel vielleicht schwach oder nicht Ihr eigenes?

Machen Sie eine Liste mit verpassten Zielen: Gibt es da Schuld oder ein schlechtes Gewissen? Was sind die Gründe dafür, dass Sie dieses Ziel nicht weiter verfolgt haben? In welchem Ihrer Ziele schwingt ein »Ich sollte das eigentlich« mit?

Suchen Sie mit Ihrem Klienten nach Sinn! Dabei geht es nicht um die großen Entwürfe der Weltverbesserung, sondern um den »kleinen Sinn« im Moment der Gegenwart und um die Gewissheit, dass das Lebenskonzept in einen Rahmen der Sinnhaftigkeit gebettet ist. Ihr Klient möchte nicht nur seine Brötchen verdienen, sondern will auch wissen, wozu (... er lebt)! Ziele sind daher meist mit der Spiritualität verwoben.

Übungsfragen

Mit folgenden Beispielfragen können Sie Ihren Klienten helfen, das Sinnhafte seines Lebens herauszuarbeiten.

- Wie muss sich Ihr Leben entwickeln, damit Sie wissen, dass es sich wirklich gelohnt hat, jeden Tag aufzustehen?
- Was wollen Sie in Ihrem Leben erschaffen?
- Was ist Ihre Aufgabe in diesem Leben, die Sie gut erfüllen möchten?

Ideenschmiede

Viele gute Ideen, Wünsche oder Träume werden vom Klienten selbst oder von seinem Umfeld im Keim erstickt. Schon wenn die Idee erscheint, melden sich innere und äußere Kritiker und Besserwisser. Sie können Ihren Klienten in solchen Fällen die Regeln des *Brainstormings* oder des freien Ideensammelns erklären und dies mit ihnen üben:

- Jede spontane Idee wird sofort notiert.
- »Verrückte Ideen« oder »ganz andere Ideen« sind genauso gefordert.
- Jedes »Aber«, »Moment mal«, »Das geht nicht« ist streng verboten.
- Jede andere Art von Kommentar zur Idee ist ebenfalls verboten: kein Wort, keine Geste, keine Mimik!
- Auch gute Ideen sollen vorerst nicht kommentiert werden.

Eine andere nützliche Ideenschmiede stammt von Walt Disney. Von ihm wird erzählt, er habe einen Sessel gehabt, der ausschließlich zum kreativen Träumen bestimmt war. Dort seien Zweifel oder rationales Denken nicht erlaubt gewesen. Erst wenn er für ein Projekt genügend innere Bilder, Träume, Ideen und Ziele gesammelt hatte, setzte er sich in einen anderen Sessel, der für das realistische Planen, Durchdenken oder konstruktive Kritisieren gedacht war. In manchen Büchern wird sogar berichtet, Walt Disney habe drei Sessel für seine Visionsarbeit gehabt: einen zum Erträumen, einen zum Denken und Kritisieren sowie einen zum rationalen Planen.

Disneysessel: Visionär – Kritiker – Realist

Es gibt viele Variationen dieser Disney-Strategie, die sich in das Coaching integrieren lassen. Nützlich ist es, wenn Sie die einzelnen Positionen getrennt befragen. Hierzu einige Fragenbeispiele.

 Fragen an den Visionär:
- Was genau möchte ich eigentlich tun?
- Wohin soll mich der Weg führen?
- Was sind die Vorteile?
- Warum strebe ich danach?
- Wann könnte das Ziel erreicht sein?
- Warum möchte ich jetzt beginnen?

 Fragen an den Kritiker:
- Wer wird wohl gegen die Idee sein?
- Warum wird er oder sie dagegen sein?
- Wo beziehungsweise wann wird sich die Idee nicht durchsetzen lassen?

- Worauf werde ich verzichten müssen?
- Was sind die Vorteile der Idee und der Vorgehensweise?
- Welche Auswirkungen hat die Idee auf alle Betroffenen?

 Fragen an den Realisten:
- Wie genau soll die Idee durchgesetzt werden?
- Welchen zeitlichen Rahmen gibt es dafür?
- Wo wird es durchgeführt?
- Wer wird es durchführen?
- Warum ist jeder einzelne Schritt erforderlich?
- Woran werde ich erkennen, dass jeder Schritt vollzogen ist?
- Woran werde ich genau erkennen, dass das Ziel erreicht ist?

Das Disney-Konzept können Sie ergänzen, indem Sie weitere Perspektiven oder »Teil-persönlichkeiten« in Ihre Fragen einbeziehen. Je wichtiger oder größer eine Idee oder ein Ziel ist, desto vielfältiger sollte Ihr Fragenspektrum sein. Weitere Fragenkomplexe können beispielsweise die folgenden sein.

 Fragen an den Geist des Wandels und der Ideen:
- Was kann für die Zukunft alles möglich sein?
- Was kann gewünscht werden?
- Welche Ziele und Visionen hätte ich, wenn ich ganz frei entscheiden könnte oder ganz von vorne beginnen würde?
- Was wünsche ich eigentlich, habe es mir aber bisher nie zugetraut?
- Wohin könnte mein Leben führen, wenn ich alle Möglichkeiten hätte und ganz frei wäre?

 Fragen an den Geist des Ausharrens und der Beständigkeit:
- Was ist angenehmer, wenn ich nichts ändern muss? Welche Schwierigkeiten könnten Änderungen mir bringen?
- Welche Ängste werden wach, wenn Wandel und Ideen ins Leben gerufen werden?
- Muss ich mich dann neu in meinem Selbstbild formulieren?

 Fragen an den Geist des gesunden Menschenverstandes:
- Ist die Idee eigentlich realistisch?
- Was müsste vorher erreicht werden, damit die Grundlagen dafür bestehen?
- Welche Menschen muss ich vorher für den Plan gewinnen?
- Wie müsste die genaue Planung aussehen?

 Fragen an den Geist des eigenen inneren Beobachters:
- Wie passt die Idee zu meinen Werten?
- Wer bin ich, wenn ich die Idee verwirkliche?
- Wie sehe ich mich mit dieser Idee oder auf dem Wege dorthin?

- Wenn ich auf den Geist der Ideen schaue, wie sehe ich ihn?
- Wenn ich auf den Geist des Ausharrens schaue, wie sehe ich ihn?
- Wie ist das Zusammenspiel zwischen beiden?
- Wer hat in welchen Kontexten die Oberhand?

Fragen an den Geist des inneren Fremdbeobachters:
- Wenn ich die Idee aus der Sicht aufgesogener Glaubenssätze, der verinnerlichten Firmenphilosophie oder festgeschriebener Werte sehe, welche Einstellung gewinne ich dann?
- Was erlaube ich mir aus dieser Perspektive?
- Wer soll ich sein?
- Wer darf ich nicht sein?
- Welche Ideen sind gut, welche nicht? Wie reagiert das System auf die Idee?

Übungsfragen

Wie sind Sie bisher mit Ideen umgegangen? Bitte beantworten Sie die folgenden Fragen:

- Wie ist Ihr normaler Perspektivenwechsel, wenn Sie eine Idee haben? Beispiel: Idee – abwürgen durch Fremdbeobachter. Idee – innerer Beobachter – Fremdbeobachter ...
- Wie haben Sie bisher Ideen gesammelt? Wie schnell werden Ideen bei Ihnen durch den Kritiker oder Realisten entkräftet? Wie viele Ideen nehmen Sie nicht ernst, weil sie der ersten halb bewussten Hürde der Realitäts- und Kritikprüfung nicht standhalten?

Stabilität und Veränderung

Unser persönliches Leben und ebenso das Leben von Organisationen passen sich neuen Gegebenheiten der Umwelt an. Wenn Sie einen neuen Beruf ausüben, in eine andere Stadt gezogen sind, einen neuen Lebenspartner haben, dann hatten Sie sich bereits vorher auf diese Veränderung eingelassen. Aber solch ein Wandel reicht manchmal nicht aus, um uns Mut zu tiefer Veränderung zu machen: »Warum auch, es hat doch bisher alles einigermaßen geklappt!« Eine ganze Armee von Scheinargumenten wird gern vorgeführt, die die Stabilität und das tägliche Einerlei rechtfertigt:

> Es gibt Raucher, die 90 Jahre alt geworden sind. – Traummänner gibt es nur im Fernsehen. – Geld verdienen muss jeder. – Für einen Traumjob ist es jetzt zu spät.

Der letzte Einwand ist wichtig: Unser emotionaler, kognitiver und handlungsorientierter (konativer) Erfahrungsschatz stammt zum Teil aus unserer Kindheit. Die meisten von uns haften am Gewohnten. Nur in der revolutionären Jugendphase haben manche kurz den Mut und wagen Neues – häufig aber nur, um sich von den Eltern abzugrenzen. Danach werden viele von uns wieder »stabil« und »normal«.

Wir können also von unseren Klienten kaum erwarten, dass sie bereit sind – nach nur einigen Gesprächen mit uns – über ihre Schatten zu springen. Es wäre zu viel verlangt, wollten wir von der ersten Wahrnehmung eines Problems oder eines Veränderungswunsches gleich in das Ziel springen.

Veränderung auf ein Ziel hin ist ein Prozess. Als Coach begleiten Sie Ihre Klienten bis diese selbst auf ihrem eigenen Weg zum richtigen Ziel sind.

Kleine und große Krisen

Im Wortsinn der Krise stecken der Scheideweg, die Trennung und die Entscheidung. Auf dem Höhepunkt einer fieberhaften Erkrankung, so eine alte Regel der Mediziner, entscheidet sich in der Krise, ob der Weg der Gesundung oder ein Voranschreiten der Krankheit folgt. Unfreiwillig erinnert diese Weisheit an die Karikatur einer Bauernregel: »Wenn der Hahn kräht auf dem Mist, ändert sich das Wetter oder es bleibt, wie es ist.« Mit diesem Konzept hätte ein Krisenspezialist also immer Recht. Es stellt sich nun die Frage, wann wir eigentlich in innerliche Krisen geraten?

- Wir glauben, dass wir eine Bedrohung nicht aus eigenen Mitteln beheben können; wir sind der Ansicht, unsere Ressourcen und unser Handeln reichen dafür nicht aus.
- Wir sehen aufgrund eines emotionalen Tunnelblicks überhaupt keine Alternative, wir sind festgefahren im Denken, wir drehen uns im Kreis und sind arm an Kreativität.

Ein kleines Beispiel zur Krisenwahrnehmung und Krisenbewältigung aus der Kindheit: Die fünfjährige Susi gewinnt auf einem Kindergeburtstag einen Ring. Der Ring des Geburtstagskindes gefällt ihr aber viel besser, als der gewonnene. Daraufhin fängt sie an zu weinen, zu schreien und trotzig zu betteln. Sie ist so lange unzugänglich für die vernünftigen Argumente ihrer Eltern, bis sie den gewonnenen Ring tauschen darf.

Etwas haben zu wollen, es aber vielleicht nicht bekommen zu können, ist für Susi bereits Anlass für eine Krise. Hätte sie kein »Patentrezept« für den Umgang mit solchen Situationen, würde sie darin feststecken. Ihre Form der Krisenbewältigung ist jedoch kraftvoll und ein kreativer Versuch, die Eltern und das Umfeld in ihrem Sinne zu verändern (oder zu dressieren).

Die *kleinen Krisen* vieler Erwachsener – und ihre Bewältigungsstrategien – sind für Außenstehende ähnlich verschroben: wenn wir Kritik erfahren, wenn wir beruflich einen kleinen Misserfolg erleben, wenn wir einen Zug verpassen, wenn wir uns verändern müssen, zum Chef gerufen werden oder mit unseren Ängsten konfrontiert werden. Für Außenstehende ist das Belastende dieser Krisen häufig nicht nachvollziehbar oder nacherlebbar. Daher ist es wichtig, dass wir zusammen mit dem Klienten klären, wie er es schafft, dadurch belastet zu werden. Denn in eine »normale Krise« zu geraten und dort zu leiden ist ein unbewusster und aktiver Prozess, der viel Kraft und Geschick erfordert und mit dem auch viel Macht ausgeübt werden kann. Hierzu sind Ressourcen erforderlich, die bei einer Neugestaltung des Krisenszenarios nützlich sein werden.

Daneben gibt es auch in ihrer Entstehung kaum beeinflussbare oder *große Krisen,* die uns als Berater selbst betroffen machen können: schwerste Krankheiten, Verlust geliebter Menschen, finanzieller Ruin. Auslöser für kleine und große Krisen finden sich unter anderem in den Bereichen

- Körper und Gesundheit,
- Beruf und Karriere,
- soziale Kontakte und Kommunikation,
- Grundbedürfnisse nach Freiheit, materieller Sicherheit, Selbstwirksamkeit,
- Werte, Glaubenssätze, Normen, Suche nach Sinn.

Die gewohnten Spielregeln und das Netz von Glaubenssätzen, Werten, Visionen, Körperbild, Selbstwirksamkeit und von sozialen Rollen, die unsere Identität ausmachen, sind in der Krise durcheinander geraten. Auch kleine, immer wiederkehrende Überforderungen, Gefährdungen und Verletzungen können unser Selbstbild aushöhlen und uns langsam in eine Krise stürzen.

Phasenmodell für Krisen

Kurt Lewin, ein deutsch-amerikanischer Soziologe, schlug 1947 vor, Krisen und Veränderungen in Phasen einzuteilen:

- Schock,
- Verneinung,
- Einsicht,
- Erkennen der Emotion – diese wird aber abgelehnt und bekämpft (hier ergänzt, der Verfasser),
- emotionale Akzeptanz,
- Ausprobieren,
- Erkenntnis.

Wissenschaftler haben so die Möglichkeit, Krisen als Prozess zu beobachten. Diese Phasen müssen nicht in der genannten Reihenfolge auftreten. Sie können gleichzeitig auftreten, übersprungen werden, rückwärts oder anders geordnet durchlaufen werden. Das Modell ist in die Beratung nur begrenzt übertragbar. Es spiegelt zwar nicht die Wirklichkeit seelischer Vorgänge, aber zumindest ermöglicht es uns, einige Aspekte zu ordnen.

- *Schock:* Überraschung, Wut, Ausweglosigkeit, Identitätskrise, Ohnmacht, Hilflosigkeit, Überschwang an Emotion, Perspektivlosigkeit.
- *Verneinung:* Rational und emotional wird die Krise verleugnet, bagatellisiert oder mit anderen Abwehrmechanismen bearbeitet. Informationen werden verzerrt und falsch interpretiert.
- *Rationale Einsicht:* Das Problem wird erkannt, die dazugehörigen Emotionen werden weiter verleugnet.
- *Erkennen, bekämpfen, ablehnen der Emotion:* Angst, Wut oder anderes werden abgelehnt, unterdrückt oder umgeformt.
- *Emotionale Akzeptanz:* Traurigkeit, Angst und Wut werden akzeptiert und angenommen.
- *Ausprobieren:* Strategien werden erprobt, Neues wird versucht.
- *Erkenntnis, Integration:* Rückbesinnung auf den Ablauf, die zugrunde liegenden Werte, Gefühle, Fehlversuche der Anpassung und Integration in ein neues Selbstbild.

Häufig halten sich die Klienten – zum Unmut der Berater – nicht an solche Phasenmodelle. Aus diesem Grunde sollten Sie als Berater wachsam und kreativ bleiben und auf bewährtes Beratungswerkzeug zurückgreifen. Eine kleine Auswahl:

- Seien Sie interessiert am Klienten, seiner Krise, seinem Umgang damit. Würdigen Sie die Emotionen und den bisherigen Umgang mit der Krise.
- Begleiten Sie den Klienten durch seine Phasen (die genannten oder andere).
- Geben Sie ehrliches Feedback, ohne zu belehren. Sammeln Sie gemeinsam Informationen. Trennen Sie Informationen von Bedeutungen.
- Trennen Sie Informationen und Gefühle. Oder suchen Sie gemeinsam die Gefühle.
- Was ist bisher versucht worden? Welche Strategien greifen jetzt nicht mehr?
- Welche Ressourcen gibt es in anderen Bereichen? Wie wurden andere Krisen früher bewältigt? Wer kann helfen?
- Welche Optionen gibt es?
- Helfen Sie bei der Suche nach Zielen und Perspektiven.

Nach vielen »wirklichen Krisen« bleibt ein schwerer Verlust, den wir mit Würde zu tragen haben. Dies ist beispielsweise der Fall, wenn wir einen geliebten Menschen verloren haben. Trauer und Verlust aber sind auch integrierbar. Die meisten »Krisen« führen uns auf neue Wege. Nach einigen Monaten oder Jahren erkennen wir in den Folgen unserer Krisen einen Zugewinn, wir erkennen, dass wir uns gewandelt oder Neues gelernt haben.

Der amerikanische Psychiater Irvin Yalom leitete aus der Arbeit mit seinen Patienten »Existenzielle Faktoren« ab, die in der Arbeit mit Krisenklienten nützlich sind. Diese Faktoren sollten bei der Zielarbeit berücksichtigt werden. Existenzielle Faktoren sind:

- Zu erkennen, dass das Leben manchmal unfair und ungerecht ist.
- Festzustellen, dass man gewissen Nöten des Lebens und dem Tod nicht entgehen kann.
- Einzusehen, dass ich, so nah ich anderen auch kommen mag, dem Leben dennoch allein gegenübertreten muss.
- Zu der Erkenntnis kommen, dass ich mich den Grundfragen des Lebens und des Todes stellen muss und so mein Leben ehrlicher leben kann, mich weniger von Belanglosigkeiten einfangen lasse.
- Zu lernen, dass ich die letzte Verantwortung für die Art, wie ich mein Leben lebe, übernehmen muss, egal wie viel Unterstützung ich von anderen bekomme.

> Irvin Yalom fasst darin folgende Konsequenzen des Lebens zusammen, die im Coaching allzu oft ausgeblendet werden: Verantwortung, grundlegende Isoliertheit, Unvorhersehbarkeit, Wechselhaftigkeit des Daseins, die Sterblichkeit, der niemand entrinnen kann.

Zielen heißt auch Verzicht

Unsere Wahrnehmungsfilter, unser Denken und unsere Handlungen sind auf Ziele ausgerichtet. Wenn man kein klares Ziel hat und keine Vision von seinem Leben, dann fehlt es meist an Selbstbewusstheit und Selbstwirksamkeit. Wer diesen Mangel hat, verzettelt sich, kennt kaum Prioritäten, macht Eiliges sofort und Wichtiges nie. Solche Menschen können sich nur schwer gegen andere und Ablenkungen im eigenen Geist abgrenzen. Umgekehrt hieße das: Wer eine Vision hat, kann zu sich und anderen eindeutig »nein« sagen, wenn es erforderlich ist.

Übungsfragen

- Worauf muss ich verzichten, wenn ich mein Ziel erreichen möchte?
- Wozu und zu wem muss ich im Großen und im Kleinen »nein« sagen, damit ich mein Ziel erreichen kann?
- Womit verschwende ich gern Zeit und unnötige Energie?

Auf der Suche nach einem neuen Ziel

Nicht nur unsere Werte und unser Persönlichkeitsinventar bestimmen unser Selbst und unsere Selbstwirksamkeit: Unsere Ziele und Visionen geben dem Leben Plan und Neuorientierung. Manchmal sind es schleichende Entwicklungen, die Klienten zu Ihnen führen, wenn Sinn oder Orientierung im Leben fehlen. Häufig jedoch werden einschneidende Ereignisse, wie der Tod geliebter Menschen, eine schwere Krankheit, die Kündigung, der Auszug der Kinder aus dem Haus und anderes, als Leid empfunden oder als Chance zur Neuorientierung genutzt.

Von Ihnen als Coach erwarten Ihre Klienten, dass Sie eigene Erfahrungen haben mit dem Konzept des Lebensneuentwurfes (new life design) und seiner ganzheitlichen Umsetzung.

Übungfragen

Stellen Sie sich – und später Ihren Klienten – die Fragen:

- Welche Ziele wollte ich als Kind, als Jugendlicher, nach der Lehre, dem Studium ... erreichen?
- Welche dieser Ziele habe ich erreicht?
- Wo bin ich beruflich angekommen?
- Wo bin ich partnerschaftlich angekommen?
- Wo und wie lebe ich? Bin ich damit zufrieden?
- Wie sehe ich aus und wie fühle ich mich körperlich?
- Was wollte ich eigentlich und habe es noch nicht angefangen? Was sollte ich eigentlich und habe es bisher nicht getan?
- Was will mein Partner beziehungsweise meine Partnerin mit mir zusammen erreichen?

Viele Ziele auf dem Weg zu unserem neuen Selbst sind **Wünsche,** die für uns vermeintliche Attraktionen darstellen. Dabei gehen wir davon aus, dass irgendwann einmal die Umstände günstiger sein werden als jetzt und dass andere, die Zeit oder das Schicksal sich uns zuwenden werden, damit die Wünsche in Erfüllung gehen.
Der wesentliche Unterschied zur Handlung ist, dass beim Wünschen nicht die Ärmel hochgekrempelt werden und wir nicht wirklich bereit sind zu schwitzen. Wünsche sind häufig auch blockierte Ziele.

Einwände gegen gewünschte Veränderungen

Wenn in Ihnen widerstrebende Wertesysteme existieren, könnte der Wunsch oder das Ziel Ablehnung in Ihnen hervorrufen. Ebenso können nicht bewusste Glaubenssätze einer Veränderung entgegenwirken: »Schuster, bleib bei deinen Leisten!« (Übrigens: »Nur wer wagt, der gewinnt!« – Es gibt also auch viele andere Glaubenssätze.)

Zwänge, Ängste, Phobien und frühere konditionierte Versagenssituationen lassen uns andere Schauplätze aufsuchen. Neben unserer persönlichen Lerngeschichte, unseren Werten und Präferenzen gibt es noch ein anderes wichtiges Kriterium, das die Transformation eines Wunsches in ein Ziel und eine Handlung behindern kann oder das Zielen zu sabotieren vermag: Dies sind die möglichen negativen Auswirkungen auf das System, in dem wir leben. Wenn wir unsere Beschränkungen aufgeben und neue Bereiche des Lebens betreten, kommen wir selbst, unsere Partner oder unsere Familie in Kontakt mit Veränderung. Dadurch gefährden wir vielleicht unser bisheriges stabiles Selbstbild und die Art, wie wir unsere Beziehungen bisher gestaltet haben. Die Veränderung darf dann vielleicht noch nicht sein.

Übungsfragen

- Was sind Ihre Glaubenssätze zur Zielvermeidung? Welche Ziele lassen Sie aus Angst fallen?
- Was würde sich negativ verändern, wenn Sie das Ziel erreichten? Was müsste vorher sichergestellt werden?
- Wer müssten Sie sein, damit das Ziel erreicht werden darf?
- Wie müsste sich Ihre Beziehung zur Familie oder was müsste sich in der Partnerschaft ändern, damit das Ziel erreicht werden darf?

Vom richtigen Zielen

»Ich möchte aufhören zu rauchen.« »Ich möchte von meinem Chef mit Respekt behandelt und geachtet werden.« »Ich will nicht länger zurückstecken müssen bei der Beförderung.« »Ich möchte nicht mehr dick sein.« »Ich möchte später erfolgreicher sein als mein Vorgesetzter.«

Diese Ziele sind gut gemeinte Anfänge auf der Suche nach Veränderung. Ihnen fehlt es aber an Schärfe und an Klarheit. Diese brauchen wir, um einzelne Etappenziele oder Kompetenzziele zu formulieren. Die oben genannten »Ziele« stellen Vorstufen oder Ausgangspunkte bei der Zielfindung dar. Ähnliche Formulierungen gebrauchen die meisten Ratsuchenden. Es handelt sich dabei häufig um

- Wünsche an die Welt und an andere,
- Erkenntnis eigener Defizite,
- Ideen, die nicht von uns selbst kommen,
- utopische Tagträume,
- Unzufriedenheiten, ohne Alternativen zu sehen.

In vielen Lehrbüchern des *positiven Denkens* steht, man müsse seine Ziele stets positiv und sehr konkret formulieren. Statt »Ich will nicht mehr dick sein« sagen wir also besser: »Ich möchte schlank sein«. Ansonsten würde das Unbewusste sofort wieder auf das zusteuern, was wir vermeiden möchten. Wenn Sie formulieren: »Ich möchte nicht mehr dick sein«, muss in Ihrem Geist zuerst das Bild eines dicken Menschen erscheinen. Wohin aber die Reise gehen soll, ist in dieser Formulierung nicht enthalten. Ob unser Unbewusstes auf solche Formulierungen tatsächlich unerwünscht reagiert, ist nicht erwiesen, obwohl dies in populären Büchern stets behauptet wird. Ebenso findet sich oft die Forderung, wir sollten so formulieren, als sei das Ereignis schon eingetreten. Das ist eine weitere nicht bewiesene Legende.

> Dazu zwei Beispiele: »*Ich bin ruhig und entspannt.*« Die innere Antwort hierauf könnte sein: »*Nein, noch bin ich ziemlich nervös und angespannt!*« Oder: »*Ich bin schlank und schön.*« Unser innerer Kommentar dazu lautet: »*Nein, noch bin ich dick und ungepflegt.*«

Die klassischen positiven Formulierungen im Präsens regen uns zu einem inneren Kommentar an, der die Glaubwürdigkeit der Suggestion in Frage stellt. Sie können diese innere Antwort umgehen, indem Sie »hypnotische Sprachmuster« verwenden. Sagen Sie zum Beispiel: »Es ist angenehm, sich die Erlaubnis zu geben, ein Gefühl von Gelöstheit und Entspannung zu erleben.« Kommentar: »Na ja, das ist wohl richtig, so eine Entspannung ...« Bei der Zielformulierung ist es sinnvoll, imaginative rechtshirnige Prozesse und konkrete linkshirnige Prozesse zu kombinieren.

In den letzten Jahrzehnten haben Kommunikationsexperten verschiedener Fachrichtungen die linguistischen, logischen und mentalen Schwachstellen in alltagsüblichen Zielformulierungen gesammelt und recht ähnliche Systematiken einer klaren Zielformulierung entwickelt; vermutlich haben die einzelnen Ideen sich gegenseitig beeinflusst. Herausgekommen sind mehrere nützliche Zielkriterien, die sich für das Coaching besonders bewährt haben.

So formulieren und bilden Sie klare Ziele

 Ist das Ziel positiv formuliert? »Wenn Sie nicht mehr dick sein möchten, was möchten Sie stattdessen?« »Angenommen, Sie hätten das Ziel schon erreicht, wie wären Sie dann?« Mit diesen und ähnlichen Fragen helfen Sie Ihren Klienten, ein positives Ziel zu formulieren. Damit bewegen Sie sich vom Problem mit seinen negativen Emotionen und mentalen Bildern hin zum Ziel. Genauso hilfreich ist es, wenn der Klient Vergleiche aus seinen Zielen herauslässt: »Ich will weniger wiegen als meine Tante« ist zwar positiv formuliert, enthält aber einen Vergleich mit der Tante. Dies ist ähnlich umständlich wie eine negative Formulierung. Klären Sie für sich als Coach außerdem, welche Zielkategorie oder Zielgröße Ihr Klient anstrebt: ein Kompetenzziel, ein Zwischenziel oder vielleicht eine Vision.

 Was ist das Ziel hinter dem Ziel? Bevor sich der Klient oder Sie als Coach in ein Ziel verrennen, überprüfen Sie unbedingt, welcher tiefe Wunsch hinter dem geäußerten Ziel steht. Fragen Sie den Klienten, wofür das Ziel gut ist und was damit sichergestellt wird. Wer Bundeskanzler werden möchte, hat vielleicht das eigentliche Ziel, »respektiert zu werden, selbstwirksam zu sein, etwas Relevantes zu tun«. Viele Ziele hinter den Zielen sind abstrakte Konzepte wie Freiheit, Selbstständigkeit, Selbstverwirklichung, Liebe, Gesundheit. Fragen Sie den Klienten, ob er das Ziel hinter dem Ziel vielleicht auf andere Weise erreichen möchte. Manchmal wandeln sich dabei die Ziele mehrmals.

 Ist das Ziel für den Klienten selbst attraktiv? »Welche Ihrer Werte würden dadurch angesprochen werden? Was ist für Sie lohnend oder reizvoll daran?« Der Klient soll Gelegenheit haben, zwei wichtige Dinge zu überprüfen:

- Ist es wirklich sein Ziel und ist es vereinbar mit seinem tiefsten Wertesystem?
- Ist es für ihn selbst reizvoll und anspornend oder eher vom Typ »*Schön wäre es ja*« oder »*Ich sollte eigentlich*«?

 Ist das Ziel realistisch und selbst erreichbar? Wer Bundespräsident werden möchte, kann dieses Ziel als 70-jähriger Neuseeländer ohne deutsche Staatsangehörigkeit nicht erreichen. Dieses Ziel wäre unrealistisch. Jeder andere Klient, der dieses Ziel hat, ist gut beraten, wenn er sich zunächst Teilziele sucht: Kompetenzziele und Etappenziele. Wer von anderen wünscht, dass sie ihn »irgendwie« zum Bundeskanzler machen, hat Wünsche an die Welt, das Schicksal und an andere. Er muss lernen, sein Ziel selbstwirksam umzuformulieren, sich bei der Zielformulierung nichts von anderen zu wünschen!

 Ist das Ziel zeitlich gegliedert? Wer abnehmen möchte, sollte sich selbst klar machen, wann genau er damit anfangen will, welche Zwischenschritte und Etappen genau eingeplant sind, wann diese beendet sein werden und wann genau er sein Ziel erreicht haben wird. Dies gilt gleichermaßen für Kompetenzziele und Etappenziele.

 Ist das Ziel messbar und konkret? Wer etwas abnehmen möchte oder politisch einflussreich werden möchte, sagt sich selbst und anderen nichts darüber, wie viele Kilogramm er abspecken will oder welche Position im öffentlichen Leben er genau anstrebt. Formulieren Sie mit Ihren Klienten die Ziele so konkret wie möglich! Dies ist bei Zielen auf der Ebene des Verhaltens und der Fähigkeiten (Kompetenzziele) meist gut erreichbar. Wie misst man aber »ein gutes Verhältnis zum Chef«? Versuchen Sie hier zirkuläres Fragen und den Zugriff auf die Emotionen, die Ihr Klient haben wird, wenn das Ziel erreicht ist.

> »*Was würde(n) Ihre Ehefrau (Ihre Kollegen) an Ihnen feststellen, wenn das Ziel erreicht ist? Was würde man dann über Sie sagen, wie würde Ihr Chef dann auf Sie zugehen?*« »*Was würden Sie dann über sich selbst denken, und was würden Sie in sich spüren …?*«

 Ist das Ziel verträglich für die Welt des Klienten? Wenn der Partner eines dicken Menschen schlanke Körper nicht mag, wird es nach der Gewichtsreduktion Probleme in der Partnerschaft geben. Die eigene Taubenzucht kann der Bundeskanzler nicht mehr selbst pflegen, und er wird auch für die Familie kaum noch Zeit haben. Möchte und kann Ihr Klient die Konsequenzen tragen, die sein Ziel mit sich bringt? Hilfreiche Fragen könnten sein:

> *»Wenn Sie Ihr Ziel erreicht haben, wie wird sich das auf Ihre Familie auswirken?«*
> *»Was müssen Sie alles aufgeben oder verändern, wenn das Ziel erreicht ist?«* *»Können Sie noch derselbe sein, wenn das Ziel erreicht ist? Sind Sie mit der Änderung Ihrer Identität einverstanden?«* *»Wie wird sich der Weg zum Ziel auf die anderen Bereiche Ihres Lebens auswirken? Wollen Sie den Preis dafür zahlen? Gibt es Teile in Ihnen, die diesen Preis eigentlich nicht so gern zahlen möchten? Muss erst noch etwas anderes erledigt oder sichergestellt sein, bevor das Ziel erreicht werden darf?«*

 Wie fühlt sich die Welt im Ziel an? Nach der Zielarbeit bitten Sie Ihren Klienten, sich das Ziel vorzustellen, sich dort umzuschauen, wahrzunehmen, wie es dort ist, wie die Menschen schauen, welche Bilder auftauchen, wie es sich innerlich anfühlt, dort zu sein, was genau gespürt wird. Gehen Sie dann die sogenannten logischen Ebenen mit Ihrem Klienten durch (s. folgendes Kapitel »Persönlichkeit und Subjektivität«). Dieses Visualisieren und Fühlen im Ziel ist eine hilfreiche Hausaufgabe, die viele Klienten zum Ziel hinführt oder sie anzieht.

In einer Kurzzeitberatung gehen Coaches davon aus, dass der sogenannte »Öko-Check« (Frage: Ist das Ziel verträglich für die Welt des Klienten?) vom Klienten in wenigen Minuten mentaler Arbeit selbst gemacht werden kann und das Ziel dann »steht«. Der Öko-Check findet aber meist nur aus der Perspektive von wenigen inneren Rollenrepräsentanten oder Teilpersönlichkeiten statt. Außerdem kann ein Klient die Tragweite von Systemänderungen meist nicht so schnell erfassen oder er spart betriebsblind ganze Bereiche bei seiner Betrachtung aus. Als Coach sollten Sie sich daher nicht scheuen, an dieser Stelle Feedback und intensive Anregung zu geben! Jeder tief greifende Prozess braucht außerdem wenigstens einige Tage Zeit und sollte – nach alter Sitte – gut überschlafen werden!

Übung

Stellen Sie sich einen Fragenkatalog zusammen, anhand dessen Sie zukünftig Ihre Klienten durch die besprochenen acht Aspekte des guten Zielens führen möchten. Proben Sie dies anhand eines Ihrer eigenen Ziele zu Kompetenzen, Zwischenschritten und größeren Zielen.

Persönlichkeit und Subjektivität

Wissenschaftler und pragmatische Denker haben sich in den letzten Jahrzehnten Gedanken darüber gemacht, wie unsere Erkenntnisse, unser Wissen und unsere Fertigkeiten klassifiziert werden können. Manche der entworfenen Modelle sind einfach – und im Coaching brauchbar. Einige Modelle versuchen Auskunft darüber zu geben, wie aus unseren subjektiven Wahrnehmungen eine »Persönlichkeit« konstruiert wird.

Phasen der Kompetenzwahrnehmung

Was wir können oder (noch) nicht können kann in unserem Bewusstsein auf vier Weisen repräsentiert werden:

- *Unbewusste Inkompetenz:* Die Möglichkeiten, Fähigkeiten, Lernfelder und Einsichten sind unbekannt. Aber: Im Hinblick auf Unbekanntes oder Ausgeblendetes kann man sich nicht inkompetent fühlen.
- *Bewusste Inkompetenz:* Ein Lernfeld, Problem oder Kontext wird erkannt. Erforderliche und vorhandene Kompetenz werden verglichen, und eine erhebliche Differenz wird als bewusste Inkompetenz erlebt. Beispiel: Fahrkenntnisse vor dem Besuch der Fahrschule.
- *Bewusste Kompetenz:* Die Differenz zwischen erforderlichen und vorhandenen Fähigkeiten ist überwunden. Das Lernfeld oder der Zusammenhang sind bekannt und werden beherrscht, wenn auch noch mit bewusster Konzentration. Beispiel: Fahrkenntnisse nach gerade abgelegter Führerscheinprüfung. Eine Unterscheidung ist hier aber wichtig.
  - *Das subjektive Gefühl der Kompetenz* kann dennoch zu inadäquatem Verhalten führen: Wer von sich nur glaubt, etwas zu können, besteht gelegentlich die Praxisprüfung nicht. Dies wird gern verleugnet: *»Ich bin eine kompetente Führungspersönlichkeit. Anderen passieren Fehler, mir aber nie!«*
  - *Die bestätigte Kompetenz* wird nicht nur subjektiv angenommen oder geglaubt. Die Kompetenz lässt sich mit Fremd- und Selbstbeobachtung auch evaluieren.
- *Unbewusste Kompetenz:* Das adäquate Verhalten wird »automatisch« erbracht. Als Beispiel sei genannt: routiniertes Autofahren mit bewusster Konzentration auf andere Themen.

Übungsfragen

● Gibt es eine Führungsschwäche bei einem Ihrer Kollegen, die ihm jetzt noch völlig unbekannt oder nicht greifbar ist?

● Was kann er im genannten Kontext recht gut? Woher wissen Sie das? Was denken andere darüber? Sehen die das genauso?

● Wo stehen Sie bei der Wahrnehmung und Bewältigungsstrategie Ihrer Probleme im oben genannten Schema?

Die logischen Kategorien des Lernens und der Kommunikation

Diese Überschrift ist der Titel eines Aufsatzes von Gregory Bateson in seinem bekannten Buch »Die Ökologie des Geistes« (2001). Er entwirft darin vier Lernebenen, die ineinander übergehen.

 Umwelt: einfaches reflexähnliches Reiz-Reaktionsmuster. Beispiel: Die Wimpern werden angehaucht und schließen sich sofort.

 Verhalten: »Fähigkeit zur Kontextmarkierung«. Es existiert eine Wahlmöglichkeit. Ein Organismus kann erkennen, dass der gleiche Reiz in unterschiedlichen Zusammenhängen unterschiedliche Bedeutungen für ihn hat. Dies wird durch Versuch und Irrtum erkannt. Beispiel: Ein Lufthauch kann einmal Anlass sein, die Augen zu schließen, ein anderes Mal ist es besser, die Augen bewusst offen zu lassen. Dies wird aus dem Ergebnis des Verhaltens gelernt.

 Fähigkeiten und Glaube: Lerntransfer und Lernen lernen. Problemlösungsstrategien, Misserfolge und Fehlschläge können kreativ umgedeutet und auf andere Bereiche übertragen werden. Ereignisse werden auslösenden Ursachen zugeschrieben und spezifischen Zuständen zugeordnet. Verhalten wird nicht als falsch oder richtig gewertet, sondern als angemessen oder unangemessen in einem bestimmten Kontext erkannt. Beispiel: Wenn ihm im Meer die Tauchermaske davonschwimmt, lässt der Taucher trotz des brennenden Salzwassers die Augen offen, sucht die Maske und greift danach, wie er es in seiner Ausbildung gelernt und aus Einsicht erkannt hat.

 Spirituelle Neudefinition des Selbst: Hierbei handelt es sich um eine Lernebene, die nur mittelbar oder metaphorisch beschreibbar ist. Die Grenzen der Ich-Haftigkeit im Denken und Handeln sind dabei unwichtig geworden, beispielsweise in einer mystischen Erfahrung der Welt und des eigenen Seins oder in einem sogenannten »Gipfelerlebnis« nach Maslow: einem Moment, in dem man sich mit der Natur und dem Sein eins fühlt. (Diese Lernform ist zwar beschreibbar, rational aber kaum nachvollziehbar und wissenschaftlich schlecht messbar. Sie stellt den Versuch dar, die »spirituelle Ebene« unseres Seins auch innerhalb seiner Lerntheorie aufzugreifen.)

Übung

Sie können mit Ihren Klienten diese vier Ebenen auf jedes Problem, jede Wahrnehmung oder jedes Verhalten anwenden. Ein Beispiel, das Sie vielleicht noch aus Ihrer Jugendzeit nachvollziehen können: Die sechsjährige Juliane ist in Peter verliebt. Sie sieht, wie er vor dem Kino kurz ein anderes Mädchen küsst. Beschreiben Sie Julianes mögliches Verhalten, Denken (innerer Dialog) und Fühlen jeweils auf den vier genannten Ebenen.

Eine Anmerkung zur Methodenvielfalt: Sie brauchen für diese alltägliche Übung Empathie, Imagination, Erinnerung an eigene vergleichbare emotionale und kognitive Prozesse. Sie können eine kleine Zeitreise unternehmen, fühlen in sich hinein, hören und erspüren Ihren eigenen inneren Dialog und erleben das Gleiche aus der Perspektive eines anderen. Hierbei handelt es sich um *Kernkompetenzen für Berater.*

Die logischen Ebenen nach Dilts

Robert Dilts, einer der kreativsten Weiterentwickler des NLP, hat Batesons Konzept übernommen und für seine Beratung erweitert. Seine Idee ist in folgender Tabelle gekürzt und modifiziert aufgeführt. Die Kategorien dieser »logischen Ebenen« sind unter »logischen Gesichtspunkten« vielleicht etwas willkürlich gewählt. Daher ist diese Bezeichnung, die sich in Deutschland durchgesetzt hat, vielleicht unglücklich gewählt. Dilts ist ein Pragmatiker, und ihm geht es in erster Linie darum, *hilfreiche Kategorien* zu nennen, die im Coaching nützlich sind.

Die erste Ebene der *Umwelt* steht unten in der folgenden Tabelle (modifiziert nach Robert Dilts), von wo Sie sich langsam bis zur *Spiritualität* hinauffragen können.

Spiritualität und Sinnfindung	• **Worin** liegt für Sie der verborgene übergeordnete Sinn Ihres Tuns oder Ihrer Art zu sein? • Was sind Ihre Wurzeln im Glauben?
Identität und Zugehörigkeit	• **Wer** sind Sie im Inneren, wenn Sie so handeln? • Wie sehen Sie andere? • Wo stehen Sie dann in diesem System oder der Welt?
Glauben und Werte	• **Warum** tun Sie das Ihrer Meinung nach? • Warum soll man das tun? Was motiviert Sie? • Was denken und glauben Sie darüber?
Fähigkeiten und Wissen	• **Welche** Ressourcen stützen Sie? • Was müssen Sie dazu wissen und können? • Welche Strategien haben Sie?
Verhalten	• **Was** genau tun Sie dort? • Was sind Ihre Handlungen und Aktionen?
Umgebung und äußerer Kontext	• **Wo** stehen Sie gerade? Wo leben Sie, wo arbeiten Sie? • Was passiert (sinnlich wahrnehmbar)?

Die Fragen zu den genannten »logischen Ebenen« können dem Beratungsthema angepasst und modifiziert werden. Die Frageebene der Spiritualität setzt einen guten Rapport voraus, auf den sich viele Klienten nur einlassen, wenn keine hinderlichen Glaubenssätze vorliegen. Wer von sich denkt: »Ich bin ein knallharter Geschäftsmann, der mit Esoterik und religiösem Gefasel nichts am Hut hat«, der wird über entsprechende Fragen verwundert sein und mit Abwehr reagieren: »Religiöses gehört nicht ins Coaching!«

Das Konzept hat zudem eine kleine Schwäche: Wir antworten auf die Fragen meist nicht als ganze Person, sondern aus der mentalen Grundeinstellung der angesprochenen sozialen Rolle, die wir ausfüllen. Zum Beispiel des Managers, Vorstandes, Familienmitgliedes. Es ist daher hilfreich, den Klienten anzuregen, aus den Perspektiven seiner unterschiedlichen Rollen zu antworten.

Übungsfragen

- Welches Ziel haben Sie sich mittelfristig gesteckt?
- Wie stehen Ihre anderen sozialen Rollen dazu?

Hinterfragen Sie dieses Ziel auf den verschiedenen logischen Ebenen.

Hierarchien der Wirklichkeit

Da wir aus der Fülle von Informationen nur Bruchteile wahrnehmen können, bilden wir logische Kategorien, in die wir Wahrnehmungen und Begriffe einordnen. Jede dieser *Hierarchiestufen* gehört in unserer inneren Welt wieder zu einem übergeordneten Schema. Dazu zwei Beispiele, die Sie in ähnlicher Weise bereits aus der Schule kennen:

Universum – Milchstraße – Sonnensystem – Erde – Europa – Deutschland – Lippe – Lemgo – Schloss Brake.

Leben – Tiere – Wirbeltiere – Säugetiere – Primaten – Menschen.

Auch in unserem Alltagsleben, in unserem Denken und in unserer Sprache bewegen wir uns ständig auf unterschiedlichen Stufen oder Kategorien. Die höhere Stufe umfasst jeweils die darunter liegenden und ist ihre Generalisierung. Dazu ein Beispiel:

Aussage A: »Dass er mich immer kritisiert, nimmt mir jede Motivation.«
Aussage B: »Die Art, wie er mit mir kommuniziert, hat negative Folgen.«

Die Aussage *B* ist eine Generalisierung von *A* und schließt sie mit ein. Es handelt sich um eine allgemeinere Kategorie. Würden Sie erfragen, wie genau der Gesprächspartner im Beispiel *A* kritisiert (Worte, Gesten und Tonfall) und wie genau der Klient spürt, dass er Motivation verliert, dann kämen Sie zu einer spezielleren oder tieferen Kategorie.

> ### Übung
>
> Bilden Sie zum Begriff »Auto« Verallgemeinerungen (zum Beispiel »bewegter Gegenstand«), Begriffe auf dem gleichen Niveau (zum Beispiel »Schiff«), Spezifizierungen (zum Beispiel »Cabrio«).

Vielleicht fragen Sie Ihren Klienten nach der Bedeutung von Verhalten, Problemen oder Zielen – und sind dann überrascht, dass die Antwort Sie nicht weiterführt. Häufig liegt das daran, dass der Klient mit seiner Antwort nicht auf eine höhere Hierarchiestufe gestiegen ist, wie Sie das eigentlich beabsichtigt haben (ohne das bisher so erkannt oder benannt zu haben). Überprüfen Sie bei jeder Frage, die Sie stellen, und bei jeder Antwort des Klienten, auf welche Stufe Sie wechseln möchten:

- Generalisierung,
- gleiches Niveau,
- Spezifizierung.

Wer war ich damals?

Wenn Sie die Comics oder Bilderbücher in die Hand nehmen, die Sie als Kind gelesen haben, erinnern Sie sich und fühlen den Zauber der Kindheit. Wenn Sie Ihre eigenen Kinderfotos anschauen und über den Grund nachdenken, warum dieses Kind dort auf den Fotos lächelt (oder nicht?), wen betrachten Sie dann? Wenn Sie ein altes Poesiealbum durchblättern oder an die Gedanken, Meinungen, Vorlieben, Vereine, Aktivitäten denken, die Sie jetzt schon nicht mehr teilen oder die Sie verlassen haben und die nicht mehr in Ihr jetziges Leben passen, dann denken Sie über einen Menschen nach, der Sie nicht mehr sind.

Mithilfe unseres sozialen Umfeldes, mit Dokumenten und Zeugenaussagen haben wir uns eine subjektive Identität über all die Jahre bewahrt. Wenn wir aber nach innen schauen und uns fragen, wer wir sind, was unsere Einzigartigkeit ausmacht, dann sind wir auf spekulative Schlussfolgerungen angewiesen.

Seit unserer Kindheit hat sich viel verändert, einiges an charakteristischen Verhaltensweisen ist aber in bestimmten Situationen unverändert erkennbar. Außerdem haben wir die Fähigkeit, Gefühle, Bilder, Erinnerungen und die Art und Weise des Denkens aus unserer Vergangenheit zu reaktivieren – bis in die frühe Kindheit zurück. Diese kindlichen Gefühle, Vorstellungen und Einstellungen über die Zusammenhänge der Welt existieren immer noch in uns. Damit sind wir im Laufe der Zeit eigentlich eine Verkettung mehrerer Persönlichkeiten geworden.

Das komplexe Zusammenwirken von Eigenschaften des inneren und äußeren Verhaltens bestimmt unsere Persönlichkeit und bildet die Bausteine und die Quelle unserer Individualität und Identität. Niemand kann für sich festhalten, was das Ich in ihm eigentlich ist oder was es war.

Was wissen wir über andere?

Schon als Kind konnten Sie einige Menschen »riechen«, andere nicht: In wenigen Sekunden konnten Sie schon damals vermeintlich unterscheiden, wie jemand anderes wohl sei. Das Verhalten dieser Menschen haben Sie selbstverständlich durch deren Wesen erklärt – Ihr eigenes Verhalten allerdings war nur von den Umständen und der spezifischen Situation abhängig gewesen. Vermutlich ist das bei Ihnen auch heute noch so?

> ### Übung
>
> Nehmen Sie sich einmal die Zeit, einige Fragen nach innen zu stellen und genau auf die Bilder zu schauen und die Worte wahrzunehmen, die dort erscheinen: Denken Sie an jemanden, dem Sie wirklich vertrauen, an einen guten Menschen in Ihrem Leben. Welche Bilder, welche Vorstellungen oder welche Worte über diesen Menschen kommen Ihnen da in den Sinn?

Vermutlich werden Sie diese Person »gesehen«, die Körperhaltung und die Mimik in Ihrem »inneren Kino« wahrgenommen haben. Vielleicht tauchten auch Attribute auf wie Zuverlässigkeit und Warmherzigkeit. Damit ist ein subjektives Konstrukt der Persönlichkeit dieses Menschen für Sie erst einmal stimmig abgeschlossen.

Diese »magere« Ausbeute an Informationen würde anderen allerdings nicht deutlich machen, warum dieser Mensch besonders vertrauenswürdig ist. Scheinbar gibt es also tiefere Ebenen des subjektiven Wissens über Persönlichkeit.

Verzerrungen der Persönlichkeitswahrnehmung

Jeder trägt ein unbewusstes Konzept zu seiner Persönlichkeit und seinen Beziehungen zur Außenwelt in sich. Diese innere Konstruktion der Wirklichkeit setzt sich aus unbewussten Bildern, Sätzen, Überzeugungen und verinnerlichten Beziehungserfahrungen zusammen. Diese Konzepte ermutigen uns, Lücken der äußeren Wahrnehmung kreativ zu füllen, das Erlebte für uns stimmig umzuformen und entsprechend der bekannten, internalisierten und erwarteten Muster zu verzerren. Wir unterschätzen dabei auch die vielen subtilen Einflüsse, die erwünschtes Verhalten begünstigen, wie beispielsweise den Drang zur sozialen Konformität.

Wir selbst sorgen häufig heimlich dafür, dass Situationen für unser Verhalten stimmig sind, oder beeinflussen das Verhalten anderer in unserem Sinne. Das erhöht unseren Glauben an die Konsistenz unserer Persönlichkeit.

Wir sind außerdem in der Lage, uns in unserem Verhalten, unserem Denken und unserer Werthaltung in soziale Gefüge einzupassen und durch die Konsistenz dieser Eigenschaften unsere Identität zu definieren.

> Daraus ergibt sich eine banale Wahrheit: Wenn alles so ist, wie wir es erwarten, sind wir, wer wir zu sein glauben.

Unsere Beobachtungsgabe ist in Bezug auf die Wahrnehmung von anderen Menschen sehr begrenzt. Oft gewinnen wir unsere Informationen nicht aus der Wahrnehmung von Handlungen, sondern aus den Berichten über diese Handlungen: »Hast du schon gehört, Herr Meyer hat gestern doch ...!«

Unbewusste kognitive Verzerrungen

Die kognitiven Verzerrungen der Persönlichkeitswahrnehmung werden noch komplexer, wenn unbewusste Prozesse die Wahrnehmung und das Denken verformen. Dies geschieht beispielsweise durch unbewusste psychodynamische Prozesse, durch unbewusste Mechanismen der Abwehr und durch andere unbewusste Vorgänge wie Übertragung und Gegenübertragung. Dies wurde größtenteils von Sigmund Freud entdeckt und beschrieben. Freuds Vorstellungen von unbewussten kreativen Leistungen wurden später von anderen Psychoanalytikern ergänzt und verändert. Dass wir diese unbewussten Strategien heute als »kreative Leistungen« (Ressourcen!) betrachten und nicht nur als ein behandlungs- oder beratungstechnisches Problem, entspricht dem Menschenbild, welches wir in der modernen Psychotherapie finden. Auch in einer neueren psychoanalytischen Sichtweise finden wir also Überschneidungen mit dem Menschenbild anderer Theorien.

Einige dieser unbewussten Mechanismen haben wir im Folgenden verkürzt dargestellt.

- *Kompensation:* die Überbetonung eines Charakterzuges, zur Verhüllung einer ungeliebten, nicht bewusst wahrgenommenen Schwäche.
- *Verleugnung:* die unbewusste Weigerung, eine unangenehme Wahrnehmung oder Wirklichkeit zu registrieren.
- *Verschiebung:* die Verlagerung von aufgestauten – meist feindseligen – Gefühlen auf »Objekte«, die diese Gefühle zwar nicht erzeugt haben, aber deutlich ungefährlicher sind.
- *Sozio-emotionale Isolierung:* das Vermeiden ängstigender Erfahrungen durch Isolierung oder durch Passivität in den entsprechenden Lebensbereichen.

- *Fantasie:* Frustrierte Wünsche werden in Tagträumen befriedigt. Über die positive Kraft der Fantasie erfahren wir später mehr.
- *Introjektion:* Äußere bedrohende Werte oder Grundhaltungen werden in die eigene Persönlichkeit aufgenommen (»als wäre es meins«), damit sie nicht mehr als Bedrohung von außen wahrgenommen werden. Beispiel: Täter-Introjektion bei Gewaltopfern.
- *Isolierung oder Kompartmentbildung:* Emotionale Regungen werden von angstbeladenen Situationen abgetrennt oder »unlogisch« straff und unzusammenhängend zergliedert.
- *Projektion:* Eigene verborgen erlebte Unzulänglichkeiten oder vermeintlich unmoralische Wünsche werden auf jemand anderen übertragen (»Man sieht seinen eigenen Balken oder den eigenen Schatten nicht mehr«). Dies ist eine häufige Abwehrform.
- *Rationalisierung:* der illusionäre Glauben, das eigene Verhalten sei verstandesmäßig erklärbar. Unbewusste Regungen, Werte, Glaubenssätze werden verleugnet. Stattdessen werden situative, scheinbar »auf der Hand liegende« Erklärungen für das eigene Verhalten geäußert.
- *Reaktionsbildung:* Angstbehaftete Regungen werden nicht wahrgenommen, indem gegenteilige Verhaltensweisen überbetont werden.
- *Regression:* der Rückgriff auf frühere, meist kindliche, kognitive und emotionale Strategien.
- *Verdrängung:* Unerwünschte Bilder, Gedanken, Impulse werden un- oder vorbewusst gehalten.
- *Sublimierung:* die Verschiebung der körperlichen oder sexuellen Befriedigungen in soziokulturelle Aktivitäten – wie Kunst, Wissenschaft und Kultur.
- *Ungeschehen machen:* Wiedergutmachungen und Sühnewünsche oder Aktivitäten, um unmoralische Impulse oder Handlungen »reinzuwaschen«.
- *Übertragung:* Klienten übertragen unbewusst Beziehungserfahrungen aus ihrer Primärfamilie (zum Beispiel Ängste, Wünsche, Sehnsüchte, Befürchtungen, Einstellungen) in die Beratungssituation. Sie haben dann eine verzerrte Wahrnehmung vom Berater und der Beratungssituation. Diese Verzerrung dient auch der Abwehr unbewusster Konflikte.
- *Gegenübertragung:* Hierunter versteht man einerseits Gefühle, Gedanken und Fantasien, die ein Berater aufgrund der Übertragung eines Klienten entwickelt. So, als hätte der Klient diese dem Berater übergeben, um sie nicht selbst wahrnehmen zu müssen. So kann ein Berater zum Beispiel plötzlich Zorn verspüren, während der Klient diese abwehrt. Zudem nennt man Gegenübertragung auch alle Fantasien, Gedanken und Handlungsimpulse, die im Berater innerhalb der Beratungssituation entstehen. Zum Teil dürfte dies auf unbewusste Motive, Sehnsüchte, Ängste und Einstellungen zurückgehen, die in der Person des Beraters oder in der interpersonellen Beratungsbeziehung selbst begründet sind. Die Gegenübertragung kann in die folgenden zwei Typen unterteilt werden:

– *Konkordante Identifizierung:* Der Berater erlebt die Gefühle, wie sie der Klient gerade erlebt oder erleben würde, wenn ihm seine Gefühle bewusst wären.
– *Komplementäre Identifizierung:* Der Berater erlebt die Gefühle, Gedanken, Fantasien, die ein Übertragungsobjekt des Klienten dem Klienten gegenüber in seiner unbewussten Erinnerung gefühlt hat. Der Berater empfindet dann beispielsweise gegenüber dem Klienten also so wie die Mutter oder der Vater des Klienten.

Übung

Finden Sie für jeden der genannten tiefenpsychologischen Mechanismen drei Beispiele aus Ihrem eigenen Leben: länger zurückliegend, vor einiger Zeit, neulich. Bedenken Sie dabei, dass »Abwehr« nicht negativ oder schlecht ist: Es handelt sich um gut gemeinte Funktionen Ihres Geistes, die für ein inneres Gleichgewicht und Ich-Stabilität Sorge tragen!

Es ist wichtig, dass Sie weder sich selbst noch andere mit dem Offenlegen von angeblichen Abwehrmechanismen entlarven. Abwehrmechanismen sind nur Modelle eines geistigen Verarbeitungsprozesses. Jedes Modell stellt eine kontextgebundene Konstruktion unseres Geistes dar. Es ist hilfreich, erklärt aber nicht die Realität! Sehen Sie solche Konstruktionen einfach als Hilfe an, mit der Sie sich selbst besser kennen lernen können.

Übungsfragen

Wann immer Sie meinen, die eigene oder eine andere Persönlichkeit zu kennen, stellen Sie sich bitte die Fragen:

- Ist das wirklich so?
- Welches Verhalten habe ich beobachtet?
- Was ist meine Interpretation?
- Was waren dabei meine Emotionen?
- Was könnten äußere Umstände sein, die zu diesem Verhalten geführt haben?
- Wieso schließe ich aus dem Verhalten auf eine Persönlichkeit?

The Big Five:
das Fünf-Faktoren-Modell der Persönlichkeitseigenschaften

Die Klassifikationsmöglichkeiten von Eigenschaften und Typen sind beliebig vielfältig. Hilfreich, um eigene innere Suchprozesse anzustoßen, sind meist die einfacheren Modelle, die fünf bis neun Kategorien aufweisen. Die »großen Fünf« (nach Costa, McCrae, Digmann) ersetzen nicht die Vielzahl anderer Eigenschaftsbegriffe, sie erlauben aber eine kurze Beschreibung auf fünf wichtigen Ebenen:

- *Extraversion – Introversion:* gesprächig, energiegeladen, bestimmt versus ruhig, reserviert, schüchtern.
- *Verlässlichkeit – Unberechenbarkeit:* verlässlich, freundlich, zugewandt, mitfühlend versus kalt, streitsüchtig, unbarmherzig.
- *Gewissenhaftigkeit – Leichtfertigkeit:* gut vorbereitet und hervorragend organisiert, verantwortungsbewusst, umsichtig versus sorglos, verantwortungslos, leichtfertig, ohne Übersicht.
- *Emotionale Stabilität – Labilität:* stabil, in sich ruhend, ruhig, zufrieden, freundlich, rücksichtsvoll, ausgeglichen, besorgt versus labil, launenhaft, unausgeglichen, aggressiv, antisozial.
- *Offenheit für Erfahrungen – Unbeweglichkeit:* kreativ, intellektuell, neugierig, informiert, interessiert versus einfach, oberflächlich, unintelligent, wenig informiert und interessiert.

Übung

Klassifizieren Sie anhand der *Big Five* sich selbst, einen Vorgesetzten oder eine Respektsperson, Ihren Partner oder einen nahen Menschen.

Eysencks Persönlichkeitszirkel: der Enneagrammprototyp

Eine weitere frühe Klassifizierungsmöglichkeit stellt Eysenck in seinem Persönlichkeitszirkel vor. Von den Big Five und von Eysencks Modell sind zahlreiche sogenannte Enneagrammtypen oder Polaritätsmodelle abgeleitet worden. Diese sind in Selbsterfahrungskursen und Trainings in der Wirtschaft sehr beliebt. Eysenck entwirft die Gegensätzlichkeiten:

- *stabil – instabil* und
- *introvertiert – extravertiert*

Er fügt in dieses Polarisierungsschema zahlreiche weitere Persönlichkeitsmerkmale ein: ruhig, ausgeglichen, zuverlässig, kontrolliert, friedlich, bedächtig, sorgfältig, pas-

Übung

Aus einem Managementseminar stammt folgende Übung: Zeichnen Sie einen Kreis: Bei zwölf Uhr steht *instabil*, bei sechs Uhr steht *stabil*, bei neun Uhr *introvertiert*, bei drei Uhr *extravertiert*. Ordnen Sie die oben genannten Begriffe diesem Kreis zu. Jeder Begriff hat einen »stimmigen« Platz bei einer »Uhrzeit«. Vergleichen Sie Ihr Ergebnis mit dem einer anderen Person.

siv, ungesellig, reserviert, pessimistisch, nüchtern, rigide, ängstlich, launisch, empfindlich, unruhig, aggressiv, erregbar, wechselhaft, optimistisch, impulsiv, aktiv, gesellig, kontaktfreudig, gesprächig, aufgeschlossen, locker, lebhaft, sorglos und noch vieles mehr.

Weitere Modelle der Persönlichkeitsbeschreibung lernen Sie im Folgenden noch kennen. Sie alle eignen sich als Gedankenanregung und beschreiben Grundeigenschaften in allgemeinen oder in vorgegebenen Situationen. Sie liefern aber keine universale Theorie der Persönlichkeit und beschreiben nur Verhaltenstendenzen oder Grundeinstellungen.

Kognitive Persönlichkeitstheorien

George Kelly (1955), sein Schüler Walter Mischel (1982) und später Albrecht Bandura (1986) haben mit ihren *Modellen der persönlichen Konstrukte* und der *sozialkognitiven Persönlichkeitstheorie* wichtige neue Impulse für das Denken über unser Selbst gegeben. In der Psychotherapie, Linguistik und anderen Kognitionswissenschaften gab es parallele Theoriebildungen, die sich gegenseitig befruchtet haben. Die folgenden Kernpunkte dieser Gedankengebäude können für das Weltbild eines Coachs und eines Klienten hilfreich sei.

● *Wieso bilden wir persönliche Konstrukte?* Wir bilden persönliche Konstrukte in dem Bestreben, die Welt um uns herum und unsere interpersonalen Wirklichkeiten zu erkennen und vorhersagen zu können. Dabei handelt es sich um bewusste und unbewusste Überzeugungen darüber, wie sich Dinge gleichen und unterscheiden. Dieses innere Glaubens- und Überzeugungssystem legt fest, wie wir in bestimmten Situationen denken, fühlen und handeln. Das gesamte System der persönlichen Konstrukte bildet die Persönlichkeit eines Menschen.
● *Wann ist ein Modell nützlich?* Die Modellbildung der Wissenschaft ist eine Metapher für den Realitätsanspruch der persönlichen Konstrukte (Modellkonstrukte). Die Prüfung des Modells ist der Nachweis seines Nutzens in bestimmten Zusammenhängen: Wenn ein Modell in bestimmten Kontexten von geringem Nutzen ist oder dort keine Vorhersagen erlaubt, sollte man sich um die Konstruktion neuer, angemessener Modelle bemühen.
● *Unsere Konstrukte sind veränderbar.* Wenn die Ereignisse in unserer Vergangenheit selbst nicht mehr veränderbar sind, so sind sie zumindest offen für vielfältige Interpretationen oder alternative Deutungen. Unsere Weltsicht, unsere tiefen Überzeugungen, Begrenzungen und unsere Vergangenheit sind demnach mental veränderbar.

Wir gestalten aktiv die kognitive Organisation unserer Interaktionen und der Umgebung. Dabei sind folgende Variablen von Bedeutung (modifiziert nach Mischels):

- *Kompetenzen:* das Wissen, die (emotionale) Intelligenz und die Fähigkeiten eines Menschen, um bestimmte Verhaltensresultate oder Kognitionen zu erzeugen.
- *Strategien der Enkodierung:* die Art und Weise, wie Informationen aus der Umwelt durch selektive Wahrnehmung gefiltert, klassifiziert und kategorisiert werden.
- *Erwartungen:* die Art und das Ausmaß von Antizipationen über wahrscheinliche Ergebnisse von Handlungen oder Ereignissen.
- *Persönliches Wertesystem:* die Bedeutung, die Reizen, Ereignissen, Menschen, Aktivitäten zugeordnet wird.
- *Vision und Evaluation:* die Zielbildungen, Regeln und Steuerungen des Verhaltens einer Person. Wie bewertet sie ihren kontextgebundenen Erfolg und ihre Effektivität?

Übung

Hat einer Ihrer Bekannten ein kleines berufliches Problem? Fragen Sie ihn nach den genannten Variablen. Notieren Sie sich die Aussagen. Diese kleine Bestandsaufnahme kann in den Fragenkatalog zu den Aspekten »Problem-Ziel-Ressource« (s. S. 122ff.) gut integriert werden.

Persönlichkeit entsteht durch Feedback

Das Verhalten wird vom Wechselspiel der konstruierten Persönlichkeit, dem inneren und äußeren Verhalten und der Umwelt beeinflusst (Bandura). Wichtige Persönlichkeitsanteile erhalten so aus der Umwelt Rückmeldungen, die wiederum die Persönlichkeit verändern können: Der Fachbegriff dafür ist *reziproker kybernetischer Determinismus*. Diese Rückmeldung kann auch über die Beobachtung einer anderen Modellperson geschehen: Durch die Identifizierung mit deren Handlungs- oder Denkmodell können wir von ihr lernen. Diese Lernerfahrung kann sich bis in die Persönlichkeit auswirken, sie bleibt also nicht nur auf der Verhaltensebene als bloße Nachahmung stehen (Beobachtungslernen am Modell). Von großem Einfluss ist nach Bandura die Wahrnehmung der Selbstwirksamkeit.

Die Selbstwirksamkeit als Barometer unserer Zuversicht

Selbstwirksamkeit (engl. self-efficacy) ist die Überzeugung, in einer bestimmten Situation eine vorhersehbare adäquate Leistung erbringen zu können. Dieses Gefühl der subjektiven Kompetenz beeinflusst unsere Wahrnehmungsfilter, unser Wertesystem und die Motivation auf komplexe Weise. Die Beurteilung der Selbstwirksamkeit ist sowohl abhängig von der tatsächlich erbrachten Leistung als auch von folgenden Faktoren:

- der beobachteten Leistung anderer in Bezug auf die Aufgabe.
- den Überzeugungen, die wir bezüglich der Aufgabe von anderen angenommen oder uns selbst gebildet haben. Was sagte man in unserer Familie darüber? Was sagt man in der Firma dazu?
- der Wahrnehmung unserer inneren Zustände, während wir an die Aufgabe denken oder uns dieser nähern: Haben wir ein gutes Gefühl oder eher Magendruck?

Übungsfragen

- Haben Sie ein konkretes Ziel oder eine Aufgabe in der näheren Zukunft? Wie setzen andere das um? Was haben Sie diesbezüglich schont gesehen und erlebt?
- Was sind Ihre Überzeugungen und Gedanken über Sinn und Wert dieses Zieles?
- Was nehmen Sie bei sich als Gefühl (nicht Gedanken!) wahr, wenn Sie an die Aufgabe oder das Ziel denken?

Hemisphärenmodell: rechtes Hirn, linkes Hirn

C.G. Jung meinte, man müsse alle Aspekte des bewussten und unbewussten Lebens integrieren und akzeptieren, um sein Selbst voll entfalten zu können. Das ist schwierig, weil wir mit unserer Kognition nur Zugang zu einem Teil unserer Wirklichkeit haben. Verschiedene Techniken erlauben einen ganzheitlichen Zugang zu den emotionalen Anteilen unserer Persönlichkeit. Dies kann geschehen durch freie Assoziation (Psychoanalyse), durch Imaginationsverfahren (Meditation, moderne kooperative Hypnose), körperbetontes Arbeiten und viele andere Methoden. Andere Beratungsschulen legen mehr Gewicht auf Interaktionen und nicht so sehr auf »die volle Entfaltung oder Integration«.

Meist wird ein vereinfachtes Hemisphärenmodell des Gehirns angeführt, wenn es darum geht, das Denken und Imaginieren zu betrachten: Rechts und Links sind dann Metaphern für Emotion und Kreativität auf der einen Seite sowie Logik und Kognition auf der anderen Seite.

- *Rechte Gehirnhälfte:* Sitz von Emotion, vorsprachlichem Denken, künstlerisch-holistischem Denken, Kreativität.
- *Linke Gehirnhälfte:* Sitz der Kognition, der Logik, der bewussten Gedanken.

Wichtige Informationen über unser Selbstkonzept erhalten wir auch aus unseren sozialen Interaktionen. Ohne Austausch mit anderen Menschen ist die Konsistenz und Stabilität unseres Selbstbildes gefährdet und kann zerfallen (Robinson-Syndrom).

In einem bekannten amerikanischen Film muss Tom Hanks ganz allein auf einer einsamen Insel überleben. Er wählt sich als Interaktionspartner einen Basketball, dem er mit seinem eigenen Blut ein Gesicht aufmalt.

Übungsfragen

Fragen Sie bitte sich oder einen Übungspartner, welche Interaktionsformen das Selbstkonzept stützen und fördern:

- Welche Interaktionspartner wählen Sie mehr oder weniger bewusst aus, damit Sie der sein können, der Sie sind?
- Welche Situationen oder Spielregeln schaffen Sie in Ihrem Umfeld, damit Sie Ihr Selbstkonzept ohne Änderung aufrechterhalten können?
- Was würde mit Ihrem Selbstbild und Ihrer Identität geschehen, wenn Sie nicht auf diesen Spielregeln bestehen würden?

Finden Sie weitere Fragen für den selbst bemalten Basketball! Sicher werden die Antworten auf die Fragen nur einen kleinen Ausschnitt möglicher Aspekte erfassen, da wir unser Umfeld, unsere interpersonellen Erfahrungen und Wahrnehmungen im Wesentlichen unbewusst inszenieren.

Das Multimind-Konzept

Abhängig von unseren inneren Zuständen und den Ereignissen in unserer Umwelt entscheiden wir uns einmal so und ein anderes Mal anders: Gelegentlich handeln wir auf eine Weise, die wir Tage später nicht mehr mit unserer Persönlichkeit vereinbaren können. Zwar bemühen wir uns durch allerlei mentale Kunstgriffe, die äußeren Umstände dafür verantwortlich zu machen, merken aber selbst manchmal, dass diese Versuche ungenügend sind.

Wie kommt diese Inkonsistenz des Verhaltens oder der Persönlichkeit zustande? Warum wirken wir auf uns selbst sprunghaft oder unvorhersehbar? Neben vielen psychodynamischen Erklärungsmodellen ist das Multimind-Konzept hier hilfreich (Dilts, Ornstein).

Das Multimind-Konzept

Wir rühren in vielen Töpfen, die verschiedenen Bereichen zugeordnet sind: in den vielfältigen sozialen Rollen der Familie, des Berufes, im Verein und vieles mehr. Dort gibt es eigene Regeln des Denkens, der Sprache, der Selbstdefinition, der hierarchischen Einstufung. Jede dieser Rollen hat differierende Wertkonstellationen, unterschiedliche Ziele und Motive. Häufig sind unterschiedliche Bereiche angesprochen: unser Können oder Wissen, unsere Leistung, unsere Zugehörigkeit, unsere Identität, unsere spirituelle Sinnfindung. So können innerhalb der gleichen Situation verschiedene mentale Konstellationen oder innere Rollen aktiviert oder präsent sein. Die Repräsentanten dieser Rollen – unsere inneren Anteile – entstammen meist auch unterschiedlichen Phasen unseres Lebens.

Das Teilekonzept ist nicht neu: Ähnliche Konzepte existierten bereits in frühen Kulturen. In der Literatur und der psychologischen Theorie des letzten Jahrhunderts nahm es zunehmend mehr Raum ein:

>*»Denn es ist ein, wie es scheint, eingeborenes und völlig zwanghaft wirkendes Bedürfnis aller Menschen, dass jeder sein Ich als eine Einheit sich vorstelle. Mag dieser Wahn noch so oft, noch so schwer erschüttert werden, er heilt stets wieder zusammen.«*
(Hesse, 1927)

Jung beschrieb 1935 sein Konzept der Komplexe: »*Ein Komplex hat die Tendenz, eine kleine eigene Persönlichkeit zu bilden. Er hat eine Art Körper, einen gewissen Grad an Physiologie. Er kann den Magen belasten, er bringt den Atem durcheinander, er beeinflusst das Herz – kurz, er benimmt sich wie eine Teilpersönlichkeit. Ich bin der Ansicht, dass unser persönliches Unbewusstes ebenso wie das kollektive Unbewusste aus einer unbestimmten, da unbekannten, Anzahl von Komplexen oder fragmentarischen Persönlichkeiten besteht.«*

Eine ausführliche Geschichte der Multiplizität der Psyche hat Rowan in seinem Buch »Subpersonalities« (Rowan, J.: Subpersonalities: The people inside us. London: Routledge, 1990) zusammengetragen. Bekannte Therapie- und Beratungsansätze in der Arbeit mit inneren Teilen sind außerdem:

- der »Voice Dialogue« (Stone/Winkelmann, 1985), eine Ableitung des jungschen Konzeptes;
- die »Ego State Therapy« der Hypnotherapie (John und Helen Watkins, 1982);
- das »Six-Step-Reframing« (Sechs-Schritte-Umdeutung) des NLP (Cameron-Bandler, 1978);
- die »Internal Family Systems Therapy« (Richard C. Schwartz, 1995) (deutsch: Richard. C. Schwartz: Systemische Therapie mit der inneren Familie, Pfeiffer, Stuttgart, 1997).

Das *Six-Step-Reframing* möchten wir Ihnen kurz vorstellen, da es »kochbuchartig« aufbereitet ist und daher sehr illustrativ ist. Die »Sechs-Schritte-Umdeutung« des Neurolinguistischen Programmierens (NLP) ist sehr strukturiert – viele meinen, es sei zu mechanistisch. Es soll Ihnen hier als ein Beispiel für eine mögliche »Teilearbeit« dienen:

 Erster Schritt: Es wird ein störendes Symptom identifiziert, das der Klient aufgeben möchte. Es kann sich dabei um ein Verhalten, ein Körpersymptom, eine innere Stimme oder anderes handeln, beispielsweise Schüchternheit, Herzklopfen, Selbstkritik. Wünsche oder unklare Ziele sind für diese Art der Teilearbeit nicht geeignet. Der Klient wird angeleitet, das Symptom möglichst exakt zu benennen und die Auswirkungen des Symptoms noch einmal in allen Sinnesmodalitäten nachzuempfinden. Anschließend wird ein fiktiver mentaler Teil konstruiert, dem die Verantwortung für das störende Verhalten zugeschrieben wird. Er habe das Verhalten ohne die Zustimmung des Bewusstseins hervorgerufen.

 Zweiter Schritt: Nun wird mit dem Symptomteil Kontakt aufgenommen. Da dieser Symptomteil als unbewusst angesehen wird, fragen Klient und Berater ihn, ob er bereit sei, mit dem Bewusstsein zusammenzuarbeiten: »Bist du bereit, mit dem Bewusstsein auf eine neue und interessante Weise zusammenzuarbeiten und zu verhandeln?« Der Kontakt mit dem Teil wird durch ein inneres Signal hergestellt. Er wird gebeten, mit »Ja« oder »Nein« zu antworten. Kommt ein Ja-Signal, geht die Arbeit weiter.

 Dritter Schritt: Der Symptomteil wird nach seiner guten Absicht gefragt. Durch diese Frage werden Verhalten und Intention getrennt: »Was willst du für das Gesamtsystem erreichen? Was ist deine positive Absicht, wenn du das Symptom produzierst?« Wichtig ist eine respektvolle Haltung dem Teil gegenüber. Seine Absicht wird gewürdigt, auch, wenn wir diese Absicht bewusst nicht verstehen. Der Teil wird respektvoll gefragt, ob er während der Arbeit bereit sei, mit einem weiteren Teil Kontakt aufzunehmen, um neue Ideen oder Möglichkeiten zu sammeln, um festzustellen, auf welche andere Weise diese positive Absicht auch noch umgesetzt werden könnte.

 Vierter Schritt: Eine weitere Subpersonalität wird konstruiert: der kreative Teil. Hierfür gibt es zwei Möglichkeiten:

- Der Klient kann in einen »kreativen Zustand« gehen, indem er sich an eine Situation erinnert, in der er kreativ und flexibel gehandelt hat. Diesen Zustand, sich in einer Situation zu *erleben,* nennt man *assoziiert.*
- Er kann *dissoziiert* mit diesem Teil kommunizieren, indem wir das Ich des Klienten bitten, die Kommunikation mit diesem Teil zu führen. Der Klient erlebt sich dann nicht in einer Situation, sondern beobachtet lediglich die Kommunikation über Kreativität.

In einer Variante des Six-Step kommuniziert der Symptomteil im Unbewussten direkt mit dem kreativen Teil. Der kreative Teil wird gefragt, welche anderen Möglichkeiten es gäbe, die positive Absicht des Symptomteils umzusetzen. Nun wird der Symptomteil gefragt, ob er bereit sei, die neuen Verhaltensweisen dem Bewusstsein mitzuteilen und das neue Verhalten – vielleicht nur für einige Zeit – auszuprobieren.

 Fünfter Schritt: Andere Teile werden nach ihrem »Okay« gefragt. Der Klient fragt sein Inneres, ob andere Teile Einwände haben, ob sie durch das neue Verhalten gefährdet sind oder ihren Aufgaben nicht mehr nachkommen könnten, wenn das alte Verhalten durch das neue ersetzt wird. Sollte es Einwände geben, wird jeder Teil mit einem Einwand eingeladen, zusammen mit dem kreativen Teil neue Verhaltensweisen zu finden, für die diese Einwände nicht mehr gelten.

Sechster Schritt: Im letzten Schritt erfolgt ein sogenanntes Future-Pace. Das Bewusstsein des Klienten und seine Teile begeben sich mental oder praktisch in eine Situation, in der das neue Verhalten erprobt wird. Dem unbewussten Teil wird die Verantwortung für die praktische Umsetzung des neuen Verhaltens übertragen. Zeigen sich Einwände, Probleme oder weigert sich der Symptomteil, muss noch einmal neu verhandelt werden.

Das Sechs-Schritte-Umdeuten ist hier stark vereinfacht wiedergegeben. Häufig treten in den einzelnen Schritten schon einige Probleme auf, die dann äußerst differenziert behandelt werden müssen. Hierfür gibt es im NLP ebenfalls zahlreiche »kochbuchartige« Konzepte, die Anfängern eine Orientierung geben können. Diese Art der Teile-Arbeit *(ego state counseling)* jedoch muss in Seminaren praktisch geübt werden. Dieser Text soll Ihnen lediglich als Gedankenanregung dienen.

Björn Migge

Kognitives Umstrukturieren

Aus: Handbuch Coaching und Beratung

Werte, Überzeugungen, Umdeutungen

»Der häufigste Fehler liegt in der Annahme, dass die Grenzen unserer Wahrnehmung auch die Grenzen des Wahrzunehmenden sind.« (G.W. Leadbeater, amerikanischer Schriftsteller, 1847–1934)

Die Werte, Überzeugungen und Glaubenssätze (un- oder halbbewusste innere Gedanken, Leitsätze und innere Mono- oder Dialoge = engl. *silent speech*) sind ein entscheidender Ansatzpunkt im Coaching: Veränderungen auf dieser Ebene sind, wie schon erwähnt, deutlich schwieriger zu bewirken als Veränderungen des sichtbaren Verhaltens.

Klienten reagieren häufig mit Widerständen, wenn eine tiefe Überzeugung hinterfragt wird. Deshalb ist eine respektvolle und vorsichtige Annäherung an die dahinter stehenden Werte und Glaubenssätze wichtig.

Sie können verschiedene Angebote der Annäherung machen, die sich an den Bedürfnissen des Klienten orientieren. Hierbei sollten Sie den Klienten nicht überrumpeln und zum vermeintlich Besseren bekehren. Die Grenzen, die der Klient in der Beratung zieht, sollten akzeptiert und respektiert werden. Es geht nicht darum, jemanden »zu knacken« oder vor den Kopf zu stoßen! In einer provokativen Form der Beratung kann das gelegentlich anders sein, wenn dies vorher gemeinsam so vereinbart wurde.

Werte: Was uns wichtig und richtig erscheint

Werte bestimmen, was uns bedeutsam ist und was wir tun. Sie sind ein wesentlicher Baustein unserer Identität und unseres Selbstkonzeptes. Äußere und intrapersonale Konflikte können da ihren Ausgangspunkt nehmen, wo zwei Wertesysteme unvereinbar aufeinander treffen. Es ist daher besonders hilfreich, die verschiedenen Wertsysteme (andere Worte dafür: innere Teile, Über-Ich-Gebote) in uns zu kennen und miteinander auszusöhnen.

Denn es gilt: Wenn alle Teile an einem Strang ziehen und die gleichen Werte für wichtig erachten, verleiht das einem Menschen *innere Kongruenz und Charisma:* Jemand ist mit sich selbst im Reinen, was persönliche Ausstrahlung und Stärke zur Folge haben soll.

Übung

Woran erkennen Sie, dass Sie mit sich eins sind (kongruent sind)? Denken Sie an die Zeit zurück, als Sie irgendetwas Schönes machen, erreichen oder haben wollten (Erlebnis, Sache, Mensch?), auf das Sie sich wirklich von ganzem Herzen ohne jedes Wenn und Aber gefreut haben. Wenn Sie so zurückdenken und sich dabei erlauben, sich ganz auf sich selbst zu konzentrieren, werden Sie beginnen zu erkennen, wie es sich in Ihnen anfühlt, wenn Sie mit sich selbst eins sind (sehen, fühlen, hören, sich selber sagen).

Inkongruenzen sind wahrnehmbar

Inkongruenzen vermitteln Ihnen gemischte, mehrdeutige Botschaften. Inkongruenzen sind sprachlich meist mit einem »Eigentlich sollte oder will ich – aber …!« gekoppelt. Jeder hat hierzu jedoch zudem ein Gefühl (zum Beispiel im Magen), innere Bilder, Symbole oder Klänge. Inkongruenzen führen dazu, dass etwas nicht klappt, verworren ausgeführt oder innerlich sabotiert wird. Handelt man trotzdem nach dem vermeintlichen Wert, dem Wunsch oder der Überzeugung, können sich Magendruck, Hautausschlag, Bronchitis oder Ähnliches einstellen, oder es treten Probleme in anderen Bereichen des Lebens auf.

Werte werden gelernt

Werte werden häufig in der Familie, in Peer-Groups oder im Beruf erworben. Das geschieht durch Identifikation, Nachahmung oder Lernen am Modell. Gegen »unsere« Werte zu handeln macht uns inkongruent. Werte geben uns Motivation und Ziel. Um in einem sozialen System aufzusteigen, müssen Sie die dort geltenden Werte anerkennen und als Ihre eigenen aufnehmen. Meist überdauern jedoch nur die Werte in uns, die frei gewählt sind und am besten zu unserem Wesenskern passen.

Übungsfragen

»Warum üben Sie Ihren Beruf aus?« Auf die Antwort hin fragen Sie weiter: »Wofür ist das gut?« Auf jede Folgeantwort stellen Sie die gleiche Frage. Andere nützliche Ausgangsfragen sind:

- Was muss man in Ihrer Firma oder Organisation alles glauben, über die Welt, die Mitarbeiter, die Ziele der Firma, um dort erfolgreich zu sein?
- Haben Sie das vorher auch schon alles so gedacht oder sind diese Überzeugungen später in der Firma angenommen worden?
- Sehen Sie das alles ganz genauso wie die Chefs und Kollegen (Kongruenz)?

Bilden Sie selbst weitere Fragen.

Schlüsselwörter für unser Wertgebäude

Etwas lockerer und allgemeiner als der Begriff der Werte ist der Begriff der Schlüssel-wörter. Im NLP werden sie häufig auch Kriterien genannt. Dabei handelt es sich um »nominalisierte Repräsentationen von Wertgebäuden in ganz spezifischen Kontex-ten« (O'Connor und Seymour, 1996).

> Beispiele solcher Schlüsselwörter sind: Gesundheit, Erfolg, Glück (in der Partner-schaft), Liebe, Abwechslung, Herausforderung, Gemütlichkeit.

Was verbinden wir eigentlich mit diesen Wörtern? Welche Vorstellungen, Werte, Bil-der, Töne, Gefühle werden in uns wach, wenn wir diese Wörter denken? Das ist für jeden von uns unterschiedlich. Diese *Kriterien* aber sind maßgebend dafür, wen wir lieben, wo wir arbeiten, welche Zeitung wir lesen, wie wir stehen und gehen, welche Kleidung wir tragen und vieles mehr. Kriterien sind meist positiv formuliert und in ganz »griffige« Substantive eingefasst wie in den genannten Beispielen oben. Dahinter stehen meist tiefere sprachliche Bedeutungen und Zuschreibungen wie Glaubenssätze oder der Glauben über mögliche Konsequenzen eines Handelns oder Nichthandelns nach den *Kriterien*. Außerdem verursachen die Kriterien in uns auch ganz bestimmte Zustände, die wir bewusst gar nicht wahrnehmen: Gefühle irgendwo im Körper, in-nere Bilder, innere Sätze oder Dialoge.

Übungsfragen

Stellen Sie für sich und eine andere Person die zehn wichtigsten Kriterien im Kontext von Beruf und Privatleben auf. Erfragen Sie diese Kriterien wie folgt:

- Welche Werte habe ich, die mir wirklich wichtig sind?
- Welche Werte leiten mich im Handeln und motivieren mich?
- Was muss für mich gegeben und stimmig sein?

Tiefe Überzeugungen: Glaubenssätze

In der Familientherapie und der Transaktionsanalyse werden *Glaubenssätze* als »Zu-schreibungen« oder »Skriptsätze« bezeichnet. In der kognitiven Umstrukturierung (häufig als kognitive Verhaltenstherapie bezeichnet) werden diese inneren Sätze an-ders bezeichnet: beispielsweise »irrational, unangepasst, dysfunktional, wenig hilf-reich« versus »rational, angepasst, hilfreich«. Es handelt es sich dabei um eine andere Wortwahl für die gleichen Ideen. Streng genommen ist es kaum möglich, eine wert-freie und klare Definition von Begriffen wie »irrational« oder »dysfunktional« zu fin-den. Das zugrunde liegende Konzept ist willkürlich, es hat sich in der Beratungs- und Therapiepraxis aber aber gut bewährt.

Glaubenssätze sind tiefe innere, nicht hinterfragte Überzeugungen, die fast immer in Form eines unbewussten inneren Monologes oder einer Verhaltensvorschrift wirken. Sie werden von den Eltern, Erziehungspersonen, Respektspersonen und Vorbildern an Kinder weitergegeben (s. folgende Beispiele) oder als Selbstimpfung oder -infektion mit Worten erworben. Auch Sprichwörter tradieren gelegentlich solche Überzeugungen. Ein Sonderfall der Glaubenssatzbildung entsteht aus der Identifikation oder dem Modelllernen: Diese Sonderform der Glaubenssätze erzeugt Zustände in uns, die eigentlich nicht zu uns gehören und daher *Fremdgefühle* genannt werden. Beispiele für Glaubenssätze sind:

> *»Sei artig und brav!«* *»So etwas macht man nicht!«* *»Jungs weinen nicht!«* *»Mädchen raufen nicht!«* *»Glück ist nur etwas für Reiche!«* *»Du kannst froh sein, wenn du überhaupt eine Lehre abschließt (so dumm, wie du bist)!«* *»So wie du aussiehst, findest du nie einen Mann!«* *»Schuster, bleib bei deinen Leisten!«* *»Ehrlich währt am längsten!«* Das Kind einer depressiven Mutter zu sich selbst: *»Um dir zu zeigen, dass ich dich liebe, bin ich auch so. Wenn ich nicht depressiv bin, verrate ich dich. Mir darf es nicht besser gehen als dir …!«*

Diese inneren Treiber oder Glaubenssätze sind gekoppelt an den früh erworbenen unbewussten Glauben darüber, welche inneren Überzeugungen in der Familie beziehungsweise im näheren Umfeld an diese Sätze gebunden sind und welche *Konsequenzen* aus dem Nichtbefolgen entstehen.

> Beispiel: *»Sei immer artig!«* Die vom Klienten unbewusst gemutmaßte Bedeutungszuschreibung in der Familie: *»Artig sein bedeutet, sich nie nackt zu zeigen (das denken Mama und Oma) und immer zu gehorchen (das denkt Papa). Wenn anders gehandelt oder gedacht wird, verliere ich die Zugehörigkeit zur Familie, und mir wird Liebe oder Nahrung entzogen.«*

Übung

Bilden Sie zu den Glaubenssätzen zwei bis sieben mögliche Bedeutungszuschreibungen und Konsequenzen: »›So etwas macht man nicht‹ bedeutet für Mama: ›Wenn ich anders handle oder denke, hat das zur Folge, dass …‹!«

- Was hätten damals wohl Ihre Großeltern oder Ihre Eltern (oder andere relevante Personen) gesagt, wenn Sie mitgeteilt hätten, dass Sie solche Konsequenzen annehmen?
- Was wäre – aus heutiger Sicht – die Konsequenz für Sie gewesen, wenn Sie diesen Glaubenssätzen nicht gefolgt wären?
- Wo würden Sie stattdessen jetzt im Leben stehen, was würden Sie tun, was könnten Sie, was würden Sie stattdessen als tiefste Überzeugung in sich tragen, wer wären Sie dann jetzt?

Kraft und Wahrheitsgehalt von Glaubenssätzen

Glaubenssätze sind mächtige Werkzeuge, mit deren Hilfe unsere Wahrnehmungen gefiltert, klassifiziert und schließlich halbbewusst sprachlich in unserem Geist repräsentiert werden. Wir entwickeln Glaubenssätze, wenn wir nicht wirklich wissen, was geschieht. Glaubenssätze können nie wissenschaftlich gerechtfertigt werden, da es sich um künstliche kategorische Generalisierungen handelt (A. Korzybski 1941). Der Maßstab für die Beurteilung von Glaubenssätzen liegt daher in der Beobachtung der Konsequenzen, die sie für die Person haben, die an diesen Glaubenssätzen festhält.

Arten von Glaubenssätzen

Durch unsere Glaubenssätze ordnen wir unsere Welt beispielsweise in Bezug auf: Ursachen, Bedeutungen und Identität.

Glaubenssätze können verschiedene semantische Grundkonstruktionen aufweisen. Diese Unterscheidungen sind interessant, da verschiedene Glaubenssatzkonstruktionen anders hinterfragt werden können.

- *Präskriptive Glaubenssätze* definieren Einschränkungen und Grenzen. Sie werden meist in der Kindheit vermittelt. Solche gedanklichen Konstruktionen können hinterfragt werden: »Wer sagt das?«
- *Deskriptive Glaubenssätze* stellen den Versuch von Schlussfolgerungen vom Besonderen zum Allgemeinen dar (sogenanntes induktives Schließen). Eine häufige Frage, um solche Konstruktionen zu hinterfragen: »Ist das wirklich immer so?«

Es folgen nun Beispiele für drei wichtige Glaubenssatzarten.

> Ursachen: »*Durch viel Arbeit wächst meine Anerkennung.*« »*Durch Geschenke gewinne ich Liebe.*« »*Nur wer den wahren Glauben hat, kommt in den Himmel.*«
> Bedeutung: »*Geld haben bedeutet angesehen zu sein.*« »*Wenn ich geliebt werde, bin ich zugehörig.*«
> Identität: »*Eigentlich verdiene ich keine Anerkennung.*« »*Erst durch die Liebe bin ich ein ganzer Mensch.*« »*Liebe bedeutet gefährliche Abhängigkeit.*«

Glaubenssatzmoleküle

Glaubenssätze treten nicht isoliert auf, da sich aus ihnen bestimmte Lebenserfahrungen ergeben. Diese werden wiederum als Glaubenssätze generalisiert und mit vorhandenen Glaubenssätzen in Beziehung gesetzt. So entsteht zu den einzelnen Kontexten des Lebens ein Satz oder Haufen (engl. *Cluster*) von zusammenhängenden Glaubenssätzen, die wie Moleküle aneinander gekettet und miteinander verwoben sind. Diese

»Glaubenssatz-Moleküle« halten ihr Glaubenskonstrukt selbst aufrecht (sie sind *selbstevident*), indem sie Strategien entwickeln, um äußeren sinnlichen Erfahrungen und inneren Vorgängen Konsistenz zu verleihen. Diese Abläufe sind meist nur in »Trance« oder durch gezieltes Hinterfragen dem Bewusstsein zugänglich.

Die Zürcher Beraterin und Rechtsanwältin Sara Stingelin meint dazu: »Es ist so, als könnten wir uns durch die Konstruktion innerer Überzeugungen und (Vor-)Annahmen von der Feedback-Schleife der sinnlichen Wahrnehmungen trennen, um unsere eigenen Meinungen, Annahmen und Sichtweisen auf die Natur der Realität zu bestätigen.«

Übung

Finden Sie für das Berufsleben je einen Glaubenssatz der Ursache, der Bedeutung, der Identität. Dieser kann präskriptiv oder deskriptiv sein. Finden Sie um diese Glaubenssätze herum weitere Glaubenssätze, die damit eng verbunden sind und das gesamte Thema »Beruf« für Sie stimmig abdecken.

Glaubenssätze sammeln

Die wirksamsten inneren Überzeugungen drehen sich um unser Ich-Konzept, unseren Glauben über andere, über die Welt, Grenzen und über Möglichkeiten. Mit Ihren Klienten können Sie deren Glaubensräume erforschen:

 Was glaube ich über mich selbst?
Ich glaube, ...
- ich bin ...
- für mich zählt ...
- mir ist wichtig ...
- mir kommt es darauf an ...
- mir liegt ...
- ich kann ...
- ich darf ...
- ich will ...
- ich muss ...

 Was glaube ich von meinen Mitmenschen?
Ich glaube, ...
- die anderen wollen ...
- die anderen mögen ...
- die anderen dürfen ...
- den anderen kommt es darauf an, dass ...
- die anderen sind ...

Was glaube ich von dem System, in dem ich lebe?
- Ich glaube, ...
- dass die Welt ...
- dass Gott ...
- dass unser Dasein ...
- dass der übergeordnete Sinn ...

Übung und Fragen

Formulieren Sie weitere Glaubenssätze über: Macht, Familie, Gesundheit, Höflichkeit; Schönheit der Körper, der Wohnung, der Kleidung; über Leistung, Nähe, Frau und Mann, Status, Liebe, die eigenen Möglichkeiten, die Grenzen der eigenen Möglichkeiten, das Recht, etwas zu wollen oder zu erreichen.

- Was genau würde passieren, wenn Sie den jeweiligen Glaubenssatz nicht befolgen könnten?
- Was würde es für Sie bedeuten, wenn das Gegenteil eintritt?
- Woher stammt dieses Wissen?
- Kennen Sie es von früher?
- Haben Sie Verwandte oder Bezugspersonen, die ähnlich gedacht haben?
- Wie würden Sie jetzt glauben, wenn Sie alles noch einmal durchdenken müssten?

Hinderliche Glaubenssätze

Einschränkende Glaubenssätze sind vom Klienten schwer zu erkennen. Worauf können sich diese hinderlichen Glaubenssätze beziehen?

- *Ein negatives Beziehungsgeflecht:* »Ich steh allein da. Nur die Stärksten werden überleben. Von allein hilft mir sowieso keiner. Wenn ich versage, stürzen sich die Wölfe auf mich. Lieben tut mich ja doch keiner.«
- *Ein negatives Weltgefühl:* »Dem Universum bin ich sowieso egal. Einen tieferen Sinn gibt es nicht. Ob ich gesund bin, das interessiert keinen Gott.«
- *Ein negatives Bild der Selbstwirksamkeit und des Selbstwertes:* »Mir gelingt das ja doch nicht. Versuchen kann ich es ja. Dabei gewesen zu sein ist alles. Etwas Besonderes bin ich sowieso nicht. Wer sollte sich für einen so unwichtigen Menschen schon interessieren?«

Wenn Ihre Klienten Schwierigkeiten haben, Glaubenssätze zu entdecken, bieten Sie beispielhafte Glaubenssätze *(Affirmationen)* an, und zwar zu den Kernthemen:

- Beziehung,
- Weltgefühl,
- Selbstwirksamkeit.

Beobachten Sie dabei die Reaktionen: Gibt es Zustimmung, eine einschränkende Antwort mit einem »Aber«? Gibt es eine Inkongruenz mit einem »Ja« als Antwort, aber gleichzeitig einem Kopfschütteln?

> Beispiel: Im Gespräch über eine neue berufliche Herausforderung gibt der Berater eine als Frage verwandelte Affirmation.
> Coach: »*Haben Sie das Gefühl, für diese Aufgabe genügend Selbstsicherheit zu besitzen?*«
> Klient: »*Im Prinzip eigentlich nicht, aber irgendwie muss ich das ja versuchen.*«

Die Gedanken dahinter könnten sein: »Ich bin unsicher. Ich muss es trotzdem!« Sie haben als Coach dann zwei Themen für Ihre weiteren Fragen gefunden: Unsicherheit und Müssen.

Handlungsmaximen, Leitfragen und viele banale »Ansichten« enthalten ebenfalls verdeckte Grundannahmen oder Glaubenssätze: Wenn sich ein Manager fragt, wie der Umsatz verdoppelt werden kann, steckt dahinter der Glauben, dass der Umsatz gesteigert werden müsse. Wenn Sie sich fragen, was Sie als Nächstes tun können, steckt dahinter der Glauben, dass Sie die Möglichkeit haben, etwas zu tun. Diese verdeckten Grundannahmen (Präsuppositionen) in Maximen, Selbstfragen oder Leitsätzen werden vom Klienten nicht hinterfragt. Als Coach können Sie diese Präsuppositionen herausfiltern und Ihren Klienten bewusst machen.

Der Umgang mit Glaubenssätzen

Einschränkende Glaubenssätze können Sie auf verschiedene Weise relativieren, entkräften oder in einen anderen Zusammenhang stellen. Die unbewusste hinderliche Glaubensgewissheit wird dabei selten »gelöscht«, die Klienten lernen aber, ihre inneren Sätze zu hinterfragen und positive Formulierungen daneben zu stellen. Wenigstens sieben Methoden können Sie anwenden, um die Glaubenssätze zu hinterfragen.

- *Entdecken Sie gemeinsam mit dem Klienten den Werdegang des Glaubenssatzes.* Woher kennt der Klient das? Dies ist ein Ausflug in unsere Lerngeschichte, das Familiensystem und in unsere Verstrickungen.
- *Entdecken Sie gemeinsam mit Ihrem Klienten die Sprachstruktur hinter den Glaubenssätzen.* Hinterfragen Sie die getilgten sprachlichen Informationen der Sätze: Wer sagt das? Wann gilt das? Gilt das immer oder nur manchmal? Was steckt eigentlich hinter der verstümmelten Information?
- *Erinnern Sie an die erworbenen Fähigkeiten.* Suchen Sie nach positiven Erfahrungen in ähnlichen Situationen. Dadurch bauen Sie Ressourcen auf und erinnern an die bereits vorhandenen.
- *Suchen Sie nach sogenannten Evidenzkriterien.* Woran genau erkennen Sie, dass Sie …? In welchen Situationen genau erkennen Sie das? Dabei lernen die Klienten,

zwischen Erfahrungen, die den Glauben bestätigen, und Erfahrungen, die den Glauben widerlegen, zu unterscheiden.

● *Suchen Sie die positive Absicht.* Was wird durch diesen Glauben eigentlich für den Klienten erreicht? Was wird dadurch sichergestellt? Was könnten die Vorzüge sein? In welchen Situationen ist das sinnvoll?
● *Suchen Sie die Alternative.* Welcher Glaube wäre eigentlich hilfreicher? Was wäre in dieser Situation sinnvoller oder produktiver?
● *Deuten Sie den Glaubenssatz um.* Geben Sie dem Glauben mit Witz und Charme eine neue »Bedeutung«, die mit einer der oben genannten Möglichkeiten gekoppelt sein kann.

Modelle der kognitiven Umstrukturierung

Die oben genannten Verfahren entstammen größtenteils der Hypnotherapie und dem Neurolingiustischen Programmieren (NLP), entwickelt in den frühen 70er-Jahren des letzten Jahrhunderts. Schon zehn bis zwanzig Jahre zuvor hatten die amerikanischen Psychoanalytiker Albert Ellis und Aaron T. Beck ähnliche Verfahren zur kognitiven Umstrukturierung entwickelt. Da diese Verfahren auch übende Elemente enthielten, waren Ellis und Beck als »Psychoanalytiker« bald nicht mehr anerkannt und wurden von ihren Kollegen abgelehnt. Umso größer war die Begeisterung der Verhaltenstherapeuten und der humanistisch und systemisch orientierten Berater und Therapeuten über die neuen Erkenntnisse. Psychotherapeuten und Berater, die eine strenge Unterscheidung zwischen psychodynamischen und übenden oder verhaltenstherapeutischen Verfahren sinnvoll finden, ordnen Ellis und Beck jetzt klar den »Verhaltenstherapeuten« zu.

Unabhängig voneinander fiel beiden auf, dass es bei Patienten und Klienten häufig selbstschädigende, unangepasste oder behindernde Überzeugungen gibt, in denen sich die Gedanken im Kreise drehen und die nicht zum Ziel führen. Die Klienten berichten vielfach, diese Gedanken würden nicht zu ihnen gehören. Dabei gibt es drei Hauptkategorien:

● *Absolute Forderungen* (Muss-Gedanken): »Ich muss ... Die anderen müssen ... Meine Lebensbedingungen müssen ... sonst bin ich ...«
● *Globale negative Selbst- und Fremdbewertungen:* Es werden nicht Verhalten und Situation abgewogen, stattdessen wird die Bewertung undifferenziert auf die Gesamtperson ausgedehnt: »Ich tauge nichts ... Ich bin wertlos ... Die anderen können nichts ... Die anderen taugen nichts ... «
● *Niedrige Frustrationstoleranz:* Negative Ereignisse werden als »nicht aushaltbar« oder »total schrecklich« bewertet: »Es ist das Schlimmste, das ich je ... Niemals habe ich so schrecklich gelitten ...«

Becks kognitive Triade der Depression

A.T. Beck war Psychiater an der Universität von Pennsylvania. Er wollte mit seiner Studiengruppe psychoanalytische Modelle an depressiven Patienten bestätigen. Die Ergebnisse motivierten ihn, seinen Forschungsschwerpunkt auf kognitive Strukturen zu richten. Er fand drei interessante Charakteristika, die nahezu alle depressiven Patienten teilten:

- Eine negative Sicht der eigenen Person: »Ich bin ein Versager, minderwertig ...«
- Eine negative Sicht der Umwelt im Selbstbezug: »Keiner mag mich, alles richtet sich gegen mich ...«
- Eine negative Sicht der Zukunft: »Alles ist hoffnungslos, keiner kann mir helfen, ich bin verloren ...«

Er hat wirksame Methoden entwickelt, diese drei negativen Sichtweisen zu hinterfragen und umzustrukturieren. Darauf werden wir hier nicht eingehen, da es große Parallelen zu den Verfahren gibt, die wir im Folgenden darstellen und die im deutschsprachigen Raum bekannter geworden sind.

Die Rational-Emotive Therapie (RET) nach Ellis

A. Ellis ist Psychoanalytiker mit eigener Praxis in New York. In Auseinandersetzung mit der damals noch betriebenen »klassischen Psychoanalyse« hat er in den 50er-Jahren des 20. Jahrhunderts seine *Rational-Emotive Therapie (RET)* begründet. Da er sein System in einem ABC-Schema erfolgreich verbreiten konnte, ist es heute allgemein bekannt und auch für den »Beratungssektor« durch viele Selbsthilfebücher zugänglich.

A ***Auslösende Situation:*** ein Ereignis, eine Situation
B ***Belief-System*** (engl.: Glaubens-, Überzeugungssystem)
C ***Consequence*** (engl.: Konsequenz): Verhalten, Emotion und Ähnliches

Das »B« ist vor- oder unbewusst. Dies führt zu kausalen Verzerrungen, wenn Klienten ihr »B« nicht bewusst wahrnehmen und behaupten:

> *»Wenn ich in die Menschenmenge gehe, wird mir schwindelig.«*
> *»Wenn ich den Chef sehe, werde ich fast ohnmächtig.«*
> *»Wenn ein Kunde mich kritisiert, stockt mir der Atem.«*

Hier gibt es vom Ereignis »A« zur Konsequenz »C« keine logische kausale Verknüpfung. Es fehlt ein Zwischenschritt, der den Zusammenhang von »A« und »C« nachvollziehbar und »beratungszugänglich« macht. Dieser Zwischenschritt ist das »B«, das

Belief-System. Die Rational-Emotive Therapie von Ellis geht sehr intensiv auf diesen verlorenen »B-C-Zusammenhang« ein. Die verlorenen »Bs« in obigen Beispielen könnten lauten:

> *»Ich bin wertlos – und jeder sieht es!« »Vor dem Chef muss ich gut dastehen – sonst ist alles aus!« »Wenn ich kritisiert werde, heißt das, ich bin ein Niemand!«*

Ellis hat verschiedene Methoden entwickelt, diese »Bs« zu bearbeiten. Wichtig dabei ist die *Disputation* (»D«) dieser kaum bewussten Überzeugungen: durch sokratischen Dialog, durch kognitive Hausaufgaben, Imaginationsübungen, Körperübungen sowie durch Veränderungen des Dialoges und eines andere mehr. Zur Umstrukturierung zieht er auch die *Ziele* (»Z«) seiner Klienten hinzu. Außerdem möchte er als ehemaliger Psychoanalytiker den Ursprung der Überzeugungssysteme kennenlernen und ihre tiefenpsychologische Dynamik verstehen (also zum Beispiel Übertragungen, Introjekte, Identifikationen, Kontextüberlagerungen, Parentifizierungen, Triangulierungen).

Zusammengefasst ergibt sich also folgendes ABC-Mnemo, in der Reihenfolge der Bearbeitung:

A Auslösende Situation
C Consequence
B Belief-System (eventuell inklusive Psychodynamik)
Z Ziele
D Disputation

Wie alle Veränderungsbemühungen im Coaching oder der Psychotherapie mündet auch die Arbeit mit dem RET-Konzept in die bewusste Erkenntnis des Klienten, dass er etwas macht oder hervorruft, das er in dieser Form nicht machen oder hervorrufen möchte (zum Beispiel Reaktionen, Gefühle, Umstände). Das schließt dann oft als nächsten Schritt den Willen ein, sich zu ändern. Ein weiterer Schritt ist der Akt der Veränderung selbst. Jeder dieser Veränderungsschritte muss schwer erarbeitet werden und ruft Widerstände hervor.

Schritte zur Veränderung

- Die Erkenntnis, etwas zu tun, zu denken, zu fühlen, hervorzurufen, das man so nicht gewollt hat und nicht mehr will.
- Der bewusste Wille zur Veränderung.
- Der bewusste Akt der Veränderung.

Umdeutungen

>»Nicht die Dinge an sich sind es, die uns beunruhigen, sondern vielmehr ist es unsere Interpretation der Bedeutung dieser Ereignisse, die unsere Reaktion bestimmt.«
>(Markus Aurelius)

Ein Ereignis oder Verhalten an sich ist weder gut noch schlecht. Erst unsere Zuschreibung oder der Rahmen, in dem wir es betrachten, verleiht ihm die Bedeutung.

Körperliche Aggressivität beispielsweise ist im Büro unangemessen; in einem Boxturnier jedoch ist dieses Verhalten angemessen. Eine Glatze bedeutet den Verlust von Jugendlichkeit, *oder* ist sie Ausdruck besonderer Männlichkeit? Das eine ist zwangsläufig, das andere macht Männer stolz.

Reframing (engl. reframing; frame = Rahmen) ist die Kunst, einen neuen Rahmen für das Verhalten oder das Ereignis zu setzen. Sie wurde von Richard Bandler und John Grinder systematisiert – den »Erfindern« des Neurolinguistischen Programmierens (NLP). Der Zungenbrecher *Reframing* schleppt sich seitdem durch die deutschsprachige Beratungsliteratur. Gemeint ist ein kreatives Umdeuten des Verhaltens oder des Rahmens. Beispiele für Umdeutungen finden Sie in der folgenden Übersicht.

Beispiele für Umdeutungen:	
Klientenklage	**Umdeutungsangebot**
Die Mutter ist immer so zickig, wenn es um ihr Kind geht.	Vielleicht heißt das, sie nimmt besonders viel Anteil an der Entwicklung ihres Kindes? Ob Sie ihr vielleicht Angst machen?
Er will mich immer kontrollieren, und ich muss Zwischenberichte abgeben.	Vielleicht ist er dazu aber von oben gezwungen oder er braucht Ihre Informationen in seinen Sitzungen?
Mein Lispeln ist mir immer so peinlich.	Wofür könnte es gut sein, wenn Ihnen manchmal etwas peinlich ist? Gut, dass Ihr Wort Gewicht hat!
Ich finde einfach keine Lösung für meinen Lebensschlamassel.	Mit einfachen Lösungen ist es ja oft auch nicht getan. Es ist gut, dass Sie bessere suchen.
Mich reißt das immer so runter!	… So als würden Sie den Kopf einziehen, wenn es zu wild wird. Wenn Sie gebückt bleiben, dann weht der Sturm über Sie hinweg?
Das macht mich ganz blind vor Wut!	Das heißt, Sie schauen nach innen und suchen nach neuen Verhandlungsstrategien?

Sie können Umdeutungen anbieten oder durch den Klienten suchen lassen und damit Folgendes erreichen:

- Für das Verhalten finden Sie eine positive Interpretation.
- Für den Rahmen finden Sie ein anderes Verhalten. Für das Verhalten finden Sie einen anderen Rahmen.
- Sie vermitteln eine kleine Suggestion.
- Mit der Umdeutung schwenken Sie vom Problem zum Ziel oder zur Ressource.
- Mit der Umdeutung schwenken Sie von der Emotion zur Sache oder umgekehrt.
- Mit der Umdeutung verschieben Sie den Blick auf eine Beobachterposition (den Gegner, einen unbeteiligten Beobachter und andere).

Im NLP werden zwei Grundformen der Umdeutung unterschieden, die bei entsprechenden Klientenklagen bevorzugt angewendet werden:

- *Eine Veränderung der Bedeutung* ist bei folgendem Satz sinnvoll: »Ich fühle mich so, weil dies und das passiert.« Sätze dieser Art gehen davon aus, dass ein bestimmtes Ereignis A immer ein bestimmtes Ereignis B hervorruft.
- *Eine Veränderung des Umstandes* ist bei folgendem Satz sinnvoll: »Ich bin so ..., ich bin zu ..., es ist so ..., es ist zu ...!« Diese Aussageform ist ein sogenanntes Axiom: Eine Annahme, die unumstößlich wirkt und scheinbar nicht hinterfragt zu werden braucht.

Selbstverständlich lassen sich Umdeutungen auf jede andere Form des Denkens ebenfalls anwenden. Die gesamte Palette der »Abwehrmechanismen« (beispielsweise Projektionen) können Sie durch Umdeutungen in kreative Suchprozesse übersetzen.
Umdeutungen wirken jedoch plump, wenn sie gehäuft oder gekünstelt angeboten werden. Sollten Sie bei Ihren ersten Versuchen zu oft daneben greifen, dann bieten Sie lieber Fragen an: »Wofür könnte es gut sein ...? Gibt es Situationen, in denen es nützlich sein könnte ...?«

Übung

Deuten Sie folgende Sätze um,
a) indem Sie eine eigene »Umformulierung« versuchsweise anbieten,
b) indem Sie eine Frage stellen, um den Klienten anzuregen, seine Aussage selbst umzudeuten.
   - »Ich bin einfach zu pingelig.«
   - »Ich schaff das alles einfach nicht gleichzeitig.«
   - »Ich verzettel mich immer so.«
   - »Meine Frau ist zu ehrgeizig.«
   - »Dann untergräbt er meine Kompetenz.«
   - »Das schaffe ich nie.«
   - »Wenn ich ihn sehe, werde ich rot.«
   - »Mit seinen Fragen macht er mich wütend.«

Umdeutung falsch verknüpfter Aussagen

Wenn Klienten oder Gesprächspartner ein Ereignis logisch fehlerhaft mit einem anderen Ereignis verknüpfen, nehmen wir diese unlogische Verknüpfung oft nicht wahr:

> *»Er ist immer so streng, daher kommt auch sein Erfolg.« »Während Sie auf dem Stuhl sitzen, können Sie sich entspannen.« »Nie nimmst du mich in den Arm – du bist gemein!«*

Das Grundmuster dieser Verknüpfung ist: A ist oder bewirkt B. Es wird so getan, als ob es zwischen A und B einen zwingenden kausalen Zusammenhang gibt. In Talkshows oder in der Politik sind Scheinargumente mit falschen Verknüpfungen häufig anzutreffen. Solche unlogischen *»komplexen Äquivalenzen«* (wie sie im NLP genannt werden) können Sie mit einem Dutzend verschiedener Umdeutungen bearbeiten.

> Als Beispiel nehmen wir den letzten Satz: *»Nie nimmst du mich in den Arm – du bist (deshalb) gemein!«*

Umdeutungsmöglichkeiten von solch einer komplexen Äquivalenz können sein:

- Das Verhalten Y wird neu definiert: »Ich bin doch einfach nur müde.«
- Das Verhalten X wird neu definiert: »Dafür blicke ich dich aber zärtlich an.«
- Eine andere Ursache wird gefunden: »Ich bin nicht gemein, wenn ich dich nicht umarme – ich wollte nur deine Konzentration nicht stören.«
- Ein anderes Ziel wird gefunden: »Ich habe das nur unterlassen, um dir zu zeigen, wie es mir häufig geht.«
- Eine andere Konsequenz wird gefunden: »Weißt du eigentlich, wie sehr du mich verletzt, wenn du mir so etwas unterstellst?«
- Eine andere Absicht wird gefunden. Deine Absicht: »Du möchtest unsere Liebe wieder stärken?« Meine Absicht: »Ich wollte dir nur deinen Freiraum lassen.«
- Eine Verallgemeinerung wird gefunden: »Wenn sich Menschen nicht mehr umarmen, sind sie dann alle gemein?«
- Der Zeitrahmen wird verändert: »Wenn du an die vielen Umarmungen in den letzten Monaten denkst, bin ich dann immer noch gemein?«
- Der Zusammenhang wird neu definiert: »Wäre der Coach auch gemein, wenn er dich nicht umarmt?«
- Ein anderes Modell der Welt wird gefunden: »Hätte Woody Allen das ebenso so gesehen wie du?«
- Eine andere Evidenzstrategie wird gefunden: »Woher weißt du eigentlich, dass es das bedeutet?«
- Ein übergeordneter Rahmen wird gefunden: »Das sagst du nur, weil du von deiner eigenen Gleichgültigkeit ablenken willst.«

Unlogische Verknüpfungen erscheinen unserer rechten Gehirnhälfte durchaus »logisch«: Sie sind grammatisch korrekt und befriedigen unseren Wunsch, Ursache und Wirkung in einem Satz zu hören. Sie entstehen unter anderem aus nicht bewussten Glaubenssätzen, Abwehrmechanismen und aus familiären Verstrickungen.

Populärer sokratischer Selbstdialog: The Work

Die Amerikanerin Katie Byron hat auf der Grundlage bekannter kognitiver Umstrukturierungsmodelle ein populäres System der Selbsthilfe und Fremdberatung entwickelt, das sich für das Coaching und die psychologische Beratung gut eignet. Sie hat ihre Lebenserfahrung, viel amerikanischen Pragmatismus und ihr Verständnis von Spiritualität in das Konzept aufgenommen. Es heißt »*The Work*« und wird im deutschsprachigen Raum gelegentlich »die Work« genannt. The Work arbeitet unter anderem mit Fragebögen, aus denen wir unten sinngemäß einige Auszüge aufführen, um Ihnen einen Einblick zu gewähren.

The Work – schriftliches Protokoll *(sinngemäß, modifiziert)*

Beurteilen Sie die anderen und schreiben Sie dies nieder! Nehmen Sie eine Situation aus Ihrem Leben, die Sie als Problem wahrnehmen oder die ungelöst ist. Schreiben Sie auf, wie Sie darüber denken. Schreiben Sie jedoch nicht über sich, sondern über die anderen und die Umstände. Seien Sie dabei hemmungslos und schonungslos, beschönigen Sie nichts, beschwichtigen Sie nichts. Schreiben Sie kurze einfache Sätze und ziehen Sie ohne Zensur über die oder das andere her! Einige Beispielfragen für Sie:

- Wer sollte gefälligst auf Sie hören?
- Was irritiert oder verunsichert Sie?
- Wer oder was enttäuscht Sie oder macht Sie traurig?
- Wie soll sich jemand in Ihrer Nähe ändern? Was soll er/sie Ihrer Meinung nach machen?
- Was wünschen Sie sich in dieser Situation?
- Was oder wie sollte jemand in Ihrer Nähe sein, tun, denken, fühlen? Was denken Sie über diese Person?
- Was möchten Sie mit dieser Person oder in dieser Situation nie wieder erleben?

Nur die Realität zählt! Wollen Sie die Realität eigentlich wirklich kennen?

- Ist es wirklich wahr, was Sie behaupten, denken, verurteilen?
- Können Sie wirklich wissen, dass es wahr ist?
- Wie reagieren Sie, wenn Sie an dieser Überzeugung festhalten?
- Gibt es einen guten Grund, diese Überzeugung fallen zu lassen (wer verlangt das?!)?
- Gibt es einen guten Grund, diese Überzeugung zu behalten (wer verlangt das?!)?
- Wer wären Sie und wie ginge es Ihnen, wenn Sie diese Überzeugung fallen ließen?

Kehren Sie Ihre Überzeugung um und schauen Sie, was sich in Ihrem Herzen tut.

- Er ist immer so gemein. → Ich bin oft lieblos und ungerecht.
- Er ist einfach zu blöde. → Ich fühle mich oft ungebildet und unverstanden.
- Er sollte sich endlich mal bei mir melden. → Ich gehe zu selten auf andere zu.

Mentale Metaprogramme (Sorts)

Als geistige Filter für die Verarbeitung der äußeren Reize haben wir Werte, Kriterien und Glaubenssätze kennen gelernt. *Metaprogramme* oder *(engl. Sorts)* sind situationsgebundene Tendenzen des inneren und beobachtbaren Verhaltens. Sie wirken als übergeordnete mentale Programme und eignen sich daher als Bestandteile von Persönlichkeitsinventaren. Sie kennen dies aus der Alltagspsychologie und aus dem Abschnitt über die Persönlichkeit: Ist jemand eher introvertiert oder extravertiert, möchte jemand lieber aus einer Situation heraus oder zu einer anderen hin? Kenntnisse der Metaprogramme erleichtern den Rapport und die Vorhersage bestimmter Präferenzen und Abneigungen. Ein großer Teil dieser Auswahlmuster ist unbewusst – ebenso wie viele bisher vorgestellte mentale Prozesse. Wenn die Metaprogramme zweier Menschen nicht übereinstimmen, kommt es zu Missverständnissen und Kommunikationsstörungen.

Mit den Metaprogrammen stellen wir Ihnen nicht eine neue Kategorie vor, die sich von anderen Klassifizierungssystemen der Persönlichkeitspsychologie unterscheidet. Seit den 1990er-Jahren aber sind die Metaprogramme in das Coaching eingeführt. Sie wurden besonders im NLP aus linguistischen Ideen Noam Chomskys weiterentwickelt. Heute gehören sie im Coaching »zum guten Ton« und sind bekannter als andere Klassifizierungen. Wer coacht, bezieht sich daher gern auf diese praktische Einteilung. Wir stellen Ihnen im Folgenden besonders bedeutsame Metaprogramme, sogenannte Sorts, vor.

Sorts der Beziehungen

- *Selbst – andere – Sache:* Sind Sie im gegebenen Zusammenhang tendenziell eher auf sich, auf andere oder auf die Sache beziehungsweise die Umstände bezogen? Ist es wichtig, wie Sie das finden oder wie jemand anderes das oder Sie beurteilt?
- *Nähe – Distanz:* Suchen Sie eher nach Geborgenheit und Harmonie, Mitgefühl, Anteilnahme, Teamgeist? Wollen Sie eher Ihre Freiheit, Einmaligkeit?
- *Inneres Erleben (internal) – äußeres Verhalten (external):* Ist es Ihnen wichtiger, was Sie innerlich dabei erleben, wie gut es Ihnen oder auch anderen dabei geht? Oder kommt es Ihnen eher auf ein Gelingen und den sichtbaren Erfolg an? Wollen Sie sich eher gut fühlen oder etwas durch Ihr Wirken zustande bringen?

Sorts der Informationsorganisation

- *Person – Information – Ort – Zeit – Aktivität:* Interessiert es Sie eher, wer etwas macht oder wofür oder was das ist? Oder wollen Sie wissen, was genau stattfindet? Wo es passiert, wie es dort aussieht? Wie lange es dauert, wann es stattfindet? Wer, warum, was, wo, wann? Was ist Ihnen wichtiger?

Zeitliche Sorts

- *Durch die Zeit – in der Zeit:* Sehen Sie gern die Entwicklung vom Anfang bis zum Ende und die Tendenz? Erleben Sie das Prozesshafte oder beschäftigen Sie sich eher mit einem Punkt auf der Linie der Zeit, mit einem bestimmten Ereignis, in das Sie sich nochmals eindenken oder einfühlen möchten?
- *Erinnert – hier und jetzt – erdacht:* Kommen Sie gern auf Ereignisse in Ihrem Leben zurück? Erzählen Sie oft von solchen vergangenen Wegmarken? Oder beziehen Sie sich eher auf das jetzt Erlebte, auf das, was gerade passiert? Oder stellen Sie sich lieber vor, wie es sein wird und was sich verändern wird?
- *Nacheinander – gleichzeitig:* Bringen Sie gern eine Sache zu Ende, bevor Sie mit der nächsten beginnen? Oder fühlen Sie sich selbst-wirksamer oder gebrauchter beziehungsweise wichtiger, wenn Sie mehrere Aktivitäten gleichzeitig am Laufen haben?
- *Dauer – Wechsel:* Suchen Sie Verlässlichkeit, Vorsicht, Planbarkeit und Kontrolle? Oder bezaubert Sie eher das Neue, das Abenteuer und Wagnis? Sind Sie eher »verlässlich« oder eher spontan?

Sorts der Denkstile

- *Weg von – hin zu:* Entziehen Sie sich lieber schwierigen Situationen? Oder gehen Sie eher auf gewünschte Alternativen zu? Gibt es Menschen, die Sie abstoßen oder anziehen?
- *Kontrolle – Beziehungen – Ziele:* Wollen Sie lieber wissen, ob alles wie gewohnt und gewünscht passiert? Schauen Sie da lieber mehrfach nach, damit das auch so läuft? Ist eher die Karriere oder das gute Verhältnis zu den Kollegen wichtig? Haben Sie gern das Ergebnis vor Augen?
- *Ähnlich – unähnlich:* Finden Sie eher Gemeinsamkeiten und Überlappungen oder sehen Sie eher die Unterschiede und Unvereinbarkeiten?
- *Visionär – aktiv – emotional – rational:* Erträumen Sie sich gern das Gewünschte? Oder fangen Sie lieber gleich mit der Arbeit an? Horchen und fühlen Sie lieber erst einmal in sich hinein oder ist Ihnen die vernünftige logische innere Argumentation wichtiger?
- *Größe, Abstraktionsniveau, Überblick – Detail:* Wollen Sie eher den Überblick und sich mit dem Konzept oder den Rahmenbedingungen beschäftigen? Oder interessieren Sie sich ganz genau für die Details? Was müssen Sie für ein Projekt als erstes wissen? Denken Sie eher global oder spezifisch?

Sorts der Bewegung und des Tempos

● *Langsam – schnell:* Machen Sie die Dinge lieber in aller Ruhe und mit Zeit? Sind die anderen eher schnell und flüchtig? Oder sind die anderen Zeitlupenarbeiter, die »den Hintern kaum hoch bekommen«?

Sorts zum Thema Trance

● *Rational-kooperativ – rational-skeptisch – magisch-mythisch:* Haben Sie Vorkenntnisse mit Entspannungsverfahren und Visualisierung? Möchten Sie für sich etwas in der Trance erreichen? Oder sind Sie eher vorsichtig und erwarten von der Trance keinerlei Veränderung? Glauben Sie an eine höhere Realität, zu der Sie in Trance einen Kontakt finden möchten?

Übungen

Wir bitten Sie nun, mit weiteren Sorts zu üben.

1. Überprüfen Sie, welche Metaprogramme Ihnen in unterschiedlichen Situationen wichtig sind: Haben Sie unterschiedliche Sorts als Familienmensch, Kinobesucher oder im Beruf?
2. Welche Fragen könnten Sie stellen, um die bevorzugten Metaprogramme bei Ihren Klienten herauszuarbeiten?

Nehmen Sie weitere Sorts (Metaprogramme) hinzu:
● Gründe des Handelns: Möglichkeiten – Notwendigkeiten
● Regelhaftigkeit: Dominanz – Teamfähigkeit – Entscheidung
● Aktivität: proaktiv – reaktiv
● Stressreaktion: Bagatellisierung – Verdrängung – Denken
● Modaloperation: Wunsch – Gewissheit – Möglichkeit – Unmöglichkeit
● Umsetzung: Perfektion – Optimierung
● Wissenserwerb: Erklärung – Nachahmen – Versuch – Autorität
● Vorgehensweise: prozedural (nach vorgegebener Arbeitsanweisung) – optional (nach vorgegebenem Ziel)
● Grundorientierung: Beziehungen – Sachen oder Erkenntnisse – Handlung
● Dominanz – Unterordnung: selbst bestimmen und führen oder lieber auf Vorschläge und genaue Anweisung warten.

Beachten Sie: Es gibt viele weitere Sorts!

Lesehinweise

Klaus Grochowiak und Susanne Haag: »Die Arbeit mit Glaubenssätzen« (NLP-Perspektive). Beate Wilken: »Methoden der kognitiven Umstrukturierung« (breiter wissenschaftlich fundierter Ansatz).

Subjektive Wirklichkeiten

Im Coaching führen wir Klientinnen und Klienten an neue Sichtweisen heran und betreten zusammen mit den Ratsuchenden – probeweise – alternative innere Wirklichkeiten. Dies machen wir, bis wir genügend neue Erfahrungen gewonnen haben, um bedeutsame Veränderungen oder Lösungswege zu erkennen. Die »objektive«, reale Welt bleibt uns verborgen und ist nur mittelbar und individuell erschließbar. Daher konzentrieren wir uns auf die wahrnehmbare Welt in uns, unsere innere Konstruktion von Wirklichkeit.

Das Abbild der Welt in uns

Der naive Realismus sieht unser Gehirn als ein Instrument, in dem sich die äußere Welt abbildet. Moderner formuliert: Es werden von außen kommende Informationen sinnvoll verarbeitet. Im sogenannten *Konstruktivismus* gehen die Kommunikationsexperten davon aus, »dass externe Reize nur energetische Randbedingungen darstellen für jene Inhalte, die unser Geist – sich selbst als Maßstab nehmend – erzeugt« (Glaserfeld 1981). Das heißt: Alle Bedeutungen, die wir außen wahrnehmbaren Dingen oder Ereignissen zuschreiben, sind von uns selbst konstruiert und auf die Dinge hin projiziert. Entscheidend sei, dass diese Konstruktionen viabel sind, das heißt, dass sie in die Wirklichkeit des einzelnen Menschen hineinpassen müssen.

Unser kognitives System sei semantisch geschlossen und nur energetisch offen: Wir sind frei, unsere Werte, Kriterien, Ethik, Moral, unsere Anschauungen und die Bedeutung aller Dinge um uns herum zu wählen.

> »*Es sind nicht die Dinge, die uns beunruhigen, sondern die Bedeutung, die wir ihnen geben ... Der Mensch ist das einzige Lebewesen, welches an Bedeutung erkranken kann.*« (Alfred Korzybski)

Woran meinen wir zu erkennen, dass wahrgenommene Phänomene eingebildet sind oder ob diese wirklich wahrgenommen werden? Hier gibt es drei wesentliche Zugangskanäle.

- Die Zugangskanäle der Wahrnehmung: Sinneskanäle.
- Die Bedeutungsgebung der Wahrnehmung: Denken.
- Die Handlungen und Interaktionen: Wirkung und Pragmatik.

Unsere »fünf« Sinne

Der deutsche Hypnotiseur Max Dessoir hat 1896 die Bedeutung der einzelnen Sinnes-qualitäten und ihrer Submodalitäten entdeckt. Ohne Kenntnis dieser Ergebnisse hat 55 Jahre später Milton Erickson, der »Freud der Hypnose«, die gleiche Entdeckung ge-macht und in seiner Arbeit umgesetzt. Bandler und Grinder haben die Arbeitsweise Ericksons studiert und diese Erkenntnisse in ihrem System des Neurolinguistischen Programmierens (NLP) ab etwa 1975 bekannt gemacht.

Zugangskanäle zur Außenwelt

V Visuelle Wahrnehmung (Sehen)
A Akustische, auditive Wahrnehmung (Hören)
K Kinästhetische Wahrnehmung (Fühlen)
O Olfaktorische Wahrnehmung (Riechen)
G Gustatorische Wahrnehmung (Schmecken)

Zum »Fühlen« werden hierbei alle weiteren inneren Sinnesfunktionen gezählt: Gleich-gewicht, Gelenkstellungssinn und Temperaturempfinden, Schmerzempfinden und Ähnliches.

Es geht noch genauer: Submodalitäten

Die einzelnen Sinne werden nach ihren Qualitäten weiter differenziert. Diese feinen Unterschiede heißen *Submodalitäten.*

> So können wir zum Beispiel ein Bild nicht nur »innerlich sehen«, sondern: scharf sehen, verschwommen, hell, starr, mit den eigenen inneren Augen (assoziiert), aus der Vogelperspektive: sich selbst in einer Szene erlebend (dissoziiert), nach innen oder außen gerichtet, in die Zukunft oder in die Vergangenheit, bewegt, szenisch, in Farbe, schwarz-weiß, riesig (wie auf einer großen Leinwand), klein (wie auf ei-nem Fernsehbildschirm), eingerahmt, ohne Rahmen und so weiter.

Für jeden Menschen hat jede Sinnesmodalität im gegebenen Kontext meist eine be-stimmte Submodalität. Schon eine Änderung dieser Submodalität ändert auch das damit gekoppelte Gefühl und das gewohnte Denkmuster in der Situation.

Erickson fing seine Klientengespräche häufig mit einer offenen Frage an: »Wie ha-ben Sie sich daran erinnert?« Die Patienten antworten darauf mit einer bestimmten Sinnesmodalität: »Ich fühle dann immer diesen Druck hier.« Damit zeigt der Patient, dass er sich gerade an ein Gefühl erinnert. Es hat sich als störend herausgestellt, im Anschluss daran zu fragen: »Da sehen Sie also ...?«, »Da klingelt es also in Ihren Ohren ...?« und Ähnliches. Besser ist es, zuerst in der angesprochenen Modalität des Fühlens

Übung

Welche Submodalitäten können Sie sich für das Hören und Fühlen vorstellen? Schreiben Sie wenigstens zehn auf, hören sowie fühlen Sie sich in diese Wahrnehmungsweisen ein. Was ändert sich an Ihren Gefühlen oder Einstellungen, wenn Sie die Submodalitäten verändern, wenn Sie zum Beispiel aus einem bewegten inneren Bild ein Standbild machen oder aus einem Farbbild ein Schwarzweißbild? Oder wenn Sie eine innere Stimme, die sonst von rechts zu hören ist, nun zur linken Seite verschieben?

zu bleiben. Dieses Einstellen auf den Patienten oder Klienten nannte Erickson »*Pacen*« oder »den Klienten in seiner Welt abholen«. Das haben wir bereits angesprochen (s. S. 86f.). Jetzt können Sie die Innenschau des Klienten weiter vertiefen, wenn Sie nach den Submodalitäten des Gefühlten fragen: »Wo genau sitzt dieser Druck ..., bewegt er sich ..., welche Ausdehnung hat er ..., welche Farbe ..., welche Temperatur ..., ist er konstant oder wechselhaft ..., wie genau ...?«

Sinneseindrücke müssen zueinander passen

Sind die verschiedenen Sinneseindrücke so aufeinander abgestimmt, wie wir dies erwarten, stufen wir die Wahrscheinlichkeit höher ein, dass wir keinen Tagtraum erleben: Diese sogenannte *Intermodalitätsprüfung* geschieht innerhalb eines Bruchteils einer Sekunde.

Stellen Sie sich vor, jemand ruft laut »Hallo!«. Sie werden sich in die Richtung des Rufers umschauen und überprüfen, ob er Sie anschaut und auf Ihren Blick hin mit einer Geste oder veränderter Mimik antwortet. Wenn es sich außerdem um eine bekannte Person handelt, erhöht sich für Sie die Wahrscheinlichkeit der Bedeutungszuschreibung: »Ich bin gemeint«, und: »Jemand wünscht, dass ich ihm Aufmerksamkeit schenke.« Solche *Matchingprozesse* können zeitlich gestuft oder beinahe gleichzeitig ablaufen.

Je mehr Sinne oder Modalitäten beteiligt sind, desto valider ist die Wirklichkeitskonstruktion. Im Coaching bedeutet dies: Je mehr Sinneswahrnehmungen Sie – losgelöst von der Bedeutungszuschreibung – erfragen, desto klarer werden auch dem Klienten seine eigenen Erinnerungen an die Wahrnehmung.

Übung

Die oben angegebene »Hallo!«-Szene kann, – je nach unserer Laune, unserem Selbstbild, der Art der Beziehung zum Rufenden – eine andere Bedeutungszuschreibung erfahren. Welche anderen Möglichkeiten können Sie sich dafür noch ausdenken?

Raum und Zeit gehören zur Wirklichkeit

Die Dimensionen der Zeit und des Raumes fließen in die Submodalitäten ein. Als dreidimensionale Wesen (mit Betonung des Ebenerdigen) können wir die Sinnesmodalitäten ohne diese Unterscheidung kaum repräsentieren. Ein Objekt wird von uns besonders wirklich wahrgenommen,

- wenn es präzise in seiner Dreidimensionalität lokalisiert ist,
- wenn es eine gleich bleibende Größe bei Perspektivenwechsel hat,
- wenn seine Größe bei größerer Entfernung abnimmt,
- wenn seine Größe sich bei Annäherung oder Entfernung in einem Rahmen ändert, der unserer üblichen menschlichen Geschwindigkeit entspricht,
- wenn es eine Tendenz zeigt, sich aus sich selbst heraus zu ändern.

Wenn wir ein Objekt in den Fokus unserer Aufmerksamkeit nehmen, werden uns seine räumlichen Grenzen bewusster. Im gleichen Maße, wie das Objekt an Präzision gewinnt, verschwimmt der Hintergrund (»Figur und Grund«) und wird zu einem notwendigen, aber nicht mehr bewusst wahrgenommenen Teil der Gestaltwahrnehmung. In der Sprache der Gestaltpsychologie ist die Konsequenz für unsere Coachingarbeit folgende:

- Jedes »diffuse, nicht recht greifbare« Problem befindet sich im verschwommenen Hintergrund oder ist selbst der Hintergrund, während im Fokus der Aufmerksamkeit ein anderes, präzises Objekt liegt. Probleme im Hintergrund werden unterschwellig wahrgenommen, sie sind aber nicht greifbar. Das ist zum Beispiel die Ursache für jede Art von Betriebsblindheit.
- Aus dem diffusen Hintergrund werden im Coachingprozess weitere klare Objekte herausgearbeitet. Das ist die Grundlage für ihre Veränderbarkeit.

Was fällt uns auf?

Was für uns bedeutungslos ist, was keinen Platz findet in unseren Klassifizierungsschemata, was uns zum Umlernen anregen könnte und was keine Affekte in uns hervorruft, hat Mühe, überhaupt von uns wahrgenommen zu werden.
Die Affekte spielen eine herausragende Rolle für die semantischen Wirklichkeitskriterien. Sie lassen unsere Aufmerksamkeit an Objekten »haften«. Die subjektive Bedeutsamkeit einer Wahrnehmung verschafft ihr erst Wirklichkeitscharakter. Bei den verschiedenen Sinnen gibt es Unterschiede in ihrer Wichtigkeit:

- Die Nah-Sinne sind affektiv am bedeutsamsten: Fühlen, Riechen, Schmecken.
- Der Fern-Sinn des Sehens nimmt affektiv eine Mittelstellung ein.
- Der Fern-Sinn des Hörens ist affektiv etwas weniger bedeutsam.

Für die Aufnahme neuer Informationen könnte sich, nach der affektiven Wichtigkeit gestaffelt, also folgende Reihenfolge der Sinnesmodalitäten ergeben:

K – kinästetisch
O – olfaktorisch
G – gustatorisch
V – visuell
A – akustisch, auditiv

Übung

Gibt es Situationen, in denen Sie entgegen diesem Schema eher auf akustische oder visuelle Reize mit stärkeren Affekten reagieren?

Wie verarbeiten wir die Außenwelt?

Sobald jedoch die Information aufgenommen und klassifiziert ist, entstehen innere Bilder, Dialoge und Gefühle – durch Assoziation und gelernte mentale Muster. Diese Bilder und inneren Dialoge laufen vorbewusst oder unterschwellig ab und sind uns nur durch systematische Suche zugänglich. Jede Wahrnehmung und jeder Gedanke löst eine Kaskade solcher inneren Vorgänge aus. Selbst die Submodalitäten für diese Prozesse sind bei jedem von uns – für die entsprechende Situation – festgelegt: Vielleicht sehen wir zuerst ein inneres Bild, sagen dann im Inneren etwas zu uns, nehmen dann im Bauch kurz ein Gefühl wahr, sagen wieder etwas zu uns, sehen wieder ein Bild und handeln dann erst! Diese Abfolge oder Kaskade wird eine *mentale Strategie* genannt. Wenn der Coach die mentale Strategie und die Submodalitäten seines Klienten verändert, führt dies meist zu neuen Lösungen oder zumindest zu einem erweiterten Handlungsspielraum.

In der Arbeit mit inneren Vorgängen nehmen die Sinnesmodalitäten – nach ihrer Bedeutung für Veränderungsprozesse – eine andere Reihenfolge ein:

V – A – K – O – G

Übung

Gehen Sie auf Spurensuche in Ihrem Inneren: Wenn ein Schlagwort, eine Handlung oder ein Gedanke Sie besonders aufwühlt, wie ist dann die – bisher unbewusste – Kaskade oder Strategie Ihrer inneren Sinnesmodalitäten. Also: In welcher Reihenfolge sehen, hören, fühlen Sie?

Verändern Sie diese Reihenfolge, verändern Sie die Submodalitäten, verändern Sie den inneren Dialog. Welche Auswirkungen hat das auf Ihr Gefühl oder die Einschätzung der Situation?

Unsere Sprache wirkt im Hintergrund

Unsere Sprache und damit unsere Denkmuster liegen außerhalb unserer bewussten und kritischen Betrachtung. In den Worten der Gestaltpsychologie ausgedrückt: Unser sprachliches Denken ist Grund, der kleine Teil bewusster Gedanken ist Figur: »Wir folgen den grammatischen und linguistischen Gewohnheiten unserer Sprache und nehmen deren Beschränkungen und starre Regeln nicht bewusst wahr«, sagt die Zürcher Beraterin und Juristin Sara Stingelin.

Erst die moderne Wissenschaft der vergleichenden Linguistik hat gezeigt, wie stark sich Sprache und Denken der Völker wirklich unterscheiden. Unsere Sprache ist nicht nur Mittel zum korrekten Ausdruck unserer Gedanken – sie selbst formt die Gedanken! Sie gießt unsere Gedanken in ein Schema und gibt die Strukturen vor, in denen das Denken sich vollziehen kann. Auf diese Weise kann eine Sprache auch auf neuronale Strukturen Einfluss nehmen und so selbst die »Hardware« unseres Gehirns beeinflussen.

Im Coaching ist es bedeutsam auch *nichtsprachliches Denken* in die Suche nach neuen Lösungen einzubeziehen. Die Arbeit mit Symbolen, Methaphern, Gefühlen, Bildern, dem Körper und mit Trance und »unnormalen Bewusstseinszuständen« erweitert unseren Handlungsspielraum und lockert die starren Grenzen, die unsere Sprache in uns und um uns gezogen hat.

Handlung und Wirkung schaffen Wirklichkeit

Eine Wahrnehmung ist umso wirklicher für uns, je mehr Wirkung oder je mehr Handlung mit ihr verbunden ist. Die Wahrnehmung von kausalen Verknüpfungen ist die Grundlage unserer Selbst-Wirksamkeitsüberprüfung.

Die körperliche Berührung von Objekten, das Ertasten ihrer Submodalitäten erhöht das Gefühl von Wirklichkeit besonders stark: Ist etwas fest oder weich, warm oder kalt, glatt oder rau? Die Vertrautheit mit diesen Objekten erlaubt verlässliche Vorhersagen über ihre Veränderung, ihre Bewegung oder ihr Wirken. Je präziser die Vorhersehbarkeit ist, desto größer ist die Wirklichkeitswahrnehmung. Schließlich sind wir Gruppenwesen: Je mehr von uns das Gleiche wahrnehmen, desto wahrer ist es für uns.

Das szenische, symbolische und handlungsorientierte Denken der Klienten kann aus den genannten Gründen besonders effektiv in Aktionsmethoden gefördert werden, die ihren Ursprung in der Gruppenpsychotherapie oder in Gruppensimulationsverfahren haben; wie zum Beispiel das Psychodrama. In diesem erlebnis- und handlungsorientierten Arbeiten werden Figur und Grund gleichermaßen angesprochen. Die Arbeit in der Gruppe hat außerdem den Vorteil, dass ein Feedback von vielen Personen möglich ist. Das erleichtert die Korrektur subjektiver Wahrnehmungsverzerrungen.

Übung

Bitte hinterfragen Sie eine eigene lieb gewonnene Ansicht oder Meinung mithilfe folgender Fragen (Beispiele):

- Welche Konsequenz hat das für mich?
- Was passiert dann?
- Wie fühlt sich das an?
- Was verändert sich dabei im Körper?
- Was kann ich genau tun?
- Was passiert in der Regel?
- Was würde geschehen, wenn genau das ausnahmsweise einmal nicht geschehen würde?
- Wer sieht das noch so?
- Wer sieht das ganz anders?

Aus den theoretischen Erwägungen in diesem Kapitel ergeben sich folgende Hinweise für die Coachingpraxis:

- Wir können nur Reize austauschen, keine Bedeutungen. Bieten Sie vielfältige sprachliche Reize: Benutzen Sie unterschiedliche Wörter. Deuten Sie viel um. Erfragen Sie Konsequenzen und Alternativen.
- Jede Anregung von uns kann auf viele Weisen interpretiert werden: Wir müssen beobachten, ob unsere Nachricht die erwartete Reaktion auslöst – ansonsten bieten wir andere Reize: Wenn etwas nicht wirkt, versuchen Sie etwas anderes!
- Es ist wichtig, sich über Bedeutungen von Reizen auszutauschen und diese Bedeutungen gemeinsam zu planen und festzulegen: »Was meinen Sie, wenn Sie sagen ...? Was bedeutet ... für Sie?«
- Arbeiten Sie nicht ausschließlich verbal. Nutzen Sie erlebnis- und handlungsorientierte Methoden und auch hypnotherapeutische Interventionen (Trance).
- Nutzen Sie die Möglichkeit der konsensuellen Validierung in Gruppen (Wahrnehmungsabstimmung mehrerer Individuen).

Björn Migge

Gesundheit, Karriere und Team

Aus: Handbuch Coaching und Beratung

Gesundheitsstörungen im Coaching

Vom Sport-Trainer zum Berater

Das englische Wort »Coach« bedeutet ursprünglich *Kutsche*. Eine weitere Bedeutung war *Einpauker* oder *Privatlehrer*. »Coaching« heißt ursprünglich *das Reisen in einer Kutsche* oder später auch *der Nachhilfeunterricht.* Aus dem amerikanischen College-Slang einwickelten sich später die heute gebräuchlichen Bedeutungen des Wortes. Im modernen Amerikanischen bezeichnet *Coach* einen Teamtrainer im Baseball, Football oder in anderen Mannschaftssportarten. Dabei nehmen der Körper und die mentale Verfassung eine zentrale Stellung ein: Der *Coach* betreut einen Sportler oder eine Mannschaft, koordiniert deren Training, er motiviert, führt und fördert, nimmt Einfluss auf die Ernährung, und er berät bei der Bewältigung von Studium, Beruf und Privatleben. Er stärkt den Siegeswillen, die positiven Grundeinstellungen und den Teamgeist. Der Coach als Kutscher ist auch in Amerika bereits in Vergessenheit geraten. In den englischsprachigen Ländern ist ein Coach meist ein Trainer und Betreuer; seltener ist mit dem Wort der Berater gemeint. Wenn sich die Bedeutung nicht klar aus dem Zusammenhang ergibt, wird meist eine Erklärung mitgeliefert: »*Psychology Coach*« oder »*Business Coach*«. An der University of Sydney gibt es beispielsweise das Fach *Coaching Psychology,* in dem die tatsächlichen Auswirkungen und Prinzipien des Coaching wissenschaftlich erforscht werden sollen.

Für die deutsche Bedeutung des Wortes wird in englischsprachigen Ländern entweder *business coach* oder *executive coach* (Coach in der Wirtschaft, Management-Coach, Führungskräfte-Coach) oder personal coach, life coach, *counseler/counseller* (psychologischer Berater, Personal Coach, Life-Coach. Counselling überlappt sich allerdings oft mit Psychotherapie) benutzt.

Im deutschen Gebrauch des Wortes *Coaching* ist meist die Beratung gemeint, wie wir sie in diesem Buch besprechen: Die Effektivität und Leistungsfähigkeit des Coachee in der Wirtschaft steht dabei meist im Vordergrund. Wer von anderen Coaching-Formen redet, sollte diese näher eingrenzen, beispielsweise als »Personal Coaching«. Damit ist nicht Personalberatung gemeint. »Personal« wird englisch ausgesprochen: Personal Coaching legt mehr Gewicht auf eine Work-Life-Balance, arbeitet intensiver an persönlichen und privaten Themen und gerät daher leichter an die Grenze zur Psychotherapie. Aus diesem Grunde nennen sich viele Personal Coaches auch »psychologische Berater«.

Das Wort Coaching wird gern verwässert oder tautologisch verwandt: Tarot-Coaching, Wohnungs-Coach, Money-Coach, Einkaufs-Coach, Arbeits-Vermittlungs-Coach, Farbberatungs-Coach und vieles mehr. Auch Vorgesetzte sehen sich gern als

Coach ihrer Mitarbeiter: Sie führen, fördern und motivieren. Das Wort genießt bei Laien ein gutes Image, und so ist es verständlich, dass sich viele mit dem Wort schmücken möchten. Personalentwickler und Führungspersonen aus der Wirtschaft aber kann man mit dem Wort »Coach« nicht mehr blenden. Diese Profis bekommen täglich Werbeinformationen von Coaches jeder Art und können daher realistisch einschätzen, was sich hinter dieser englischsprachigen Tätigkeitsbezeichnung alles tummelt.

Einen Gesundheits-Coach gibt es mittlerweile ebenfalls. Die Gesundheit ist einer unserer zentralsten Lebensbereiche – daher können wir sie nicht außer Acht lassen.

Der Körper spielt in den meisten Coaching-Lehrbüchern und Zeitschriftenartikeln im Business nur eine Nebenrolle. Ebenso ist es mit der Liebe, der Hoffnung, dem Glauben, den Träumen und unseren inneren Bildern. Die Vorstellung vom *Coaching* oder der psychologischen Lebensberatung wandelt sich jedoch langsam: Sie wird offener für andere Begriffe neben den bisherigen Schlagwörtern *Motivation, Präsentation, Effektivität und Führungsfähigkeit.* Dieser *Paradigmenwechsel* ist auch in anderen Gesellschaftswissenschaften spürbar: Grenzen verschieben sich, Systeme werden offener und flexibler, alte Lehrmeinungen werden verändert und erweitert ...

Die Erfahrungen der letzten Jahrzehnte haben gezeigt, dass erfolgreiche Manager häufig geschieden sind, häufig erkranken und in einer Unausgewogenheit ihrer verschiedenen Lebensbereiche verharren. Aus diesen Gründen suchen viele moderne Manager vermehrt nach *Balance* und nach umfassenderen Beratungskonzepten, als sie das bisherige *Leistungs- und Motivations-Coaching* zu bieten hatte.

Was darf der Coach mit dem Körper machen?

Eigentlich wenig: Einem Lebensberater oder Coach ist es nicht erlaubt, auf den Körper eines Klienten Einfluss zu nehmen, mit dem Ziel zu heilen oder eine Krankheit zu lindern; er darf auch keine Linderung oder Heilung versprechen. Aus diesem Grunde sollten Sie sich darauf einstellen, dass die Themen Gesundheit und Krankheit aus rechtlichen Gründen nur in einem eng begrenzten Rahmen in das Coaching einfließen. Gesundheitsförderung wird heute oft *Wellness(beratung)* genannt. Das liegt im Trend und ist daher durchaus Coaching-Thema; die Heilung oder Linderung von Krankheit jedoch ist den Ärzten vorbehalten. Im Coaching kann Ihnen das Thema Körper und Gesundheit auf verschiedene Weisen begegnen:

- Manche Klienten leiden an schweren Krankheiten, möchten aber lernen, sich davon nicht unterkriegen zu lassen. Sie möchten positive Kräfte in sich entwickeln oder die Freude an anderen Bereichen des Lebens wahren. Viele von ihnen tragen negative Glaubenssätze oder Suggestionen in sich.
- Stress und Arbeitsbelastung werden bewusst als Ursache einer Krankheit erlebt, an der Ihr Klient leidet. Der Wunsch an den Coach ist dann meist, den Stress mit mentalen Tricks zu reduzieren oder die Arbeit neu und Zeit sparend zu organisieren.

- Einige Klienten haben körperliche Missempfindungen oder krankhafte Störungen, die offensichtlich ein körperlicher Ausdruck starker intrapsychischer oder interpersoneller Konflikte sind (Somatisierung). Die Klienten bevorzugen es aber, für die körperlichen Störungen eine ausschließlich körperliche Ursache anzunehmen, und weigern sich, mögliche andere Aspekte in der Genese der Störungen zu besprechen.
- Andere Klienten möchten eifrig und kooperativ alle möglichen Themen oder Lebensbereiche im Coaching bearbeiten. Nur die Gesundheit soll ausgeklammert werden. Vor Ihnen sitzt dann meist ein Klient, bei dem die Gesundheit und das Verhältnis zum Körper gestört sind: Übergewicht, Zigarettensucht, Alkoholsucht, Magengeschwür, Bluthochdruck und vieles mehr. Hierzu wird aber keine Coaching-Intervention gewünscht, denn dies sei ausschließlich
  - *»Sache des Arztes«* (das sei eine Krankheit, weshalb man dafür keine Verantwortung mehr trage, das sollen andere professionell richten, während man selbst so weitermacht wie bisher) oder
  - *»das sei doch nicht so schlimm«* (Bagatelle) oder
  - der Klient ist unfähig, ein körperliches Problem bewusst wahrzunehmen (Verleugnung).

Übungsfragen

Bitte überprüfen Sie selbst Ihr Gesundheitsprogramm. Die folgenden Fragen sollen Sie darauf einstimmen.

- Rauchen Sie?
- Wie viel Alkohol trinken Sie?
- Sind Sie übergewichtig?
- Wie häufig sind Sie krank?
- Wie viel Sport treiben Sie?
- Wie viel Bewegung haben Sie?
- Schlafen Sie genug?
- Haben Sie ausreichend lange Phasen der Erholung und Entspannung?
- Welche Zivilisationskrankheiten haben Sie (inklusive Karies)?
- Was nehmen Sie ein zum Wachwerden oder zur Leistungssteigerung?
- Was nehmen Sie zum Trösten zu sich?
- Welche Medikamente müssen Sie einnehmen?
- Was sind Ihre »guten Gründe«, an den negativen Seiten Ihres Gesundungsprogramms festzuhalten?
- Wie sieht Ihr persönliches Gesundheitsprogramm aus?
- Was tun Sie, um gesund, schön, widerstandsfähig, leistungsfähig und ausgeglichen zu sein?

Negative Krankheitsprognosen

Als psychologischer Berater oder Personal Coach betreten Sie bei jeder Gesundheitsberatung eine gesetzliche Grauzone. Lediglich Ärzten und Heilpraktikern ist es gesetzlich erlaubt zu heilen. Die gesetzlichen Grundlagen hierzu werden auf Seite 204f. erklärt.

Ärzte heilen oft allein durch ihre Worte (selbst wenn sie es im Einzelfall nicht geplant haben). Leider kann es aber dem besten Arzt passieren, dass er in einem unbedachten Moment etwas sagt oder durch seine Mimik andeutet, das von Patienten einseitig oder falsch verstanden wird. In solchen Fällen wird dann offensichtlich, dass die Kraft der Worte nicht nur segensreich, sondern durchaus auch gefährlich sein kann. Wir zeigen Ihnen nun fünf Beispiele, in denen sich die Aussagen eines Arztes negativ auf die Patienten auswirkten. Wir möchten Sie durch diese Beispiele darauf hinweisen, dass in Einzelfällen selbst medizinischen Experten Fehler in ihrer Wortwahl unterlaufen. Aus diesem Grunde sollten Sie sich als medizinischer Laie unbedingt davor hüten, Krankheiten durch Ihre Interventionen heilen oder bessern zu wollen. Die folgenden Negativbeispiele zeigen, wie Patienten die Aussagen von Ärzten verinnerlichen können. Im übertragenen Sinne gilt dies für alle Aussagen, die Klienten von Coaches erhalten.

Ein Greisenherz: Die 30-jährige Marion L. hat einen Gutschein für einen Tauchkurs gewonnen. Vorher sucht sie ihren Arzt auf, um sich der vorgeschriebenen tauchärztlichen Untersuchung zu unterziehen. Dieser ist nach der Untersuchung erstaunt: »Sie haben das Herz einer 80-jährigen alten Frau. Nur eine Transplantation kann Sie jetzt noch retten!« Solche Vergleiche haben große Macht. Marion erzählt seitdem überall, wie alt ihr Herz ist, und sie malt sich ihre Lebenserwartung dementsprechend aus.

Metastasen in der Lunge: Huber P. ist 62. Er hatte vor drei Jahren Prostata-Krebs. Als in seiner Lunge nun überall »Rundherde und Schatten« auftraten, gingen seine Ärzte davon aus, dass es sich um Metastasen handele: »Regeln Sie Ihre Angelegenheiten. Es kann sich nur noch um Monate handeln«, sagte ihm der Facharzt. Dem Patienten ging es immer schlechter. Herr P. gab sich auf, seine Ärzte schienen Recht zu haben. – Erst nach Monaten stellten andere Ärzte zufällig fest, dass er eine seltene allergische Lungenerkrankung hatte (BOOP). Diese hatte die Schatten auf der Lunge verursacht. Es waren gar keine Metastasen. Nach einer intensiven Kortisontherapie ging es ihm schnell besser. Jetzt ist er wieder wohlauf.

Der Zauberstab: Bernie S. Siegel, ein amerikanischer Chirurg und Kinderarzt, berichtet in seinem Buch »Mit der Seele heilen« (2002) von einem Kollegen, der bei schwer erkrankten Patienten im Erstgespräch einen Stab aus seiner Schreibtischschublade holt und den Patienten mit einem unterdrückten Grinsen sinngemäß eröffnet: »Jetzt kann Ihnen nur noch das hier helfen – das ist ein Zauberstab! Alles andere ist sinnlos.« Dieser Arzt verleugnete seine eigene Angst vor der Vergänglichkeit und wehrte sie in dieser sarkastischen Form ab.

Hirnschwäche: Kirsten L. ist 13 Jahre alt. Sie wird vom Neurologen zum Radiologen geschickt: Der soll ihr Gehirn untersuchen, wegen einer »Hirnleistungsschwäche«, die vor vier Monaten in Form sehr schlechter Schulergebnisse aufgetreten sei. Der Neurologe hatte die Hirnströme gemessen und Kirsten gesagt, er wäre besorgt, da sie »die Hirnströme eines achtjährigen Mädchens« habe und er daher eine ernste Erkrankung oder Entwicklungsverzögerung vermute. Die Mutter der Patientin ist sehr besorgt, da Kirsten in der Schule schlechter geworden ist. Auf die Nachfragen des Radiologen gibt Kirsten an, dass sie vor vier Monaten anonyme Anrufe erhalten habe, in denen ihr Mord und Vergewaltigung angedroht worden seien. Das Gehirn der jungen Patientin war völlig normal: Die veränderten Hirnströme waren Ausdruck großer Angst, die man Kirsten aber auf den ersten Blick nicht anmerkte. Auch die Sorge der Mutter wegen der schlechteren Schulergebnisse lenkt vom eigentlichen Problem ab. Erst viel später stellte sich heraus, dass es keine anonymen Anrufe gegeben hat, sondern dass der neue Lebenspartner der Mutter Kirsten missbrauchte. Die Mutter sah zwar Hinweise darauf, hatte diese aber verleugnet.

Wer Krebs bekommt, hat selbst Schuld: Susanne K. ist 47 Jahre alt. Bei der Untersuchung ihrer Brüste tastet der Frauenarzt einen Knoten. Weitere Untersuchungen zeigen, dass es sich um einen Krebs handelt, den sie vielleicht schon selbst hätte tasten können. »Wären Sie früher zu mir gekommen, hätte ich vielleicht noch helfen können. Sie haben ja selbst Schuld, da Sie das verleugnet haben!« Dieser Arzt kennt zumindest die seelischen Prozesse des Verleugnens oder Verdrängens. Er spricht der Patientin aber mit seinem seelenkundlichen Halbwissen Schuld zu und verschlechtert damit möglicherweise ihre Heilungschancen.

Mit diesen Negativbeispielen möchten wir nicht den Eindruck erwecken, dass Ärzte sarkastisch sind oder durch ihre Kommunikation bestehende Krankheiten verschlimmern. Das Gegenteil ist der Fall: In den meisten Gesprächen erfahren Patienten Trost, Hoffnung, Rat, Aufklärung, Linderung und Unterstützung! Wir wollten Ihnen mit den Negativbeispielen verdeutlichen, dass jedes Wort und jede Erklärung eines idealisierten und verklärt wahrgenommenen Experten eine hypnotische Wirkung entfalten kann; sowohl im Guten als auch im Schlechten.

Übung

Welche Annahmen, Wertvorstellungen, Prognosen wurden Ihnen von Respektspersonen oder Experten vermittelt? Machen Sie sich eine Liste von diesen Sichtweisen, die irgendwo noch machtvoll in Ihnen schlummern, und überlegen Sie, wie Sie heute dazu stehen.

Ärzte – Experten auf dem Gebiet der Vorbeugung und Heilung?

Es gibt sehr viele Ärzte, die ein ausgewogenes Wissen um das Zusammenspiel seelischer und sozialer Prozesse und körperlicher Beschwerden haben. Viele bilden sich, in den wenigen Stunden, die ihnen nach der Arbeit noch bleiben, auf diesem Gebiet fort, indem sie spezielle Kurse und sogenannte Balint-Gruppen besuchen. Außerdem gibt es einen eigenen medizinischen Fachbereich, der sich damit beschäftigt: Die sogenannte *Psychosomatik (Psyche = Geist; Soma = Körper)*.

Der größte Teil der Patienten trifft aber mit seinen Problemen auch heute noch auf Ärzte, denen die Möglichkeiten fehlen, in ausreichendem Maße auf die vielfältigen Lebensumstände ihrer Patienten einzugehen: In unserem Gesundheitssystem wird Krankheit Zeit sparend und effektiv behandelt. Die Gesundheiterhaltung, Wellness und die sozialen und psychischen Begleitgründe für Krankheit können nur oberflächlich besprochen werden, da dies in unserem Medizinsystem nicht vorgesehen ist. Die Ärzte können das aus Zeitgründen (noch) nicht leisten, und die meisten Patienten sind so »erzogen«, dass sie das auch gar nicht wünschen.

Wie können Sie kranken Klienten helfen?

In der Beratung solcher Klienten geht es nicht darum, gemeinsam über den Arzt zu schimpfen, der angeblich nur Körperliches behandelt oder der schlecht behandelt. Für die Klienten ist es meist sehr heilsam zu erkennen, welche Ängste, Bedürfnisse, Vorstellungen oder Erwartungen sie mit ihrer Krankheit verknüpfen. Diese mentalen

---

Übungsfragen

Hier einige Beispiele für Fragen, die chronisch Kranken helfen können, sich auf neue Weise mit ihrer Erkrankung auseinander zu setzen.

Fragen in Ich-Form
- Will ich leben?
- Wie lange werde ich noch leben?
- Habe ich Schuld?
- Welche Chancen oder Möglichkeiten eröffnet mir die Krankheit?
- Was wurde mir zu der Erkrankung suggeriert – durch Worte und Gesten?
- Was davon will ich wirklich annehmen? Möchte ich eigentlich von ganzem Herzen gesund werden?
- Was kann ich dafür selbst tun?

Fragen in Sie-Form
- Welche Vorteile bringt Ihre Krankheit mit sich?
- Empfinden Sie wegen der Krankheit Groll gegenüber Ihrem Körper?
- Wie bringen Sie Ihren Körper dazu, reibungslos zu funktionieren?
- Welche schadhaften Teile des Körpers würden Sie gerne ersetzen?

Programme zu hinterfragen, kann für die Klienten schon eine erste Klärung bringen und kann Anregungen geben, sich auf eine ganz neue Weise den existenziellen Fragen nach Leben, Tod und Lebenssinn zu stellen.

Umgang mit Emotionen bei schwerer Krankheit (Coping)

Jede schwere Erkrankung stellt eine große Belastung und Verwirrung dar: Nach der schlimmen Diagnose mischen sich viele negative Gefühle und Gedanken unterschwellig in das Leben des Patienten. Es kommt zu Wut auf den Körper, Scham, Schuld, Ohnmacht, Verzweiflung, Ratlosigkeit, Trauer und Resignation. Anfangs wird die Krankheit in all ihren möglichen Auswirkungen verleugnet, obwohl sie eigentlich einem Teil des Verstandes bekannt ist. Es kommt dann zu typischen Bewältigungsstrategien (sogenannte *Coping-Muster*).

Coping-Muster

- Nicht glauben und nicht wahrhaben wollen.
- Gleichgültigkeit und Neutralität gegenüber der »Angelegenheit« (kein emotionaler Zugang): »Na ja, so ist das Leben.«
- Aktivismus in anderen Bereichen oder im sozialen Umfeld Schuldzuschreibungen: Man gibt sich selbst, Gott und anderen die Schuld.
- Resignation, Passivität, Rückzug.
- Drogen und Medikamente zum Vergessen.

Als Coach können Sie positive Bewältigungsstrategien fördern, die nicht nur auf die emotionale und kognitive Verarbeitung, sondern ebenso auf den Krankheitsverlauf einen günstigen Einfluss haben. Früher nahm man an, dass einige wenige Persönlichkeitseigenschaften die Strategien der Bewältigung festlegen. Mittlerweile wissen wir aus der Coping-Forschung, dass es bedeutsam ist, welche mentalen Kompetenzen, Glaubenssätze, Verletzlichkeiten und Ressourcen ein Mensch hat: Das ist Ihr Ansatzpunkt im Coaching von schwer erkrankten Personen! Das soziale Netzwerk und vertrauensvolle, Anteil nehmende und stärkende Berater sind ebenfalls bedeutsam.

Wichtige Aspekte der Lebensberatung schwer erkrankter Menschen können sein:

- Suche nach sozialer Unterstützung (beispielsweise bei Freunden, bei der Familie, in der Kirche oder im Verein) und eigenen Ressourcen.
- Suche nach den verbleibenden positiven Möglichkeiten der Lebensgestaltung im Alltäglichen und in den Visionen.
- Suche nach einer neuen praktischen Sinngebung im Leben.
- Suche nach einer spirituellen Einbettung und Sinngebung.
- Aktive Informationssuche, Problemanalyse und Planung der Behandlung und des weiteren Lebens.

All das sind klassische Coaching-Themen, für die unsere moderne Medizin wenig Zeit hat. Wegen der Verzahnung mit medizinischen Aspekten ist im Coaching häufig eine Einbindung der behandelnden Mediziner sinnvoll. Sowohl der Klient als auch die Ärzte sehen das in der Regel positiv.

Es soll mir schnell wieder gut gehen

In vielen Fällen werden Sie feststellen, dass körperlich erkrankte Klienten eine deutliche Dysbalance ihrer Lebensbereiche aufweisen. Ein erster Schritt zur Gesundheitsförderung ist es dann, den Klienten auf dem Weg zu einer Work-Life-Balance zu begleiten. Dazu ein Beispiel:

> **Stress schlägt auf den Magen:** Vor mir saß eine wichtige Person des örtlichen Lebens. Herr N. wollte seine Kompetenz im Zeitmanagement durch die Beratung verbessern. Er war seriös gekleidet, schaute auf die Uhr und bat um Eile, da er in sein Unternehmen zurückmüsse. Herr N. war dick und unsportlich. Er habe seit langem eine Magenschleimhautentzündung und frage sich, ob die Tabletten, die er deswegen einnehmen müsse, eine Dauerlösung seien: »Sicher, ich nehme mir wenig Zeit zum richtigen Essen und stopfe mir in den fünf bis zehn Minuten mittags zwischendurch etwas rein. Aber Zeit ist eben keine da.« Ein Tenniskollege von ihm ist Arzt und habe ihm geraten, die Tabletten abzusetzen und stattdessen eine dreitägige Fastenkur zu machen. Danach werde wieder alles in Ordnung sein. Herr N. erzählte mir das alles beiläufig. Der Grund seines Kommens war eigentlich ein anderer. Zumindest sei er jetzt bereit, statt der häufigen Tabletteneinnahme eine dreitägige Kur auf sich zu nehmen. An seinem Leben würde das natürlich wenig ändern. Er signalisiert durch seine Schilderung aber bereits Einsicht in komplexere Ursachen seiner Krankheit. Er erkennt die Dysbalance seiner Lebensbereiche, und in etwas verschlüsselter Form bittet er durch seine Geschichte um Rat und Hilfe.

Sie sollten keinesfalls zum Absetzen der Magentabletten raten oder in Aussicht stellen, dass ihre Beratung die Magentabletten überflüssig machen könnte. Das ist allein Sache seines Arztes. Nach einer grundlegenden Änderung der Lebenssituation von Herrn N. sind die Tabletten aber eventuell gar nicht mehr nötig. Dann wird der Arzt sie selbst absetzen.

Herrn N. fehlt es an Balance: Körper, Familie, Freunde und den Sinn für das Schöne oder Religiöse hat er brachliegen lassen. Mit kleinen Tricks könnte auch die Arbeit selbst verändert werden Zum Beispiel durch ein besseres Zeitmanagement oder die Kunst des Delegierens. Darauf weist er ja selbst durch sein Beratungsanliegen schon hin. Einfacher noch wäre es für ihn, weniger zu arbeiten und sich weniger aufzubürden.

Wenn Sie so etwas vorschlagen, bekommen Sie aber meist Probleme mit starken Glaubenssätzen und Selbstbildern: »Ein Unternehmer unternimmt etwas! Sich einfach nur auf die faule Haut zu legen oder nach zehn Stunden die Arbeit zu beenden, das können Arbeitnehmer im öffentlichen Dienst. Mit so einer Einstellung wäre aus mir nichts geworden. Ich liebe die 35-Stunden-Woche! Darum mache ich auch gleich zwei davon in sieben Tagen! Wer das nicht macht, bringt es zu nichts im Leben ...!«

Erwarten Sie von Ihrer Arbeit als Coach bitte keine Wunder – oder doch? Sie können bei der Veränderungsarbeit immer nur in den Bereichen tätig werden, zu denen Ihr Klient Ihnen Zutritt gewährt. Coaching ist schließlich ziel- und kontextgebundene Auftragsberatung. Wenn Sie das Sendungsbewusstsein haben, Ihrem Klienten ganzheitlich zu helfen oder sogar besser zu sein als ein Arzt, zeichnet Sie das zwar aus, viele Klienten wünschen das aber nicht. Seien Sie also sensibel dafür, wohin Sie Ihren Klienten einladen dürfen und bis wohin er mitgehen möchte.

Hier der Leib – und dort die Seele?

In unserer Kultur sind wir es gewohnt, in Gegensätzlichkeiten zu denken: Im kartesianischen Dualismus (Denken in Gegensätzlichkeiten, von René Descartes bekannt gemacht) wird der Körper zur *res extensa,* dem räumlich-materiellen, und der Geist zur *res cogitans,* den nicht räumlichen psychischen Vorgängen, gezählt. Ebenso klar schien die Vorstellung, dass physikalische Gesetze für das Seelische keine Gültigkeit hätten oder dass philosophische Betrachtungen dem Wirken der Materie egal seien. Heute lernen wir dagegen, dass Leib und Psyche eine untrennbare Einheit bilden.

Unserer Sprache und unseren Denkgewohnheiten fehlen aber noch die Möglichkeiten einer ganzheitlichen Betrachtungsweise: Obwohl wir es besser wissen müssten, neigen wir weiterhin dazu, das Körperliche als Objekt zu betrachten (»mein Körper«) und das Psychische als Subjekt anzusehen (»ich«).

In unserer Kultur des Habens kommt es manchmal zu einer weiteren Aufspaltung: »Ich habe meine Gedanken, ich habe meinen Körper, ich bin ich.« Viele Menschen fassen ihren Körper als etwas neben sich Funktionierendes auf, das in ihrem Besitz ist und ihrer Lenkung gehorchen müsste.

Sobald eine Krankheit auftritt, wird diese und der Körper sogar gehasst für sein schlechtes Funktionieren oder den Makel der Krankheit. Dann wird häufig auf dieses »Schlechte« mit den modernen Waffen der Medizin geschossen und ganz übersehen, dass in der Krankheit Körper und Seele eine Form des Ausdrucks gefunden haben. Diese Botschaft wird dann überhört.

Kann ich die Einheit begreifbar machen?

Statt die Einheit zu begreifen, begibt man sich in der Medizin heute oft wieder auf den Standpunkt des Dualismus. Um die Wechselwirkungen zwischen Körper und Psyche zu erforschen, studiert man, wie Seelisches auf Körperliches wirkt und umgekehrt (Lehre von der Psychosomatik). Diese Forschung wäre unnötig oder zumindest anders angelegt, wenn die scheinbare Trennung gar nicht wahrgenommen würde. Das Gehirn ist in der rational-kausalen Arbeitsweise (der sogenannten linkshirnigen Arbeitsweise) zu einer solchen Gesamtsicht aber nicht in der Lage. Die rational-kausale linkshirnige Vorgehensweise ist daher die bevorzugte Methode der Wissenschaft. Mit unseren wissenschaftlichen Kategorien ist es lediglich möglich, rechtshirnige Prozesse zu beschreiben; es ist aber kaum möglich, sie mit diesen Methoden zu »begreifen«. Mit den Mitteln der Wissenschaft können wir die Gesamtsicht links- und rechtshirniger Prozesse nur ungenügend erfassen.

Eine umfassende Sicht auf das Ganze kann meditativ, imaginativ oder in anderen Formen der rechtshirnigen Denkweise gewonnen und erfahren werden. Dem haftet aber das Vorurteil an, es handele sich dabei um billige Esoterik oder um »Blütenträume«.

Heute ist schon viel gewonnen mit einer *multifaktoriellen kybernetischen Sichtweise* der Wissenschaft, wie das in Fachkreisen heißt: Der Mensch wird eingebunden erlebt, in ein komplexes System mit zahlreichen Wechselwirkungen. Die Wissenschaft versucht, so viele einzelne Variablen wie möglich zu entdecken und das komplizierte Zusammenspiel zu verstehen.

Ärzte sind wissenschaftlich ausgebildet und gewohnt, in Zusammenhängen von Ursache und Wirkung zu denken. Zwar ist ihnen bekannt, wie vielfältig die Zusammenhänge eigentlich sind, in der täglichen Routinearbeit ist dies für sie aber wenig hilfreich. Daher greifen sie einfache Kausalketten aus dem Gesamtsystem heraus.

Außerdem zwingt das Medizinsystem durch seine engen Begrenzungen und Pflichten die Ärzte zu einer Arbeitsweise, die viele von ihnen sich selbst nicht gewünscht haben. Wie in jedem anderen System stellt sich mit der Zeit dann Betriebsblindheit ein: Grundsätzliches wird nicht mehr hinterfragt oder zumindest resignierend hingenommen. Das ist einer der Gründe, warum sich Patienten mit der Bitte um Rat oder neuer Orientierung an Heilpraktiker oder andere Berater wenden. Ärzte haben heute kaum mehr Zeit, die Rolle eines Lebens- und Gesundheitsberater zu übernehmen (siehe dazu Migge [2005]: Fernkurs Psychotherapie HP, Bd. 1–14).

Steuerung des Körpers durch die Psyche

Einige Patienten sind dankbar, wenn der Arzt das körperlich geäußerte Angebot zum Gespräch annimmt, andere lehnen ein Gespräch über »diesen Kram« schroff ab.

> **Verrückte Gallensteine:** Frau Melanie S. wurde von ihrem Hausarzt zum Spezialisten geschickt, damit er sie auf Gallensteine untersucht. Sie hatte ein Ziehen im rechten Oberbauch: »Und dann spielt sofort nach dem Schmerz in meinem Bauch alles verrückt, und es plätschert und zieht einmal hier und einmal da. Das hält oft den ganzen Tag an, bis mein Mann abends nach Hause kommt.« Einen Gallenstein fand der Spezialist nicht. In einem kurzen Gespräch erfuhr er, dass der Sohn der Patientin jetzt erwachsen sei und aus dem Hause auszöge. Sie habe seinerzeit bei

der Familiengründung ihren Beruf aufgegeben und traute sich »wegen der Computerisierung« nicht mehr zu, dort Anschluss zu finden: »Von morgens bis abends grübele ich, wie es jetzt weitergehen soll ...« Was denn der Hausarzt zu all dem sage? »Die Beschwerden wären nichts Seelisches, da ich ihm ganz normal vorkomme. Ich sei doch nicht verrückt.«

Kein Gehirntumor feststellbar: Herr Sebastian L. hatte seit Monaten Kopfschmerzen. Zur Sicherheit wünschte der Hausarzt, dass ein Gehirntumor beim Radiologen ausgeschlossen wurde. Es fand sich auch keiner. »Mein Hausarzt meint wohl, ich sei verrückt. Er denkt, ich simuliere, oder das sei alles nur psychisch. Aber der hat keine Ahnung, denn ich habe diese Schmerzen, und Sie können mir das ebenfalls nicht ausreden! Und jetzt sagen Sie auch noch, dass da nichts zu sehen ist.«

Folgende Vorannahmen können wir aus den genannten Beispielen ableiten:

- Wer seelisch mitbedingte körperliche Erscheinungen hat, der ist möglicherweise auch psychisch irgendwie auffällig.
- Wer seelisch mitbedingte körperliche Erscheinungen hat, der ist ein bisschen verrückt oder hat sich nicht im Griff.
- Wo sich nichts Handfestes finden lässt, können die Beschwerden eingebildet oder simuliert sein.
- Wo Beschwerden sind, muss sich auch etwas Handfestes finden lassen, sonst ist der Arzt nicht gut und muss eventuell gewechselt werden.

> ## Übungsfragen
> - Wie verrückt sind Ihrer Meinung nach Manager, die durch Stress ein Magengeschwür oder einen Herzinfarkt bekommen?
> - Wenn Sie wütend sind und dadurch der Blutdruck steigt, ist dann dieses Zusammenspiel von Psyche und Körper ein Ausdruck Ihrer Verrücktheit oder Einbildung – oder etwas ganz Normales?
> - Wenn sich aufgrund eines erregenden inneren Bildes bei Ihnen »unten was verändert«, ist das dann eingebildet oder s(t)imuliert?

Vom Sinn der Krankheiten für die Kommunikation

Krankheiten können in der Kommunikation mit unserem Inneren und der Kommunikation mit der Außenwelt viele Funktionen übernehmen: Sie können ablenken von inneren Problemen oder seelische Prozesse nach außen wenden. Wenn körperliche Ursachen für die Krankheit ausgeschlossen sind, besteht trotzdem noch Beratungsbedarf für die Patienten. Einige bleiben weiterhin Patienten, wenn schwere seelische Probleme die Mit-Ursache für die Erkrankung sind. Diese Patienten werden von sogenannten Psychosomatikern weiterbehandelt.

Frau Melanie S., deren Bauchgrummeln aber durch den Eintritt in einen neuen Familienzyklus bedingt ist, wäre eine gute Klientin im Coaching: Sie sucht nach Neuorientierung und Zielfindung für ihre Rolle als Mutter, Frau, Partnerin sowie als Arbeitnehmerin. Sie braucht Zugang zu ihren Ressourcen und ist mit ihrem Vor-Bewusstsein schon gut in Kontakt mit dem eigentlichen Problem. Solch eine Lebensberatung braucht in der Regel keinen Arzt, keinen Psychosomatiker oder Psychiater.

Krankheiten können die Folge einer gestörten Kommunikation mit dem eigenen Ich und mit der Umwelt sein. Großer oder lang anhaltender Stress und emotionale Unausgeglichenheit stören auch das Immunsystem und andere zentrale Regelfunktionen der Gesunderhaltung. In Stressphasen ist man verstärkt den Einflüssen ausgesetzt, die außen oder innen Schaden anrichten können: Dann, wenn man ein starkes Immunsystem am meisten braucht, ist es oft am schwächsten.

Geistige Muster der Erkrankung und Gesundung

Mittlerweile ist es wissenschaftlich erwiesen, dass viele Beschwerden, sogar schwere Krankheiten, ihren Anfang in einer inneren Unausgewogenheit nehmen. Die Psyche sowie das eigene Weltbild spielen dabei eine ebenso wichtige Rolle wie jeder andere Teil des Menschen. Immunsystem, Gefäßweite und Durchblutung, Stoffwechsel sowie andere Organ- oder Funktionssysteme sind miteinander verwoben. Der gesamte Lebensstil kann so die Stärkung oder Schwächung der Gesundheit nachhaltig beeinflussen. Als schädlich haben sich die folgenden inneren Einstellungen erwiesen. Diese Einstellungen könnten auch herangezogen werden, um Krankwerden zu lehren.

Anleitung zum Krankwerden

Besonders chronisch erkrankte Personen weisen die folgenden Merkmale häufig auf.

- *Unklares oder negatives Selbstbild sowie fehlende Selbstwirksamkeit:* »Wer bin ich denn? Ich muss das Leben nehmen, wie es ist. Das wirklich Gute habe ich nicht verdient. Ich kann zufrieden sein mit dem, was ich habe. Was kann ich schon machen? Das ist halt Schicksal. Ich muss den Ärzten vertrauen, etwas anderes bleibt mir nicht übrig. Es hat ja alles keinen Sinn mehr. Ich bin nur ein kleines Rädchen im großen Uhrwerk ...«
- *Unklare Abgrenzung. Man will es den anderen recht machen, ihre Bedürfnisse sind wichtiger als die eigenen:* »Ich muss halt für die Familie da sein. Da bleibt keine Zeit für mich, ich muss die Kinder zur Schule und zum Tennis fahren. Wer macht denn sonst den Haushalt und die ganze Arbeit? Kinder brauchen eben jede Freiheit. Ohne meine Rückendeckung schafft mein Mann das nicht. Es ist halt meine Pflicht, die Schwiegermutter zu pflegen ...«

- *Blindheit für die eigenen Gefühle:* Zu diesem Grundmuster gibt es wenig innere Sätze, da die Gefühle und die damit verbundenen Gedanken in Aktionismus, Krankheit oder in Etappenziele verschoben werden. Im unmittelbaren Erleben sollen sie nicht auftauchen. Menschen mit diesem Muster können gut Probleme rationalisieren. Sie scheinen dabei emotional aber ganz unbeteiligt. Auf die Frage, wie sie sich denn dabei fühlen, kommt meist wieder eine Rationalisierung oder eine Abwehr dieser Frage. Die Kunst der Gefühlsblindheit nennt die Medizin »Alexithymie«.

Coaching als Gesundheitsprävention

Coaching ist auch eine wirksame gesundheitsfördernde und Stress reduzierende Form der Lebensberatung. Es wäre schade, diese Möglichkeiten der Gesundheitsförderung ungenutzt zu lassen.

Die drei genannten Grundhaltungen sind bei den meisten Menschen mit schweren chronischen Erkrankungen oder Krebs zu finden. Ausbruch und Verlauf dieser Erkrankungen lassen sich durch Coaching, Entspannungsverfahren, Fantasiereisen möglicherweise positiv beeinflussen, wenn diese Einstellungen frühzeitig verändert werden.

Gefühlsblindheit macht krank

Klienten, die Probleme haben, welche durch verdrängte intrapsychische Konflikte mit bedingt sind, wissen über die inneren Ursachen ihrer Probleme oft nichts Gescheites zu berichten. Die Probleme dieser Klienten können sein: Magengeschwür, ständige Niedergeschlagenheit, latente Angstgefühle, Arbeitssucht, Hautausschlag, Alkoholsucht, Zigarettensucht. Sie sehen in der äußeren Welt oder in ihren Umständen allerlei rationalisierte Gründe für ihre Probleme, besonders wenn einschneidende Ereignisse unmittelbar vorausgingen. Wenn sich das Problem aber langsam und schleichend einstellt, fehlt meist die Kenntnis einer möglichen Ursache.

Diese Patienten und Klienten haben zu den eigenen Gefühlen und Gedanken, die mit dem Problem verbunden sind, keinen direkten Zugang. Sie sind dann meist ratlos und können sich das Problem »eigentlich nicht erklären«.

Oft läuft sogar »alles andere eigentlich so gut, dass es nahezu verrückt erscheint, dieses Problem zu haben.« Da alles »wie immer ist«, werden keine relevanten Informationen wahrgenommen. Das Gehirn reagiert nämlich nur auf deutliche Veränderungen in der Außen- oder Innenwelt. Je schleichender etwas auftritt, desto weniger wichtig erscheint es oder wird überhaupt nicht registriert (Bateson 1971). Dies ist einer der Mechanismen für Betriebsblindheit in Systemen. Die üblichen Fragen und Methoden der Informationsgewinnung sind mit diesen Klienten oder Patienten meistens frustrierend. Wie kann ein Gefühlsblinder also wieder sehen lernen?

Halten Sie dem Klienten einen Spiegel vor!

Sie waren vermutlich verstört, als Sie Ihre eigene Stimme erstmals auf dem Anrufbeantworter oder auf einem Diktaphon hörten. Noch intensiver erleben wir es, wenn wir uns selbst auf Videos sehen, wobei wir unsere Interaktionen aus einer Beobachterperspektive wahrnehmen. Erst dann gehen vielen von uns die Augen auf. Als Coach haben Sie wirkungsvolle Methoden des Spiegelns: Sie können Feedback geben und dem Klienten rückmelden, wie sie ihn wahrnehmen und welche Gedanken, Gefühle oder Vorstellungen sein Verhalten oder seine Gegenwart in Ihnen auslöst. Viele Coaches scheuen sich davor, aus Angst, sie könnten ihre Klienten verschrecken oder durch ein klares Feedback zu viel von sich selbst offenbaren: »Schließlich sind Sie hier der Klient und nicht ich.« Beachten Sie dabei bitte folgende Regeln. Auf respektvolles und ehrliches Feedback kommt jedoch meist eine positive Antwort. Eine weitere Form ist die Technik des zirkulären Fragens, bei der Ihr Klient in eine innere Beobachterposition schlüpfen muss, um die Frage zu beantworten. Häufig ergibt sich aber das Problem, dass der Klient so verhaftet ist in seinen Wertvorstellungen und Ansichten des Problems, dass es ihm kaum gelingt, die Situation mit den Augen eines anderen zu sehen

---

Regeln für ein respektvolles Feedback

Sie dürfen sich durchaus über Klienten ärgern. Das können Sie freundlich und gelassen sagen. Tarnen Sie Ihre Gegenübertragung nicht als wohlwollendes Feedback.
Nutzen Sie keine Psychologismen und verschanzen Sie sich nicht hinter Deutungen: »Sie projizieren Ihre negativen Gefühle auf mich und lehnen dabei Ihren eigenen abgewehrten Anteil ab ...« So ein Gerede schafft eine asymmetrische Gesprächssituation. Sie stellen sich so als Experten hin und degradieren den Klienten zum Dummchen.
Versuchen Sie situationsbezogen zu sein: Es ist wenig hilfreich, wenn Sie Feedback geben zu völlig irrelevanten Themen.
Stellen Sie Ihre subjektive Sicht beim Feedback heraus. So nehmen Sie auch selbst wahr, was Ihre eigenen – manchmal verschrobenen – Meinungen im angesprochenen Kontext sind.

Stellvertretertechnik nach Ortwin Meiss

Eine elegante Methode, diese Schwierigkeiten des Spiegelns zu umgehen, ist es, den Klienten zu bitten, sich eine Person vorzustellen, die genau diese Probleme auch hat.

Mit dieser Methode, die von dem Hamburger Psychotherapeuten und Hypnoseexperten Ortwin Meiss entwickelt wurde, bekommt der Klient über den Umweg der Identifikation mit einer imaginierten anderen Person (innere Objektrepräsentanz) wieder Zugang zu seinen eigenen Emotionen. Er kann so Hinweise auf Ressourcen oder Lösungen geben. Diese selbst gefundenen Wege sind meistens attraktiver als die Schnellstraßen, die wir als Coach gerne anbieten möchten.

Übung

(in Entspannung oder in Trance)

Stellen Sie sich eine Person vor, die genau die gleichen Probleme und Schwierigkeiten hat wie Sie. Eine Person, die das Gleiche verkörpert. – Seien Sie einfach neugierig, was für eine Person da auftaucht und für Sie sichtbar wird.

- Nehmen Sie wahr, wie diese Person aussieht, wie sie blickt, sich bewegt, welche Mimik sie hat.
- Beschreiben Sie mir diese Person.
- Wenn Sie jetzt so tun, als wüssten Sie, was mit dieser Person los ist, was sie fühlt, oder wie es ihr geht, was ist es dann, was Sie an ihr wahrnehmen?
- Welches Verhältnis hat diese Person zu sich und den Menschen in ihrem Umfeld?
- Was denkt sie über das Leben?
- Was müsste diese Person haben oder anders machen, damit es ihr besser ginge? (Verändert nach Dipl. Psych. Ortwin Meiss, s. S. 566)

Die Originalmethode ist wesentlich komplexer und arbeitet in Folgeschritten mit anderen inneren Stellvertretern und Symbolisierungen. Ähnliche Verfahren finden sich in anderen hypnotherapeutischen Methoden sowie im NLP.

Psychosomatik

Was verstehen Mediziner unter Psychosomatik?

Im Duden wird Psychosomatik folgendermaßen definiert

Psy|cho|so|ma|tik die; -: (Med.) medizinisch-psychologische Krankheitslehre, die psychischen Prozessen bei der Entstehung körperlicher Leiden wesentliche Bedeutung beimisst (gr. psyche Geist; soma Körper)

Es gibt viele Bedeutungen des Wortes Psychosomatik:

- Die *allgemeine Psychosomatik* bezog sich früher auf die Arbeit des »guten alten Hausarztes, Familienarztes oder Heilers«, der selbstverständlich seelische und soziale Faktoren bei der Diagnosestellung und Behandlung berücksichtigt hat. Diese Kunst beherrschen heute nur noch wenige Heilkundige.
- Die *spezielle Psychosomatik* erforscht mit modernen medizinischen, psychologischen und statistischen Methoden die seelischen Einflüsse auf körperliche Erkrankungen.
- Die *metaphysische Psychosomatik* beschäftigt sich mit der Einheit und Verschiedenheit von Körper und Geist und dem Wechselspiel dieser Dimensionen.

- Die *populäre Psychosomatik* bezieht sich auf »ein Wechselspiel zwischen Körper und Geist«, das anhand der verschiedensten Lehr- und Schulmeinungen unterschiedlich erklärt wird.

In psychosomatischer Literatur treffen wir häufig auf folgende Fachbegriffe:

- Die *Konversionsneurose* stellt einen neurotischen Konflikt dar, der sekundär auf körperlicher Ebene ausgedrückt und gehandelt wird. Er stellt eine unbewusste Fantasie dar. Die Handlung wirkt meist aufgesetzt oder dramatisch. In der Psychoanalyse wurde diese Form der Neurose oft als »hysterisch« bezeichnet.
- Die *funktionellen Syndrome* stellen eine Vielzahl von Beschwerden dar, mit denen der Patient hilflos zum Hausarzt kommt. Dieser ist dann ebenfalls hilflos. Oft sind die Beschwerden diffus oder schillernd. Häufige Begriffe dazu sind: Erschöpfung, vegetative Dystonie, psychovegetative Syndrome.
- Die *Psychosomatosen* sind psychosomatische Erkrankungen im engeren Sinne. Seelische Prozesse (Konflikte, Spannungen, Unerledigtes, Vermischtes und anderes) finden im Körper ein »Entgegenkommen« und drücken sich dadurch nichtsprachlich oder symbolisch unbewusst aus. Die »holy seven« der Psychosomatosen sind: Magengeschwür, Colitis ulcerosa, Bluthochdruck, Rheuma, Schilddrüsenüberfunktion, Neurodermitis, Asthma.
- Einige *Psychoneurosen* (psychische Fehlhaltungen) drücken sich in einer übermäßigen Konzentration auf den Körper aus: Angst vor Erkrankung (Hypochondrismus) und vieles mehr. Diese Störungen werden nicht zur Psychosomatik im engeren Sinne gerechnet.

Die Ursachen psychosomatischer Erkrankungen

Die Medizin stellt kausale Verknüpfungen zwischen Ursachen und Wirkungen (Auslösern und Symptomen) her. Dieses Denken nennt man ätiologisch. In der Psychosomatik herrscht hier allerdings Ratlosigkeit, da es zu jeder Erkrankung eine Vielzahl von ätiologischen Hypothesen gibt. Dies führt zu schillernden Erklärungen der verschiedenen Schulrichtungen und eigentümlichen Wörtern, die jedoch nur Unwissenheit und Ratlosigkeit widerspiegeln: beispielsweise endogen, essenziell, idiopathisch, konflikthaft, defizitär.

Es gibt jedoch viele nützliche Hinweise und Ideen. So haben beispielsweise folgende innere Einstellungen einen negativen Einfluss auf das *psycho-neuro-immunologische System* und sind häufig mit Psychosomatosen und schweren Krankheiten verbunden:

- Unklares oder negatives Selbstbild und die Vorstellung (Denken und Gefühl) einer fehlenden Selbstwirksamkeit: »Wer bin ich schon, ich kann sowieso nichts ändern oder bewegen ...«

- Unklare Abgrenzung und Selbstbehauptung im Leben: »Ich muss halt für die anderen da sein, ich muss es ihnen Recht machen, damit sie zufrieden sind ...«
- Gefühllosigkeit für die eigenen Emotionen und Gefühle: »Es ist schon o.k. so, ich kann ja nicht klagen, wirklich traurig bin ich eigentlich nie, man weiß sich ja zu helfen ...«

Die Fragen dahinter sind oft: Wer bin ich in dieser Welt? Welchen Raum darf ich mir hier nehmen? Wie darf ich handeln und wirken? Bin ich willkommen und geliebt? Bin ich wertvoll? Bin ich einzigartig? Ist meine Gegenwart oder Liebe anderen Menschen wertvoll? Wo höre ich auf und wo fangen die anderen an? Was darf ich von mir wissen und in mir und mit mir erleben ...?

Es handelt sich dabei um Fragen innerer Beziehungsgestaltung, weshalb systemische, humanistische, psychodramatische oder allgemeine psychotherapeutische Methoden wirksam sein können. Ihnen ist gemeinsam, dass die innere Beziehungsgestaltung durch verändertes Denken (Kognition), Emotion (Affekt) und Handlung auf heilsame neue Wege geführt werden kann.

Die psychosomatische Primärversorgung in Deutschland

Etwa 60–70 Prozent der bundesdeutschen Bevölkerung sucht einmal jährlich ihren Hausarzt auf. Davon sind etwa 35 Prozent auch in irgendeiner Form psychisch erkrankt (alle psychiatrisch-psychotherapeutischen Diagnosen), obwohl sie andere allgemeine körperliche Beschwerden als Konsultationsgrund nennen.

- Etwa 25 Prozent der Hausarztpatienten sind psychosomatisch erkrankt.
- Unter 20 Prozent aller psychosomatisch erkrankten Personen werden behandelt.
- Etwa 80 Prozent bleiben ursächlich unbehandelt und werden weiterhin mit unterschiedlichen Methoden ausschließlich körperlich therapiert.

Psychosomatisch erkrankte Patienten kennen nicht die Gründe und Zusammenhänge ihrer Erkrankung. Die Zusammenhänge sind ihnen oft völlig unbewusst, und häufig lehnen sie auch jede Form von psychischer Diagnostik oder Therapie in diesem Zusammenhang ab.

Die Versorgung findet überwiegend durch den Hausarzt statt und nur in wenigen Prozent der Fälle durch Fachärzte für Psychiatrie, Psychotherapie, Psychosomatik oder durch Psychologen. Bis zu 14 Prozent der Patienten haben zusätzlich Beratungsstellen oder alternative Therapieangebote aufgesucht (dort aber meist auf eine körperliche Behandlung bestanden).

Wie redet man mit psychosomatisch Erkrankten?

Vielen Patienten wird vom Hausarzt gesagt, die Beschwerden müssten psychisch sein, da keine körperlichen Schäden festgestellt werden könnten. Die Patienten sind dadurch meistens erheblich verunsichert und verstehen: »Das ist alles nur psychisch, ich bilde mir das nur ein!« Da sie subjektive Gewissheit über ihre Beschwerden, nicht über die Ursachen, haben, lehnen sie diese Erklärung ab und verlieren ihre Therapiemotivation (den Rapport).

Es ist klug, diesen Standpunkt der Patienten zu würdigen und ihnen deutlich zu machen, dass die Beschwerden weder eingebildet sind, noch aus der Psyche kommen. Sie müssen sorgfältig auf die Wortwahl und die inneren Bilder des Patienten achten und ihm eine Erklärung anbieten, die seinen Vorstellungen entspricht und von ihm akzeptiert werden kann.

> Beispielformulierungen sind:
> *»Es handelt sich um tatsächliche Beschwerden und Erkrankungen, die durch eine ›Harmonisierung‹ oder ›Stärkung‹ oder ›Neugestaltung‹ des ›Wechselspiels‹ von ›Stressbewältigungsmustern‹, der ›natürlichen Fähigkeit des Körpers, sich zu entspannen und zu regenerieren‹ ... positiv beeinflusst werden kann. Wir müssen gemeinsam Wege finden, wie Sie mit den Beschwerden besser umgehen können und wie mentale Strategien und Techniken Ihnen bei der Bewältigung der Beschwerden helfen können.«*

Es geht also zunächst nicht darum, Unbewusstes bewusst zu machen und die Klienten mit Deutungen über die möglichen unbewussten und abgewehrten Ursachen der Störung zu konfrontieren. Hier müssen Sie viel reframen, die positiven Aspekte des Symptoms erkennen, den Patienten annehmen und begleiten. Und: Sie müssen sich und dem Patienten viel Zeit lassen!

Darf ein Coach oder Berater heilen?

In Deutschland dürfen nur approbierte Ärzte und zugelassene Heilpraktiker heilen, diagnostizieren, therapieren oder Heilsversprechungen jeder Art mit ihren Handlungen verknüpfen (s. folgende Seite). In der Werbung und Ankündigung Ihrer Coaching-Praxis oder Ihrer Tätigkeit als Psychologischer Berater dürfen Sie nicht auf Krankheiten eingehen und müssen sich in Ihrer Darstellung auf die angewandte Methoden beschränken. So ist es verboten zu schreiben: »Ich beseitige Ihre Rücken-

---

Coaching und psychologische Beratung sollen ausschließlich im nichttherapeutischen Bereich stattfinden und dienen nach Paragraph 1 des Psychotherapeutengesetzes »der Hilfe bei der Überwindung sozialer oder psychischer Probleme außerhalb der Heilkunde«.

schmerzen.« Oder: »Indikationen: Psychosomatik, Erschöpfung ...« Ein Verstoß dagegen ist in Deutschland eine Straftat. Daher ist dieser Text über Psychosomatik nur als Anregung zur Gesundheitsprävention zu verstehen und soll keine Anleitung sein, wie Sie mit Patienten arbeiten oder sich innerhalb der Heilkunde betätigen können.

Körperberührungen und Körperübungen können in einem Streitfalle (Schadensersatzklage eines Klienten) als therapeutische Handlung ausgelegt werden. Daher sollten Sie in Ihren Ankündigungen beispielsweise schreiben: »Ich wende Gesprächstechniken an, welche aus der Methode XYZ abgeleitet wurden und für die nicht-therapeutische Beratung modifiziert wurden ...«

Erfahrungsgemäß ist eine neue »Beziehungserfahrung« im Coaching gesundheitspräventiv oder sogar heilsam. Trotzdem darf mit dieser Erfahrung nicht geworben werden. In der neuen Beziehungserfahrung werden alte Geschäfte erledigt, Fremdes wird zurückgegeben, das Selbstbild wird verändert, Positionen werden geklärt, Grenzen abgesteckt, Handlungsmöglichkeiten erweitert, Emotionen dürfen gefühlt werden. Diese Veränderungen dürfen jedoch in der Auftragsklärung eines Coachings nicht explizit mit einem Heilsversprechen verknüpft werden; ansonsten würde aus dem Klienten nämlich ein Patient werden.

Berufsstand und Berufsbild: Heilen verboten!

Alle Deutschen haben das Recht, Beruf, Arbeitsplatz und Ausbildungsstätte frei zu wählen. Dieses Grundrecht (Art. 12 GG) kann gesetzlich eingeschränkt werden. Eine solche Rechtsverordnung mit einer Einschränkung der beruflichen Tätigkeit und der Berufsbezeichnung betrifft unter anderem folgende Berufe:

- Heilberufe (Ärzte, Heilpraktiker, Krankenschwestern, Krankengymnasten, Kinder- und Jugendlichen-Psychotherapeuten, psychologische Psychotherapeuten),
- Psychologen (Dipl.-Psychologen),
- Rechtsanwälte, Steuerberater sowie
- Ingenieure.

In anderen deutschsprachigen Ländern existieren ähnliche Gesetze. So ist in Österreich zum Beispiel die Berufsbezeichnung »Lebensberater« ebenfalls gesetzlich reglementiert.

Die hier dargestellten Bestimmungen gelten für die Bundesrepublik Deutschland. Leser aus anderen Staaten empfehlen wir, sich nach ähnlichen Regelungen in ihren Ländern genau zu erkundigen.

Die Berufsbezeichnung »Beratender Psychologe« ist ausschließlich den Dipl.-Psychologen vorbehalten; ebenso verhält es sich mit Ableitungen aus Spezialisierungen

> »Wer Psychotherapie als heilkundliche Tätigkeit ausüben will und nicht die Voraussetzungen nach dem Psychotherapeutengesetz erfüllt, bedarf dazu in jedem Fall der Erlaubnis zur Ausübung von Heilkunde nach dem Heilpraktikergesetz (HPG) durch das zuständige Gesundheitsamt ...« (Ahlborn/Weishaupt 2000)

Die Ausübung der Heilkunde im Sinne des Gesetzes ist jede berufs- oder gewerbsmäßig vorgenommene Tätigkeit zur Feststellung, Heilung oder Linderung von Krankheiten, Leiden oder Körperschäden bei Menschen, auch wenn diese im Dienst von anderen ausgeübt wird.

Es ist Coaches oder Beratern gesetzlich strikt untersagt zu heilen, zu diagnostizieren oder Heilungsversprechen mit ihrer Tätigkeit direkt oder indirekt zu verknüpfen (es sei denn, sie sind Arzt oder Heilpraktiker). Sie dürfen auch keine Hypnosetherapie oder Psychotherapie anwenden, sondern lediglich Kommunikationsmethoden, deren Ursprung in diesen Verfahren liegt.

wie praktische Psychologie oder angewandte Psychologie. Seit Inkrafttreten des Psychotherapeutengesetzes am 01.01.1999 ist eine beratende Tätigkeit durch Personen, die nicht in die oben genannte Gruppe der Heilberufe gehören, geregelt.

Diese Trennung ist wichtig. Als Coach, psychologischer Berater (Achtung: nicht »Beratender Psychologe«!) oder Lebensberater begegnen Sie Ihren Klienten außerhalb der Heilkunde in einem gesunden Lebenszusammenhang. Daher heißen Ihre Klienten auch nicht »Patienten«.

Sie sollten Ihre Tätigkeit, Korrespondenz, Notizen, Äußerungen sowie Werbung hierauf immer wieder überprüfen. Sie werden feststellen, dass der Übergang zur Psychotherapie praktisch immer fließend und schwer abgrenzbar ist. Daher ist es besonders wichtig, dass Sie nach außen hin verdeutlichen, dass Sie sich hier um eine klare Trennung bemühen. Aus diesen Gründen ist es auch vorteilhaft, wenn Sie eine gründliche Coaching- oder Beratungs-Ausbildung mit einem anerkannten oder zertifizierten Abschluss vorweisen können.

Im Falle gerichtlicher Auseinandersetzungen ist dies der Nachweis, dass Sie sich um eine Abgrenzung zur Therapie bemüht und diesbezüglich das nötige Wissen erworben haben. Ansonsten ist aber in Deutschland für eine Qualifikation zum Berater oder Coach keinerlei Ausbildung vorgeschrieben! Auch die Tätigkeits- oder Berufsbezeichnung ist bisher nicht geschützt.

Es ist von unschätzbarem Vorteil, wenn Sie schon während Ihrer Ausbildung zum Coach oder psychologischen Berater Kenntnisse über neurotische, psychosomatische und psychiatrische Erkrankungen erwerben. Dies erleichtert Ihnen auch formal schnell eine Abgrenzung und verhindert, dass Sie unwissentlich in den Verdacht einer Ausübung der Heilkunde kommen. Außerdem ist es sinnvoll, wenn Sie in jedem Zweifelsfalle mit dem Hausarzt oder einem zuständigen Facharzt Kontakt aufnehmen, um solche Fragen explizit zu klären.

Um Grenzbereiche zur Therapie betreten zu dürfen, bedarf es einer Überprüfung beim Amtsarzt. Sie ist die Voraussetzung für eine Erlaubnis zur Ausübung der Heilkunde, begrenzt auf das Gebiet der Psychotherapie nach dem Heilpraktikergesetz (HPG).

Es genügt für die Zulassung zur Prüfung ein Antrag beim zuständigen Gesundheitsamt. Allerdings besteht fast kein Antragsteller die Prüfung, der sich nicht umfassend an einem Privatinstitut ausgebildet hat.

Bitte verwenden Sie ausschließlich die Bezeichnungen Coach, Personal Coach, systemischer Coach, Berater, Lebensberater, psychologischer Berater – in dieser Form oder nach Rücksprache mit dem Ordnungsamt auch in anderer Form. Das unerlaubte Führen einer geschützten Bezeichnung wie »Psychotherapeut« oder »beratender Psychologe« oder eine irreführende Darstellung, die vermuten lässt, dass Sie Arzt oder Psychologe sind (oder diesen gleichgestellt sind) ist strafbar.

Bitte gebrauchen Sie in allen Schreiben an Ämter und in den Beratungsverträgen, die Sie mit Ihren Klienten abschließen, sinngemäß die folgende Formulierung.

> Es handelt sich um eine psychologische beratende Tätigkeit außerhalb der Heilkunde. Diese ist somit nach dem Psychotherapeutengesetz nicht genehmigungs- oder überwachungspflichtig, denn psychologische Tätigkeiten, die die Aufarbeitung und Überwindung sozialer Konflikte oder sonstige Zwecke außerhalb der Heilkunde zum Gegenstand haben, gehören nicht zur Ausübung von Psychotherapie (PsychThG § 1 Berufsausübung, Abs. 3, Satz 3).

Positive Beratung psychosomatisch erkrankter Personen

Der in Deutschland praktizierende persische Arzt Nossrat Peseschkian hat Generationen von Psychosomatikern ausgebildet. Er verbindet Weisheiten des Orients mit westlichen Erkenntnissen über Psychosomatik zu einer sogenannten »Positiven Psychotherapie und Lebensberatung«. Einige nützliche Verfahrensweisen von Peseschkian sind die folgenden:

- *Mediator des Zitats:* Sammeln Sie Zitate berühmter Personen oder Geschichten zu Erfolg, Krankheit, Leiden und all den Problemen, mit denen Ihre Klienten zu Ihnen kommen. In einer der ersten Beratungsstunden zitieren Sie die berühmten Personen. Zu vielen Aussagen wird Ihr Klient eine andere Meinung haben. Fungieren Sie dann als Mediator zwischen dem, was die berühmte Person vermutlich sagen wollte, und dem, was Ihr Klient sagt.
- *Verordnen Sie Schreiben und Lesen:* Geben Sie Beratungshausaufgaben auf: »Schreiben Sie Ihrem Großvater/Chef einen Brief, den Sie nicht abschicken sollten. Sagen Sie darin alles, was Sie ihm immer schon mitteilen wollten.« Empfehlen Sie ein Buch, das Sie selbst gut kennen und das für den Klienten und sein Anliegen passend ist. Planen Sie mit dem Klienten, welche Kapitel bis zum nächsten Termin durchgearbeitet werden sollen, und diskutieren Sie darüber.
- *»Organsprache«:* Kopf – Bauch – Füße (oder: Denken, Gefühl, Handlung). Das folgende Beispiel soll dies verdeutlichen.
  Wenn ein Klient ständig an Magendruck leidet, sobald er das Büro betritt, wird er diesen Magendruck vielleicht hassen und gern loswerden. Lassen Sie ihn mit dem Magendruck kommunizieren:

Kopf: »Magendruck, ich hasse dich! Ich nehme einfach noch mehr Tabletten. Ich will dich loswerden, weil ...«

Bauch: »O.k., da ist ein Gefühl in mir, das sagt, du erfüllst eigentlich einen wichtigen Zweck und möchtest etwas Positives für mich erreichen ... Was ist es eigentlich, das du für mich erreichen willst?«

Füße: »O.k., Magendruck, jetzt weiß ich, was du für mich erreichen willst, und mir wird dabei klar, was ich eigentlich wirklich brauche und will. Genau jetzt setze ich mich mit konkreten Aktionen in Bewegung, um eine Veränderung in diese Richtung herbeizuführen!«

Übungsfragen

War eine Person in Ihrem Umfeld in letzter Zeit krank? Stellen Sie ihr bitte folgende Fragen – angepasst an die Situation der Person:

- Wie wirkt sich die Krankheit auf den Körper aus?
- Wo sitzt der Schmerz (das Leiden)?
- Wann tritt er auf?
- Was denken Sie darüber?
- Was haben Sie gehört, wie man damit umgehen soll?
- Behindert es Ihre Konzentration?
- Wer muss anwesend sein, damit es passiert?
- Was sagt Ihre Frau (oder eine andere Bezugsperson) darüber?
- Was meint der Chef dazu?
- Welche Ziele haben Sie für die nächsten drei Jahre?
- Wie wirkt sich das auf Ihr Leben aus?
- Wo möchten Sie in drei Jahren stehen?

Entwickeln Sie mindestens zehn weitere Fragen, die Sie selbst oder Ihre Klienten schriftlich bearbeiten sollen.

Tipps zur Gesundheit

Befreien Sie sich von Ihren Süchten: Alkohol, Tabak, Kaffee, Fernsehen, sinnloses Reden, Einkaufen. Seien Sie kein Sklave von auferlegten Pflichten. Teilen Sie großzügig folgende Aktivitäten in Ihrem Wochenplaner Termine zu:

- Muße und Tagträumen
- Partnerschaft und Liebe
- Familie
- Freundschaft
- Zeit für sich selbst
- Schlaf und Entspannung

- Ausdauersport und Muskeltraining
- Naturerleben
- gesundes Essen und Trinken
- Körperpflege und Hygiene
- Gespräche mit Gott

Essen Sie täglich mindestens viermal Obst und zweimal Gemüse (besonders Äpfel und Tomaten!). Essen Sie täglich Naturjoghurt oder trinken Sie Kefir. Nehmen Sie Rapsöl zu sich oder essen Sie fette Kaltwasserfische (Omega-3-Fettsäuren). Trinken Sie häufig grünen Tee, Apfelschorle und viel Wasser. Nutzen Sie jeden Tag Zahnseide. Korrigieren Sie ungesunde Ernährungsgewohnheiten. Lassen Sie sich regelmäßig ärztlich und zahnärztlich untersuchen und beraten.

Stellen Sie einen Gesundungs- und Gesundheitsplan auf. Übernehmen Sie selbst die Verantwortung. Lesen Sie Bücher zur Gesundheitsplanung, zur Gesundheitsprävention, zu Anti-Aging. Sprechen Sie Ihren Plan mit Ihrem Hausarzt *und* Ihrem Zahnarzt durch und nehmen Sie Kontakt zu anderen Gesundheitsspezialisten auf.

Lese- und Hörhinweise:

Das Buch »Kurzzeittherapie – ein praktisches Handbuch« von Luc Isebaert liefert eine Fülle von sehr guten Anregungen zu einer gesundheitsorientierten Kognitiven Therapie und Beratung. Lesehinweis zur Ernährung: Pape/Schwarz/Gillessen: Gesund, Vital, Schlank (2005).

Grönemeyer, D.H.W. (2004): Mensch bleiben. High-Tech und Herz – eine liebevolle Medizin ist keine Utopie (4 Audio-CDs). Köln (Random House Audio). Vom gleichen Autor gibt es auch zahlreiche »ganzheitlich« orientierte medizinische Ratgeber als Bücher. Professor Dietrich Grönemeyer ist der »kleine Bruder« von Herbert Grönemeyer.

»Gesundheitstipps von Ihrem Coach« von Björn Migge: Hier sind einige Empfehlungen zur Ernährung und Gesundheit auf wenigen Seiten zusammengefasst. Coaches und Trainer/innen können diese Seite als PDF im Downloadbereich von www.drmigge.de herunterladen, eventuell selbst ergänzen oder umschreiben und modifiziert an ihre Klienten weiterreichen. Diese kleine Handreichung eignet sich auch sehr gut als Gesprächseinstieg in das Thema.

Migge, B. (2007): »Hypnotherapie bei Krebs oder schwerer Erkrankung. Selbsthilfe von innen«. Nördlingen (Jordan-Verlag). Audio-CD mit einer Spielzeit von 56 Minuten. Der Text ist im Rahmen einer Krebsselbsthilfegruppe entstanden und mit einem einfachen Diktiergerät aufgenommen. Er soll helfen, mehr Lebensqualität, Zuversicht und Selbstengagement bereitzustellen. Coaches können solche Texte auch individuell für ihre Klienten aufnehmen.

Seiwert, L. (2005): Wenn Du es eilig hast, gehe langsam. Mehr Zeit in einer beschleunigten Welt (2 Audio-CDs). Frankfurt am Main/New York (Campus). Der Hörtext ist sehr lehrreich und man kann sich dabei auch gut entspannen und aus seinem Alltags-Hamster-Rad aussteigen.

Beruf und Karriere

Würden Sie noch einmal die gleiche Lehre machen oder an der gleichen Fakultät studieren? Was würden Sie heute ganz anders machen und wo (und mit wem) würden Sie dann im Leben stehen? Bestimmt haben Sie sich diese Fragen schon gestellt. Es ist sinnvoll, darüber nachzudenken, damit uns die Strategien und Helfer klar werden, die uns bisher geleitet haben. Weshalb hat es mit Ihrer Karriere vielleicht nicht ganz so geklappt, wie Sie es gewünscht hatten?

»Hätten meine Eltern mich dazu angeleitet, könnte ich jetzt Klavier spielen.« »Wäre ich damals von meiner Lehrerin besser beraten worden, hätte ich etwas anderes studiert.« »Hätte mein Chef mich beraten oder gecoacht, wäre mehr aus mir geworden. Nun erkenne ich meine Möglichkeiten zu spät und stecke hier fest.«

Ziele definieren, Änderungen vornehmen

Der rechte Zeitpunkt, die Sache anzupacken

Der Ausgangspunkt für unser Leben liegt immer in den drei Sekunden, die unser Gehirn als jetzt erkennt. »Was immer uns widerfahren ist, es ist Vergangenheit«, meint Jon Kabat-Zinn. »Die einzige bedeutsame Frage ist daher: Was jetzt?«

Karriere- und Berufsplanung ist ein Rückgriff auf das Erlebte, auf die Fähigkeiten und Schwächen, die wir haben. Und es ist ein Vorgriff auf unsere Potenziale, Ziele und Visionen, die wir in der Zukunft leben wollen. Außerdem benötigen Sie einen Plan für das konkrete Vorgehen, die Zeit und dafür, wie vorhandene Schwächen langsam in Stärken umgewandelt werden können.

- *Rückgriff:* bisherige Erfahrungen, Fähigkeiten, Schwächen.
- *Vorgriff:* Potenziale, Ziele, Visionen.
- *Planung:* Teilschritte, Aufbau von Stärken.

Was ist Ihnen wirklich wichtig?

Um zu erfahren, was ein Klient erreichen möchte, sollten Sie sich etwas Zeit nehmen und nicht gleich auf den ersten Zug aufspringen, mit dem der Klient vorfährt:

- Oft bilden wir nämlich Ziele, die uns vor unseren Ängsten bewahren sollen, oder unseren Zielen liegen einschränkende Glaubenssätze zugrunde: »Das würde ich nie schaffen, da wäre ich fehl am Platze, dann müsste ich vor anderen reden ...!«

Übungsfragen

- Was wäre mir wichtig, wenn ich jetzt ganz neu starten könnte?
- Was habe ich bisher schon erreicht?
- Wo war ich erfolgreich?
- Was kann ich besonders gut?
- Was fällt mir schwer oder macht mir Angst?
- Was fehlt mir, damit ich diese Schwäche oder Angst überwinde?
- Wie kann ich aus den Schwächen Stärken machen?

- Im Hintergrund schwebt dabei ein anderes Ziel, das Anlass für diese Sätze ist. Im Vordergrund wird ein Ziel wahrgenommen, mit dem wir vermeiden, was uns ängstigt. Dieses vordergründige Ziel wird im Gespräch oft zuerst angeboten. Aus dieser Erkenntnis ergab sich, als Coaching-Weisheit, eine alte Redensart: »Wasch mir den Pelz, aber mach mich nicht nass!«
- Wir bilden Ziele, die in unserem sozialen Umfeld als angemessen oder erstrebenswert gelten: aufsteigen in der Firma, eine Führungsposition einnehmen. Häufig spielen dabei Geld und Statussymbole eine wichtige Rolle: Autos, Titel auf Visitenkarten, Häuser, Anzahl der Untergebenen, internationales Auftreten, Kleidung, Vergünstigungen und anderes kennzeichnen unseren Erfolg.

Für die meisten Menschen ist die Freude an der Arbeit gering. Auch Führungskräfte mit großen Autos und tollen Häusern sind nicht glücklicher als Menschen, die ihre Schwerpunkte im Leben woanders setzen.

Sieben übergeordnete Ziele

Unabhängig vom Status und von der Form der Karriere werden von den Klienten sieben übergeordnete oder abstrakte Ziele immer wieder genannt

1. **Relevanz:** »Ich möchte etwas beisteuern.«
2. **Selbstständigkeit:** »Ich möchte selbst entscheiden.«
3. **Bewusstheit:** »Ich möchte wissen, was ich tue.«
4. **Selbstwirksamkeit:** »Ich möchte wirksam und bewegend sein.«
5. **Verantwortlichkeit:** »Ich möchte verantwortlich sein.«
6. **Stolz und Akzeptanz:** »Ich möchte mich selbst achten.«
7. **Identität:** »Ich möchte wissen, wer ich bin.«

Wie konkret darf ich als Coach werden?

Viele Berater scheuen sich, den Klienten konkrete Möglichkeiten aufzuzeigen. Das halte ich nicht für richtig. Geben Sie ein klares Feedback und helfen Sie bei der Suche nach Informationen; damit unterstützen Sie die Suche nach klaren Zielen.

Übungsfragen

- Gab es Ängste oder Einschränkungen, die Ihre Berufswahl beeinflusst haben?
- Wie dachten wichtige Menschen in Ihrem Umfeld über den Beruf, den Sie jetzt ausüben?
- Was würden Sie jetzt stattdessen machen, wenn Sie noch einmal neu entscheiden könnten?
- Würden Sie jetzt anders vorgehen und andere Weichen stellen?
- Wer hat Sie beraten und stand Ihnen bei der Planung zur Seite?
- Wie verwirklichen sich die oben genannten Punkte eins bis sieben in Ihrem jetzigen Beruf?
- Was ist Ihnen wirklich wichtig, was sind Ihre Werte?
- Wie lassen sich Ihre »Berufs-Werte« mit den anderen Bereichen des Lebens vereinbaren?

- *Feedback:* Wie sehen Sie den Klienten in seinem Verhalten? Wie erleben Sie ihn und seine Rollen im System? Welche Möglichkeiten oder Schwächen sehen Sie? Was löst der Klient in Ihnen aus? Welche Gefühle und Einstellungen entwickeln Sie ihm gegenüber?
- *Informationssuche:* Welche Bücher können Sie ihm empfehlen (die er vermutlich nie lesen wird …)? Welche VHS-, Wochenend- oder Urlaubskurse können Sie empfehlen? Welche anderen Fortbildungsmöglichkeiten gibt es in der Region und überregional? Welche Fernkurse, welche Beratungsstellen können Sie empfehlen? Achten Sie dabei bitte auf die Bedürfnisse Ihres Klienten. Vielleicht sucht dieser nicht nach Erleuchtung oder nach sogenannten Schlüsselqualifikationen, sondern, ohne es bisher zu wissen, nach einer speziellen Fortbildungsmöglichkeit im Steuerwesen oder nach einem Single-Tanzkurs.

Den Plan aufschreiben

Viele erfolgreiche Menschen hatten schon während der Schul- und Studienzeit eine klare Vorstellung von dem, was sie einmal machen möchten. Zahlreiche heutige Spitzenverdiener haben ihre Pläne schon in der Studienzeit aufgeschrieben: Lernpläne, Bewerbungspläne, Zeitpläne, Tagebucheinträge über den gewünschten zukünftigen Beruf, über Erfolg, Macht, Geld und vieles mehr. Im Vergleich von Spitzenverdienern und mittleren Angestellten fiel in den 1970er Jahren in den USA auf, dass die Spitzenverdiener ihre Pläne meist aufschrieben, die Normalverdiener in der Regel nicht.

Heute scheint uns Spitzenverdienst und Führung vielleicht weniger attraktiv als damals. Ausgewogenheit, Freizeit und ein erfülltes Leben stehen für heutige Berufsanwärter häufiger im Vordergrund als früher. Auch diese Gaben werden durch das Schicksal aber nicht verschenkt. Entscheidend ist die Erkenntnis, dass eine langfristige Planung, die schriftlich fixiert wird, darüber entscheiden kann, wohin die Reise unseres Lebens geht. Nicht das Schriftstück selbst ist dabei entscheidend, sondern die mentale Arbeit, die Sie auf dem Wege vom Kopf zum Papier leisten müssen.

Übung und Übungsfragen

- Haben Sie einen Lebens-, Abschnitts- oder Wochenplan für Ihre Visionen oder Ziele aufgeschrieben oder klar durchdacht?
- Was planten Sie in der Mitte der Ausbildung oder des Studiums?
- Wohin sollte die Reise genau gehen?
- Haben Sie aufgehört zu planen?
- Wo befindet sich Ihr Plan?

Fassen Sie den Plan in einige Schlagworte oder formulieren Sie ihn in Werte um, die ihm zugrunde liegen, und hängen Sie ihn über Ihren Schreibtisch.

- Welche Symbole oder Metaphern haben die Ziele auf dem Plan?

Als Coach werden Sie bemerken, dass Faulheit, Trägheit, Gewohnheit, Glaubenssätze und Einschränkungen aus der Herkunftsfamilie selbst diesen kleinen Schritt verhindern können: »Ich lass mich lieber treiben, es kommt wie es kommt, ich werde dann schon sehen, Planung nimmt dem Leben die Spontaneität …!«

Nach einigen Stunden der Zusammenarbeit haben sich die Klienten davon häufig befreit. Die schriftliche Planung einer Vision oder eines neuen Lebensentwurfs behandeln Sie daher besser nicht in den ersten Stunden Ihrer gemeinsamen Arbeit.

Optionen sammeln und bearbeiten

In der Fernsehserie Raumschiff Enterprise haben Produzenten und Schauspieler mit viel Witz die Tabus ihrer Zeit aufgegriffen. In den 1970er-Jahren galt es als Sensation, dass auf einem amerikanischen Raumschiff eine schwarze Frau Offizier war und ein Ostblock-Mann die Enterprise lenkte (Ltt. Uhura und Tschechow). In einer neuen Staffel der Serie »Enterprise – Raumschiff Voyager« ist eine Frau sogar Kapitän des Raumschiffs. In den USA unserer Zeit ist das auf größeren bewaffneten Schiffen nur selten der Fall, und auch in den Führungsetagen der wirtschaftlichen Flaggschiffe ist das eher eine seltene Ausnahme.

Die Produzenten und Drehbuchautoren haben für die neuen Serien erneut versteckt sozialkritische Themen einfließen lassen, und sie nehmen beispielsweise bewusst Führungsfragen und Gesprächstechniken aus der Beratung auf. Eine häufige Frage von Kapitän Janeway an ihre Offiziere ist: »Welche Optionen haben wir, meine Damen und Herren?« Nachdem Ideen und Möglichkeiten gesammelt sind, werden deren Erfolgsaussichten, die Zwischenschritte und Konsequenzen diskutiert. Von einigen Amerikanern wird »Voyager« daher als Lehrfilm im Führungskräftetraining eingesetzt oder als originelle Idee, das Training aufzulockern.

Ein wichtiger Schritt bei der Zielplanung ist das Sammeln von Informationen, Möglichkeiten oder Optionen:

- Welche Informationen brauche ich für eine vernünftige Entscheidung?
- Woher könnte ich die Informationen bekommen?
- Welche Möglichkeiten (Optionen) ergeben sich daraus?

Diskutieren Sie mit Ihrem Klienten ganz konkret, welche Strategien zur Informationsbeschaffung er bisher hatte und wie diese zukünftig verbessert werden können. Bei dieser Arbeit werden Sie auf viele hinderliche Einstellungen stoßen, die die Klienten bisher an einer effektiven Options- und Informationssuche behindert haben.

Aufgaben in Teilschritte zerlegen

Die »Salamitaktik« gehört heute zur Allgemeinbildung: Große Herausforderungen oder Ziele werden in viele überschaubare Zwischenschritte zerlegt. Wenn Sie nebenberuflich Übersetzer für englische Handelssprache werden wollen, könnten solche Zwischenschritte so aussehen:

- Informationen suchen über Ausbildungsmöglichkeiten, Kosten, Berufsaussichten und Zeitinvestition. Dieser Schritt selbst wird unterteilt in Anrufe, Anforderung von Prospekten, Fragen beim Arbeitsamt, Suche im Internet.
- Anmelden bei einem Ausbildungsanbieter.
- Lehrmaterial sichten und erforderliche Bücher kaufen.

Diese Planung sollte sich an Zielkriterien orientieren, die wir im Kapitel über richtiges Zielen (s. S. 137ff.) besprochen haben.

Erstaunlich ist, dass dieses allgemeine Wissen um die Zergliederung größerer Aufgaben im Beruf und bei der Planung der eigenen Karriere selten angewendet wird. Meist wird die Herausforderung als Ganzes gesehen, und anschließend beginnt die Arbeit mit einer vagen Vorgabe und einem Berg von Schwierigkeiten, der vor einem zu liegen scheint. Also: Gliedern Sie mit Ihrem Klienten das große Ziel, fügen Sie sinnvolle Teilziele und Zwischenschritte ein. Es hat sich bewährt, für die verschiedenen Lebensbereiche Wochen-, Monats- und Jahresübersichten aufzustellen.

Übung

Was ist Ihr Plan für die nächsten Wochen, Monate oder Jahre in folgenden Bereichen?

- Arbeit, Leistung, Karriere
- Familie, Liebe, Freunde
- Körper, Gesundheit
- Materielle Sicherheit
- Selbstverwirklichung, Spiritualität

An diesen Plan müssen Sie sich nicht sklavisch halten. Bei der Planung wird Ihnen auf diese Weise aber deutlich, wo es zu Konflikten oder Unausgewogenheiten kommen könnte.

Übungsfragen

- Was planen Sie in den verschiedenen Bereichen?
- Welche Veränderungen streben Sie für diese Bereiche an?
- Welche Aktivitäten werden schön und erholsam sein, welche sind eher anstrengend?
- Welche Bereiche werden kurz- oder mittelfristig zurückstecken zugunsten der Pläne in anderen Bereichen?
- Sicher stimmen Sie zu, dass Qualität im Beruf bedeutsam ist und ständig verbessert werden muss! Wie verbessern Sie die Qualität Ihrer Liebe, Partnerschaft, Ihrer Spiritualität?
- Wann haben Sie dort zuletzt »investiert«?

Vom Wichtigen und Unwichtigen

Übungsfragen

- Wonach entscheiden Sie, was Sie zuerst tun müssen?
- In welcher Reihenfolge arbeiten Sie Herausforderungen ab? Was erledigen Sie nebenbei?
- Wie vielen Aufgaben können Sie sich gleichzeitig widmen?

Als junger Arzt auf einer Krebsstation sprach ich mit einem sterbenskranken Patienten. Während des Gesprächs klingelte der »Pieper«. Die Nummer auf dem Display zeigte, dass es die Sekretärin des Chefs war.
Ich bin nicht aufgesprungen und zum Telefon gelaufen, sondern habe mit dem Patienten weiter geredet. Das war wichtig, der Anruf der Chefsekretärin war vielleicht *eilig,* aber *weniger wichtig!*
Wegen meines Verhaltens gab es mit der Sekretärin und dem Chef später ein wenig Ärger.

Dieses Beispiel zeigt, dass die Hierarchie, die Stellung im System oder die Frage der Macht, einen starken Einfluss auf unsere Bewertungen hat. Viele Leser werden ähnliche Beispiele kennen.

Vielleicht greifen auch Sie nach dem nahe Liegenden, oder besser: werden von jedem Reiz Ihrer Umgebung ergriffen, als wären Sie willenlos oder planlos? Können Sie sich ausreichend abgrenzen, und haben Sie Prioritäten? Oder greifen Sie immer zum Handy, wenn es klingelt – egal, wo Sie gerade sind?

»Wer sich ergreifen lässt durch einen nichts sagenden Gedanken, durch das Klingeln einer Maschine, durch Werbesendungen, Talkshows, Boulevardblättchen, der wird getrieben und dreht sich dabei im Kreis. Das ist etwas für Menschen, die Ablenkung lieber mögen als ihre eigenen Ziele und Prioritäten«, sagt Henrike Sieker, Team-Spezialistin aus Osnabrück.

Vermutlich ahnen Sie den Unterschied:

- Wichtiges verlangt Ihre ganze Aufmerksamkeit, mit Überblick über den gesamten Prozess!
- Unwichtiges kann parallel erledigt werden, mit einer Aufmerksamkeit, die nur auf den Moment gerichtet ist. So können Sie viele kleine Momente aneinanderreihen.

Männer sollen dazu neigen, eine Aufgabe nach der anderen erledigen zu wollen. Frauen sollen besser befähigt sein, mehrere Aufgaben gleichzeitig anzugehen. Ihnen wird nachgesagt, dass sie multitaskfähiger sind.

Entscheidend ist auch die Zeit, die uns für wichtige und unwichtige Aufgaben zur Verfügung steht. Dieses Konzept hat Steven R. Covey in seinen Büchern populär gemacht.

Wichtig und eilig:	Wichtig, aber nicht eilig:
Sofort erledigen! Ganze Aufmerksamkeit!	Bald Termin dafür einplanen! Ganze Aufmerksamkeit!
Unwichtig und eilig:	**Unwichtig und nicht eilig:**
Delegieren oder später erledigen! Falls selbst: bündeln!	In den Papierkorb oder delegieren! Falls selbst: bündeln!
(Sog. Eisenhower-Prinzip, modifiziert nach St. Covey)	

- *Wichtige und eilige Aufgaben:* Wenn sich eine Krise einstellt, die in wichtigen Fragen eine sofortige Entscheidung verlangt, dann werden Sie dies nicht aufschieben. Solche Probleme treten sehr selten auf, wenn Sie in einem gut durchdachten Unternehmen arbeiten. Hektische Krisen, die gehäuft auftreten, sind ein Zeichen für Miss-Management, nicht aber für effiziente und turbulente Betriebsamkeit.
- *Wichtige, aber nicht eilige Aufgaben:* Einige Aufgaben sind zwar wichtig, können aber auch zu einem späteren Zeitpunkt erledigt werden. Wenn Ihr Mitarbeiter Sie bittet, ihm in den nächsten Tagen ein Feedback zu geben, dann ist das sehr wichtig, hat aber einige Tage Zeit.
- *Unwichtige, aber eilige Aufgaben:* Ein eiliger Anrufer mit einer unwichtigen und banalen Frage, die jeder in der Firma beantworten könnte. Oder: Wenn Sie als Führungskraft in das Materiallager gehen, um dort Papier für das leere Kopiergerät zu holen, weil Sie dringend eine Kopie machen möchten. Dies kann aber auch eine Tätigkeit sein, mit der Sie bewusst als Vorbild wirken möchten: »Ich gehöre

zum Team, ich bin mir dafür nicht zu schade, auch Kleinigkeiten sind bedeutsam ...« In der Regel handelt es sich aber um eine Aufgabe, die für Ihre Tätigkeit nicht bedeutsam ist und Ihnen daher Zeit nimmt, die Sie für wichtige strategische Planung und lenkende Managementaufgaben benötigen. Solche Tätigkeiten sollten Sie delegieren.

● *Unwichtige und nicht eilige Aufgaben:* Wann Sie die unverlangte Postwurfsendung öffnen und durchlesen, ist völlig egal. Solche Aufgaben sollten Sie delegieren oder die Sendung gleich in den Papierkorb werfen.

Burn-out garantiert

Weiter oben hatten wir erwähnt, welche Voraussetzungen oder Grundmotive erfüllt sein müssen, damit jemand seine Arbeit langfristig mögen kann:

1. *Relevanz:* »Ich möchte etwas beisteuern.«
2. *Selbstständigkeit:* »Ich möchte selbst entscheiden.«
3. *Bewusstheit:* »Ich möchte wissen, was ich tue.«
4. *Selbstwirksamkeit:* »Ich möchte wirksam sein.«
5. *Verantwortlichkeit:* »Ich möchte verantwortlich sein.«
6. *Stolz und Akzeptanz:* »Ich möchte mich selbst achten.«
7. *Identität:* »Ich möchte wissen, wer ich bin.«

Außerdem muss ein Ausgleich der verschiedenen Lebensbereiche gewährleistet sein: *Karriere – Gesundheit – Beziehungen – Sicherheit – Spiritualität.* Diese Voraussetzungen sind nur selten gegeben und werden von den wenigsten Menschen so geplant oder bewusst geschaffen. Werden diese Grundmotive nicht gewürdigt oder kommt es zu einer Dysbalance der Lebensbereiche, führt dies ins Burn-out. Anfangs geht dann noch alles gut, weil wir von oberflächlichen Motiven bewegt werden und in jungen Jahren auch über genügend Lebensenergie verfügen, die wir »verschwenden« können. Nach einigen Monaten oder Jahren beginnt dann aber ein Klagen und eine unterschwellige Unzufriedenheit:

> *»Ich kann nichts mehr so recht genießen: Ich bin total fertig.« »Ich weiß irgendwie nicht weiter, der Job frisst mich auf.« »Die Arbeit geht über meine Kräfte, mir fehlen da auch die Möglichkeiten.« »Ich stecke da so viel Energie rein, es kommt aber nichts zurück.« »Ich fühle mich schon richtig krank.« »Ich powere jetzt noch durch, und dafür gehe ich mit 50 in Rente.« »Da muss ich jetzt halt durch, irgendwo muss das Geld ja herkommen.« »Ich arbeite mich zu Tode, und mein Chef erntet die Lorbeeren.«*

Dieses Gefühl der Leere ist nicht nur Top-Managern vorbehalten. Überall, wo die ständigen Anforderungen von außen dazu führen, dass wir nicht in Harmonie mit unseren inneren Werten, Wünschen und den verschiedenen Lebensbereichen leben können, stellt sich ein Burn-out-Syndrom ein. Burn-out wird von den Betroffenen als ein Verlust an Lebensenergie beschrieben. Erst die ständige Unausgewogenheit führt in den Erschöpfungszustand:

- Aus dem freudigen Leistungswunsch entwickelt sich langsam ein erdrückender Handlungszwang.
- Am Anfang steht oft der Wunsch, sich zu beweisen.
- Der verstärkte Einsatz führt zum Vernachlässigen anderer Bedürfnisse. Die daraus entstehenden Konflikte werden verdrängt.
- Werte, Kriterien und Glaubenssätze werden dem Zwang und der Firmenphilosophie angepasst.
- Die Probleme, die durch den sozialen Rückzug und die Unausgewogenheit entstehen, werden verleugnet und abgewehrt.
- Außenstehende nehmen bereits deutlich Verhaltensänderungen wahr. Die betroffene Person zieht sich immer mehr in die Aufgabe zurück.
- Das Gefühl für die eigene Person geht verloren, innere Leere, Erschöpfung und Depression stellen sich ein.

Übungsfragen

- Bekommen Sie bei oder nach der Arbeit manchmal Kopfschmerzen?
- Ist Ihr Nacken häufig bei der Arbeit verspannt?
- Haben Sie Bauchschmerzen oder Magenprobleme?
- Wann wollen Sie in Ruhestand gehen?
- Müssen Sie Ihren Beruf immer ausüben, oder können Sie sich vorstellen, irgendwann einmal zu wechseln?
- Was stört Sie bei der Arbeit immer wieder?
- Wenn Ihr Lebenspartner einschätzen sollte, welche Probleme Sie meistens mit nach Hause nehmen, was würde er sagen?
- Verzetteln Sie sich zwischen zu vielen Herausforderungen und Pflichten?
- Können Sie sich genügend abgrenzen gegenüber den Ansprüchen anderer?
- Was sind Ihre Werte, welche die des Umfeldes?
- Wo liegen die wirklichen Ziele und Wünsche Ihres Lebens?
- Was sind Ihre eigentlichen Kraftquellen?
- Wer kann und darf Ihnen Feedback und Unterstützung geben?

Dies betrifft Hilfsarbeiter, Lehrer, Hausfrauen und Manager gleichermaßen. Es ist ein Anzeichen dafür, dass der Betroffene sein Leben nicht so organisiert hat, wie es für ihn gut wäre. Die meisten Menschen wollen jedoch lieber im gewohnten Leid verharren und scheuen die Herausforderung einer Veränderung. Im Coaching werden Ihnen häufig Menschen begegnen, die unterschwellig schon zu Änderungen bereit sind. Sie werden diesen Klienten dann keine einfachen Antworten geben können, sondern müssen sich mit viel Zeit durch deren Werte, logische Ebenen, Ziele und Visionen hindurchbewegen, bis die Klienten selbst sehen, wohin die Reise zukünftig gehen könnte.

Ohne Vitamin B läuft nur wenig

Beziehungen werden uns nicht nur von den Eltern in die Wiege gelegt: Jeder Blick und jeder Händedruck kann Beziehungen schaffen. Die Art, wie wir auf Menschen zugehen und mit ihnen umgehen, schafft unser soziales Netz. Im Privatleben und im Beruf sind solche Netze oder Seilschaften Gold wert.

> Ein BWL-Student möchte beispielsweise später im Marketingbereich der Otto-Gruppe arbeiten. Seine Einstellungschancen sind viel höher, wenn er schon während des Studiums in genau dieser Abteilung bei der OTTO GmbH ein Praktikum absolviert, wenn er die Entscheidungsträger dort kennen lernt und vor Ort erfragt, wie ein Bewerberprofil am besten aussehen sollte: Welche Noten, welche Schlüsselqualifikationen, welche Vorkenntnisse, Auslandsaufenthalte …? So kann er sein berufliches Profil auf die tatsächlichen Anforderungen abstimmen und hat dort bereits den Heimvorteil: selbst geschaffenes »Vitamin B«.

Übung

In dieser Übung finden Sie die wichtigsten Regeln zum Aufbau guter Beziehungen. Sie können überprüfen, welche positiven Möglichkeiten eines alltäglichen Beziehungsaufbaus Sie oder andere Menschen missachten. Gegen welche der folgenden »Vitamin-B-Regeln« verstoßen Sie häufiger? Tritt Ihnen jemand mit solchen Verstößen gelegentlich auf den Schlips? Was halten Sie von diesem Menschen?

- Hören Sie aktiv zu. Achtung: Das bedeutet nicht: Lassen Sie sich von jedermann das Ohr abkauen!
- Stellen Sie Rapport her. Achten Sie die Welt der anderen.
- Seien Sie aufrichtig und stehen Sie zu Ihren Werten. Drängen Sie diese aber niemandem auf.
- Sehen Sie die Rollenkonflikte der anderen (Karriere, Familie usw.) und respektieren Sie sie.
- Halten Sie sich aus Mobbing heraus und reden Sie über niemanden schlecht. Beteiligen Sie sich auch nicht passiv an solchen Gesprächen.
- Zollen Sie jedermann den gleichen Respekt als Mensch und respektieren Sie dann erst dessen Position.
- Loben Sie häufig und bedanken Sie sich für Aufmerksamkeiten.
- Gehen Sie bewusst auf das Verhalten anderer ein, nicht aber auf deren Sein (»Er ist immer so naiv …«).
- Vermeiden Sie Tadel, Zurechtweisung und Befehle, wann immer das möglich ist. Seien Sie freundlich, aber bestimmt.
- Sagen Sie in normalen Diskussionen möglichst nicht »Nein!« oder »Stimmt nicht!« »Ja, aber …!« ist ähnlich schlimm. Bitte finden Sie andere Formulierungen, die vorzugsweise mit »Ja« beginnen. (Ausnahme: Es ist zur Wahrung Ihrer Grenzen erforderlich, klar »Nein!« zu sagen.)
- Verletzen Sie nicht das Selbstbild der anderen. Verletzen Sie nicht die Ehre der anderen.

Lesehinweis

Ein sehr gutes Buch zum Thema Karriereberatung haben Thomas Lan-von Wins und Claas Triebel geschrieben: »Kompetenzorientierte Laufbahnberatung«. Auf dieses Thema geht auch der Fernkurs »Business-Couch/Team-Supervisor/in (Bu(o)« des ILS ein.

Von dieser Möglichkeit der Karriereplanung machen erstaunlich wenige Studenten Gebrauch. Auch später im Berufsleben wird diese Art des Beziehungsaufbaus und der -pflege nur von wenigen zielstrebigen Menschen angewandt. Es geht dabei nicht darum, sich irgendwo »einzuschleimen«, jemanden auszunutzen oder einem Vorgesetzten nach dem Mund zu reden. Ein soziales Netz und hilfreiche Seilschaften fallen nicht vom Himmel und sollten genauso geplant werden wie jeder andere Bereich des Lebens.

Energieräuber

Neben positiven Beziehungen umgeben wir uns auch mit allerlei oberflächlichen Beziehungen und gehen Bindungen zu Menschen, Sachen und Umständen ein, die in ihrer Gesamtheit oft mehr Energie und Freude kosten, als sie zurückgeben können. Hier einige Beispiele für solche Energieräuber:

- Zu viele Mitgliedschaften und Pflichten in Vereinen.
- Verschleppte Gesundheitsprobleme.
- Genussmittelsüchte (Kaffee, Alkohol, Zigaretten).
- Viele Zeitschriften- und Zeitungs-Abos.
- Schulden.
- Neid, Hass, Missgunst, unentwegte Unzufriedenheit.
- Unerledigtes, Unausgesprochenes (in der Familie, im Team).
- Äußerlichkeiten, Angeberei, Luxus.
- Immer voller Terminplaner.
- Zu viele Rollen und Verpflichtungen.
- Nie freie Abende.
- Stillstand, Faulheit, Desinteresse.
- Essen über den Hunger hinaus.
- Unordnung, Unübersichtlichkeit.
- Alles selber machen müssen.
- Volle Schränke, Keller, Garagen (Museumsmentalität).
- Verharren an Orten ohne Charme (hässliche Stadt, Fabrik in der Nähe).
- Immer perfekt oder besser sein müssen.
- Taschen, Koffer, alte Adressbücher, zu viele ungelesene Bücher.
- Fehlende Ruhe und Entspannung.

Jeder Mensch hat seine eigene Liste und Wertung für Energieräuber. Ihnen allen ist gemeinsam, dass sie viel Kraft kosten. Trotzdem redet man sich ein, dass sie viele Vorteile mitbrächten, und es fällt schwer, sie loszulassen. Machen Sie sich daran und stellen Sie Ihre Liste der Energieräuber zusammen. Und fragen Sie sich, warum Sie bisher nicht loslassen konnten: Wofür ist der Energieräuber in Ihrem Leben noch gut? Sie können es aber auch so machen wie fast alle Berater: Stellen Sie nie sich selbst solche Fragen, sondern nur Ihren Klienten!

Björn Migge

Systemische Konzepte in der Beratung

Aus: Handbuch Coaching und Beratung

Theorie der systemischen Beratung

Teile dieses Kapitels sind etwas theoretisch und vielleicht schwerer verständlich. Dies gilt besonders für das erste Drittel des Kapitels. Wir möchten Ihnen aber zeigen, welche theoretischen Grundlagen die systemische Beratung hat. Viele der genannten Namen und Begriffe werden Sie in populären Lehrbüchern wieder finden; oft in sehr vereinfachter Darstellungsform. Glücklicherweise möchten Sie wohl eher Beratungspraktiker werden und nicht Beratungstheoretiker. Seien Sie daher nicht enttäuscht, wenn die Theorie in diesem Kapitel recht trocken wirkt. Die Praxis sieht dann wieder viel spannender aus und ist auch viel leichter verdaulich.

Systemische Methoden werden ebenso in der Gruppentherapie, in der Gruppensupervision und in der Organisationsberatung genutzt. In diesem Buch klammern wir jedoch diese Bereiche größtenteils aus. Wir beschäftigen uns mit der psychologischen Beratung von Einzelpersonen innerhalb von Organisationen, Teams und Gruppen. Selbstverständlich müssen dabei die Verflechtungen, in denen unsere Klienten eingebunden sind, angemessen berücksichtig werden. Daher werden wir Ihnen einen kleinen Einblick in die Beratung von Organisationen gewähren – allerdings auf eine Weise, die Ihnen erlaubt, das Gelernte direkt auf die Einzelberatung zu übertragen.

Wie arbeiten Organisationsberater eigentlich?

Die meisten Mitglieder des Bundesverbandes Deutscher Unternehmensberater legen das Hauptgewicht ihrer Arbeit auf technische oder wirtschaftliche Aspekte innerhalb von Organisationen: technische Prozessabläufe, technische Implementierung neuer Verfahren, Zeit, Arbeitsorganisation, Personalstruktur, Kostenreduktion. Sie haben häufig eine ingenieurwissenschaftliche oder betriebswirtschaftliche Ausbildung.

Die systemische Organisationsberatung ist im Wesentlichen aus der systemischen Psychotherapie und zum Teil aus Elementen der humanistischen Methoden entstanden. Neuerdings werden auch in der Organisationsberatung sogenannte systemorientierte Aufstellungen nach Bert Hellinger angeboten. Diese Methode der Aufstellung hat, oberflächlich betrachtet, viele Ähnlichkeiten mit Methoden der systemischen Familienberatung, in denen auch mit Aufstellungen gearbeitet werden kann. Aufstellungsarbeit ist in der Organisationsberatung gut anwendbar und zurzeit sehr populär. Diese Methode wird jedoch nicht Thema dieses Kapitels sein. Wenn Sie sich dafür interessieren, möchten wir Ihnen das Buch von Gunthard Weber empfehlen: »Praxis der Organisationsaufstellungen« (2002). In diesem Buch wird die Methode Hellingers auf die Beratung von Organisationen und Unternehmen übertragen.

Was ist systemische Beratung?

Viele Berater und Therapeuten berufen sich auf systemisches Gedankengut (griech. *systema* = das Zusammengesetzte). Fragt man diese Praktiker jedoch, was systemische Beratung ausmacht, bekommt man häufig Allerweltsantworten: »In der systemischen Beratung wird auch das System berücksichtigt.« Andere Berater sagen: »Ich kombiniere verschiedene Gesichtspunkte und Methoden, um mich einem Problem ganzheitlich zu nähern.« Solche Definitionen sind weder präzise noch umfassend.

Die Wurzeln der systemischen Beratung und Therapie liegen im Gegensatz zu anderen Beratungsformen weder bei einer Gründerpersönlichkeit noch im historischen Entwurf eines einheitlichen Theoriegebildes. Es handelt sich um eine theoriegeleitete Erfahrungswissenschaft, die sich in permanenter Weiterentwicklung befindet. Wesentliche Einflüsse dieser Beratungsform stammen aus der Systemwissenschaft und Kybernetik sowie der Informations- und Kommunikationstheorie. Grundlegende Elemente systemischer Beratungen sind Konzepte, die sich mit sich selbst erhaltenden Prozessen und mit der Störung solcher *zirkulärer Prozesse* beschäftigen. Die systemische Theorie wurzelt auch im Ideengut der humanistische Psychologie (Psychodrama, Gestalttherapie, klientenzentrierte Verfahren). Daher berufen sich systemische Berater häufig auf humanistische Konzepte und umgekehrt.

Die fehlende Gründerpersönlichkeit

In der Psychologie und ihren geistigen Strömungen gibt es herausragende Personen, die mit der Geschichte ihrer »Schule« eng verbunden sind. Menschen möchten Historie und Kausalität gern in einer einfachen Geschichte verstehbar erleben (narratives Erklären): Wo fing es an? Mit wem fing es an? Was hat er gesagt? Was haben andere darauf gesagt? Wie ging es dann weiter? Wer und was kam dann? Wie soll man damit umgehen? Eine einfache, »erzählbare Geschichte« der systemischen Theorie und Praxis gibt es allerdings nicht. Es ist das Werk vieler Denker, Strömungen und Entwicklungen.

Ludwig von Bertalanffy, einer der Begründer der Systemtheorie, beschrieb die Disziplin so: »Sie beschäftigt sich mit allgemeinen Eigenschaften und Prinzipien von Ganzheiten oder Systemen, unabhängig von deren spezieller Natur und der Natur ihrer Komponenten.« (1970) Diese Definition wird auch zur Beschreibung unterschiedlicher wissenschaftlicher Disziplinen verwandt, so zum Beispiel der Physik, der Soziologie, der Familientherapie.

Das Problem einer solchen Ausweitung des Begriffes liegt darin, dass er damit ziemlich unscharf wird. Besonders in der Organisationsberatung, in der Supervision oder im Team-Coaching erwachsen aus solchen unscharfen Definitionen oft verwaschene oder unklare Vorstellungen von dem, was »systemisch« ist. Heute gilt es als modern und zeitgemäß, wenn man die eigene Arbeit als Coach oder Berater »systemisch« nennt.

Kurze Geschichte der systemischen Beratung

Die Darstellung der systemischen Theoriegeschichte ist eine so komplexe Aufgabe, dass wir ihr hier nicht gerecht werden können. Dies liegt zum Teil an ihrer Verknüpfung mit unterschiedlichen Systemwissenschaften wie Kybernetik, mathematischer Spieltheorie, Chaostheorie, Kommunikationstheorie. Sie alle beschäftigen sich mit formalen Organisationsprozessen sowie der Entstehung, dem Erhalt und der Veränderung von Strukturen. Viele Gedanken in diesen Wissenschaften wurden parallel veröffentlicht. Jede Strömung hat die Gedanken der anderen aufgenommen und modifiziert. Daher beschränken wir uns darauf, Ihnen einige Eckpfeiler und Personen der systemischen Geschichte darzustellen.

Gregory Bateson war ursprünglich Anthropologe und forschte in Neuguinea und Bali. In den 40er-Jahren des letzten Jahrhunderts kam er erstmals in Kontakt mit technischen systemtheoretischen Ansätzen von Weaver. Diese wandte er auf kommunikative Phänomene an und veröffentlichte 1951 zusammen mit Jürgen Ruesch sein Buch »Kommunikation« (1995). In den 1950er-Jahren wurde dieser Ansatz an der Universität von Stanford in Palo Alto, Kalifornien, weiterentwickelt.

Bateson ging davon aus, dass die Aufmerksamkeit in der Veränderungsarbeit nicht auf einen einzelnen Faktor oder eine einzelne Person gerichtet werden sollte, sondern auf das jeweilige soziale System (Team, Abteilung, Familie). Die entscheidenden Faktoren innerhalb des Systems seien nicht einzelne Kommunikationsereignisse, sondern die im System handelnden Personen. Die Zirkularität sozialer Systeme leitete er aus technischen Regelkreisen ab: »Die Maschine ist in dem Sinne zirkulär, dass das Schwungrad den Regler antreibt, der die Treibstoffzufuhr verändert, welche den Zylinder versorgt, der seinerseits das Schwungrad antreibt.« Diesen zirkulären Systembegriff hat er in der Anwendung auf soziale Systeme jedoch verändert oder modifiziert:

- Elemente des Systems sind immer die handelnden Personen innerhalb des Systems.
- Diese Personen reagieren nicht einfach, sondern machen sich aktiv ein Bild von der Wirklichkeit. Das Bild dieser Wirklichkeit ist nie die Wirklichkeit selbst.
- In sozialen Systemen existieren Vorschriften darüber, wie eine Person handeln soll, was sie tun soll und was sie nicht tun darf. Diese Regeln können explizit sein, sind jedoch meist implizit.
- Erst auf der Basis von wechselseitigen Deutungen der Wirklichkeit (in der Kommunikationstheorie *Interpunktionen* genannt) entstehen Regelkreisläufe der Kommunikation: »Bei meiner Arbeit in Neu Guinea habe ich herausgefunden, dass verschiedenartige Relationen zwischen Gruppen und zwischen verschiedenen Typen von Sippen durch einen Verhaltensaustausch charakterisiert waren, sodass, je mehr A ein gegebenes Verhalten an den Tag legte, die Wahrscheinlichkeit höher war, dass B ein anderes bestimmtes Verhalten zeigte.«

Bateson wandte seine Ideen unter anderem auf die Entstehung der kindlichen Schizophrenie an. Zu dieser Zeit nahm man an, es handele sich um eine rein organische Erkrankung des Gehirns. Bateson dagegen ging davon aus, dass es sich um eine Störung innerhalb des sozialen Systems der Familie handelt, welche in der Krankheit ihren Ausdruck findet. Er machte folgende Beobachtung einer *paradoxen Kommunikation*, die als *Double-Bind-Hypothese* bekannt wurde.

Die Double-Bind-Hypothese besagt:

- Das Kind hat eine enge Beziehung zur Mutter und erlebt keine ausreichenden korrigierenden Erfahrungen durch andere wichtige Bezugspersonen.
- Es liegen auf verschiedenen Ebenen unterschiedliche Beziehungskommunikationen vor: Die Mutter hat zum Beispiel Angst vor dem Kind oder lehnt es ab. Sie leugnet dieses aber bewusst und zeigt sich stattdessen überfürsorglich und liebevoll (Reaktionsbildung).
- Es existieren schädliche Tabu-Regeln innerhalb des Systems. Zum Beispiel darf das Kind nicht über widersprüchliche Wahrnehmungen reden.

Heute geht man davon aus, dass die Anlage zur Schizophrenie zu einem großen Teil vererbt ist und durch »Stress« zum Ausbruch gebracht werden kann (sogenannte *Vulnerabilitäts-Stress-Theorie*). Einer der möglichen Stressoren kann in diesem Zusammenhang eine schädliche familiäre Kommunikation sein. Sie ist jedoch auch Ausdruck einer schweren Störung im Geflecht oder »im System« der Familie.

 Paul Watzlawick hat die Kommunikationsideen Batesons erstmals systematisch zusammengeführt und sie weiterentwickelt. Durch Watzlawicks »Menschliche Kommunikation« (2000) ist Batesons Ansatz einer breiten Öffentlichkeit bekannt geworden. Er hat in seinem Buch Axiome menschlicher Kommunikation zusammengestellt, die auf den Systembegriff Batesons zurückgehen. Bekannte Aussagen darin sind beispielsweise:

- Man kann nicht nicht kommunizieren.
- Jede Äußerung enthält sowohl eine Inhalts- als auch eine Beziehungsbotschaft.
- Die Natur der Beziehung wird durch die Kommunikationsabläufe bedingt.

 Friedemann Schulz von Thun entwickelte die Ideen Watzlawicks pragmatisch weiter. Schulz von Thuns Ansätze zählen heute zu den Standardverfahren in Kommunikationsseminaren. Er unterteilte die Kommunikation in vier wesentliche Aspekte:

- den Sachinhalt der Botschaft,
- die Beziehungsdefinition in der Botschaft,
- den Selbstoffenbarungsanteil der Botschaft und
- den Appellcharakter der Botschaft.

Die Palo-Alto-Gruppe: Palo Alto ist eine mittelgroße Stadt südlich von San Francisco. Am Rande dieser Stadt liegt die Stanford University, der verschiedene Institute zugeordnet sind. Palo Alto wird häufig als Synonym für die Universität und zahlreiche ihrer Institute verwendet. Um Gregory Bateson entstand in den 1950er-Jahren in Palo Alto eine Schule, die Kommunikationspathologien untersuchte. Die berühmte Double-Bind-Hypothese, die Erklärung eines Kommunikationsparadoxons, wurde in dieser Zeit entwickelt: Wenn auf verschiedenen Ebenen inkongruent oder paradox kommuniziert wird, könne dies zur Entstehung seelischer Krankheiten führen.

> Dies wäre zum Beispiel der Fall, wenn eine Mutter ihr Kind schlägt und es dabei anlächelt und sagt: »Das mache ich nur, weil ich dich liebe.«
>
> Eine ähnliche paradoxe Botschaft übermittelt ein Abteilungsleiter, wenn er einen Mitarbeiter wegen dessen Fortschritten lobt, dabei aber leicht mit dem Kopf schüttelt und auf andere Weise averbal sein Missfallen ausdrückt.

Diese Erkenntnisse sind mittlerweile ein fester Bestandteil in modernen Kommunikationsseminaren geworden und gehören in vielen Berufen zur Grundausbildung.

In der Palo-Alto-Gruppe wurden Methoden erprobt, die diese inkongruente oder paradoxe Kommunikation bewusst in Psychotherapien einbindet. Später sind daraus auch die sogenannten provokativen Therapieformen entstanden. Außerdem wurden andere Kommunikationsinterventionen erprobt. So wurde untersucht, welche Auswirkungen es auf Patienten hat, wenn man sie bewusst anweist, ihr Leiden zu verstärken (Symptomverschreibung).

> Bei einem Patienten mit Platzangst haben die Forscher zum Beispiel gesagt: »Wenn Sie das nächste Mal auf einen großen Platz gehen, bemühen Sie sich, so stark zu zittern und nach Luft zu schnappen, wie Sie überhaupt nur können. Geben Sie sich nicht damit zufrieden, dass das Herz nur etwas schneller schlägt und Sie nur etwas schwitzen. Geben Sie sich größte Mühe, dies besser und stärker zu machen.«

Die *Verschreibung der Symptome* führte dazu, dass die Patienten diese kaum noch hervorrufen konnten. Diese Technik ist heute fester Bestandteil vieler verhaltenstherapeutischer Methoden. Sie wurde übrigens 20 Jahre zuvor schon von Viktor Frankl entwickelt und erfolgreich angewandt. Er nannte seine Methode nicht Symptomverschreibung, sondern *paradoxe Intervention.*

 Jay Haley war in Palo Alto von 1952 bis 1967 Mitarbeiter von Bateson. Er griff insbesondere auf Batesons Unterscheidung von symmetrischer und komplementärer Interaktion zurück. In *symmetrischen Interaktionen* definieren sich die Partner als gleichwertig. In *komplementären Interaktionen* wird die Beziehung hierarchisch definiert. Abweichungen von der ursprünglichen Definition führen zu Kommunikationsstörungen und Konflikten. Haley wurde außerdem stark durch den Psychiater Milton E. Erickson beeinflusst, den wirksamsten Protagonisten der modernen kooperativen Hypnosetherapie (Hypnotherapie nach Milton Erickson). Haley war wesentlich daran beteiligt, die Ideen Ericksons in der ganzen Welt zu verbreiten, und hat dazu beigetragen, dass die neue Hypnotherapie starke systemische Wurzeln hat. Auf der Basis seines Konzeptes entwickelte er eine eigene systemische Therapieform, die er *strategische Familientherapie* nannte.

Virginia Satir arbeitete von 1958 bis 1968 am Mental Research Institute in Palo Alto und integrierte die Systemkonzepte Batesons in ihre entwicklungsorientierte Familientherapie, eine Therapiemethode, die heute der sogenannten humanistischen Schule zugerechnet wird. Da ihre Arbeit überaus erfolgreich war und sie sehr populär wurde, hat sie wesentlich dazu beigetragen, systemische Konzepte bekannt zu machen.

Die Mailänder Gruppe um Mara Selvini Palazzoli: In dieser Gruppe wurden ab 1970 detaillierte Interventionsstrategien der systemischen Therapie entwickelt. Palazzoli arbeitete spezifische Gesprächs- und Interventionstechniken aus, die als *zirkuläre Befragung* bekannt wurden. Sie orientiert sich sehr klar an radikal kybernetischen Modellen der Organisation lebender Systeme. Auf Seite 88 sind wir auf zirkuläre Fragen bereits kurz eingegangen.

Die Heidelberger Gruppe um Helm Stierlin: Im Deutschen Sprachraum initiierte Helm Stierlin 1974 eine Forscher- und Therapeutengruppe, die psychodynamische Theorien, systemische Gesichtspunkte und hypnotherapeutische Aspekte miteinander verband und systemische Therapien von Psychosen, somatischen Erkrankungen und Essstörungen untersuchte. Die Heidelberger Gruppe integrierte außerdem lösungsorientierte Ansätze von Steve de Shazer und anderen.

Die Arbeit der Gruppe war eher auf Lösungen und weniger auf das Verstehen von Problemen ausgerichtet. Sie legt noch heute besonderen Wert auf die therapeutische Begegnung in der Sprache. Wichtige Vertreter dieser Schule sind beispielsweise Fritz B. Simon (systemische Therapie), Gunthard Weber (ursprünglich systemische Therapie; jetzt auch Aufstellungsarbeit nach Hellinger), Gunther Schmidt (auch Gründungsmitglied der Milton-Erickson-Gesellschaft Deutschland, M.E.G. und »Erfinder« der hypno-systemischen Therapie). Diese drei Protagonisten der systemischen Beratung und Therapie in Deutschland sind auch die Gründer und Gesellschafter des Carl-Auer-Systeme Verlages in Heidelberg.

Das Familienaufstellen nach Bert Hellinger

Die deutsche Gesellschaft für Systemische Therapie und Familientherapie (www. DGFS.org) weist in einer Stellungnahme des Vorstandes darauf hin, dass in den letzten Jahren das »Familienaufstellen nach Bert Hellinger« in Fachkreisen zunehmend kontrovers diskutiert werde. Die Methode Hellingers werde dabei von deren Vertretern oft als »systemisch« gekennzeichnet. Das führe zu vielen Anfragen beim DGFS. Der Verband erkenne die positiven Aspekte des Familienaufstellens durchaus an, da diese im Rahmen systemischer Therapie oder Beratung sinnvoll sein können. Der DGFS weist aber nachdrücklich darauf hin, dass Hellingers Methode nur kritisch-reflektiert angewandt werden sollte, da sie die Gefahr unerwünschter Nebenwirkungen habe und in wesentlichen Grundzügen mit der systemischen Theorie und Praxis unvereinbar sei. Hellingers Ansatz berücksichtige auch die Mehrgenerationenperspektive der Familientherapie und nutze Methoden der Familienrekonstruktion und das Stellen von Familienskulpturen. Das seien lange bekannte und wichtige Methoden in der Familientherapie.

In der systemischen Therapie (damit ist nicht Hellingers Methode gemeint!) werde das Individuum als familien- und gesellschaftsgeprägtes Wesen verstanden, dessen Entwicklungs- und Handlungsmöglichkeiten durch die Geschichte der vorhergehenden Generationen, durch überkommene Regeln, Muster und Loyalitäten stark mitbestimmt werde. Techniken wie Genogrammarbeit oder das Stellen von Familienskulpturen sollen dem Einzelnen neue Bewertungsmöglichkeiten und zusätzliche Verhaltensmöglichkeiten eröffnen. Dazu bedürfe es eines Therapeuten (nicht Beraters), der wisse, dass er nicht die »wahre« Sicht kennen könne, der dem Klienten und seiner Sichtweise mit empathischer Sensibilität und Respekt begegne, seine Autonomie achte. Ein solcher Therapeut solle dem Klienten ermöglichen, dass er für sich selbst vielfältige neue Handlungsoptionen erwirbt. Familientherapeuten, die diesem Ansatz folgen, fänden die Zustimmung des DGFS.

Die Praxis des Familienstellens in Deutschland, Österreich und der Schweiz gebe dem DGFS jedoch Anlass zu deutlicher Kritik, und er weist auf die möglichen Gefährdungen von Klienten hin, die an einem Familienstellen teilnehmen, das nach der Methode von Bert Hellinger durchgeführt wird.

Zunächst weist der Verband in seiner Kritik auf die Person Bert Hellinger selbst hin. Seit Jahrzehnten führe Hellinger publikumswirksame Großveranstaltungen durch, auf denen er Familien aufstelle. Die Rollen- und Beziehungsdefinition in der Trias Publikum-Klient-Therapeut erscheine dabei fragwürdig. Diese Veranstaltungen fänden auch ohne eine ausreichende therapeutische Rahmung statt. Erwartungsvolle Klienten würden hier schutzlos den Auswirkungen eines nicht zu kalkulierenden Handelns preisgegeben. Hellingers Auftritte erweckten auch das falsche Bild, dass Familienaufstellen ein »Ultra-Kurz-Event« sei, in dem durch eine einmalige Aufstellung eine Lösung gefunden werde. In seiner Form der Arbeit postuliere er apodiktisch die Existenz vorgegebener Grundordnungen und Hierarchien (eine archaische männlich geprägte »Ordnung der Liebe«). Seine Konzepte und Interpretationen vertrete er mit einer Absolutheit und Gewissheit, die die Autonomie der Klienten enorm einschränke. Gleichzeitig entziehe er sich einer ernsthaften Diskussion über seine Vorgehensweisen und umgebe sich lieber mit getreuen Anhängern und Schülern. Diese Aura des »Nicht-Kritisierbaren« sei mit der systemischen Therapie, so der DGFS, nicht vereinbar. Die Anhänger Hellingers seien leider oft nur unzureichend ausgebildet und die »kleinen Hellingers« würden in ihrer Praxis dazu neigen, Verallgemeinerungen und Vereinfachungen vorzunehmen, zu bewerten, vorzuschreiben und normative Leit- und Lebenssätze für ihre Klienten zu formulieren.

Wenn die Möglichkeiten des Familienaufstellens (wie schon vorher bekannt; aber auch mit neuen Elementen nach Hellinger) innerhalb der systemischen Therapie und Beratung genutzt werden, sollten nach Ansicht des DGFS folgende Bedingungen gelten:

- Systemische Grundprinzipien sollten eingehalten werden: Neutralität, Allparteilichkeit gegenüber Leitfiguren und Theorien, die Wahlmöglichkeiten des Klienten sollten erhöht werden (und nicht durch angebliche »Wahrheiten« reduziert werden), Therapeuten schaffen gute Bedingungen für die Lösung (sie geben sie aber nicht vor), alle Aussagen von Stellvertretern oder Therapeuten sind nur Hypothesen (die der Klient daraufhin überprüfen kann, ob sie ihm gerade nützlich erscheinen oder ob er sie verwerfen möchte), Aufstellungen sollten in einen längeren Prozess fundierter Familientherapie- und Beratung eingebettet sein und nicht als Kurzzeit-Event angepriesen werden.
- Familienaufstellungen in einem systemischen Kontext sollten nur von ausgebildeten Therapeuten durchgeführt werden, die eine umfassende Weiterbildung absolviert haben.
- Familienaufstellungen in Großgruppen und vor Publikum sollten nicht durchgeführt werden, da hier oft der mediale Effekt oder ein Großgruppenphänomen im Vordergrund steht.
- Nicht Bert Hellinger als Guru sollte die Normen setzen, nach denen heutige Familienaufstellung praktiziert wird. Diese Normen sollten durch einen Diskurs von Fachleuten erstellt werden, damit keine Diskrepanz zu den Grundannahmen des systemischen Ansatzes auftritt.

Die Hamburger Psychoanalytikerin und Psychodramaexpertin Renate Ritter, die besonders Unternehmen und Führungskräfte mit der Methode der Organisationsaufstellung berät, wies darauf hin, dass in der Person Bert Hellingers und der momentanen Beliebtheit dieser Methode auch ein Bedürfnis offenbar wird, das andere Psychotherapeuten nicht stillen mögen: der Wunsch nach ergreifenden Erlebnissen und nach Spektakulärem. Aus ähnlichen Gründen suchen viele Menschen heute nach einem »Thrill«, zum Beispiel im Bungee-Jumping. In unserer zunehmend »vaterlosen Gesellschaft«, wie Alexander Mitscherlich es nannte, fehlt es vielen Menschen an einem *symbolischen normensetzenden Vater*, der Halt, Wahrheit und Führung verspricht. Es mag sein, dass auch dieses Bedürfnis der Menschen eine Rolle spielte, als der Tod Papst Johannes Paul II. und die Neuwahl seines Nachfolgers 2005 so viele Menschen in einem globalen Medien-Event tief berührte.

Auch das können wir aus dem Phänomen Hellinger lernen: Moderne Menschen suchen nach ergreifenden Momenten, nach tiefer Bewegung, nach (im übertragenen Sinne) väterlichem Halt, nach tiefer Symbolik, nach Mysterium und einem Verständnis höherer Ordnungen. Doch die meisten Berater und Therapeuten sehen sich nicht im Stande, dieses Bedürfnis zu stillen. Sie sehen ihre Aufgabe darin, ihren Klienten mehr Klarheit, Selbststeuerungsfähigkeit und mehr Wahlmöglichkeit zu eröffnen.

Konstruktivismus

Nach Niklas Luhmann sind soziale Systeme durch die kommunikative Differenz von System und Umwelt gekennzeichnet. Eine Familie wäre danach nicht nur definiert durch Mutter, Vater und Kinder oder durch die Anzahl ihrer Mitglieder. Entscheidend ist laut Luhmann die kommunikative Abgrenzung gegenüber der Umwelt. Bestimmte Kommunikationsprozesse sind nach seiner Theorie nur innerhalb der Familie möglich und werden an der Systemgrenze abgebrochen.

Als kleinste Einheit des Systems betrachtet er nicht dessen einzelne Personen, sondern die kleinsten sprachlichen und nicht-sprachlichen kommunikativen Einheiten. Er geht davon aus, dass soziale Systeme selbstreferenziell seien. Er meint damit, dass die einzelnen Elemente, aus denen das System besteht, durch dieses System selbst erzeugt werden. Jedes Kommunikationsereignis führt demnach zu einem weiteren Ereignis, das seinerseits ein neues Ereignis nach sich zieht.

Ein weiterer wichtiger Aspekt ist, dass soziale Systeme laut Luhmann den Hang haben, ihre Komplexität zu reduzieren. Unter Komplexität verstand er die Gesamtheit aller Handlungsmöglichkeiten.

> Dazu ein Beispiel: Ein Schulkind kommt mittags nach Hause und sagt zur Mutter: »Hallo, Mama, ich bin wieder da.« Die Mutter könnte in diesem Fall das Essen auf den Tisch stellen, schnell das Haus verlassen, anfangen, sich die Fußnägel zu lackieren, Teller auf den Fußboden werfen und so weiter.

Die Verhaltensvarianz oder Kommunikationsvarianz als Antwort auf den Satz der heimkommenden Tochter wird jedoch innerhalb des Systems auf wenige denk- und machbare Möglichkeiten eingegrenzt (reduziert).

Luhmanns Systemdefinitionen

1. Soziale Systeme grenzen sich kommunikativ ab.
2. Die kleinste Einheit im System ist ein einzelnes Kommunikationsereignis.
3. Soziale Systeme sind selbstreferenziell.
4. Soziale Systeme reduzieren ihre Komplexität.

Der radikale Paradigmenwechsel

In den Anfängen der systemischen Beratung wurde vorwiegend auf Begriffe der Systemtheorie, der Informationstheorie und der mathematischen Spiel- und Chaostheorie zurückgegriffen. Darin wurde beschrieben, wie Informationen in einem System weitergegeben werden und sich durch Selbstregulierung ein stabiles Gleichgewicht einstellen (Homöostase) kann. Diese Theorien konzentrierten sich auf das beobachtbare Verhalten in der Kommunikation und die Probleme, die daraus entstanden.

Der *radikale Konstruktivismus* brachte in den 80er-Jahren des vergangenen Jahrhunderts zwei wesentliche Neuerungen in die systemische Beratung. Der Berater oder Forscher ging jetzt davon aus, dass er ein System nicht nur beobachten kann, sondern durch seine Anwesenheit bereits Veränderungen hervorruft. Außerdem wurde nun erforscht, wie eine bestimmte Sichtweise des Systems (ein Problem) Kommunikationsweisen erzeugt, die diese Sichtweise erhalten. Die ältere Herangehensweise wird häufig *Kybernetik erster Ordnung* genannt, die neue Herangehensweise *Kybernetik zweiter Ordnung*.

> **Kybernetik erster Ordnung:** Was wird gesehen oder beobachtet, wenn man ein System beobachtet? Wie können diese Beobachtungen kommuniziert werden? Wie werden Probleme durch das System unterhalten oder erzeugt (vom System zum Problem)?
>
> **Kybernetik zweiter Ordnung:** Was macht ein Beobachter oder Handelnder, während er beobachtet oder handelt, und wie verändert er das System dadurch, dass er beobachtet oder handelt? Wie erzeugen Probleme sich selbst erhaltende Kommunikationssysteme (Probleme schaffen Problemsysteme)?

Wir werden später noch darauf eingehen, wie diese beiden Sichtweisen die Beratung praktisch beeinflussen. In der Theoriebildung half diese Einteilung dabei, besser zu differenzieren zwischen technischer Kommunikation, in der Informationen gesendet, übertragen und empfangen werden, und der menschlichen Kommunikation, in der Informationen vom Empfänger konstruiert oder erzeugt werden. Die Information hat durch den radikalen Konstruktivismus eine ganz neue Bedeutung gewonnen.

In der ersten Phase der systemischen Beratung wurde postuliert, dass eine gestörte Struktur ein Symptom hervorruft, ähnlich einem kranken Organ, das die Ursache für eine Krankheit ist. Die Beobachtung wurde durch den Berater lediglich erweitert und um überindividuelle Aspekte bereichert; zum Beispiel indem geschaut wurde, welche Familiendynamik das Problem des Individuums bewirkt. In der moderneren Form der systemischen Beratung wird dies anders gesehen: Neue Konzepte beginnen die Analyse auch bei einem Problem, das ein Kommunikationssystem (Problemsystem) hervorruft und unterhält. Die Etappen, in denen sich ein solches Problemsystem entwickelt, fassen wir kurz zusammen.

- *Diagnose – qualitative oder quantitative Abweichungen:* Es wird etwas beobachtet, das nicht sein soll (anders oder falsch ist). Oder es wird nichts beobachtet, wo eigentlich etwas sein sollte. Oder es wird zu viel oder zu wenig von dem beobachtet, was sein sollte.
- *Bewertung der Diagnose:* Wenn die Diagnose negativ bewertet wird, entsteht aus der qualitativen oder quantitativen Abweichung ein Problem. Die Bewertung macht also das Problem.
- *Erklärungen werden kommuniziert:* Der Betroffene entwickelt für sich selbst und für andere Erklärungen, die die Abweichungen beschreiben, und er entwickelt Hy-

pothesen über die Reduktion oder Beseitigung der Abweichungen. So entsteht um das Problem, das der Beobachter selbst erzeugt hat, ein Kommunikationssystem.

- *Das Problemsystem verfestigt sich:* Solche Kommunikationssysteme sind meist ziemlich rigide. Sie können erhebliche Komplexität annehmen und das Problemsystem durch Fokussierung und Hyperreflexion weiter stärken. Bei der Hyperreflexie handelt es sich übrigens um eine Idee, die – unabhängig von der Systemtheorie – auch Grundlage der Logotherapie Viktor Frankls ist.

Mit einem alltäglichen Beispiel möchten wir Ihnen diese Zusammenhänge verdeutlichen:

> Monika geht in die vierte Klasse. Nach einer Deutscharbeit bringt sie eine Fünf nach Hause. Der Vater ist arbeitslos und sieht als Erster diese Note. Da er nicht neben Monika saß, als sie die Arbeit schrieb, kann er nur beobachten, was ein anderer Mensch (die Lehrerin) beobachtet und dann als Deutung oder Wertung der Beobachtung im Arbeitsheft notiert hat. Dabei handelt es sich um die alltägliche Situation, dass wir Beobachtungen anderer Beobachter beobachten. Der Vater bewertet die Fünf als Problem, da er Monikas schulische und berufliche Zukunft dadurch gefährdet sieht. Er erklärt sich dieses Versagen seiner Tochter durch eine mangelnde Aufsicht der Lehrerin bei den Hausaufgaben und durch Monikas neues Hobby, das Reiten. Er bittet die Lehrerin, die Hausaufgaben strenger zu kontrollieren. Außerdem reduziert er die Reitstunden. Monikas Mutter teilt diese Ansicht. Als Monika sechs Wochen später die nächste Fünf nach Hause bringt, wird der Vater zornig und überlegt, wie er jetzt mit der Lehrerin reden soll. Außerdem wird das Reiten vorerst ganz gestrichen. In den nächsten Monaten wird Monika im Unterricht immer auffälliger, ihre Leistungen verbessern sich nicht. Die Klassenlehrerin rät nun, einen Schulpsychologen hinzuzuziehen …

Phänomenbereiche systemischer Beratung

In der modernen systemischen Beratung und Therapie gibt es kein holistisches Theoriemodell, das den Dualismus zwischen Körper und Geist überwindet. Die Unterscheidungen zwischen Körper und Geist werden häufig sogar noch verstärkt, indem einzelne Aspekte getrennt untersucht werden. Exemplarisch stellen wir das Konzept von Luhmann vereinfacht vor, das er 1984 publiziert hat. Er unterteilt die beobachtbaren Handlungen in drei Phänomenbereiche:

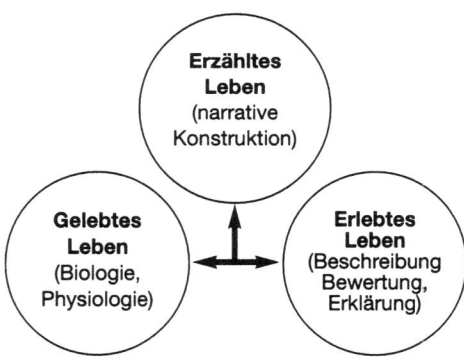

- Phänomene des Körpers: gelebtes Leben,
- Phänomene des Geistes: erlebtes Leben,
- Phänomene der Kommunikation: erzähltes Leben.

Die Grenzen dieser drei Bereiche sind durchlässig, und die Prozesse bedingen und überlappen sich gegenseitig. Wenn zum Beispiel biochemische Veränderungen im Gehirn das Bewusstsein verändern, so führt dies auch zu veränderten Bewertungen und Handlungen. Trotzdem gehen wir im Folgenden auf alle drei Bereiche kurz ein.

 Gelebtes Leben: Hierunter werden alle biologischen und physiologischen Phänomene verstanden. Für die Beschreibung biologischer Phänomene haben in der systemischen Beratung Konzepte der Selbstorganisation an Bedeutung gewonnen. Bekannt ist das Modell von Humberto R. Maturana und Francisco J. Varela (1982/84). Sie haben das Konzept der Autopoiesis eingeführt, in dem lebende Systeme als selbstreflexive Prozesse beschrieben werden, die ihre Struktur eigenständig erhalten und diese Struktur auch selbst wieder erzeugen. Dieses gut durchdachte Modell wird häufig zitiert, ist aber für viele Leser zu theoretisch und abstrakt, weshalb wir darauf nicht näher eingehen.

Voraussetzung für die Stabilität des Lebens seien nicht nur *Anpassungs- oder Veränderungsoptionen*, sondern gleichermaßen die *Fähigkeit zur Stabilität*. Beide Möglichkeiten müssten sich in einem ausgewogenen Verhältnis zum Veränderungsdruck der Umwelt befinden.

 Erlebtes Leben: Für das erlebte Leben lassen sich drei kognitive Bestandteile unterscheiden: die Beschreibung, die Bewertung, die Erklärung. Emotionen werden in diesem Modell nicht explizit berücksichtigt.

Die Beschreibung: Hier wird ein Zuviel oder ein Zuwenig diagnostiziert. Es werden Kriterien, Kategorien oder Gruppen herangezogen, die die Wahrnehmung selektieren und die Bewertung und Erklärung beeinflussen können. So finden sich häufig Gegensatzpaare oder sogenannte Illusionen von Alternativen als Beschreibungskategorien: beispielsweise krank oder gesund, schön oder hässlich, fleißig oder faul.

Die Bewertung: Die erlebten qualitativen oder quantitativen Soll-Abweichungen werden als Vorteil oder als Nachteil gewertet. Aus der Bewertung ergeben sich häufig schon Handlungsinstruktionen oder ein Veränderungsdruck, indem sie vorschreiben, wie sich eine Person verhalten soll, die solche Erfahrungen macht. Es handelt sich um eine Schnittstelle zwischen Erleben und Handeln. Charles E. Osgood hat ein sprachanalytisches Instrument vorgestellt, mit dessen Hilfe Bewertungen nach semantischen und affektiven Kriterien kategorisiert werden können: »Wie für den Neandertaler ist auch heute für uns an dem Zeichen für eine Sache wichtig, ob es erstens etwas Gutes oder Böses meint (ist es eine gute Antilope oder ein böser Säbelzahntiger?); zweitens, ob es etwas meint, was in Bezug auf mich stark oder schwach ist (ist es ein starker Säbelzahntiger oder eine schwache Mücke?); drittens, ob es etwas Aktives oder Passives in Bezug auf mich meint (ist es ein böser, starker Säbelzahntiger oder ein böser, starker Treibsand, um den ich einfach herumgehen kann?). Das Überleben hing damals wie heute von den Antworten ab.« (Osgood 1975)

Die Erklärung: Dabei handelt es sich um Grenzüberschreitungsmodelle. Das Beobachtete hat eine Grenze vom nicht Wahrgenommenen oder selbstverständlich Vorhandenen zum Zuviel oder Zuwenig überschritten. Mit der Erklärung wird die Ursache für diese Grenzübertretung gefunden. Im Falle einer Krankheit wäre ein Modell zur sogenannten Ätiologie (Entstehungs- und Ursachenlehre von Krankheiten) dann die Erklärung für die Krankheit. Es wird aber auch eine Erklärung gesucht, mit der die Grenze wieder in die andere Richtung überschritten werden kann. Bezogen auf eine Krankheit wäre dies eine Therapie oder ein Heilungsmodell.

 Erzähltes Leben: Beschreibungen, Bewertungen und Erklärungen verdichten sich zu erlebten Erzählungen. Sie enthalten Handlungs- oder Unterlassungsaufforderungen und organisieren die Wahrnehmung und Erfahrung. Durch sie wird es möglich, Kontinuität und Kohärenz zu erleben. Sie sind die kognitiven Eckpfeiler der subjektiven Identität und der Erklärbarkeit der Welt. Durch sie können wir unsere Handlungen und Erfahrungen organisieren und interpretieren. Sie sind aber keine hinreichenden Werkzeuge, wenn der gesamte Schatz erlebter Erfahrungen wiedergegeben oder konserviert werden soll. Die Lebenserzählung, die sich aus ihnen ergibt, unterliegt immer einem Selektionsprozess. Außerdem verdrängt jede Geschichte andere Geschichten, welche sich mit ihr nicht vereinbaren lassen: »Jeder Mensch erfindet sich früher oder später eine Geschichte, die er, oft unter gewaltigen Opfern, für sein Leben hält.« (Max Frisch) Ereignisse außerhalb der Lebensgeschichte verblassen oder werden gar nicht wahrgenommen.

Kommunikation wird in diesem systemischen Modell als ein Verständigungsprozess zwischen wenigstens zwei Menschen verstanden. Dabei kann es sich um Sprache oder alle anderen Akte der Kommunikation (und Nichtkommunikation) handeln.

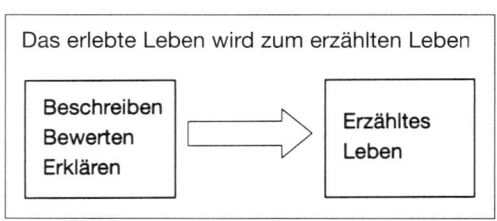

Menschen können nicht ihr gelebtes Leben oder ihr erlebtes Leben unmittelbar kommunizieren. Vorstellungen, Erleben und biologische Phänomene können nur mittelbar über den Austausch erzählten Lebens vermittelt werden. Erzähltes Leben besteht aus kommunikativen Akten. Diese können jedoch nie mit Sicherheit festlegen, was die andere Person aufgrund der Kommunikation erleben wird. Zwar können Sie während einer Kommunikation eine Handlung oder Nichthandlung Ihres Interaktionspartners beobachten; Sie können aber nicht das Erleben des anderen determinieren.

Erzählen und Erleben eines Individuums oder kooperierender Interaktionspartner bestätigen sich außerdem gegenseitig:

>*Ich trinke jeden Tag drei Liter Wasser, um meine Nieren gesund zu erhalten.« »Aber du hast doch gar kein Nierenproblem.« »Stimmt, weil ich so viel trinke!«*

Von der Unternehmensberatung zur Organisationsberatung

Früher war Beratung Einzelberatung. In der Psychotherapie ist durch viele Studien bekannt, dass Gruppenpsychotherapien effektiv und kostengünstig sind. In gruppenpsychotherapeutischen Ansätzen ging es aber ebenfalls darum, Individuen zu therapieren oder zu beraten. Seit den 60er-Jahren des letzten Jahrhunderts wurden zunehmend Familien und Paare beraten.

Parallel dazu entwickelte sich eine psychologische Organisationsberatung. Frühere Ansätze der Unternehmensberatung oder Betriebsberatung stellten technische und wirtschaftliche Aspekte in den Vordergrund. Auch heute stammt der größte Teil deutscher Unternehmensberater aus ingenieurwissenschaftlichen oder wirtschaftswissenschaftlichen Studiengängen. Gemäß ihrer Ausbildung sehen diese Berater sich zu 63 Prozent als Problemlöser, zu 19 Prozent als Informationslieferanten und nur zu 4 Prozent als Prozessberater (Hoffmann 1991).

Eine Beratungstheorie gab es in der Unternehmensberatung bisher nicht. Beratungskompetenz, zusätzlich zur akademischen Fachkompetenz, haben diese Berater erst durch Versuch und Irrtum erworben. Seit den 1980er-Jahren findet sich neben der klassischen Unternehmensberatung auch der Begriff der Organisationsberatung. Damit gingen einige Veränderungen einher: Die Beratung war jetzt nicht mehr auf Wirtschaftsunternehmen beschränkt, sondern konnte ebenso in sozialen Einrichtungen, Schulen und anderen Institutionen durchgeführt werden. Die Prozessberatung nahm einen größeren Stellenwert ein, nachdem erkannt worden war, dass viele Probleme nur dann sinnvoll bearbeitet werden können, wenn die Klienten eigenständige Lösungen finden. Außerdem deutet der Begriff Organisationsberatung darauf hin, dass die betreffenden Berater sich stärker an Beratungstheorien aus der Soziologie und Psychologie orientieren, als dies vorher in der klassischen Unternehmensberatung üblich war.

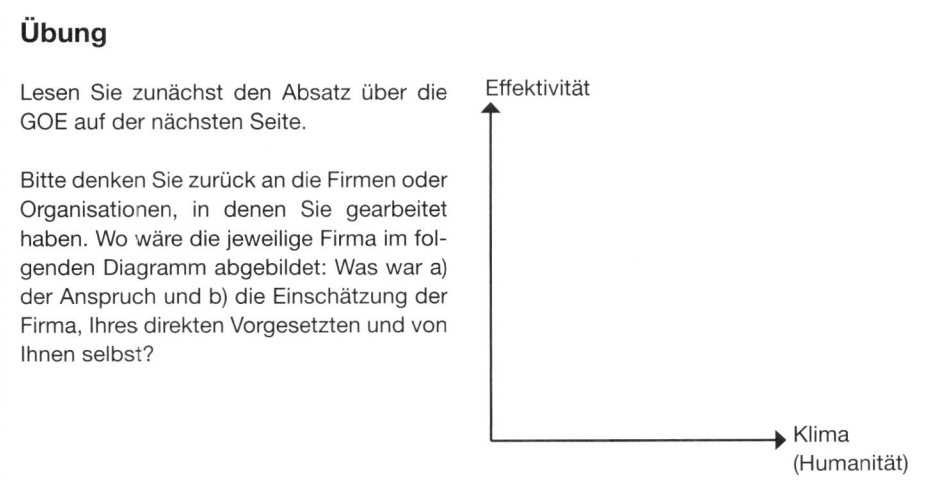

Übung

Lesen Sie zunächst den Absatz über die GOE auf der nächsten Seite.

Bitte denken Sie zurück an die Firmen oder Organisationen, in denen Sie gearbeitet haben. Wo wäre die jeweilige Firma im folgenden Diagramm abgebildet: Was war a) der Anspruch und b) die Einschätzung der Firma, Ihres direkten Vorgesetzten und von Ihnen selbst?

Die Deutsche Gesellschaft für Organisationsentwicklung (GOE), ein Zusammenschluss von Wissenschaftlern und Beratern, definiert die Organisationsentwicklung sowie die Organisationsberatung, die sich daraus ergibt »...als einen längerfristig angelegten, organisationsumfassenden Entwicklungs- und Veränderungsprozess von Organisationen und den in ihr tätigen Menschen. Der Prozess beruht auf Lernen aller Betroffenen durch direkte Mitwirkung und praktische Erfahrung. Sein Ziel besteht in einer gleichzeitigen Verbesserung der Leistungsfähigkeit der Organisation (Effektivität) und der Qualität des Arbeitslebens (Humanität).« (Becker/Langosch 1995)

Erklärungsmodelle menschlichen Verhaltens

Aus einer Fülle von systemischen Modellen werden wir Ihnen nun ausgewählte Aspekte näher bringen, die sich in der Beratung von Einzelpersonen in Organisationen oder Gruppen bewährt haben.

Die Auswahl und Bewertungen menschlicher Wahrnehmungen ist an Modelle oder kognitive Konstrukte gebunden. Häufige Erklärungsmodelle für beobachtbares Verhalten in Organisationen sind neben dem Systemmodell folgende Ansätze:

- *Das Eigenschaftsmodell,* welches davon ausgeht, dass Menschen relativ stabile Eigenschaften haben, wie beispielsweise Fleiß, Pünktlichkeit, Fairness, Intelligenz. Auf diesem Modell beruhen viele Klassifizierungsinstrumente, mit denen die Persönlichkeit von Menschen eingeteilt werden soll (zum Beispiel auch das DISG-System).
- *Das Maschinenmodell,* welches postuliert, dass Menschen richtig oder falsch funktionieren. Dieses Modell wird oft genutzt, wenn »falsch« funktionierende Mitarbeiter durch Coaching »repariert« werden sollen.
- *Das Handlungsmodell,* das davon ausgeht, dass Menschen planvoll und bewusst handeln.

 Das Eigenschaftsmodell: Dieses Modell geht davon aus, dass Menschen in vergleichbaren Situationen voraussehbar handeln *(Konsistenz),* dass sie in unterschiedlichen Situationen gleich bleibende Eigenschaften zeigen *(Generalisierung)* und dass diese Eigenschaften über lange Lebenszeiträume erhalten bleiben *(Konstanz).*

Eigenschaftsmodelle sind seit dem Altertum bekannt; sie unterteilen Menschen beispielsweise in Choleriker, Melancholiker, Sanguiniker, Introvertierte, Extrovertierte, Faule, Fleißige, Ehrliche. Solche Annahmen über charakterliche Merkmale sind meist selbst erhaltend.

Faule Schüler werden beispielsweise wie faule Schüler behandelt und werden es daher häufig auch bleiben. Faule Mitarbeiter waren in der Regel schon Jahre zuvor faule Mitarbeiter.

Dieses Modell scheint in der Realität also Bestätigung zu finden. Der Nachteil des Modells ist, dass es die Sichtweise auf Probleme eingrenzt und die Veränderbarkeit des Individuums und der Systemstruktur ausblendet. Im Eigenschaftsmodell kommt es meist zu Zuschreibungen des Seins: Jemand *ist* faul oder unmotiviert. Beobachtbares und bewertetes Verhalten wird zur Seinsdefinition anderer genutzt.

> Ein Beispiel hierzu: Der Abteilungsleiter eines Versicherungsunternehmens erteilt Ihnen einen Coaching-Auftrag: In der Abteilung gäbe es einige Mitarbeiter, die ihm als besonders uninteressiert auffielen. Dies sei bereits so gewesen, als er vor einigen Jahren die Position als Abteilungsleiter angetreten hatte.
> Der Abteilungsleiter würde innerhalb dieses Modellrahmens vielleicht zu Ihnen sagen: »*Besonders zwei dieser Mitarbeiter sind ziemlich faul und machen bestenfalls Arbeit nach Vorschrift. Mein Vorgänger hat mir gesagt, dass sie besonders unmotiviert seien. Bitte überprüfen Sie dies einmal.*«

Das Maschinenmodell: Dieses Modell wirkt heute veraltet. Erstaunlich viele Führungspersonen halten an diesem Modell aber immer noch fest. Das Maschinenmodell wurde stark durch den amerikanischen Behaviorismus geprägt. So sagte beispielsweise Burrhus F. Skinner: »Das Verhalten eines Organismus ist fast beliebig zu formen.« John Watson, ein anderer wichtiger Vertreter dieser Schule, behauptete: »Gebt mir ein Dutzend gesunder, wohl gebildeter Kinder und meine eigene Umwelt, in der ich sie erziehe, und ich garantiere, dass ich jedes nach dem Zufall auswähle und es zu einem Spezialisten in irgendeinem Beruf erziehe, zum Arzt, Richter, Künstler, Kaufmann oder zum Bettler, Dieb, ohne Rücksicht auf seine Begabungen, Neigungen, Fähigkeiten, Anlagen und die Herkunft seiner Vorfahren.« Solche Aussagen erscheinen heute utopisch oder naiv.

Verkaufstrainings, Kommunikationstrainings, Coachings liegt jedoch häufig die Annahme zu Grunde, dass das Verhalten von Mitarbeitern durch diese Maßnahmen grundlegend veränderbar ist.

> In unserem obigen Beispiel würde der Abteilungsleiter zu Ihnen vielleicht sagen: »*Diese Mitarbeiter sind außerordentlich schlecht motiviert. Bitte führen Sie mit ihnen ein Motivationstraining durch, damit sie ähnliche Leistungen erbringen wie die anderen Mitarbeiter.*«

Das Handlungsmodell: Dieses Modell sieht den Menschen als selbstverantwortliche Person, die aufgrund von Einsichten, Zielen, Ansichten oder Plänen handelt. Menschen machen sich Gedanken darüber, was innerhalb der Organisation von ihnen erwartet wird, und sie kennen ihre Stärken und Schwächen. Dieses Modell wurde Anfang des 20. Jahrhunderts vom Soziologen Wilhelm Dilthey propagiert: »Nur seine Handlungen belehren den Menschen über sich selbst.« Die gleiche Geisteshaltung führte Jocob Moreno zur Entwicklung seines handlungsorientierten Psychodramas.

In das Handlungsmodell wurde konstruktivistisches Gedankengut aufgenommen, das durch zwei zentrale Annahmen gekennzeichnet ist:

- Menschen konstruieren sich ein Bild ihrer persönlichen Wirklichkeit.
- Menschen handeln aufgrund von Bedeutungen, die sie in Situationen sehen, nicht hinsichtlich der Situation selbst.

Diese Thesen haben ihre Ursprünge bereits in alten philosophischen Schulen. In der Neuzeit hat unter anderen Immanuel Kant in seinem Werk »Kritik der reinen Vernunft« darauf Bezug genommen. Er schrieb, dass der Mensch die Dinge an sich überhaupt nicht wahrnehmen könne, da sie lediglich Erscheinungen seien, die durch seine Anschauungsformen von Raum oder Zeit geprägt sind. Martin Heidegger schrieb in seinem Hauptwerk »Sein und Zeit«, dass die Pflanze des Botanikers etwas anderes sei als die, die der Spaziergänger am Feldrain sieht.

Auch Arthur Schopenhauer äußerte in seinen Werk »Die Welt als Wille und Vorstellung« bereits sehr deutlich viele Ideen, die sich später sowohl in der Psychoanalyse Freuds als auch im modernen Konstruktivismus wieder fanden.

Als Beginn des Konstruktivismus wird erst die Arbeit von Wilhelm Kamlah und Paul Lorenzen gesehen. Sie gründeten in den 70er-Jahren des 20. Jahrhunderts den sogenannten Erlanger Konstruktivismus. Ihre These lautete, dass die Wissenschaften, wie zum Beispiel Physik, Biologie, keine Beschreibung der Wirklichkeit liefern können, sondern sich lediglich Begriffssysteme konstruieren, auf deren Grundlage sie dann versuchen, Phänomene zu beschreiben.

In den 1980er-Jahren entwickelte sich der sogenannte *radikale Konstruktivismus*. Bekannte Vertreter dieser Richtung sind zum Beispiel Paul Watzlawick, Humberto Maturana und Ernst von Glaserfeld. Eine zentrale These des radikalen Konstruktivismus lautet, dass Wahrheit nicht als Übereinstimmung mit einer unabhängigen objektiven Wahrheit definiert werden kann. Jede Beschreibung eines Sachverhaltes setzt Begrifflichkeiten, Anschauungen und Werte voraus, die sich nicht aus der Wirklichkeit ergeben, sondern vom jeweiligen Beobachter konstruiert (oder so erlernt) wurden: »Alles, was gesagt wird, wird von einem Beobachter gesagt.« (Maturana 1985) Durch begriffliche und gedankliche Unterscheidungen, die wir treffen, bilden wir nicht die Wirklichkeit ab, sondern erschaffen unser ganz persönliches Bild von der Wirklichkeit. George A. Kelly hat diese Thesen genutzt, um seine Psychologie *persönlicher Konstrukte* zu formulieren. Konstrukte sind grundlegende Kategorien, welche die Wahrnehmung und Bewertung von Situationen beeinflussen. Durch sie werden unsere subjektiven Erklärungshypothesen gespeist.

Am obigen Beispiel des Abteilungsleiters, der unmotivierte Mitarbeiter hat, möchten wir Ihnen einige mögliche Konstrukte nennen und aufzeigen, welche Hypothesen sich daraus ergeben.

- *Orientierung* ist wichtig: »Vielleicht habe ich den beiden Mitarbeitern nicht genügend Orientierung gegeben, und Sie könnten mir dabei helfen, dies zu ändern.«

- *Verständnis* ist wichtig: »Vielleicht kann ich meine Mitarbeiter einfach nicht verstehen und sie deshalb nicht richtig anleiten.« (Dann ist auch *Anleitung* wichtig.)
- *Unterordnung* ist wichtig: »Vielleicht können diese Mitarbeiter sich nicht unterordnen und wollen mich mit ihrer Arbeitshaltung provozieren.«

Kellys Definition von Konstrukten ähnelt Leitsätzen oder Glaubenssätzen. Diese haben Sie schon im Kapitel »Kognitives Umstrukturieren« (s. S. 162ff.) kennen gelernt.

Kellys »persönliche Konstrukte« beziehen sich jedoch auch auf grundlegende Kategorien der Wahrnehmung und des Denkens, die gewöhnlich nicht mehr hinterfragt werden. Wenn Sie mit Kollegen über Ihre Arbeit reden, existieren bereits Konstrukte der Begriffe Arbeit und Kollegen. Wenn Sie in die Kantine zum Mittagessen gehen, so liegen dem bereits Vorstellungen von den Begriffen Kantine und Mittagessen zugrunde.

Übung

Am Beispiel des Abteilungsleiters: Bitte konstruieren Sie wenigstens fünf weitere Konstrukte und mögliche Sätze, die sich aus ihnen ergeben. (Vorschläge: Sich etwas zutrauen, fehlende Informationen, Einsicht verändert das Verhalten, Inkompetenz, Alkoholprobleme, mangelnde Einsichtsfähigkeit, Egoismus, mangelnde Teamfähigkeit.)

Zu den Begriffen Kollegen, Arbeit, Kantine, Mittagessen: Erklären Sie diese Begriffe einer intelligenten Spinne, die von menschlichen Lebensweisen keine Ahnung hat. Bedenken Sie dabei implizite Konstrukte dieser Begriffe: Zeit, Wiederholung, Wiedererkennbarkeit, Geld, Aufstieg, Kleidung, Tischsitten, Fleiß und vieles mehr.

Außerdem gibt es zum Konstrukt der intelligenten Spinne wieder implizite Konstrukte: Gruppenwesen versus Einzelwesen, Mitleidsfähigkeit versus primären Selbsterhaltungstrieb.

Sie haben sicher bemerkt: Wir stecken in einem Netz aus Konstrukten.

Aus dem Bild, das wir uns von der Wirklichkeit machen, ergibt sich meist auch eine Handlungsimplikation: »Wenn Menschen Situationen als real definieren, sind sie in ihren Konsequenzen auch real.« (Merton 1968) Diese Erkenntnis ist in der Soziologie als Thomas-Theorem bekannt geworden und wird häufig mit der Insolvenz einer Bank illustriert.

> 1932 verbreitete sich beispielsweise in den USA das Gerücht, die Last National Bank sei kurz vor der Insolvenz. Es handelte sich allerdings um ein sehr solides Unternehmen. Das Gerücht führte jedoch dazu, dass alle Bankkunden an diesem »schwarzen Mittwoch« versuchten, ihr Geld abzuheben. Nach kurzer Zeit war die Bank tatsächlich insolvent.

Solche Annahmen, die später durch das Handeln bestätigt werden, sind als *sich selbst erfüllende Prophezeiungen* bekannt.

Ähnlich bekannt wie das Thomas-Theorem ist der sogenannte *Pygmalion-Effekt.* Dieser Effekt ist durch zahlreiche Studien belegt, von denen wir Ihnen eine bekannte kurz vorstellen wollen (Rosenthal/Jacobsen 1971):

> Lehrern wurde mitgeteilt, dass ein besonderer Intelligenztest gezeigt hat, dass einige ihrer Schüler in kurzer Zeit hervorragende Leistungen erbringen würden. Tatsächlich hat dieser Test jedoch nicht stattgefunden. Die betreffenden Schüler sind zufällig ausgewählt worden. Trotzdem verbesserten sich die Leistungen der Schüler deutlich. Die Annahme und Situationseinschätzung der Lehrer genügte in diesem Beispiel, um aus »guten Schülern« auch solche zu machen.

Viele psychotherapeutische Schulen fußen auf dem Handlungsmodell. Dem Gesprächspartner oder Klienten soll geholfen werden, bestimmte Situationen zu klären und dadurch zu neuen Einsichten und Handlungsmöglichkeiten zu kommen. Dieses Modell ist häufig sehr hilfreich. Es ist allerdings ein individuelles Modell, das die Aufmerksamkeit auf eine Person richtet. Dabei bleibt meist unberücksichtigt, in welchem Rahmen Veränderungen der Sichtweise und des Handelns überhaupt sinnvoll umgesetzt werden können.

In Managementseminaren lernen die Teilnehmer häufig Kommunikationsmethoden und Grundhaltungen, die ihre Art zu denken und zu handeln verändern könnten. Oft fehlt dann in der Organisation der Teilnehmer aber der Rahmen, um diese neuen Handlungsweisen auch zu leben. Die Vorgesetzten, die ihre Mitarbeiter auf diese Seminare gesandt haben, gehen implizit vom Handlungsmodell aus und nehmen an, dass die Mitarbeiter sich selbst und die Situation nach solch einem Seminar anders oder klarer sehen.

Elemente der Diagnose und der Veränderungsarbeit

Das Verhalten einzelner Menschen kann nicht losgelöst von den sozialen Systemen, denen sie angehören, betrachtet werden. Deshalb ist es auch kurzsichtig, wollte man ein einzelnes personifiziertes Problem ohne reifliche Überlegung isoliert lösen (zum Beispiel einen nicht effizienten Mitarbeiter fristlos entlassen). In diesem Fall geht es oft darum, einen Schuldigen zu finden und als Problemträger oder Sündenbock zu beseitigen.

Sicher sind psychologische Berater eher geneigt, »faule Mitarbeiter« zu verstehen und ihr Verhalten als ein Symptom struktureller oder kommunikativer Systembesonderheiten darzustellen. Viele Manager dagegen müssen nach anderen Kriterien entscheiden und sehen ihre wesentliche Verantwortlichkeit darin, die Effektivität ihrer Firma zu steigern. Weder das eine noch das andere ist richtig oder falsch.

Eine Beratung soll nicht dazu dienen, faule Mitarbeiter um jeden Preis im Team zu halten oder effektive Manager zu »Weichlingen« zu machen. Der Sinn systemischer Beratung kann darin liegen, dass den Teammitgliedern ihre Reduktion der Komplexität bewusst wird und sie die verschiedenen Aspekte ihrer Urteilsbildung und Kommunikation besser verstehen. Auch dann werden gelegentlich harte oder verletzende Entscheidungen nötig sein.

Welche Elemente oder Faktoren sollten in einer systemischen Bestandsaufnahme berücksichtigt werden?

- *Die Person* als Element des sozialen Systems: ihre Geschichte, ihr Wissen, ihre Grundhaltungen, Fähigkeiten und Überzeugungen, ihre Ziele und so weiter.
- *Die subjektiven Deutungen* der Person und die subjektiven Deutungen innerhalb des Systems. Wie bewertet die Person die Ereignisse, wie bewertet der Vorgesetzte oder wie bewerten die Kollegen die Ereignisse?
- *Die Regeln des Systems:* Was sind die offiziellen und heimlichen Regeln und Vorschriften im System?
- *Die Interaktionsstrukturen:* Wie wird im System kommuniziert und interagiert? Welche Geschichten gibt es zum Problem?
- *Die offizielle Machtstruktur:* Wie sieht das Organigramm aus?
- *Die Systemumwelt:* Wie ist das System in die Umwelt eingebunden (beispielsweise Lieferanten, Kunden, Öffentlichkeit, andere Abteilungen)?
- *Die bisherige Entwicklung des Systems:* Wie haben sich Regeln oder Normen innerhalb des Systems verändert? Welche Personen kamen wann hinzu oder gingen fort?

Übung

Bitte definieren Sie ein Problem innerhalb Ihres Systems (zum Beispiel Arbeitsplatz). Es kann sich um eine andere Person handeln, die ein Problem hat, oder um Sie selbst. Bitte schreiben Sie zu den genannten Aspekten jeweils einen kleinen Kommentar zu Ihrem Problem.

- *Veränderung in Bezug auf die Person:* Gelegentlich ist es notwendig, dass ein Mitarbeiter die Organisation oder die Abteilung verlässt. Diese Veränderung kann für das System und für den Mitarbeiter selbst sinnvoll sein. Möglich sind aber auch Veränderungen der Einstellungen und Anschauungen, Wissenserwerb und anderes.
- *Veränderung der subjektiven Deutungen:* Wenn die Betroffenen lernen, die Situation anders einzuschätzen, kann hierdurch aus einem Problem ein neutrales Ereignis oder eine Ressource werden. Subjektive Deutungen lassen sich häufig durch Reframing oder zirkuläre Fragen verändern oder bewusst machen.
- *Veränderung der Verhaltensregeln im System:* Offizielle Regeln, die häufig in Qualitätshandbüchern oder Anweisungen fixiert sind, lassen sich leicht ändern. Schwieriger ist dies mit inoffiziellen Regeln. Führungspersonen legen in der Regel viel mehr Wert auf die Lockerheit im Umgang miteinander, als Mitarbeiter dies in geheimen Befragungen tun. So könnte eine offizielle Regel beispielsweise lauten:

»Sage immer ehrlich deine Meinung.« Die inoffizielle Regel dahinter könnte jedoch stärker sein: »Es ist verboten, Konflikte anzusprechen. Stattdessen soll man freundlich lächeln.«

- *Veränderung der Interaktionsstrukturen:* Wenn bestehende Interaktionsstrukturen gestört werden, müssen neue Strukturen geschaffen werden. Wenn ein unfreundlicher Chef morgens im Fahrstuhl plötzlich glaubhaft freundlich lächelt, verändert dies das Bild, das die Mitarbeiter vorher von ihm hatten, und es wird die Kommunikation mit dem Chef ebenfalls verändern.
- *Veränderung im Hinblick auf die Systemumwelt:* Ein Wohnungswechsel, neue Möbel, neue Kunden, neue Bekanntenkreise, neue Hobbys, neue Systemgrenzen (zwei Abteilungen werden zum Beispiel zusammengelegt) verändern Regeln und Interaktionsstrukturen im System.
- *Veränderungen in Bezug auf die Systementwicklung:* Neue Aufgaben oder Ziele des Systems verändern die bisherige Kommunikation. Nach Phasen ohne Wechsel wirken Veränderungen häufig sehr heilsam; nach Phasen ständigen Wechsels sind oft Zeiten der Ruhe und Stabilität sinnvoll.

Die komplexen Abläufe in sozialen Systemen lassen sich nicht durch einzelne Ereignisse kausal erklären oder vorhersehbar steuern. Ob vorgeschlagene oder im System selbst gefundene Veränderungsoptionen tatsächlich erfolgreich sind und höhere Leistung oder Effektivität bewirken, hängt davon ab, welche Bedeutung die Veränderung im System erlangt. Die Antwort auf eine Veränderungsintervention kann daher nicht von außen vorhergesehen werden, sondern kommt grundsätzlich nur aus dem System selbst. Außerdem kann ein Berater nur seine eigene individuelle Beobachterposition einnehmen und bestenfalls Teilaspekte des Systems wahrnehmen. Daher ist eine umfassende Sicht des Systems nur möglich, wenn man die Deutungen verschiedener Systemmitglieder zusammenfasst.

Harry S. Truman, der ehemalige amerikanische Präsident, fragte vor wichtigen Entscheidungen immer möglichst viele Personen: »Wie sehen Sie dieses Problem?« Er konnte direkt nach dem Zweiten Weltkrieg noch nichts von systemischer Beratung wissen. Er war ursprünglich Vizepräsident und galt als unbegabt, als er die Amtsgeschäfte von Franklin D. Roosevelt übernehmen musste. Die Mehrheit der amerikanischen Presse hat ihn anfangs verspottet; auch, weil er andere Menschen immer nach ihrer Meinung fragte. Im Nachhinein gilt er als einer der effektivsten, umsichtigsten und entscheidungsstärksten amerikanischen Präsidenten.

Expertenberatung und Prozessberatung

Soziale Systeme können durch *Interventionen* verändert werden. Eine Intervention ist eine Maßnahme, die gezielt eingesetzt wird, um Veränderungen zu bewirken. Meist ist dies mit einem theoretischen Konzept und einer Vorstellung vom Erfolg der Veränderung verknüpft. Interventionen können im System selbst erfolgen oder von außerhalb kommen. Wenn ein neuer Mitarbeiter eingestellt wird, ist dies bereits eine Intervention, die Strukturen im System verändern soll und es auch tun wird.

Jedes Mitarbeitergespräch, eine Vorstandssitzung, eine Broschüre, eine Veränderung der Pausenzeiten, eine Gehaltserhöhung sind Interventionen. Wenn Sie als Berater in eine Organisation eingeladen werden, ist bereits Ihre Anwesenheit eine Intervention, da Ihre Gesprächspartner versuchen werden, sich auf Sie einzustellen. Es wird Spekulationen darüber geben, warum Sie da sind, und es wird – noch bevor die eigentliche Beratung beginnt – Befürworter und Gegner des Prozesses geben. Dies hängt davon ab, wie einzelne Systemmitglieder eine potenzielle Veränderung für sich bewerten.

Wie im Einzelcoaching gibt es auch in der Organisationsberatung Leitlinien. Wir möchten Ihnen an dieser Stelle Vorschläge für solche Leitlinien anbieten.

- Beratung sollte die Handlungs-, Gestaltungs- und Entscheidungsfähigkeit der beratenen Individuen verbessern.
- Beratung sollte nicht bevormunden und sollte den Ratsuchenden Hilfen zur eigenständigen Problembewältigung zur Verfügung stellen.
- Dabei erfolgt keine Beeinflussung durch Überzeugungen des Beraters, und die Umsetzung der Beratung wird den Betroffenen nicht aus der Hand genommen.
- Berater- und Klientensystem bleiben getrennt und sind voneinander verschieden. Der Berater macht sich das Klientenproblem nicht zu Eigen.
- Berater sind keine Entscheider; sie geben lediglich Anregungen und unterstützen die Klienten dabei, das Problem selbst zu lösen.

 Expertenberatung: Spezialisten aus Technik, Naturwissenschaft oder Wirtschaft werden häufig als Experten und Entscheider angefordert. Von ihnen verlangt der Auftraggeber häufig Entscheidungen, klare Problemlösungen und Handlungsanweisungen. Die Einstellung solcher Berater entspricht der klassischen Unternehmensberatung. Wenn es allerdings um Führungsfragen, Teamstrukturen und ähnliche Anliegen geht, dann ist diese Form der Beratung selten nachhaltig. Selbst wenn der Klient das Problem korrekt diagnostiziert und vollständig an den Berater kommunizieren kann, garantiert dies nicht, dass eine Musterlösung durch den Berater ohne unerwünschte Nebenwirkungen im System bleibt. In vielen Fällen haben solche Musterlösungen sogar schwerwiegende nachteilige Effekte, die sich aber häufig erst nach einigen Monaten zeigen. Diese Form der Beratung ist weiterhin außerhalb rein technischer oder betriebswirtschaftlicher Fragestellungen sehr gefragt. Das hat verständliche Gründe:

- Berater bieten Lösungen für bestimmte Probleme an. Es ist ihr Beruf, mit diesen Lösungen Geld zu verdienen.
- Auftraggeber möchten sich selbst und die Struktur ihres Systems nicht hinterfragen lassen und suchen nach einfachen Lösungen und nach jemandem, der diese verspricht.

Gelegentlich werden den Kunden nach der Diagnosephase umfangreiche Daten und Vorschläge übergeben. Solche Datenberge landen häufig in Aktenordnern. Aus ihnen ist kaum ersichtlich, welche Informationen oder Vorschläge wirklich relevant sind. Diese Form der Beratung erfüllt nur Alibifunktionen.

Expertenberatung: Der Experte wird Teil des Systems. Er bezieht inhaltlich Stellung und nimmt sich des Problems an. Diese Beratungsform ist besonders sinnvoll, wenn technische Spezialisten aufgrund ihres Fachwissens, Könnens und ihrer beruflichen Erfahrung akquiriert werden, um spezielle Aufgaben für die Organisation zu übernehmen.

Prozessberatung: Der Berater bleibt außerhalb des Systems. Er beeinflusst die Interaktionen, nimmt aber inhaltlich keine Stellung. Der Klient besitzt das Problem und behält es während des gesamten Beratungsprozesses. Diese Form der Beratung ist sinnvoll, wenn Prozesse begleitet werden sollen und wenn das System gefördert werden soll, seine eigenen Lösungen für Probleme zu finden.

 Prozessberatung beschäftigt sich ebenfalls mit Problemen in Klientensystemen. Der Schwerpunkt liegt dabei selten in rein technischen, naturwissenschaftlichen oder betriebswirtschaftlichen Fragestellungen. Prozessberater bieten keine Lösungsvorschläge an. Sie unterstützen das System dabei, eigene Lösungsideen zu entwickeln. Diese Form der Beratung ist besonders sinnvoll, wenn es darum geht, persönliche Ziele, Leitlinien, eine Corporate Identity oder Konflikte innerhalb eines Teams zu klären.

Phasen des Beratungsprozesses

Organisationsberatungen können unterschiedliche Ausmaße haben. Als Einzelberater werden Sie voraussichtlich kleinere Systeme beraten. Dies können einzelne Abteilungen, Teams oder Führungsgruppen in größeren Firmen oder Organisationen sein oder kleinere bis mittelständische Organisationen oder Firmen. Diese Beratungen sollten strukturiert verlaufen:

- Orientierungsphase und Auftragsklärung,
- Diagnosephase,
- Interventionsphase,
- Abschlussphase.

Bei kleineren Systemen wird die Orientierungsphase meist nur aus zwei bis drei Gesprächen bestehen. Auch die nachfolgenden Phasen bestehen dann oft nur aus wenigen Einheiten (Stunden oder Tagen). Bei größeren Systemen können allein die Orientierungs- und die Diagnosephase Wochen oder Monate beanspruchen. Häufig werden in der Diagnosephase dann auch Instrumentarien wie standardisierte Interviews, Fragebögen oder andere Formen der Datenerhebung eingesetzt. Deshalb ist die Beratung größerer Systeme eine Domäne von gut eingespielten Beratungsteams, die solche Instrumentarien schon mit vielen anderen Kunden erprobt haben. Wir werden uns zunächst auf kleinere Systeme beschränken, die Sie als Ein-Personen-Firma selbstständig betreuen könnten. Vertiefende Informationen zum Konstruktinterview und zur Entwicklung von Fragebogen finden Sie auf Seite 290ff. beziehungsweise Seite 309ff. im Kapitel »Komplexe Beratungsprozesse«. Wir kommen jetzt auf die einzelnen Phasen zurück.

 Orientierung und Auftragsklärung: Ein soziales System wird sich nur an Sie wenden, wenn ein relevantes Problem vorliegt und das System sich durch die Beratung eine Problemlösung verspricht. Es kann sich beispielsweise um Imageprobleme, Mobbing, ein zunehmend schlechter werdendes Arbeitsklima, sinkende Mitarbeitermotivation, ungeschickten Umgang mit Kunden handeln.

Die erste (oft telefonische) Kontaktaufnahme des Klienten dient meist nur einer Vorinformation. Häufig wird bei mehreren Anbietern gleichzeitig nachgefragt, um Verfügbarkeit, Preise und Ähnliches abzufragen oder um einen Prospekt anzufordern. Von vielen Anfragen hören Sie später nichts mehr. Viele größere Unternehmen haben Stammberater oder einen sogenannten Coaching-Pool, aus dem sie auftragsbezogen die Berater wählen.

Die zweite Kontaktaufnahme erfolgt meist durch eine verantwortliche Führungsperson, oft einer Person aus der Personal- oder Organisationsentwicklung. Durch wenige gezielte Fragen sollten Sie sich einen Überblick über Art und Umfang des Auftrags verschaffen. Ohne dass Sie das System genauer kennen, wird nun meist von Ihnen ein Angebot erwartet:

- Wie soll der Ablauf aussehen (zeitlich, örtlich)?
- Wie soll vorgegangen werden (Procedere)?
- Was werden Schwerpunkte und Methoden sein?
- Welche Kosten fallen an?

Bereits am Ende dieser ersten Kontaktaufnahme ist es sinnvoll, einen Kontrakt für weitere Vorgespräche zu schließen, der Ihnen zusichert, dass Sie zur genauen Auftragsklärung weitere Informationen einholen:

- Wer sind Entscheider und Auftraggeber?
- Wer hat die Beratung initiiert?
- Wer erhofft sich etwas durch die Beratung?
- Wer befürchtet etwas?
- Wer denkt wie über das zugrunde liegende Problem?
- Welche Regeln existieren im System?
- Was sind die heiligen Kühe?
- Was ist bisher versucht worden?
- Wie komme ich an diese Informationen?
- Wer wird mich in der Organisation unterstützen, wenn ich weitere Informationen benötige?

Am Ende dieser Vorklärung sollte ein Kontrakt geschlossen werden, der zumindest die nächste Phase abdeckt. Meist müssen Berater und Klient im Verlauf der folgenden Diagnosephase dann entscheiden, ob die wechselseitigen Erwartungen sich erfüllt haben und der Kontrakt verlängert werden soll.

 Die Diagnosephase: In dieser Phase kommt es nicht darauf an, dass Sie als Berater möglichst viele Informationen über das System sammeln. Dies ist das häufigste Missverständnis, das in Bezug auf diese Phase bei Einzelberatern besteht. Ziel dieser Phase ist, dass sich das System über sich selbst klar wird. In der Beratung kleiner Systeme werden seltener Fragebögen oder Beobachtungsverfahren eingesetzt und Informationen stattdessen durch Interviews und sogenannte Aktionsmethoden oder analoge Verfahren gewonnen (zum Beispiel Metaphern, Soziometrie, Psychodrama).

Als Berater sollten Sie Ihr Augenmerk darauf richten, dass die gewonnenen Einsichten und Informationen dem System bekannt gegeben werden. Wenn Sie ein Interview machen oder ein sogenanntes analoges Verfahren in der Diagnosephase anwenden, ist dies bereits Veränderungsarbeit. Nach der Diagnosephase wird der Beratungsauftrag meistens modifiziert oder dem Diagnoseergeb-nis angepasst. Häufig sollen vom Berater dann Schwächen einzelner Mitarbeiter oder Schwächen im System beseitigt werden. Selten werden Sie einen Auftrag erhalten, der vorsieht, wichtige Stärken gezielt zu fördern (obwohl dies nach Ansicht einiger Managementexperten langfristig effektiver sein soll).

 Die Veränderungsphase: Ihre Anwesenheit im System und die Diagnose selbst sind bereits Veränderungsinterventionen. Die Veränderungsberatung kann auf Einzelpersonen wie Abteilungsleiter, Projektverantwortliche oder ein ganzes Team abzielen, das bei seiner Weiterentwicklung unterstützt werden soll. Veränderungen können aber auch bei der Ablauforganisation und beim Organisationsaufbau gewünscht sein. Es können Qualifizierungs- und Trainingsmaßnahmen gewünscht werden. Auf die spezifischen Interventionsmethoden des Störens, des zirkulären Fragens und der psychodramatischen Gruppenarbeit werden wir ab Seite 251 noch eingehen.

Orientierungsphase
Vorklärung: Art, Dauer, Umfang, Kosten? Vordiagnose: Fragen ans System. Kontrakt: Beratungsvertrag bis zur nächsten Phase.

Diagnosephase
Informationen und Einsichten werden dem System bekannt gegeben. Es geht nicht darum, dass der Berater mehr Informationen hat, vielmehr soll das Klientensystem diese Informationen erhalten.

Veränderungsphase
Die Diagnose ist bereits Veränderung! Wichtige Methoden der Veränderungsarbeit sind: Referenztransformation, Stören, zirkuläres Fragen, die lösungsorientierten Fragen nach Steve de Shazer sowie systemische oder psychodramatische Aktionsmethoden.

Die Abschlussphase: Organisationen entwickeln sich weiter. Daher endet nicht die Organisationsentwicklung, sondern nur Ihr Kontrakt mit dieser Organisation. Es ist wichtig, zum Ende des Auftrags wichtige Ergebnisse und Veränderungen zusammenzufassen und die Beratung einvernehmlich zu beenden. Als Berater werden Sie daran interessiert sein, den Kontakt zu Ihren Klienten aufrechtzuerhalten. Nach einigen Beratungen beim selben Klienten kennen Sie vermutlich das System und werden dann große Schwierigkeiten haben, sich von diesem zu distanzieren. Sie werden dann nach und nach ein Teil des Systems. In solchen Fällen ist es für die Klienten sinnvoller, sich einen anderen Berater zu suchen. Wenn es Ihre Auftragslage erlaubt, können Sie die Klienten darauf selbstverständlich hinweisen.

In der Abschlussphase sollten die Beratungsergebnisse zusammengefasst werden:

- Was wurde diagnostiziert?
- Welche Veränderungen oder Lösungen sind gefunden worden?

Anschließend wird die Beratung einvernehmlich, aber eindeutig abgebrochen.
Im Anschluss an die Beratung – oft auch schon im Prozess – ist eine Evaluation sinnvoll: Sind die Vorstellungen des Klienten umgesetzt, ist er zufrieden, haben sich dem einzelnen Individuum und dem System neue Perspektiven aufgetan? Wie genau bemesse ich meinen Beratungserfolg oder Misserfolg?

Das Interview als Diagnoseverfahren

In der Diagnosephase erfolgt kein Beratungsgespräch. Sie sollten lediglich Grundmuster innerhalb des sozialen Systems erkennen und beschreibbar machen. Trotzdem beginnt die Veränderung bereits in dieser Phase, da viele Vorgänge im System das erste Mal deutlich werden. Außerdem müssen Sie sich im Vorfeld mit Ihren Klienten darauf einigen, welche Themen in der Diagnosephase beleuchtet werden sollen. Diese könnten sein: Mitarbeiterzufriedenheit, Aufstiegschancen, Führungsstil, Schulungsbedarf, Kommunikationsstörungen. Besonders psychodramatische Verfahren laden dazu ein, Diagnosen aus dem Stegreif zu stellen.

Selbst geübte Gruppenleiter sollten die Diagnosephase aber besser gezielt vorbereiten und dabei verschiedene Methoden kombinieren. Anschließend können die gewonnenen Daten ausgewertet und sorgfältig aufbereitet werden, mit dem Ziel, sie dem System zusammengefasst darzustellen.

Mittlerweile gibt es eine Vielzahl von standardisierten Tests und Verfahren, die im Rahmen von Organisationsentwicklungsmaßnahmen eingesetzt werden können. (Diese können Sie zusammen mit Auswertungshandbüchern oder -programmen unter www.testzentrale.de anfordern.) Die meisten Einzelberater verwenden jedoch freie Interviews, indem sie Fragen stellen, die ihnen gerade einfallen oder die sich bei früheren Beratungen bewährt haben. Oder sie führen Interviews, indem sie die wesentlichen Fragen vorher aufschreiben und diese in freier Form stellen und die Antworten dazu notieren. In der systemischen Beratung legen wir dabei besonderen Wert auf sogenannte subjektive Theorien, also die subjektiven Deutungen beziehungsweise Konstrukte einzelner Systemmitglieder zu ihren Beobachtungen.

Das Konstrukt- und Leitfrageninterview

Wichtige Fragen eines solchen *Konstruktinterviews* könnten sein:

- Welche Situation liegt zurzeit vor?
- Wie ist diese entstanden?
- Wer oder was war an der Entstehung beteiligt?
- Was ist bisher versucht worden, um die Situation zu verändern? Was sollte getan werden, um ein Problem zu lösen? Was oder wer könnte diese Lösung behindern?
- Wie würde sich eine solche Lösung auf das System und auf einzelne Mitglieder auswirken?
- Welche Meinungen gibt es zu den vorangegangenen Fragen innerhalb des Systems und außerhalb des Systems?
- Was sind die Schwachstellen und was die Stärken des Systems?
- Wie beurteilen Außenstehende das System (Meinung anderer Abteilungen, Meinung der Kunden)?

Subjektive Konstrukte sind für ein Systemmitglied dann relevant, wenn es auf sie zurückgreift, um einige der oben genannten Fragen zu beantworten.

> Wenn einer Führungsperson das Konstrukt »Einsatzbereitschaft« wichtig ist, wird sie dieses Wort bereits bei der Problembeschreibung benutzen. Ebenso wird sie Lösungsstrategien vorschlagen, die sich auf solch ein Konstrukt beziehen: »Wir haben seit Monaten Probleme mit unserem Umsatz. Vielleicht liegt das daran, dass einige Mitarbeiter einfach keine Einsatzbereitschaft zeigen.« Zwei Tage später sagt Ihnen dieselbe Führungsperson vielleicht: »Als Lösung stelle ich mir vor, dass wir ein Motivationstraining veranstalten, um die Einsatzbereitschaft zu erhöhen.« Diese Führungsperson konzentriert sich in der Deutung ihrer Beobachtungen auf ein Konstrukt, in dem Einsatzbereitschaft eine wichtige Rolle spielt.

Solche Konstrukte sind meist unbewusst und können auf Nachfrage oft nicht benannt werden. Daher ist es wichtig, dass Sie sorgfältig auf Schlüsselworte achten, die auf Konstrukte hinweisen.

Zu bestimmten Themenkomplexen wie Führung, Organisationskultur, Regeln können Sie gezielte Fragen stellen, durch die das Interview in eine Reihe von Leitfragen gegliedert wird. Solche Interviews nennt man daher auch *Leitfrageninterviews*. In Bezug auf Konstrukte könnten folgende Fragen an den Klienten hilfreich sein:

- Wie deuten Sie die Situation?
- Welche Ursachen sehen Sie für diese Situation? Durch welche Umstände ist es dazu gekommen? Welches sind Ihre Ziele in dieser Situation?
- Was schlagen Sie vor, um die Situation zu verändern?

Als Interviewer sollten Sie übrigens mitschreiben. Sie können sich ansonsten nicht so viele Details merken. Fragen Sie Ihren Gesprächspartner vorher direkt, ob ihn das stören würde. Ihre Gesprächspartner werden meist positiv darauf reagieren, da es die Wichtigkeit ihrer Gedanken und Äußerungen unterstreicht, wenn Sie mitschreiben. Dies gilt übrigens auch für jede andere Form des Coachings: Schreiben Sie mit! Versuchen Sie aber keine schriftlichen tief greifenden Analysen während des Gesprächs. Wir schlagen Ihnen außerdem vor, wörtlich mitzuschreiben: »Ich fühle mich verantwortlich.« Dies ist besser und kürzer als: »Herr X sagt, er fühle sich verantwortlich.«

Kellys Kartenvergleich

George A. Kelly hat ein Verfahren vorgeschlagen, das weitere Konstrukte erkennbar macht: Bitten Sie Ihre Klienten, mehrere Systemelemente (abhängig vom Leitthema: Führungspersonen, Teammitglieder, Projektteams, Nachbarabteilungen) auf Karten zu schreiben. Dann lassen Sie jeweils zwei bis drei Karten ziehen und fragen: »Was haben diese zwei dort gemeinsam im Vergleich zu diesem Dritten?« Oder: »Was unterscheidet sie voneinander?« Bei Vergleichen zwischen zwei, drei oder mehr Personen oder Gruppen werden intuitiv persönliche subjektive Konstrukte genannt.

Die Geschichte des Klienten im System

Eine andere Möglichkeit, das Interview zu ergänzen, ist es, den Interviewpartner zu bitten, seine Geschichte im System zu erzählen: »Seit wann sind Sie hier in dieser Organisation? Vielleicht erzählen Sie mir Ihre Geschichte von Ihren Anfängen hier bis heute? Mich interessiert auch, was sich alles geändert hat, als das Problem zum ersten Mal auftauchte.«

Sie sollten gelegentlich Zwischenfragen stellen. Diese Interviewform berührt jedoch häufig auch private Themen und geht gelegentlich mit tiefen Emotionen des Klienten einher. Sie sollten daher für sich selbst prüfen, ob diese Form des Zusatzinterviews Ihrem Auftrag und Ihrem Können angemessen ist.

Die Diagnose sozialer Regeln in Organisationen

Konstrukte und Regeln sind meist aufeinander bezogen und machen einen wesentlichen Teil der Organisationskultur aus. Ihre Kenntnis ist eine große Hilfe in der Beratung von Organisationen. Wir möchten jetzt Aspekte sozialer Regeln beleuchten und Ihnen Hinweise geben, wie Sie Regeln erfragen, beurteilen und verändern können.

Jedes soziale Handeln ist durch Regeln geleitet. Daher kann ein soziales System erst verstanden werden, wenn die Regeln verstanden werden, die das Verhalten seiner Mitglieder lenken. Die wenigsten dieser Regeln sind jedoch in Leitlinien oder klaren Handlungsanweisungen schriftlich fixiert.

Relevante Regeln in sozialen Systemen haben einheitliche Merkmale:

- Sie sind klare Handlungsanweisungen.
- Sie besitzen nur innerhalb des Systems Geltung.
- Sie werden durch Sanktionen gestützt.
- Sie sind explizit oder implizit (offen oder versteckt).
- Sie stützen sich gegenseitig (sind zirkulär).
- Sie werden vorwiegend durch Nachahmen und praktisches Handeln gelernt.

Viele Regeln erfüllen den gewünschten Zweck nicht. Der Zweck einer Regel ist es, sich selbst und andere Regelkonstrukte zu stützen. Daneben glauben die Systemmitglieder häufig, jede Regel erfülle einen bestimmten rationalen Zweck. Aus diesem Grund existiert jede Regel auf wenigstens zwei Ebenen:

- Sie soll Konstrukte innerhalb des Systems stabil halten (den Klienten meist nicht bewusst).
- Sie soll einen rationalen Zweck erfüllen (den Klienten manchmal bewusst).

Wenn eine Regel keine klare Orientierung gibt, ihren rationalen Zweck nicht erfüllt und im System dysfunktional wird, ohne im guten Sinne zu stören, hat dies folgende Gründe.

- *Die Regel erfüllt den intendierten Zweck nicht mehr.* Es stellt sich dann die Frage: Ist die Regel noch sinnvoll? Wenn das Unternehmen beispielsweise unerwartet viele Aufträge erhalten hat, kann folgende Regel in Frage gestellt werden: »Überstunden sind nicht erwünscht.«
- *Die Regel erfüllt keine sinnvolle Funktion:* Ist die Regel zu pauschal? Beispiel: »Wir gehen immer offen miteinander um.«
- *Die Regel ist nicht realisierbar:* Kann so etwas von Menschen überhaupt geleistet werden? Beispiel: »Jeder Mitarbeiter ist jederzeit für die Kunden erreichbar.«
- *Die Regel behindert höhere Ziele:* Wenn das Regelwerk wichtiger wird als der eigentliche Zweck der Organisation. Beispiel: »Auf der Intensivstation müssen alle Verwaltungsvorschriften des Krankenhauses strikt eingehalten werden.«

Sie können Regeln durch Verhaltensbeobachtung des Systems indirekt oder aus dem bewussten oder latent vorhandenen Regelwissen der Systemmitglieder direkt erschließen, wenn Sie diese gezielt befragen. Hierzu einige Beispielfragen:

- *Offizielle Regeln:* Welche Vorschriften existieren, welche Leitlinien gibt es? Wie sehen Arbeitsplatzbeschreibungen und Stellenanzeigen aus?
- *Inoffizielle Regeln:* Wie frei können Sie im Beisein des Vorgesetzten über Ihre Zukunftspläne reden? Darf man dem Chef Vorschläge unterbreiten oder ihn kritisieren? Darf in Teambesprechungen gelacht werden?
- *Regelmäßigkeiten:* Was führt regelmäßig zu Streit oder Störungen? Welche Rituale existieren, welche Sanktionen? Wofür werden Belobigungen oder Gratifikationen erteilt? Wer erteilt diese? Wann erfolgen Bestrafungen verschiedener Art?
- *Regeln zu Auf- und Abstieg:* Was müssen Sie beachten, um Karriere zu machen? Was dürfen Sie nicht tun, damit Sie nicht in Ungnade fallen?
- *Regelwissen in Mythen, Witzen und Klosprüchen:* Welches Regelwerk ist Ihnen aus diesen Quellen bekannt?
- *Regelmanifestation durch Architektur, Kunst oder Ähnliches:* Welches Image verkörpern die Architektur und die Innenausstattung des Gebäudes? Welche impliziten Annahmen und Vorschriften werden darin deutlich? Welche Spekulationen stellen Sie über die Kunstwerke an, die Sie in Ihrer Organisation vorfinden?

Systemische Veränderungsarbeit in Organisationen

Wir beziehen uns in diesem Absatz auf die Veränderung von Einzelpersonen innerhalb von Organisationen: In der systemischen Organisationsberatung macht der Berater dem Klientensystem Veränderungsangebote, indem er ihm neue Möglichkeiten aufzeigt, seine subjektive Deutung einer Situation (oder Beobachtung) zu verändern. Dies kann er durch verschiedene Methoden erreichen, die alle das Ziel haben, neue Sichtweisen auf ein Problem oder eine Situation zu eröffnen. Drei Grundprinzipien dieser Arbeit möchten wir Ihnen anschließend vorstellen:

- die Referenztransformation,
- das Stören durch zirkuläre Befragung und
- das lösungsfokussierte Modell nach Steve de Shazer.

Das Beziehungs- und Kommunikationsangebot des Klienten enthält bereits Konstrukte, also Vorstellungen von der Art der Zusammenarbeit. So gehen viele Klienten davon aus, dass ein Berater sich des Problems annimmt und dieses löst (Expertenmodell). Wenn Sie Ihren Klienten dann darlegen, dass Sie eine Prozessberatung vorziehen, wird dessen Fokus bereits vom Problem auf einen Prozess gelenkt. In Anlehnung an Paul Watzlawick könnten wir daher sagen: »Es ist nicht möglich, nicht zu stören.« Jede Störung bringt etwas Neues in das System. Was jedoch neu ist, wird immer der Klient selbst entscheiden. Sie sollten darauf achten, dass Sie wenigstens zu Beginn eine Balance zwischen dem Neuen und dem Bekannten aufrechterhalten, indem Sie auch bewusste Bestätigungen geben. Ansonsten verlieren Sie den Rapport zum Klienten.

Sie sollten sich auch nicht dazu verleiten lassen, innerhalb des Systems Funktionen auszuüben, indem Sie Fehler innerhalb des Systems durch gezielte Interaktionen selbst beheben möchten. Dadurch würden Sie sich langfristig unentbehrlich machen und müssten durch Ihre Anwesenheit das System weiter stützen. Ein weiterer wichtiger Aspekt ist Ihre Neutralität. Durch Ihre Anschauungen und eigenen subjektiven Konstrukte werden Sie versuchen, das System in einem bestimmten Sinne zu stören oder zu fördern. Selbst wenn Sie dabei Ihre eigenen Vorlieben zurücknehmen, wird das System später darüber befinden, in welchem Maße Sie Partei ergriffen haben: Egal, wie neutral Sie bezüglich anderer Konstrukte oder sozialer Meinungen sein möchten oder tatsächlich sind – das System wird in Ihren Interaktionen (subjektiv gedeutete) Tendenzen erkennen. Bemühen Sie sich trotzdem um Neutralität. Ein klarer Bruch Ihrer Neutralität würde Sie zu einem Mitspieler des Systems machen.

Referenztransformationen

In sozialen Systemen handeln Menschen aufgrund des Bildes, das sie sich von der Wirklichkeit machen. Dies trifft gleichermaßen auf Einzelpersonen zu, die Sie beraten. Neue Handlungsmöglichkeiten können nur entwickelt werden, wenn die betreffende Person ihr Bild von der Wirklichkeit ändert. Dies ist Grundlage der rational-emotiven Therapie nach Albert Ellis (RET), die Sie bereits kennen gelernt haben. Auch seine Arbeit fußt somit auf konstruktivistischem Gedankengut.

A   *activating event:* auslösendes Ereignis
B   *belief system:* subjektive Deutungen, Annahmen, Gedanken, Glaubenssätze, Konstrukte, die zum Ereignis oder Thema vorliegen oder gebildet werden.
C   *consequences:* Konsequenzen, also Handlungen oder Lösungswege, die sich aus B ergeben.

Ein Problem liegt meistens dann vor, wenn die Konsequenzen, die sich aus den Deutungen ergeben, nicht zum gewünschten Erfolg führen. In solchen Situationen versuchen die meisten Menschen ihre Handlungen (Konsequenzen) im bestehenden Rahmen der Annahmen zu intensivieren. Sie versuchen somit nichts grundsätzlich anderes. Neue Lösungsmöglichkeiten ergeben sich erst, wenn der Referenzrahmen (Deutungen, Konstrukte, Annahmen) verändert wird.

Paul Watzlawick wies in diesem Zusammenhang darauf hin, dass Lösungen erster kybernetischer Ordnung sich im ursprünglichen Referenzrahmen bewegen, Lösungen zweiter kybernetischer Ordnung aber auf der Basis eines qualitativ veränderten Referenzrahmens, also auf der Basis völlig neuer subjektiver Konstrukte, entstehen. In Kenntnis dieses Zusammenhanges stellte auch Albert Einstein fest: »Problem space is not solution space!

> *»Eine Umdeutung besteht also darin, den begrifflichen und gefühlsmäßigen Rahmen, in dem eine Sachlage erlebt und beurteilt wird, durch einen anderen zu ersetzen, der den Tatsachen der Situation ebenso gut oder sogar besser gerecht wird und da-durch ihre Gesamtbedeutung ändert.«* (Paul Watzlawick 1974)

Wie nennen andere Beratungsschulen diese Vorgehensweise?

In der *kognitiven Verhaltenstherapie* spricht man in diesem Zusammenhang von der Re-Definition des Problemrahmens.

In der *Transaktionsanalyse* verändert die Einnahme unterschiedlicher Ich-Zustände (Eltern-Ich, Kinder-Ich usw.) den Referenzrahmen.

In der *Hypnotherapie* werden neue Referenzrahmen eigendynamisch gesucht.

Im *NLP* werden Aussagen zu Inhalten und Umständen »reframt« (Inhalts- und Kontextreframing); außerdem modifiziert und integriert das NLP einige erfolgreiche theoretische und praktische Ideen anderer Schulen (es handelt sich um eine bewusst eklektische Methode).

Hierzu einige Beispielkategorien für Umdeutungen (Referenztransformationen).

- *Inhalt:* Ein Mitarbeiter macht wiederholt Vorschläge, die auch die Führungsebene betreffen. Diese Vorschläge sind teilweise sinnvoll, werden von der Führungsebene aber als »übergriffig«, aufsässig und unverschämt interpretiert. Die Umdeutung: Der Mitarbeiter kann selbstständig denken, ist interessiert und engagiert und möchte seine Eigeninitiative für das Wohl der Organisation einsetzen und auch zeigen, was er kann.
- *Kontext:* Die Kernfrage lautet in dieser Umdeutung: »In welchen Situationen ist das Verhalten, das als Problem erlebt wird, eigentlich sinnvoll, hilfreich oder sogar unumgänglich?«
- *Ziel:* Die Kernfrage in der Ziel-Referenztransformation lautet: »Was ist die positive Absicht oder das positive Ziel, das sich hinter dem Verhalten zeigt?« Im obigen Beispiel des »übergriffigen« Mitarbeiters könnte die Antwort lauten: der Leitung Informationen und Feedback geben, um ein reibungsloses Arbeiten zu ermöglichen und die Führung zu entlasten, bevor kleinere Störungen zu echten Problemen werden.
- *Oberfläche und Tiefe:* Beratungen beginnen auch in Organisationen zunächst mit »offiziellen Problemen«.

  Sie erinnern sich an die Zeichnung mit den zwei Palmen auf Seite 119? Indem Sie die Aufmerksamkeit langsam von der Oberfläche in die Tiefe richten oder vom Konkreten zum Grundlegenden, verändern Sie den Referenzrahmen.

Es gibt viele weitere Umdeutungsansätze: Wann erfahren Sie Schicksal, wann die Reaktionen auf Ihr eigenes Handeln? Wie verändert sich der Referenzrahmen, wenn Sie nicht die anderen mit ihren Fehlern oder Schwächen fokussieren, sondern sich selbst (wenn Sie also Ihren Zeigefinger konsequent umdrehen und auf sich selbst richten)? Bei der Veränderung des Klientenrahmens – was eine Störung im systemischen Sinne ist – sollten Sie ausgewogen vorgehen. Auch hier sollten Sie nicht ausschließlich stören, sondern zwischen Bestätigung und Störung balancieren. Es ist sinnvoll, wenn Sie Störungen auswählen, die sich innerhalb des Klientenrahmens bewegen.

Würden Sie in einem Industrieunternehmen als Berater tätig sein, wäre es kontraproduktiv Ihre Veränderungsarbeit auf das marxistische Manifest zu stützen. Dies stünde außerhalb des Klientenrahmens. Klüger wäre es, Sie würden Ideen von Edmund Malik (ein bekannter Managementspezialist, der in St. Gallen unterrichtet) für Ihre Referenztransformation nutzen. Außerdem sollten Sie auf die Konstrukte eingehen, die Ihren Gesprächspartnern wichtig sind. Wenn ein wichtiges Konstrukt Verantwortung ist, dann sollten Sie Ihre Arbeit nicht auf das Konstrukt »Spontaneität« aufbauen.

Bereits durch die Wahl Ihrer Gesprächs- oder Interviewthemen können Sie den Referenzrahmen ändern. Dies ist eine elegante Methode des Umdeutens, die Sie bereits einsetzen können, wenn Sie sich mit den eher technischen Methoden des Reframings noch unsicher fühlen. Welche Gesprächsthemen verändern dabei die Problem- und Lösungssicht des Klienten?

- *Sprechen Sie über die Vergangenheit:* Dabei wird vielen Klienten klar, dass es Verhaltens- und Denkmuster gibt, die früher vielleicht angemessen waren, jedoch aus einer Zeit stammen, in der Ihr Klient weniger Kompetenzen hatte und anderen Rollenanforderungen entsprechen musste.
- *Sprechen Sie über die Gegenwart:* Viele Klienten beschäftigen sich mit vergangenen Erlebnissen, die sie sehr verletzt haben. Arbeiten Sie mit dem Klienten heraus, welche Bedeutung das Ereignis hier und jetzt hat.
- *Sprechen Sie über die Zukunft:* Fokussieren Sie Wünsche, Hoffnungen, Möglichkeiten, Chancen.
- *Sprechen Sie über Konstrukte:* Wenn ein Klient im Gespräch beiläufig äußert, dass er sich mehr zurücknehmen muss, sich begrenzen muss, dann thematisieren Sie dies und machen das Konstrukt explizit.
- *Schaffen Sie Aktionen:* Stehen Sie zusammen mit dem Klienten auf, gehen Sie herum, lenken Sie während des Gesprächs die Aufmerksamkeit auf den Körper und auf die Bewegungen.
- *Arbeiten Sie mit Symbolen und Metaphern:* Zeichnen, malen und basteln Sie mit dem Klienten. Sie brauchen die Zeichnungen nicht zu deuten. Sagen Sie einfach, was Sie dabei empfinden, was Sie sehen, welche Einfälle Ihnen dazu kommen. Bitten Sie den Klienten, dies auch zu tun.
- *Intervision:* Eine weitere Methode ist das Sammeln von Empfindungen, Gedanken und Ähnlichem im Team. Ärzte nutzen die kollegiale Beratung unter dem Begriff Balint-Gruppe (von Michael Balint eingeführt); im Psychodrama erinnert das sogenannte Sharing auch an die Intervision. In Non-Profit-Organisationen, Schulen oder Unternehmen wird diese Methode häufig kollegiale Fallberatung genannt.
  - *Variante 1 der Intervison:* Ein Klient schildert sein Problem, legt sein Anliegen oder »seine Geschichte« dar. Anschließend äußert jedes Gruppenmitglied seine Gedanken, Gefühle, Fantasien zum Problem oder zum Thema. Dabei sind

auch Du-Botschaften und Ratschläge erlaubt. Es besteht aber auch die Möglichkeit, nur Ich-Botschaften zuzulassen. Der Klient schweigt und hört lediglich zu, während sich das Team über sein Problem unterhält. Anschließend berichtet er, welche Lösungsgedanken oder Gefühle bei ihm entstanden, während er zuhörte.

– *Variante 2 der Intervision (Reflecting Team):* Ein Berater-Team berät eine Gruppe und wird dabei von einem Beobachterteam begleitet (andere Möglichkeit: Ein Team begleitet die Klientengruppe; anfangs ohne Beratung). Nach einer vereinbarten Frist unterhält sich das Beobachtungsteam mit dem Beratungsteam im Beisein des Klientensystems über die bisherige Arbeit, über gemachte Beobachtungen im System, über mögliche Lösungsansätze für die Klienten und über das weitere Vorgehen. Das Klientensystem wird dabei nicht direkt angesprochen und hört einfach nur zu. Das Klientensystem ist in diesem Falle entlastet, da es keine Stellung beziehen muss. So kann es in Ruhe wahrnehmen, wie der andere Referenzrahmen eines Beraterteams auf ihn wirkt und ob in der Beratung passende Lösungswege gefunden wurden.

Bei allen Referenztransformationen handelt es sich lediglich um Angebote. Der Klient oder sein System entscheidet darüber, welche Schlüsse oder Handlungen sich daraus ergeben werden. Dies fällt nicht in die Zuständigkeit des Beraters.

Störungen durch zirkuläre Befragung

Kommunikativ geschlossene Systeme halten ihre Struktur durch zirkuläres Schließen aufrecht. Konstrukte bestätigen sich selbst und erschaffen neue Konstrukte, die bekannte bestätigen. Dies ist so lange kein Problem, bis gerade dies ein Problem wird. Das hört sich lapidar an, trifft aber den Sachverhalt am besten. Stabile Prozesse innerhalb eines Systems sind solche, die in ihrer Zirkularität nicht gestört werden. Genau diese Störung jedoch braucht das System, um sich verändern zu können. Wie kann gestört werden?

- Durch unerwartete Reaktionen, durch Verweigerung von Funktionen, die dem Berater zugedacht sind, durch Neutralität (Störung interaktioneller Zirkularität zwischen Berater und System).
- Durch die Unterlassung bisher vollzogener Handlungen oder durch den Vollzug bisher unterlassener Handlungen (Störung interaktioneller Zirkularität zwischen Systemmitgliedern).
- Durch eine neue Bedeutungszuschreibung des Verhaltens (Reframing; Störung der Zirkularität zwischen Erzählen und Erleben).
- Durch neue Verhaltensweisen zu einer bekannten Bedeutungszuschreibung.
- Durch direkte Störung der Zirkularität: Störung durch zirkuläre Befragung.
- Durch Störungen, die Unterschiede im Raum erzeugen (Verhältnisse, Entfernungen, Größen werden verändert).

- Durch Störungen, die Unterschiede in der Zeit bedingen (Entwicklung, zeitliche Abfolge).
- Durch Störungen, die neue Möglichkeiten schaffen (Fiktives, Imaginäres).

Das wesentliche Medium dieser Veränderungsarbeit ist die Sprache. In der systemischen Beratung besteht diese verbale Kommunikation größtenteils aus Fragen. Dadurch werden einerseits Informationen gewonnen, die Gregary Bateson übrigens als Unterschiede definierte, die einen Unterschied machen. Das bedeutet: Sie ermöglichen Ihnen und dem Klienten eine Unterscheidung und Abgrenzung. Andererseits ermöglichen genau diese Fragen eine Störung. Jede Frage kann neue Perspektiven, Bewertungen und Erklärungen ermöglichen.

> Hierzu ein Beispiel: Der Abteilungsleiter eines Kaufhauses beschwert sich darüber, dass die Personalfluktuation so groß sei. Sie könnten darauf fragen: »*Wann haben Sie begonnen, auf diese Weise Personalkosten einzusparen?*« Aus dieser Frage könnten sich neue Anschlussgedanken ergeben. Der Abteilungsleiter könnte denken: »*Wenn ich begonnen habe, dann könnte von Interesse sein, wie ich das getan habe.*«

Indem Sie Fragen in Anwesenheit anderer stellen, werden diese versuchen, diese Fragen still für sich zu beantworten. Alle Teammitglieder können dabei zu unterschiedlichen Antworten kommen, da es zu den neuen Fragen noch keine gemeinsamen Konstrukte gibt. Beispiele für zirkuläre Fragen sind folgende.

Erklärung verweist auf Bewertung: Wenn A denkt, dass B faul ist, stört A das oder nicht? Wenn Sie dieses Jahr innerhalb der Firma nicht aufsteigen, wie wird sich Ihre Familie das erklären? Angenommen, es gäbe keine Erklärung für das Verhalten des Chefs, wer würde sich dann besonders irritiert fühlen?

Beschreibung verweist auf Verhalten: Was macht A anders als sonst, wenn er so voller Elan ist? Wie lange werden Sie noch so hart arbeiten müssen, bis Ihr Kollege merkt, dass Sie ein Aufsteiger sind? Angenommen, Ihr Ehrgeiz wäre nach unserem heutigen Gespräch verflogen, welche Erinnerung werden Sie dann an Ihre Arbeit in dieser Firma haben?

Verhalten verweist auf Verhalten: Wenn Ihr Kollege sagt, die Sekretärin sei faul, wer würde ihm dann zustimmen und wer eher nicht? Was denken Ihre Kollegen, wie lange Sie die eigene Lebensfreude noch aufschieben werden? Angenommen, Sie erreichen, dass Ihr Chef Sie mit dem Projekt betraut, wie müssten Sie sich dann gegenüber Ihren bisherigen Linienkollegen verhalten?

Erklärung verweist auf Verhalten: Wenn Ihre Mitarbeiterin meint, ihr Kollege sei besorgt, wie reagiert dann Ihr Kollege darauf? Seit wann erklärt sich Ihre Kollegin das Verhalten des Chefs damit, dass er mit den Leitlinien des neuen Vorstands überfordert ist? Angenommen, Ihre Kollegin würde das Verhalten des Chefs als einen ungewöhnlichen Ausdruck seiner Schadenfreude erklären, wie würde sie dann darauf reagieren?

Bewertung verweist auf Verhalten: Wenn Ihre Sekretärin den Mitarbeiter für unfreundlich hält, wie geht sie dann mit ihm um?
Woran wird der Mitarbeiter merken, dass er die Sekretärin nicht mehr fragen sollte? Was wird er stattdessen machen?
Angenommen, die Meinungsverschiedenheit zwischen den beiden sei nicht zu lösen, was würden dann ihre Kollegen denken, dass sie tun müssten?

Lösungsfokussiertes Fragen nach Steve de Shazer

Steve de Shazer beschrieb in den 80er-Jahren des vergangenen Jahrhunderts sogenannte hypothetische Ausnahmen. Seine »*Wunderfrage*« gilt als eine der wirksamsten Techniken in der lösungsorientierten Beratung. Sie ist heute fester Bestandteil systemischer Arbeit. Wenn das Klientensystem keine Ausnahmen für seine Deutungen erkennen kann, werden hypothetische Ausnahmen gebildet, kontextualisiert und in die Zukunft fortgeschrieben: »Angenommen, es würde in dieser Nacht, während Sie fest und erholsam schlafen, ein Wunder geschehen, und Ihr Problem wäre danach gelöst. Wodurch genau würden Sie am nächsten Morgen wissen, dass das Problem nicht mehr existiert? Was würden Sie merken, was würden Sie anders machen? Wie werden die Menschen in Ihrer Nähe bemerken, dass das Problem nicht mehr da ist, ohne dass Sie auch nur ein Wort darüber verlieren müssten ...?« Durch solche und ähnliche Fragen werden Lösungsmöglichkeiten auf der Verhaltensebene operationalisiert, ohne dass Sie den Klienten mit peinlichen oder anklagenden Fragen in die Enge drängen müssten: »Tun Sie mal so, als ob ... Warum haben Sie nicht schon längst ...?«
Die Befragung nach de Shazer läuft folgendermaßen ab.

- *Die Wunderfrage:* Angenommen, es würde heute Nacht, während Sie schlafen, ein Wunder geschehen, und Ihr Problem wäre gelöst. Wie würden Sie das morgen früh merken? Was wäre anders? Wie wird Ihr Partner davon erfahren, ohne dass Sie ein Wort darüber zu ihm sagen?
- *Die Relevanz des Wunders:* Was werden Sie jetzt tun oder lassen? Was wird an Ihnen selbst anders sein? Welche Unterschiede werden Sie in Ihrem Leben erfahren?
- *Der Beginn und der erste Schritt:* Welche Person wird zuerst bemerken, dass sich etwas verändert hat? Was ist das erste kleinste Zeichen, das Sie auf die Veränderung hinweist?
- *Konkretes Verhalten:* Woran genau werden Sie merken, dass Sie verändert sind? Was genau werden Sie dann anders machen? Was werden andere tun oder anders machen?

- *Betonung positiver Handlungen:* Was werden andere an dem bemerken, was Sie jetzt anders machen, nachdem das Problem nicht mehr existiert? Was wird stattdessen geschehen? Was werden Sie also stattdessen tun?
- *Kontextualisierung des Wunders:* Wer wird die erste Person sein ..., was anders machen ..., am überraschtesten sein ...? Was wird die erste Person sehen oder hören ..., was wird sie sehen, was sie nicht für möglich gehalten hat? Wo werden Sie sein, wenn Sie das Wunder erstmals an sich wahrnehmen werden? Woran werden die meisten Menschen bemerken, dass das Wunder geschehen ist?

Übung

Bitte benennen Sie ein Problem, das Sie seit einiger Zeit haben, und bearbeiten Sie es schriftlich mit der Wunderfrage. Bitte kontextualisieren Sie das Wunder außerdem weiter mit anderen W-Fragen: Wie, wann, weshalb ...

Lesehinweise:

In Günter Bambergers Buch »Lösungsorientierte Beratung« finden Sie eine sehr gut verständliche Zusammenfassung systemischen Denkens. In dem von Gerhard Fatzer herausgegebenen Buch »Supervision und Beratung« wird die Theorie systemischer Arbeit gut dargestellt. Auch andere Ansätze werden in diesem Sammelband gewinnbringend diskutiert.

Gabriele Müller

Vorphase, Auftragsklärung, Prozessphase und Abschluss

Aus: Systemisches Coaching im Management

Berater-Kunden-Beziehungen zum Aufdecken von Auftragsmustern

Ein einfaches und sehr hilfreiches Modell von Steve de Shazer und anderen ermöglicht es dem Coach, durch die Unterscheidung verschiedener Berater- Kunden-Beziehungen Unterschiede zwischen ähnlich formulierten Aufträgen zu erfassen. Daraus ergeben sich jeweils spezifische Interventionen und Beratungsmöglichkeiten. Der Coachee erscheint dem Coach in drei verschiedenen Rollen, als:

- Kunde,
- Besucher oder
- Beklagender.

Gunther Schmidt schlägt eine Zusatzkategorie vor,

- den Co-Berater.

Die Berater-Kunden-Beziehung kann in jede dieser allgemeinen Kategorien fallen. Wichtig ist Folgendes:

- Die Beschreibung ist keine Charakterisierung der Persönlichkeit des Coachees. Es ist eine Darstellung dessen, was zwischen Coachee und Coach vor sich geht, also eine Beschreibung ihrer Beziehung in einer bestimmten Situation.
- Der Charakter der Berater-Kunden-Beziehung ist veränderlich. Er ist fließend und zwar solange, wie diese Beziehung besteht. Möglicherweise ist die Beziehung nicht zu jedem Zeitpunkt eindeutig einer der oben genannten Kategorie zuzuordnen.

In diesen Fällen ist es gut, die uneindeutige, momentane Gestalt der Beziehung als solche wahrzunehmen, statt sie durch die eigene Beziehungsgestaltung unzutreffend festzulegen.

Um die Wahrnehmung für diese Kategorien zu schärfen und sie besser voneinander zu unterscheiden, beschreibe ich im Folgenden Merkmale und Beratungsstrategien.

Der Kunde oder »der Aktive im Problem«

Bei dieser Art von Beziehung haben Coach und Coachee am Ende der Einschätzungsphase ein Anliegen identifiziert, das zumindest ein vages Ziel und einzelne Lösungserwartungen beinhaltet.

Im Verlauf der Problemdefinition ist sich der Coachee der Tatsache bewusst geworden, dass jede Lösung sein aktives Zutun einschließt, und er hat Bereitschaft signalisiert – verbal oder nonverbal –, etwas zur Lösungsfindung zu unternehmen.

Beratungsstrategie

Der Coach sollte viel positives Feedback darüber geben können, was der Coachee bereits richtig macht. Da der Coachee bereit ist, Schritte zur Bewältigung seines Problems zu unternehmen, kann der Coach ihm Handlungsaufgaben geben, gewöhnlich in Kombination mit einer Beobachtungsaufgabe. Sie beinhaltet, dass der Coach Veränderungen beobachtet, die stattfinden, wenn er beginnt, etwas auf andere Weise zu tun.

In den Folgesitzungen ist es für den Coach wichtig zu bedenken, dass der nächste Schritt in der Bestärkung der erfolgreichen Verhaltensweisen in Richtung Lösungsfindung besteht und nicht darin herauszufinden, ob der Coachee die Aufgabe erfüllt hat.

Der Besucher oder »der unbeteiligte Beisitzer«

Diese Kategorie liegt vor, wenn im Verlauf der Sitzung und/oder am Ende bei der Sitzungseinschätzung klar ist, dass Coach und Coachee nicht in der Lage waren, ein Problem, eine Klage oder ein Ziel herauszufinden. Der Coachee mag zwar einiges bemängeln, aber es gibt weder eine Erwartung noch das ernsthafte Bedürfnis nach Veränderung oder einer Lösung.

Typisch für »Besucher« sind Sichtweisen und Selbstdefinitionen, die ausdrücken, dass sie in ihrem eigenen Verhalten oder in ihrer Person kein Problem sehen. Diese Situation ergibt sich meist dann, wenn ihnen Probleme von anderen zugeschrieben werden und ihnen geraten oder gar befohlen wird, das Coaching in Anspruch zu nehmen. Am liebsten wäre »Besuchern«, wenn es nicht zu weiteren Terminen kommen müsste. Da sie aber meist Sanktionen befürchten, ist die sofortige Beendigung des Coachings letztlich keine akzeptable Lösung für sie.

Beratungsstrategie

Als Coach muss man sich in dieser Situation bewusst machen, dass in einem solchen Kontext der Beratungsprozess das zentrale Problem darstellen kann, wenn dieser Prozess als Unterwerfungsritual empfunden und nur aus einem Gefühl der Abhängigkeit akzeptiert wird. Ein realistischer Zielrahmen wäre es also, den »Besucher« so zu behandeln, dass er seine Würde und seine Vorstellungen wahren kann, denn dann hat das Coaching die Chance, sehr hilfreich zu werden.

Die Herausforderung für den Coach besteht darin, die Definition der »Besucher« (»Ich habe kein Problem«) zu akzeptieren und zu vermeiden, ihm eigene Problemdefinitionen aufzudrängen.

Ein »Besucher« braucht viel positives Feedback über das, was richtig läuft. Er braucht die Anerkennung seiner Schwierigkeiten und des Drucks, unter dem er steht. Der Coach kann zusätzlich auf die Konsequenzen hinweisen, die das Nicht-Lösen der anstehenden Probleme bewirken würde und einen weiteren Termin anbieten.

In dieser Situation muss der Coach bereit sein zu akzeptieren, dass manche Coachees nie zugeben werden, dass sie Probleme haben, selbst wenn sie zur nächsten Sitzung kommen.

Der Beklagende oder »der Aufmerksame in der Opferrolle«

In dieser Kategorie ist der Coachee sehr aufmerksam, beobachtend und er bringt detaillierte Beschreibungen von Klagen mit. Er ist normalerweise präzise in der Beschreibung der Muster und Sequenzen des Problems und sieht sich als Opfer der Probleme eines anderen. »Beklagende« fühlen sich einem Problem ausgesetzt, das andere verursacht haben und dementsprechend erwarten sie eine Lösung, die diesen Gesichtspunkt einbezieht.

Grundsätzlich ist in diesen Fällen ein Pacing hilfreich, das diese Fremddefinitionen akzeptiert. Gleichzeitig wird der Bezug dazu hergestellt, was dies für die Kooperation zwischen Coach und Coachee in der Beratungszusammenarbeit heißt.

Da die Lösung »draußen«, also außerhalb der eigenen Person angesiedelt wird, verlangen die »Beklagenden« die Lösung vom Coach: »Ändern Sie für mich andere, die ich vergeblich zu ändern versucht habe.« Dies kann als Fremdheilungsauftrag verstanden werden, der vom Coach nicht geleistet werden kann.

Beratungsstrategie

Neben einem positiven Feedback bieten sich für den Beklagenden **Nachdenk- oder Beobachtungsaufgaben** an.

Einerseits muss die Fremddefinition vom Coach akzeptiert werden, andererseits muss herausgearbeitet werden, dass man trotzdem erfolgreich zusammenarbeiten kann. Hier bewährt es sich, die Zielentwicklung darauf zu fokussieren, was für den Coachee der optimale Umgang mit den Außenproblemen wäre. Man konzentriert sich auf den Spielraum, der zur Eigengestaltung bleibt. Das durch den Beklagenden definierte Problem kann nicht gelöst werden, weil die Verursacher des Problems nicht in den Coachingprozess integriert sind.

Der Berater sollte daher rechtzeitig deutlich machen, dass dieser Auftrag durch seine gewünschte Problem-Lösungs-Konstruktion im ursprünglichen Sinn unerfüllbar ist.

Es gilt also zu erfragen, ob der Coachee unter diesen Umständen an einem »Auftrag zweiter Wahl« interessiert ist, mit deutlichen Hinweisen darauf, dass diese differenzierte, flexible Haltung sehr anerkennenswert wäre.

Jeder vom Erstauftrag abweichende Gestaltungsschritt sollte gewürdigt werden als souveräne, autonome Leistung unter schweren und ungünstigen Bedingungen. Eventuelle Zweifel, Ambivalenzen und Unwilligkeiten gegen die Kooperation im Coaching können dann gewürdigt werden als vorstellbare und angemessene Reaktionen darauf, dass die Ersterwartungen letztlich durch das Coaching nicht erfüllbar sind. Das eigentliche Interesse der »Beklagenden« wird allerdings meist die Veränderung der anderen bleiben.

Der Co-Berater oder »der vermeintliche Lösungsexperte«

Der Co-Berater präsentiert sich als Experte dafür, wie die von ihm definierten Verursacher des Problems zu behandeln sind, damit sie endlich die gewünschten Lösungen vollziehen. Häufig versuchen Coaches, diese Coachees dazu zu bringen, einzusehen, dass sie selbst Teil des Problems sind und damit beginnen müssen, den eigenen Beitrag zu hinterfragen. Oder die Coaches erleben sich in ihrer Expertenrolle so infrage gestellt, dass sie Profilierungs- und Führungsversuche starten, um ihre Position zu behaupten. Das ist verständlich, für ein konstruktives Coaching ist dies aber eher ungünstig.

Beratungsstrategie

Die Angebote der »Co-Berater« sollten nicht ohne triftige Gründe abgewiesen werden, denn sie können für den Coach unter Umständen nützlich sein, da sich meist wirksame und problemstabilisierende Lösungsversuche in ihrem Know-how befinden. Auf dieses Wissen können Sie als Coach zurückgreifen.

Der Co-Berater hat meist schon x-mal versucht, auf seine Art das Problem zu lösen, offensichtlich ohne ausreichenden Erfolg. In Kooperation mit ihm kann nun abgeklärt werden, wie seiner Ansicht nach ähnliche Lösungsversuche beim nächsten Mal effektiver gestaltet oder alternative Lösungsansätze gefunden werden können.

Die Co-Berater-Position sollte dabei auch als ein Lösungsversuch definiert werden, der zusammen mit dem Co-Berater auf seine positiven und negativen Effekte hin geprüft wird. Erweist sich dieses dann als wenig zieldienlich, kann anschließend gemeinsam geprüft werden, ob man dennoch bei der Co-Beratung bleiben oder ob man sie gemeinsam beenden sollte, um zu anderen Formen überzugehen. Unabhängig von der Entscheidung sollte die Selbstdefinition des Co-Beraters gewürdigt werden.

Coach und Coachee

Wie gestalte ich die Beziehung zu meinem Coachee?

Insgesamt sollte das Setting ermöglichen, in einem Klima der Wertschätzung und des Vertrauens eine Brücke zum Coachee aufzubauen. Für eine professionelle Kommunikation ist ein gutes Setting eine unabdingbare Voraussetzung, da Sie sich als Coach Ihrem Kommunikationspartner im Gespräch angleichen sollten. Das bedeutet, mit Ihrem Gesprächspartner im »Gleichklang«, also auf einer Wellenlänge zu sein.

Rapport

Wenn diese gute Beziehung – im NLP auch Rapport genannt – vorhanden ist, und Sie sich einen Kommunikationskredit verschafft haben, können Sie stärker die Führung übernehmen, um Neues in das Coachinggespräch zu integrieren. Der Aufbau einer guten Beziehung zum Coachee ist die Voraussetzung für die Übernahme der Führung.

> **Beispiel für fehlenden Rapport:** *»Guten Tag, schön dass Sie da sind. Sie sagten mir am Telefon, dass Ihr Coaching-Anliegen auch persönliche Themen streift. Erzählen Sie mal.«* Hier fehlt die Kontaktaufnahme, um Vertrauen aufzubauen. Sie beginnen sozusagen mit einem Kaltstart.

> **Beispiel für einen guten Rapport und Übernahme der Führung im Gespräch:** *»Guten Tag. Haben Sie denn gleich den Weg hierher gefunden? (Hier ein wenig small talk halten). Bitte nehmen Sie Platz, was kann ich Ihnen anbieten (Tee, Kaffee, Wasser usw.)? Welche Coachingerfahrungen haben Sie denn schon? Erzählen Sie mir von Ihren Erfahrungen. Welche Wünsche haben Sie bezüglich unseres Coachings? Was meinten Sie mit der Äußerung am Telefon, dass Ihr Coachinganliegen auch persönliche Themen streift?«*

Guter Rapport holt den Coachee dort ab, wo er gerade ist und stellt einen Gleichklang her. Es geht darum, den anderen erst einmal ankommen zu lassen, damit langsam eine Annäherung entstehen kann. Anzeichen für einen guten Rapport sind:

- gleichzeitiges Lachen,
- Körperballett (gleiche Haltung, gleichzeitiges Wechseln der Haltung),
- gleiche Gestaltung von räumlicher Nähe und Distanz,

- ähnliche Art zu sprechen (wichtiger Hinweis bei Telefonaten),
- ähnliche Tonhöhe oder Satzmelodie,
- Begrüßung durch Handschütteln, gegenseitiges Nicken, Fragen zum Anwärmen.

Pacen

Wenn es Ihnen gelingt, die nonverbale Ausdrucksform des anderen anzunehmen, nennt man das im NLP **Pacen** (»im gleichen Schritt mitgehen«). Um einen guten Rapport herzustellen, ist es notwendig, dass Sie als Coach immer wieder von Neuem beginnen zu pacen, also sich auf Ihr Gegenüber einzustellen. Das Pacing kann sich natürlich auch auf die Gesprächsinhalte beziehen. Sie können Interessensgebiete des Gegenübers im Gespräch aufnehmen und weiterführen, seine Schlüsselworte wiederholen und eventuell Gemeinsamkeiten wie gemeinsame Hobbys oder gleiche Urlaubsziele hervorheben.

Leaden

Sobald sich der Pacingprozess ausbalanciert hat, kann der Coach neue Ideen einfügen und den Fokus verändern. Wenn Sie beispielsweise eine Geste oder einen Wechsel in der Körperhaltung vornehmen und Ihr Gegenüber folgt Ihnen darin, haben Sie bereits »geführt«. Diesen zweiten Schritt nennt man im NLP **Leaden** (den Gesprächspartner im Gespräch führen). Auch indem Sie dem Coachee Fragen stellen, führen Sie den Prozess.

Kalibrieren

Wenn Sie sich auf Ihren Coachee einstellen und ihn verstehen wollen, brauchen Sie die Fähigkeit, nonverbale Reaktionen wahrzunehmen und mit dem inneren Zustand Ihres Coachees in Verbindung zu bringen. Meist passiert das unbewusst. Für einen Coach ist es jedoch wichtig, diesen Prozess bewusst wahrzunehmen. Es geht also darum, Ihre Wahrnehmung so zu schulen, dass Sie genau erkennen, in welchem Zustand sich der Coachee gerade befindet. Im NLP heißt diese Technik **Kalibrieren** (eichen, sich einstellen auf jemanden). Das Kalibrieren bezeichnet die Fähigkeit, nonverbales Feedback wahrzunehmen und von da aus auf den emotionalen Zustand und die Bedürfnisse eines Menschen zu schließen.

> Man kann an nonverbalen Signalen erkennen, in welchem Zustand sich der Coachee befindet und was er in diesem Moment benötigt. Zum Beispiel erkenne ich einen schlechten Zustand daran, dass Falten auf der Stirn entstehen, die Atmung flacher wird, die Haut sich blass färbt und daran, dass der Blick nach unten gerich-

tet ist. An dieser Stelle ist ein gutes Pacing nützlich, mit eine Formulierung wie: »Ich glaube, dieses Erlebnis geht Ihnen sehr nahe.« Damit lassen Sie den Coachee auch Ihre Empathie erleben. Erst danach ist es zieldienlich, einen Fokuswechsel vorzunehmen.

Jeder Coach sollte immer wieder testen, welche Beobachtungsbereiche ihm leicht fallen und wo seine Wahrnehmung noch gezielter werden sollte. Eine geschulte Beobachtungsgabe gibt dem Coach wesentliche Hinweise für weitere Interventionen.

Welche Regeln gelten für ein konstruktives Feedback?

Das gezielte Feedback des Coachs zieht sich wie ein roter Faden durch den gesamten Coachingprozess. Um gemeinsam am Anliegen des Coachees zu arbeiten und ihn anzuregen, eigene Lösungen wahrzunehmen oder zu entwickeln, ist es hilfreich, wenn ein Coach die Feedbackregeln beherrscht.

Konstruktives Feedback hat zum Ziel, Wahrnehmungen und Einschätzungen offen zu legen und Einstellungen zum Stand und zum Fortschreiten eines Prozesses auszutauschen. Es bezieht sich auf einen vergangenen Zeitabschnitt oder eine aktuelle Situation und bezieht ebenso das zukünftige Verhalten mit ein, wenn es um Veränderungsabsichten geht. Feedback sollte möglichst immer einen Anteil Bestätigung und Lob beinhalten. Ein offenes und ehrliches Feedback verlangt jedoch auch die klare und eindeutige Benennung von momentanen Leistungsgrenzen und eventuellen Defiziten. Feedback ist dann konstruktiv, wenn es respektvoll und sachlich geäußert wird, konkrete Verbesserungshinweise an die Beteiligten enthält und ihnen damit zusätzliche Verhaltensmöglichkeiten aufzeigt. Feedback soll die Zuversicht hinterlassen, dass die anstehenden Änderungen zu realisieren sind und dass die volle Unterstützung der Person, die das Feedback gibt, gewährleistet ist. Eine ehrliche und konstruktive Rückmeldung ist das Wertvollste, was Coach und Coachee sich gegenseitig geben können.

Welche Kompetenzbereiche kann ich mit meinem Coachee erweitern?

Bevor ich die Kompetenzerweiterung mit dem Coachee bespreche, ist es wichtig, ihm alle unterschiedlichen Kompetenzen zu erläutern, um anschließend mit ihm zu klären, an welcher Kompetenz er arbeiten will. Kompetenzen unterliegen im Allgemeinen sowohl der Selbst- als auch der Fremdbewertung und schlüsseln sich folgendermaßen auf:

- **Fachliche Kompetenz** wird durch die Fähigkeit definiert, mit komplexen sachlichen Anforderungen anhand der in Ausbildungen erworbenen Kenntnisse umzugehen.

Neun Vorschläge für ein konstruktives Feedback

1. Trennen Sie möglichst Aussagen über das Verhalten von Aussagen über Eigenschaften einer Person. Zum Beispiel: Wenn der Coachee sagt, er möchte eine geregelte Arbeitszeit, melden Sie ihm nicht zurück, dass er nicht flexibel ist, sondern lassen Sie sich erläutern, was er unter geregelter Arbeitszeit versteht (Frage nach Werten), und klären Sie die Bedürfnisse, die hinter dieser Aussage stehen. Sie vermeiden so persönliche Verletzungen und erhöhen die Wahrscheinlichkeit, dass Ihr Feedback akzeptiert wird.
2. Handeln Sie aus einem ausgeglichenen emotionalen Zustand heraus. So bleiben Sie sachlich und vermeiden heftige eigene und fremde Reaktionen. Im Coaching bedeutet das: Wenn der Coach eine zu starke emotionale Beteiligung seinerseits bemerkt, sollte er sofort einen dissoziierten Zustand einnehmen (zum Beispiel andere Sitzhaltung).
3. Benutzen Sie für Ihre Aussagen konkrete Beispiele des zur Diskussion stehenden Verhaltens oder der zu kritisierenden Einstellung. Ziehen Sie immer Datenmaterial zur Fundierung Ihres Feedbacks heran.
4. Drücken Sie sich einfach, klar und verständlich aus. Wenn Sie etwas noch nicht genau verstehen, fragen Sie gezielt nach, bevor Sie Ihre Meinung abgeben.
5. Machen Sie deutlich, aus wessen Perspektive Ihr Feedback erfolgt.
6. Benutzen Sie für Ihr ganz persönliches Feedback stets die Ich-Form (zum Beispiel ich denke, ich glaube, ich nehme wahr, ich empfinde …).
7. Seien Sie offen und ehrlich. Fragen Sie deshalb auch die Person, der Sie Feedback geben, nach ihrer Wahrnehmung und nach der Meinung zu Ihrem Feedback. So ermutigen Sie alle zu gegenseitiger Offenheit und Ehrlichkeit.
8. Überprüfen Sie Ihr eigenes Feedback anhand von Wahrnehmungen anderer beteiligter Personen (zum Beispiel Kollegen und Coachees).
9. Achten Sie darauf, dass Ihr Feedback für zukünftige Situationen nützlich wirken kann, indem Sie konkrete Kriterien für zieldienliches Verhalten und für die Erreichung neuer Fähigkeiten benennen.

- **Methodische Kompetenz** zeugt von der Fähigkeit, nicht nur nach Anweisung Aufgaben zu erledigen, sondern sich systematisch, selbstständig und effizient in Sachverhalte einzuarbeiten, nach Lösungen zu suchen und sie zu testen, um schließlich zu einer tragfähigen Entscheidung zu gelangen.
- **Persönliche Kompetenz** zeigt sich durch Eigenschaften wie Engagement, Zuverlässigkeit und die Zielstrebigkeit, Aufgaben zu optimieren.
- **Soziale Kompetenz** ist die Fähigkeit, mit sozialen Zusammenhängen, Prozessen und den Personen des Umfeldes angemessen umzugehen.

Als erste Intervention kann beispielsweise der nachfolgende Fragebogen zur Selbsteinschätzung eingesetzt werden. So kann der Ist-Zustand von vorhandenen Führungskompetenzen ermittelt werden.

Fragebogen zur Selbstbewertung

Sind Sie fähig, Vorgänge nach Ursache und Wirkung zu untersuchen?
(Hier können Sie Ihre Fähigkeiten zu analytischem und abstraktem Denken einschätzen.)

☐ Immer   ☐ oft   ☐ manchmal   ☐ selten   ☐ nie

Diskutieren Sie Ihre Anordnungen mit Ihren Mitarbeitern?
(Hier können Sie Ihre Konfliktfähigkeit und die Fähigkeit zur Selbstkritik einschätzen.)

☐ Immer   ☐ oft   ☐ manchmal   ☐ selten   ☐ nie

Können Sie jederzeit feststellen, welche Arbeiten Ihre Mitarbeiter gerade ausführen?
(Hier können Sie Ihre Organisationsfähigkeiten einschätzen.)

☐ Ja   ☐ manchmal ja   ☐ manchmal nein   ☐ nein

Werden Sie von den Kunden/Mitarbeitern ohne viele Worte verstanden?
(Hier können Sie Ihre Fähigkeit zu deutlichen Formulierungen einschätzen.)

☐ Ja   ☐ eher ja   ☐ eher nein   ☐ nein

Führen Sie Ihre Mitarbeiter eher kooperativ?
(Hier können Sie Rückschlüsse auf Ihren Führungsstil ziehen.)

☐ Ja   ☐ eher ja   ☐ eher nein   ☐ nein

Haben Sie ein Gespür für Visionen? (Führungsstil)

☐ Ja   ☐ eher ja   ☐ eher nein   ☐ nein

Geben Sie lediglich Ziele vor? (Führungsstil)

☐ Ja   ☐ eher ja   ☐ eher nein   ☐ nein

Geben Sie zu den Zielen auch Anregungen zu deren Erreichung vor?
(Führungsstil)

☐ Ja   ☐ eher ja   ☐ eher nein   ☐ nein

Locken Sie zum Erreichen eines Zieles mit einer Belohnung? (Führungsstil)

☐ Ja   ☐ eher ja   ☐ eher nein   ☐ nein

Greifen Sie nur ein, wenn Ihre Zielvorgaben nicht erreicht werden? (Führungsstil)

☐ Ja   ☐ eher ja   ☐ eher nein   ☐ nein

Führen Sie nach dem Motto: »Jeder weiß, was zu tun ist.«? (Führungsstil)

☐ Ja   ☐ eher ja   ☐ eher nein   ☐ nein

Machen Sie (auch) Fehler?
(Hier können Sie Ihre Fähigkeit zur Selbstreflexion einschätzen.)

☐ Ja   ☐ manchmal   ☐ selten   ☐ nein

Sind Sie kritikfähig? (Hier können sie Ihre Kritikfähigkeit einschätzen.)

☐ Immer   ☐ oft   ☐ manchmal   ☐ selten   ☐ nie

Machen Sie Ihre Arbeit als Geschäftsführer gern?
(Hier können Sie Ihre Motivation einschätzen.)

☐ Immer   ☐ oft   ☐ manchmal   ☐ selten   ☐ nie

Loben Sie Ihre Mitarbeiter vor allen anderen?
(Hier können Sie Rückschlüsse auf die Qualität Ihrer Mitarbeiterführung ziehen.)

☐ Immer   ☐ oft   ☐ manchmal   ☐ selten   ☐ nie

Zeigen Sie gelegentlich auch mal Emotionen (zum Beispiel Ärger), die zu Konflikten führen können? (Hier können Sie Ihre Konfliktfähigkeit einschätzen.)

☐ Ja   ☐ manchmal   ☐ selten   ☐ nein

Fallbeispiel: Arbeit an der sozialen Kompetenz

Als Fallbeispiel für eine Erweiterung der sozialen Kompetenz möchte ich Ihnen Herrn Carl vorstellen, der Inhaber und gleichzeitig Geschäftsführer eines Supermarkts ist. Er kam zur mir in ein Einzelcoaching, weil er das Gefühl hatte, dass seine Mitarbeiter ihn nicht verstehen. Wie er berichtete, bestand sein Hauptproblem in der gestörten Kommunikation mit seinen Mitarbeitern, die sich vor allem in der hohen Fluktuation im Supermarkt zeigte. Als Ziel für das Coaching wurde herausgearbeitet: *»Durch meinen Führungsstil fühlen sich meine Mitarbeiter motiviert, meine Vorgaben umzusetzen.«*

Ich zeigte Herrn Carl, wie er seine Kommunikationsbeziehungen von einer Beobachtungsebene betrachten kann und so zu einer Neubewertung seiner festgefahrenen Verhaltensmuster kommt. Im Verlauf unserer Sitzungen formulierte Herr Carl folgende Fragen:

- »Wie bringe ich meinen Mitarbeitern meine Firmenphilosophie näher?«
- »Bin ich zu schnell im Denken und sind meine Anforderungen zu hoch?«
- »Bin ich zu unkonkret?«
- »Setze ich zu viel voraus?«
- »Warum blocken meine Mitarbeiter ab?«
- »Warum ist es so schwierig zu verstehen, was ich will?«

Aus diesen Fragen entwickelte Herr Carl sein Anliegen: *»Ich möchte, dass ich mich meinen Mitarbeitern gegenüber so ausdrücken kann, dass ich von ihnen verstanden und akzeptiert werde und sie meine Anforderungen umsetzen.«*

Ich fragte Herrn Carl nach seiner Meinung über seine Mitarbeiter. Er antwortete: »Meine Mitarbeiter sind bequem und selbstzufrieden, haben keinen eigenen Antrieb, besitzen keine Kreativität, wollen die Kunden erziehen, fühlen sich von den Kunden schlecht behandelt und sind durch ihre jeweilige Erziehung, ihr Elternhaus und ihre Ausbildung so festgelegt, dass Veränderungen bei ihnen fast aussichtslos sind.«

Seine Erwartungen an die Mitarbeiter lauteten: Kreativität, Selbstständigkeit und Mitdenken.

Auf entsprechende Nachfragen erkannte Herr Carl den offensichtlichen Widerspruch zwischen seinen Erwartungen an seine Mitarbeiter und seiner Meinung über sie. Als Hauptursache für dieses Auseinanderklaffen sah er Fehler bei der Personaleinstellung an, die darauf beruhten, dass er seine Firmenphilosophie (»Wir sind ein junges dynamisches Dienstleistungsunternehmen, dass den Kunden zum König macht«) nicht genügend betonte.

Sein einziger Ausweg, von vornherein qualifizierteres, aber damit auch teureres Personal einzustellen, war aufgrund fehlender finanzieller Möglichkeiten unrealistisch. Also konnte die Lösung nicht im Austausch der Angestellten liegen, sondern musste in der Verbesserung des Kommunikationsprozesses gefunden werden.

Als erste Intervention wählte ich den »Fragebogen zur Selbsteinschätzung«, um den Ist-Zustand von Herrn Carls Führungskompetenzen zu ermitteln.

Die Auswertung dieses Fragebogens bei Herrn Carl lieferte folgende Aussage: »Aufgrund meiner guten Fähigkeiten zum abstrakten Denken und meinem Gespür für Visionen gebe ich Ziele vor, diskutiere sie oft mit meinen Mitarbeitern, werde aber nicht von ihnen verstanden. Ich bin kritikfähig, mache selbst auch Fehler, lobe aber selten.«

Interventionsmethoden

Nachdem Sie in der Vorphase und bei der Auftragsklärung die Eckpfeiler für das systemische Coaching gesetzt haben, ist der nächste Schritt die Prozessphase. In meiner Praxis setze ich in diesem Stadium bevorzugt drei Interventionsmethoden ein, die ich an verschiedenen Stellen schon angesprochen habe, die ich Ihnen aber im Folgenden konkreter vorstellen werde:

- Systemische Coachingmethoden nach dem prozessorientierten Ansatz.
- Systemische Coachingmethoden nach dem lösungsorientierten Ansatz.
- Systemische Coachingmethoden nach dem NLP.

Ich möchte an dieser Stelle betonen, dass diese klare Aufteilung und Trennung rein theoretisch ist und keineswegs die Praxis widerspiegelt, da ich je nach Auftrag, Kontext, Persönlichkeit und Problemlage des Coachees die Methoden immer wieder wechsele. In meinen Augen ist es gerade die Methodenvielfalt, die die Angemessenheit und Einzigartigkeit des systemischen Coachings ausmacht.

Während sich der prozessorientierte Ansatz besonders dazu eignet, Unausgesprochenes zu erkennen und es später in Ressourcen umzuwandeln, lenkt der lösungsorientierte Ansatz von Anfang an seine Aufmerksamkeit auf die Lösung. Der Klärungs- und Sortierungsprozess, der mit dem NLP in Gang gesetzt wird, zielt auf einen angemessenen Kommunikationsstil beziehungsweise eine Erweiterung des Verhaltensrepertoires des Coachees ab. Um diesen Sortierungsprozess vorzunehmen, bedarf es der gezielten Wahrnehmung durch den Coach.

Die nachfolgenden Begriffserläuterungen von Physiologie und assoziiertem beziehungsweise dissoziiertem Erleben dienen der Beschreibung unterschiedlicher Zustände, die Sie schon im Vorfeld beachten sollten.

- **Physiologie:** Die Physiologie bezeichnet den momentanen Gesamtzustand eines Menschen. Dazu gehört sowohl sein inneres Erleben, als auch sein äußeres Verhalten. Wenn sich die Physiologie verändert, können Sie das an folgenden Signalen wahrnehmen: Gesichtsausdruck, Körperhaltung, Augenbewegungen, Atmung, Tonalität usw.
- **Assoziiertes und dissoziiertes Erleben:** Assoziiert bedeutet »mitten im Erleben«, dissoziiert »von außen wahrnehmen«. Zwischen diesen beiden Erlebensweisen existieren beträchtliche Unterschiede. Dissoziiertes Erleben beschränkt sich meist auf Sehen und Hören, während sich zum assoziierten Zustand die Dimension des gefühlsmäßigen Erlebens hinzugesellt. Jede Erlebensweise liefert daher unterschiedliche Informationen.

Wir können jedoch nicht nur uns selbst assoziiert erleben, sondern sind in der Lage, uns auch in andere Menschen mit all den dazugehörigen Gefühlen hineinzuversetzen. Diese Fähigkeit wird auch als Empathie bezeichnet.

Übung: Assoziiertes und dissoziiertes Erleben

Dissoziiert: Stellen Sie sich vor, Sie stehen auf einem Rummelplatz in einiger Entfernung von einer Achterbahn. Sie sehen die Menschen, die in ihren Wagen durch die Kurven und Loopings sausen, und vielleicht hören Sie etwas von ihrem Kreischen und Jauchzen.

Assoziiert: Stellen Sie sich vor, Sie selbst säßen in der Achterbahn, die sich gerade in atemberaubendem Tempo nach oben bewegt und jetzt plötzlich nach unten abfällt, was ein eigenartiges Gefühl in der Magengegend aufkommen lässt.

Systemische Coaching-Methoden nach dem prozessorientierten Ansatz

Oft stellt sich beim Coaching heraus, dass der Prozess nicht so verläuft wie beabsichtigt. Es bilden sich zwei parallel laufende Stränge – der eine ist bewusst und beabsichtigt (bei Arnold Mindell »primärer Prozess« genannt), der zweite geschieht einfach und ist nicht beabsichtigt (»sekundärer Prozess«). Hier bahnt sich das Unbewusste seinen Weg, und es kann gut sein, dass sich das eigentlich Entscheidende in einem Beratungsprozess hier abspielt. Die Kernpunkte werden in der Sprache des Unbewussten ausgedrückt.

> Um es konkreter zu machen, stellen Sie sich folgende Situation vor: Ich arbeite mit einem Coachee an den »KRAFT«-Zielen. Der Coachee stockt bei dem »F«, wo es um seine Fähigkeiten geht. Es gelingt ihm nicht, seine Fähigkeiten zur Zielsetzung aufzuschreiben und sich damit festzulegen. Offensichtlich gibt es an dieser Stelle einen wichtigen Aspekt, der vorher im Prozess noch nicht deutlich wurde.

Mir – als Coach – wird dadurch klar, dass es wichtig ist, diesen Aspekt zu finden, um ihn dann als Schlüssel für den weiteren Prozessverlauf zu nutzen. An dieser Stelle teile ich dem Coachee meine Wahrnehmung mit und erkläre ihm die Bedeutung des Unausgesprochenen. Durch meine Transparenz wird auch dem Coachee das unausgesprochene Signal bewusst. Er ist verwundert und hat noch keine Erklärung für seinen Widerstand beim Aufschreiben seiner Fähigkeiten.

Ich bitte den Coachee, einige Schweigeminuten einzulegen, um das eben Geschehene noch einmal intensiv auf allen Sinneskanälen wahrzunehmen. Der Coachee ist sehr betroffen: »Wenn sich zeigt, dass ich nicht genügend Fähigkeiten und Ressourcen besitze, bedeutet das, dass ich mein Ziel nicht erreiche und somit nicht der richtige Mann in der richtigen Funktion bin.«

In dieser Situation ist es wichtig, nach den Auswirkungen zu fragen. Meist sind es existenzielle Ängste und die Furcht mit einem Positionswechsel in der Firma auch die berufliche Identität zu verlieren.

In jedem Prozess mischen sich primäre und sekundäre Anteile, genauso wie Bewusstsein und Unbewusstes miteinander verzahnt sind. Darum ist es völlig normal, dass im genannten Beispiel die große Sorge um den Identitätsverlust das eigentliche Thema des Coachings ist. Jede weitere Arbeit an den »KRAFT«-Zielen wäre zu diesem Zeitpunkt umsonst, da zuerst die Angst aufgelöst werden muss.

Während zum Beispiel bewusst und öffentlich Aussagen gemacht werden wie: »Wir sind von Anfang an erfolgreich«, sagt eine kleine Stimme von irgendwo her: »Wir haben Angst vor der Pleite.« Oder die Aussage: »Wir haben ein starkes Produkt«

wird ergänzt durch: »Wir sind nicht gut genug.« Beide Seiten, meist Extreme, existieren nebeneinander und sind nicht durch ein entweder/oder voneinander getrennt – denn die gesunde Ergänzung besteht in der Einsicht, dass alles zwei Seiten hat und auch die Schattenseite zum Ganzen gehört.

> Der Sekundärbereich ist der emotionale Bereich jenseits der Zielorientierung, denn Ziele werden bewusst gesetzt und mit dem Willen angestrebt. Daher sind sie von ihrer Definition her »primär«. Der Auftrag richtet sich an den Primärbereich, an das Bewusstsein und den Willen, während aus den sekundären Schattenbereichen geantwortet wird.

Manchmal gerät der Coach selbst während der Beratung in Verwirrung, weil er die Signale aus dem Sekundärbereich nicht direkt erkennt. In solchen Konstellationen hilft es, die eigene Verwirrung als Signal anzunehmen und als Beispiel für das Ineinanderwirken von primären und sekundären Prozessen zu nutzen. Der Coach muss seine eigenen Gefühle und seine damit verbundene Wahrnehmung kennen, um sie im Coachingprozess interpretieren zu können.

Darum erkläre ich dem Coachee, dass alles, was im Moment mit ihm oder mir passiert, eine Bedeutung haben kann. Aus diesem Grund spreche ich auch über meine Körpersignale und damit verbundene Impulse, da durch die Bewusstheit des Geschehens wiederum neue Informationen gewonnen werden können. Die eigene Zustandsbeschreibung – zum Beispiel die Verwirrung des Coachs – wird durch die Transparenz hilfreich für die Analyse des Prozesses.

Wenn ich also meinem Coachee mitteile, dass ich gerade durch seine Äußerungen und die Wahrnehmung seiner Reaktionen verwirrt bin und im Moment nicht eindeutig einschätzen kann, wo die Verwirrung her kommt, bitte ich ihn um Unterstützung. Ich frage ihn, ob er mit diesem Signal etwas anfangen kann und ob er daraus Informationen für den Prozess nutzen kann.

Bei dieser Intervention habe ich immer eine sehr hohe Trefferquote. Der Coachee nimmt diese Rückmeldung dankbar auf und reflektiert mit diesem Impuls noch einmal den Prozess. Dadurch tritt eine Prozessverlangsamung ein, und es gelangen Informationen aus dem Schattenbereich, die vorher nicht bewusst waren, in den Primärbereich.

Dieser Austausch von Signalen im Coaching ist für viele Coachs ungewohnt. Ohne tiefere Kenntnis der Prozessarbeit nach Mindell möchte ich davon abraten, damit zu arbeiten. Eine wichtige Basis für die angewandte Prozessarbeit sind genaue Kenntnisse über den Zusammenhang und die Auswirkungen dieser Methode. Ohne dieses Wissen können beim Coach schnell Unsicherheiten auftreten, die für den Coachee nicht unterstützend wirken.

Inkongruenz ist dann konstruktiv, wenn sie nicht als End- und Dauerzustand zur Gewohnheit wird, sondern zu immer neuen Bemühungen um eine Übereinstimmung zwischen bewussten und unbewussten Anteilen herausfordert. Diese schillernde Vielfalt ist für den Ratsuchenden eine Anregung, ebenfalls immer wieder nach neuen Bildern und einem neuen Sinn zu suchen.

Prozessmoderation nach Mindell und Gruppencoaching

Prozessorientierte Coachingmethoden für Gruppen stützen sich insbesondere auf die Prozessmoderation nach Mindell. Die Prozessmoderation richtet ihre primäre Aufmerksamkeit auf all das, was durch direkte Kommunikation und als offizielle Regeln und Ziele im Gruppencoaching oder in Trainings offen geäußert wird. Ihre sekundäre Aufmerksamkeit gilt dem »Traumprozess« und den ungewöhnlichen Informationen, die nicht mit dem Fluss der beabsichtigten Kommunikation im Zusammenhang stehen. Sie beachtet insbesondere den Bereich jenseits der Zielorientierung wie beispielsweise die Kommunikation in der Weinstube. Auch beim Gruppencoaching werden die wichtigsten Gespräche oft in den Pausen oder in der Kneipe geführt.

> Da bei der Prozessmoderation nicht nur die formellen und offiziellen Verlautbarungen, sondern auch die heimlichen Spielregeln und verborgenen Blockaden in den Coachingprozess eingearbeitet werden, ist es bei dieser Methode für den Coach sehr wichtig, diese beiden verschiedenen Prozesse wahrzunehmen und zu unterscheiden.

Um **Primär- und Sekundärprozesse** besser erkennen und auseinander halten zu können, sollte der Coach Folgendes wissen: Über die sekundären Prozesse werden Signale ausgesendet, die Hinweise darauf geben, dass ein Individuum oder eine Gruppe sich nicht mit seinem beziehungsweise ihrem Verhalten oder einer bestimmten Weltanschauung identifizieren kann. Diese Signale sind Doppelsignale.

Mit dem Begriff »**Doppelsignal**« wird eine Information bezeichnet, deren Inhalt nicht den Absichten des bewussten Prozesses entspricht. Wenn beispielsweise jemand in sichtlich erregtem Zustand sagt: »Ich bin überhaupt nicht wütend!«, dann stammt die Aussage aus dem Primärbereich, doch die Erregung, die sich über Stimme, Atmung und Hautfarbe äußert, sendet Signale der Wut aus dem Sekundärbereich. Hier vermitteln die Signale des Primärprozesses und des Sekundärprozesses unterschiedliche, sich widersprechende Botschaften. Üblicherweise verwirrt sich die Kommunikation dadurch, denn das gleichzeitige Vorhandensein von verschiedenen Botschaften irritiert. Diese Irritation wird häufig wie ein Nebel wahrgenommen. Regungs- und Sprachlosigkeit in der Gruppe sind die Folgen.

Wenn der Kommunikationsfluss dagegen keine sich widersprechenden Signale enthält, ist er kongruent. Kongruenz ist aber kein Dauerzustand, sondern nur eine Phase in einem sich ständig ändernden und fließenden Lebensprozess. Auch Konsens, also Einigkeit und Übereinstimmung innerhalb einer Gruppe ist kein absoluter Wert, sondern nur ein vorübergehender Zustand, den jede Gruppe immer wieder braucht und sucht. Es ist unmöglich und nicht wünschenswert, um jeden Preis einen Konsens zu finden, während das Coaching noch läuft. Die Dynamik im Prozess würde damit zum Erliegen kommen.

Systemische Coaching-Methoden nach dem lösungsorientieren Ansatz

Wenn der Coachee während einer Problembeschreibung und -definierung einen sogenannten Tunnelblick bekommt, ist es wichtig, in verschiedenen Coaching-Sequenzen eine Umfokussierung in den Lösungsbereich zu ermöglichen. Durch diese Umfokussierung merken die Coachees, dass es möglich ist, mit wenig Aufwand und geringer Anstrengung einen erwünschten Zielstand zu konstruieren.

Da die Ziele im Coachee bereits vorhanden sind, aber meist nur im Sekundärbereich aufschimmern, sehe ich meine Aufgabe als Coach darin, diese schlummernden Vorstellungen zu wecken, sie zu aktivieren und in den Primärbereich zu übertragen. Diese Arbeit erscheint für den Coachee wiederum so leicht, dass es ihm Spaß macht, an seinem Lösungsbereich zu arbeiten.

> Der lösungsorientierte Ansatz ist ressourcenbezogen und nicht auf ein Problem fokussiert wie die Prozessmoderation nach Arnold Mindell. Dadurch steht im Gegensatz zu klassischen Ansätzen nicht die Problem-Ursachen-Analyse im Vordergrund. Vielmehr Wert wird darauf gelegt, die Prozesse in den Lösungsraum zu lenken und dadurch eine Kompetenzorientierung vorzunehmen.

Aufgabe des Coachs ist es, jeden Schritt der Zusammenarbeit sehr differenziert – direkt mit den Beteiligten und eventuell mit ihren relevanten Arbeitspartnern – zu entwickeln. Leitlinien der Zusammenarbeit sind die Zielvorstellungen des Coachees. Seine Autonomie und Kompetenz werden bei der Zielentwicklung und Definition vorausgesetzt. Die Coachees sind während des gesamten Prozesses gleichwertige und kompetente Kooperationspartner. Ich biete also für die individuellen Sichtweisen und Bedürfnisse der Betroffenen ein »maßgeschneidertes« Angebot, indem ich es auf die relevanten Bedingungen ihrer Arbeit und die Beziehungen innerhalb ihres Arbeitskontextes zuschneide. Die allgemeine Grundlage dieser Überlegungen stellen hypnotherapeutische und -systemische Konzepte dar. Als wichtigste Aufgabe in diesem Konzept wird die Fokussierung auf die Lösungserfahrungen angesehen. Alle dabei erscheinenden Aktionen und Reaktionen, also Denkmuster, emotionale Prozesse und Verhaltensbeiträge können als Ressourcen verstanden werden.

Die Lösungskonstruktion stellt durch neue Sichtweisen lösungsförderliche Potenziale dar. Dazu sollen alle relevanten Beteiligten, vor allem die sogenannten »Problemträger«, in ihrer Konzentration auf die lösungsfördernden Ressourcen unterstützt werden. Dabei sollte der Coach die kontinuierliche Fokussierung von Aufmerksamkeit auf mögliche Lösungen sowohl im Bewussten als auch im Unbewussten des Coachees unterstützen.

Lösungsorientierte Fragetechniken

Wenn ein Problem auf den Coachee beschränkt ist oder nur einen Beziehungspartner einschließt, ist es nützlich, Informationen darüber zu sammeln, was der Coachee über die Wahrnehmung anderer Personen zu wissen meint. Die Beschreibung der Ausnahmen und der Anteil, den andere an dem Problem haben, erweitern den Blick auf den für den Coachee relevanten Gesamtzusammenhang. Um diese Informationen zu sammeln, bieten sich unterschiedliche Frageformen an:

- **Zirkuläre Fragen** können benutzt werden, um Kollegen, Kunden, Ehepartner usw. einzubeziehen, also alle, die mit dem Umfeld und der speziellen Art des Problems in Zusammenhang stehen.
- Antworten auf **Ausnahmefragen** erbringen Hinweise darauf, wie die Lösung für die Coachees und die signifikanten Bezugspersonen aussehen kann.
- Die sogenannte **Wunderfrage** und die **Skalierungsfragen** können eingesetzt werden, um festzustellen, welche Ausnahmen mit den Zielen des Coachees in Verbindung stehen, sodass Schritte in Richtung einer Lösung ausgehandelt werden können.
- **Pacingfragen** dienen dazu, sich dem Coachee anzupassen und sich dadurch als Coach einem Kommunikationskredit bei ihm zu verschaffen.

Beispiele für zirkuläre Fragen sind:

- »Wenn Ihr Vorgesetzter hier wäre, was würde er sagen, was er an Ihnen anders wahrnimmt in den Zeiten, in denen das Problem nicht auftritt?«
- »Was denken Sie, was er sagt, was Sie dann anders machen?«
- »Was würde er sagen, was passieren müsste, damit dies öfter stattfindet?«
- »Wenn Sie … tun, was ist dann anderes an ihm?«
- »Was würde er sagen, was er anders macht, wenn Sie … sind?«

Zirkuläre Fragen bei Beschwerden des Coachees sind:

- »Was denken Sie, machen Sie anders, wenn er nicht mehr … ?«
- »Was stellen Sie sich vor, was er an Ihnen anders wahrnimmt, wäre er nicht …?«
- »Was würde er sagen, was für ihn passieren müsste, damit er damit fortfährt?«

Die **Skalierungsfrage** nutze ich, um Kriterien zur Erfüllung meines Auftrags zu checken. Sie bildet dann den Abschluss: »Auf der genannten Skala, wo befinden Sie sich nun am Ende unseres Coachings?« – »Auf fünf. Nach dem Gespräch am Mittwoch wird es sicher noch anders aussehen. Ich habe ja doch noch einiges vor mir«.

Problemlösungsbalance

Häufig kommt es vor, dass Menschen so gegensätzliche Persönlichkeitsanteile besitzen, dass sie einen inneren Zwiespalt hervorrufen. So kann der eine Anteil beispielsweise anstreben, die Karriereleiter hochzusteigen, während der andere eher seine Ruhe haben, Urlaub machen oder einfach faul sein will. Manchmal gibt es sogar noch einen dritten Persönlichkeitsanteil, der wieder etwas anderes möchte, zum Beispiel den Businessbereich verlassen und Künstler werden. Wenn ein Anteil übermächtig wird oder Anteile sich gegenseitig behindern und es dadurch zu einer inneren Zerrissenheit kommt, ist es sinnvoll, zwischen ihnen eine Balance herzustellen. Dieses Vorgehen wird im systemischen Coaching Problemlösungsbalance genannt. Zu dieser Methode, die ich von Gunther Schmidt übernommen und modifiziert habe, empfehle ich Ihnen folgende Übung als Intervention.

Übung: Äußere Konferenz der inneren Teile

- Der Coach identifiziert bei seinem Coachee ein Problem, das sich in Form eines inneren Konflikts zeigt. Er etabliert die relevanten »inneren Teile«. Meist sind es zwei, die wie folgt zueinander stehen: a) der eine Teil »macht« das Problem, b) der andere Teil »will das Problem weghaben«.
- Der Coach lässt sich vom Coachee diese inneren Teile konkret beschreiben. Dabei ist die Frage hilfreich: »Angenommen, Ihr zuerst beschriebener Teil wäre ein Wesen: Wäre es männlich oder weiblich? Welchen Namen hat es? Beschreiben Sie das Aussehen. Wie ist es gekleidet: elegant oder sportlich? Wie alt ist es? Ist es groß oder klein? Hat es dunkle oder helle Haare? Welche Charaktermerkmale hat es? Worin unterscheidet es sich von anderen? Was fällt Ihnen sonst noch zu ihm ein? Je konkreter die Beschreibungen sind, desto besser.
- Anschließend wenden Sie sich dem anderen Teil mit den selben Fragestellungen zu.
- Dann wird der Coachee zum Konferenzleiter bestimmt, der außerhalb des Systems steht und sozusagen eine Metaposition einnimmt, beispielsweise als »Minister«, »König«, »Boss«, »Teamleiter«, »Fee« oder Ähnliches. Und in dieser Rolle spricht der Coach den Coachee auch an, also zum Beispiel als »Sie, Herr Minister«. Diese Position ist in diesem Szenario die letzte Entscheidungsinstanz.
- Im nächsten Schritt macht der Coach seine eigene Rolle deutlich. Er ist zum einen der Coach des Ministers, zum anderen begibt er sich auch in die vom Coachee benannten anderen Rollen. Dabei springt er sozusagen von einer Position in die andere. Der Coachee wiederum hat in seiner Rolle als Minister diese Konferenz zu moderieren und er kann auch Entscheidungen treffen.

- Es wird ein Stuhl für den Minister aufgestellt, auf den er sich setzt. Der Coach geht an das Ende des Raumes und schreitet langsam auf diesen Stuhl zu, von dem aus der Minister bestimmt, an welcher Stelle der Coach als sein Teil X stehen bleiben soll. Diesen Abstand markiert der Coach mit einen Stuhl. Danach geht er als Teil Y wieder an das Ende dieses Raums und wiederholt den Vorgang noch einmal für den anderen Teil.
- Nachdem die Abstände der beiden Teile klar sind, schlüpft der Coach wieder in die verschiedenen Rollen und beginnt mit Teil X. Er erfragt die Aufgabe beziehungsweise die positiven Absichten, die dieser Teil für den Minister hat.
- Das Gleiche macht er dann mit Teil Y.
- Anschließend kommt es zu einer Verhandlungssituation der beiden Teile, indem der Coach immer wieder abwechselnd in die Rollen dieser Teile schlüpft. Aus dieser Rolle heraus berichtet der Coach über den Zustand, in dem sich der von ihm verkörperte Teil befindet, wie es ihm mit dem Abstand zum Minister und auch zum Teil Y geht. Hierbei kommt es oft vor, dass Hierarchien entstehen, die dadurch deutlich werden.
- Das Gleiche wiederholt er mit Y.
- Dann verhandeln die beiden Teile, an welcher Stelle sie sich gegenseitig behindert fühlen und was sie sich von dem anderen Teil wünschen, um ihrer Aufgabe gerecht zu werden.

Zwischendurch kann der Coach immer wieder die Position des Coachs für den Minister einnehmen und aus dieser Rolle heraus den eben abgelaufenen Prozess reflektieren. Dabei sollten Sie darauf achten, dass der Minister in seiner Rolle bleibt und sich nicht mit den Teilen identifiziert. Falls doch, ist es die Aufgabe des Coachs, auf einen Rollenwechsel aufmerksam zu machen und ihn sprachlich wieder in die Metaposition zurückzuholen. Wenn dies geschehen ist, fragt der Coach, ob der Minister bezüglich der Kooperationsbeziehung der beiden Teile eine Idee hat oder eine Entscheidung treffen möchte. Die vom Minister entwickelten Ideen greift der Coach auf und integriert sie in den Prozess, indem er sich als Teil X oder Y dazu äußert. Dieser Prozess erfordert vom Coach eine hohe Flexibilität.

- Wenn ein Kooperationsabkommen zwischen den Teilen zu Stande gekommen ist, werden alle aus ihren Rollen entlassen.

Zur Reflektion des Prozesses eignen sich die folgenden Fragen: Welche neuen Erkenntnisse haben Sie gewonnen? Wodurch haben sich Ihre Wahlmöglichkeiten erweitert? Welche Idee haben Sie, um diese neuen Erkenntnisse in ihren Alltag zu integrieren?

Manchmal ergibt es sich durch »die äußere Konferenz der inneren Teile«, dass ich meinem Coachee am Ende noch symbolische Repräsentationen des Ergebnisses wie beispielsweise Postkarten oder Steine als Erinnerung zur inneren Verankerung mitgebe.

Diese systemische Übung eignet sich auch für Gruppen. Der Coachee kann Teilnehmer aus der Gruppe wählen, die die Rollen der Persönlichkeitsanteile übernehmen. In diesem Setting fällt dem Coach die Aufgabe zu, den Konferenzleiter im Prozess zu unterstützen. Die restlichen Teilnehmer fungieren als Beobachter dieses Szenarios und können anschließend ein konstruktives Feedback ihrer Beobachtung geben.

Teamentwicklungsprozess mit Metaplan-Arbeit

Wenn ein Coaching-Auftrag beispielsweise lautet, eine Projektgruppe, die sich neu gebildet hat, mit Ressourcen zu versorgen und sie in der Projektphase zu unterstützen, handelt es sich um einen Teamentwicklungsprozess. Das Ziel eines solchen Prozesses ist es, dass die betroffenen Personen in einem kreativen Miteinander einen Ist-Zustand für das Team erkennen. Sind die vorhandenen Fähigkeiten und Potenziale identifiziert, wird gemeinsam das weitere Vorgehen geplant. In diesen Fällen ist bei der Auftragsklärung darauf zu achten, welches Ziel die Gruppe mit der Teamentwicklung verfolgt. Wenn die Gruppe in der Startphase ist und noch keine Positionen für das Projekt vergeben sind, kann die Positionsvergabe der Schwerpunkt für die Beobachtung und Rückmeldung des Coachs in der Prozessphase sein.

Sollte es sich jedoch um eine Strategieentwicklung handeln, dann rücken die zu entwickelnde Strategie und die dazugehörigen Fähigkeiten der Einzelnen für den Coach in den Mittelpunkt.

Die intensivere Beschäftigung mit den Ressourcen der anwesenden Kollegen wirkt sich meist teambildend aus, da sie sich »von Anfang an Geschenke machen«. Es entsteht eine fast intime Gruppenatmosphäre, und die Teilnehmer werden dazu angeregt, anders übereinander zu denken. Zusätzlich wird die Eigenwahrnehmung gefördert. In der Regel ist es so, dass Menschen anderen lieber Komplimente machen, als ganz klar die eigenen Stärken zu benennen, ihnen in einem Prozess einen Rahmen zu geben und sie zu würdigen. Der Teambildungsprozess besteht aus fünf verschiedenen Phasen.

- Die **Anfangsphase** dient dazu, dass sich die Gruppe in einem Klima der Wertschätzung und des Vertrauens näher kennen lernt und die Teilnehmer unmittelbar miteinander Kontakt aufnehmen. In dieser Phase ist darauf zu achten, dass die Betroffenen sich für den Veränderungsprozess begeistern. Beginnen Veränderungsprozesse mit einem Kaltstart, laufen sie leicht ins Leere.
- In der **Prozessphase** geraten die Dinge in Fluss. Die entstehenden Initiativen müssen sich hier entfalten können. In dieser Phase werden Kraft und Energie freigesetzt, um sie für den weiteren Prozessverlauf zu nutzen.
- In der **Prozessweiterentwicklungsphase** ist es wichtig, Formen der Verfestigung zu finden, um die Teilnehmer zu »erden«. Für diese Phase werden vorhandene Fähigkeiten, Kenntnisse, Fortbildungen genutzt, um sie in einem Synergieeffekt zu verbinden. Aus den vorhandenen Fähigkeiten kann Neues entstehen und die Kraft des Teams kommt dadurch zum Ausdruck, dass sich der Einzelne einbringt.

- In der **Ziel- und Visionsphase** kommt es darauf an, eine klare Perspektive zu entwerfen und bilderreiche Visionen zu finden, die darauf verweisen, wohin die Reise gehen soll. Sie zeigt vorhandene Handlungsspielräume auf, in denen übergeordnete Ziele und Wünsche verwirklicht werden. Aus dieser Vision entstehen dann auch die kurz-, mittel- und langfristigen Ziele, die in der Umsetzungsphase verwirklicht werden.

- Die **Umsetzungsphase** dient dazu, den Transfer sicherzustellen, um dann Aufgaben zu verteilen, die von den Teammitgliedern eigenverantwortlich ausgeführt werden. Es wird festgelegt, wer wann und wo welche Funktion übernimmt.

Übung: Teamentwicklungsprozess

Die folgende Übung ist für Gruppen zwischen drei und 15 Teilnehmern geeignet, wobei die in Klammern eingetragene Zeiteinschätzung einer Gruppengröße von sechs Teilnehmern entspricht.

- **1. Schritt: Zugang zu den eigenen Ressourcen (Einzelarbeit, 10 Minuten):** Jeder Teilnehmer schreibt drei seiner Ressourcen, die er für das Team zur Zielerreichung einsetzen kann, auf drei Karten einer Farbe (zum Beispiel blau) und legt sie vor sich auf den Boden.

- **2. Schritt: Vorstellen der Ressourcen in der Gruppe (Gruppenarbeit, 15 Minuten):** Jeder der Teilnehmer stellt im Plenum seine auf den Karten beschriebenen Ressourcen vor.

- **3. Schritt: Zugang zu den Ressourcen durch die anderen Personen (Gruppenarbeit, 30 Minuten):** Jeder Teilnehmer prüft, ob er bei den anderen anwesenden Personen weitere Ressourcen erkennt, die er als besonders wichtig für das Team beziehungsweise das Ziel erachtet. Anschließend schreibt er diese Ressourcen auf weitere Karten (einer anderen Farbe) und überreicht sie den entsprechenden Personen als Geschenk.

- **4. Schritt: Vorstellen der Teamentwicklungsphasen (15 Minuten):** Der Coach stellt der Gruppe die einzelnen Phasen des Teamentwicklungsprozesses vor. Dabei werden verschiedene Karten jeweils als Anfangs-, Prozessweiterentwicklungs-, Ziel-, Visions- und Umsetzungsphase markiert und an verschiedenen Stellen im Raum ausgelegt.

- **5. Schritt: Zuordung der Ressourcen (Gruppenarbeit, 45 Minuten):** Die gesammelten Ressourcekarten werden in einem gemeinsamen Teamprozess den einzelnen markierten Phasen zugeordnet. Hierbei geht es nicht darum, die eigenen Ressourcekarten zuzuordnen, sondern darum, dass alle auf Karten aufgeschriebenen Ressourcen im Raum in einem Gruppenprozess den einzelnen Phasen zugeordnet werden. Der Coach nimmt an dieser Stelle nicht die Rolle des Moderators ein. Er ist der Beobachter, der anschließend die Gruppendynamik reflektiert.

Tipp: Der Coach sollte in seiner Beobachtung auf folgende Punkte achten: Entstehen Hierarchien? Wie sieht das gemeinsame Vorgehen aus? Wer übernimmt wann die Führung? Wie einigt sich die Gruppe bei der Zuordnung der Karten? Gibt es Minderheiten, die nicht beachtet werden? Handelt es sich eher um ein chaotisches oder um ein strukturiertes Vorgehen? Welche Strategien werden entwickelt? Ist die Gruppe in der Lage, die Zeitvorgabe einzuhalten? Wenn dies nicht der Fall sein ist, sollte der Coach abbrechen und den Ist-Zustand des Ergebnisses auswerten.

- **6. Schritt: Auswertung des Prozesses (Gruppenarbeit, 1 Stunde):** Sobald der Prozess abgeschlossen ist, wird er unter der Leitung des Coachs ausgewertet. Der Coach teilt in seinen Beobachtungen beispielsweise mit, wie er den Prozess der Verteilung der Ressourcen wahrgenommen hat. Er fasst zusammen, ob einer Phase keine Ressourcen zugeordnet wurden oder eine Phase überbesetzt war.
  Dieses Resümee dient dazu, den Ist-Zustand der Gruppe festzustellen. Oft passiert es, dass in einem Team beispielsweise keine Ressourcekarten in der Ziel- und der Visionsphase liegen. Dann fragt der Coach, ob dies für diese Projektphase gut ist oder ob die fehlenden Ressourcen von außerhalb zu holen sind: zum Beispiel aus dem Unternehmen oder über eine Beratungsgesellschaft etc.
  Am Schluss soll jeder Teilnehmer sich auf den Platz der Phase begeben, wo er sich »Zuhause« fühlt. Wichtig ist dabei, dass der Coach die Teilnehmer darauf hinweist, dass es sich um einen inneren Sog nach dem Motto »da zieht es mich hin« handeln sollte. Dieser Sog muss nichts mit den eigenen Ressourcen oder den Geschenken der anderen zu tun haben.
  Wenn jeder seinen Standort gefunden hat, werden »symbolische Fußabdrücke« markiert, indem die jeweiligen Personen ihre Namen auf die entsprechenden Kärtchen schreiben. Wenn es eine Phase gibt, zu der keiner der Teilnehmer sich hingezogen fühlt, sollte der Coach fragen, was dies für das Team bedeutet. Wie kann das Team von außen Hilfe für eine nicht besetzte Phase finden? In dieser Situation ist es wichtig, eine zielbezogene Antwort zu finden.

Wenn sich durch den Teamentwicklungsprozess neue Ziele entwickelt haben, ist die nachfolgende Übung ein guter Anschluss, um diese Ziele mit Werten zu unterlegen.

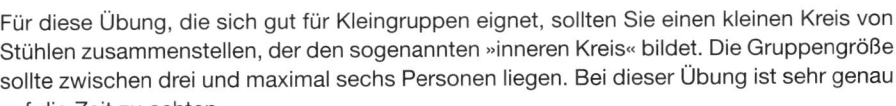

Übung: Individuelle Wertvorstellung und Gruppenwert

Für diese Übung, die sich gut für Kleingruppen eignet, sollten Sie einen kleinen Kreis von Stühlen zusammenstellen, der den sogenannten »inneren Kreis« bildet. Die Gruppengröße sollte zwischen drei und maximal sechs Personen liegen. Bei dieser Übung ist sehr genau auf die Zeit zu achten.

Die Aufgaben der Gruppenteilnehmer lauten:

- Überlegen Sie allein, welche wichtigen persönlichen Werte Sie in Bezug auf Ihr Team und Ihr genanntes Ziel in die Gruppe einbringen möchten. Dafür haben Sie zehn Minuten Zeit.
- Stellen Sie diese Werte Ihrer Kleingruppe vor und diskutierten Sie diese Werte mit dem Ziel, aus den verschiedenen individuellen Werten einen gemeinsamen Gruppenwert zu finden. Diese Übung wird nach 30 Minuten beendet, selbst wenn sich noch kein gemeinsamer Gruppenwert gefunden haben sollte – was häufig passiert, da es sich um einen schwierigen Prozess handelt.
- Danach verlassen alle den inneren Kreis und stellen sich hinter ihren Stuhl. Von diesem äußeren Kreis aus, der auch Metaposition genannt werden kann, sollen folgende Fragen beantwortet werden. (20 Minuten Zeit):
  - Welche Rolle habe ich im inneren Kreis gespielt?
  - Kam mir dies bekannt vor?
  - Wie habe ich mich dabei gefühlt?

- – Was fand ich konstruktiv am Gruppenprozess?
- – Welche Ideen habe ich zur Verbesserung des Prozesses?
- Begeben Sie sich wieder in den inneren Kreis und versuchen Sie das, was Sie durch die Beantwortung der Fragen herausgefunden haben, umzusetzen. Falls Sie diesen schon haben, ergänzen Sie ihn durch die Ergebnisse. (20 Minuten).
- Begeben Sie sich nun noch einmal mit der Gruppe in die Metaposition, das heißt, alle stellen sich wieder hinter die Stühle und beantworten folgende Fragen (20 Minuten):
  - – Was fand ich konstruktiv am Gruppenprozess?
  - – Welcher Regel ist die Gruppe gefolgt?
  - – Welche Rollen hat sie hervorgebracht?
  - – Welche Ideen habe ich zur Verbesserung des Prozesses?
- Begeben Sie sich nochmals in den inneren Kreis und versuchen Sie in den verbleibenden 15 Minuten, die Vorstellungen, die zum konstruktiven Vorgehen im Gruppenprozess geäußert wurden, zu operationalisieren.

Ziel dieser Übung ist es, alle Teilnehmer in den Gruppenprozess zu involvieren und jedem bei der Beantwortung der Fragen die gleiche Sprechzeit zu geben, damit alle Stimmen gehört werden. Am Schluss sollte überprüft werden, ob bei der gemeinsamen Wertvorstellung die individuellen Werte der einzelnen Teilnehmer ausreichend berücksichtigt wurden.

Beendigung des Einzelcoachings

Das Ziel eines jeden Coachings ist es, das Selbstbewusstsein des Coachees zu stärken und ihm für sein Verhalten mehr Wahlmöglichkeiten anzubieten. Erst wenn ich die Gewissheit habe, dass er das, was er beim Coaching gelernt hat, in der Zukunft auch anwenden und umsetzen wird, kann ich mit einem guten Gefühl den Abschluss vornehmen.

In der Abschlussphase, für die ich bereits am Anfang des Coachings eine ganze Sitzung einplane, entlässt der Coach den Coachee in ein Geschehen, das sich neu ergibt und mit neuen Bedeutungen belegt sein wird. Daher ist es wichtig, diesen Übergang in eine andere, selbstständige Phase (der Coachee wird zu seinem eigenen Coach) weich zu gestalten und das Coaching an dieser Stelle nicht abrupt abbrechen zu lassen. Viel wirksamer und nachhaltiger ist es, das Ende der Begegnungen als etwas Bedeutsames zu markieren und dem gesamten Prozess mit den durchlaufenen Veränderungen eine tiefere Dimension zu verleihen.

Diese besondere Bedeutung kann durch ein Abschiedsritual erreicht werden. Dazu ist es gut, dem Coachee zu erklären, dass der Alltag, auch im Business, voller Rituale ist. Die Durchführung von Alltagsritualen in der Gesellschaft ist notwendig, um das seelische und soziale Gleichgewicht zu erhalten. In Zeiten von Unsicherheit und in Lebenskrisen (zum Beispiel der Pubertät, Verlust eines Freundes) sind Übergangsrituale eine wichtige Hilfe für die Bewältigung und erleichtern die Weiterentwicklung der Persönlichkeit. Auch positiv besetzte Übergänge (beispielsweise Hochzeit oder Taufe) werden ritualisiert und gefeiert, um bestimmte Zeiträume zu markieren und zu würdigen. Auf diese Weise wird der Zäsur im Leben eine besondere Bedeutung beigemessen.

Für die offizielle Beendigung eines Einzelcoachings nutze ich als Ritual gern eine Urkunde. Doch bevor ich sie dem Coachee überreiche, gehe ich mit ihm noch einmal den gesamten Prozessverlauf durch, und wir reden darüber, wie wir uns als Coach und Coachee gegenseitig wahrgenommen haben und welche Sequenzen besonders hilfreich für den Prozess waren. Dazu stelle ich häufig die Skalierungsfrage, die ich dem Coachee auch zu Beginn des Coachings stelle, um zum Abschluss Vergleichskriterien zu haben. Ich bitte den Coachee, sich auf der Skala von 0 bis 10 im Vergleich zum Anfang des Coachings einzuordnen. Null soll den Zustand darstellen, in dem er sich zur Zeit unseres ersten Treffens befand. Zehn dagegen soll bedeuten, dass sein von uns behandeltes Problem gelöst ist. So stellen wir gemeinsam fest, an welcher Stelle er sich nun befindet.

Ebenso spreche ich ihn darauf an, ob er sich zu einem späteren Zeitpunkt noch eine Nachbetreuung wünscht, um beispielsweise nach einem halben Jahr auch die neuen Veränderungen zu reflektieren. Wenn ja, kann schon jetzt ein Termin angesetzt werden. Diese Option lasse ich ihm auf jeden Fall offen.

Ist dies alles geschehen, bietet mir die Abschlussurkunde eine gute Möglichkeit dazu, die persönliche Entwicklung des Coachees kronstruktiv zusammenzufassen und zu würdigen. Damit hebe ich noch einmal hervor, was ich an ihm schätze, was ich ihm für die Zukunft empfehle und welche Veränderungen er meiner Überzeugung nach in die Zukunft transferieren wird.

Eckard König, Gerda Volmer

Komplexe Beratungsprozesse

Aus: Handbuch Systemisches Coaching

Diagnoseverfahren im Rahmen systemischer Organisationsberatung

Der Klärungsphase im einzelnen Beratungsgespräch entspricht eine eigene Diagnosephase in komplexen Beratungsprozessen:

- Ein internationales Großunternehmen will umstrukturieren. Im Rahmen einer Organisationsanalyse werden Schwachstellen der gegenwärtigen Organisation und Vorschläge zur Veränderung erhoben.
- Im Rahmen eines Coachingprozesses mit einer Bereichsleiterin wird in einer Diagnosephase geklärt, wie die Bereichsleiterin von ihren Mitarbeitern, von Kollegen und Vorgesetzten eingeschätzt wird. Darüber hinaus nimmt die Beraterin an Besprechungen der Bereichsleiterin teil und beobachtet ihr Vorgehen.
- Eine Schule will ihr Schulprogramm weiterentwickeln. Mithilfe von Interviews wird die Einschätzung des bisherigen Schulprogramms aus Sicht von Lehrerinnen, Eltern und Schülern erhoben.

Es gibt mittlerweile zahlreiche Diagnoseverfahren, die im Rahmen von Organisationsberatung eingesetzt werden, wobei die Spannweite von Selbsteinschätzungen über Interviews, Fragebogen bis zu Prozessanalysen und systematischen Beobachtungen reicht (Übersichten bei Balck 2005; Büssing 2004; Denzin/Lincoln 2005; Kühl/Strodtholz 2002; Prosch 2000; von Rosenstiel 2005).

Solche Analysen bringen jedoch dann wenig Ergebnisse, wenn sie ausschließlich »aus einer Beobachterperspektive« durchgeführt werden: Ein Fragebogen, der »von außen« am Schreibtisch entwickelt wurde, erfasst die Themen, die ein Beobachter für wichtig hält – was aber noch nichts darüber aussagt, ob diese Themen für die Betroffenen selbst relevant sind. Einem Beobachter, der Abläufe in einer Organisation misst, entgeht möglicherweise die Bedeutung, die diese Abläufe für das Funktionieren des sozialen Systems haben. Daraus ergeben sich zwei Grundsätze für die Diagnose im Rahmen systemischer Organisationsberatung.

 Das soziale System ist dem von außen kommenden Beobachter zunächst grundsätzlich fremd. Im Alltag gehen wir davon aus, dass wir unmittelbar verstehen, was der andere meint. In der Tat klappt die Verständigung in vielen Situationen – vor allem dann, wenn die Gesprächspartner sich in einer gemeinsamen Lebenswelt bewegen: Der Mitarbeiter versteht in der Regel, was der Vorgesetzte meint, die Mitglieder einer Arbeitsgruppe, eines Schulkollegiums, eines Seminars an der Universität verstehen sich untereinander.

Eine andere Situation ist jedoch die Diagnose einer fremden Organisation, wobei ein Beobachter in eine ihm zunächst fremde Lebenswelt eintritt. Wenn ein Teammitglied von Teamproblemen spricht, kann der Beobachter nicht davon ausgehen, dass diese Probleme im Informationsfluss und in der Zusammenarbeit liegen. Möglicherweise ist für die Mitglieder das Hauptproblem das fehlende »Standing« des Teamleiters. Wenn ein Interviewpartner berichtet, dass viele Führungskräfte keine »Persönlichkeit« sind, dann besteht die Gefahr, den Gesprächspartner misszuverstehen, wenn man die eigene Bedeutung von »eine Persönlichkeit sein« zugrunde legt.

Ein soziales System lässt sich von außen nie vollständig diagnostizieren, es ist für den von außen kommenden Beobachter eine neue unbekannte Welt, der Interviewpartner ein »professioneller Fremder« (Agar 1980), dessen »Konstruktion der Wirklichkeit« unbekannt ist. Zielstellung einer systemischen Diagnose ist es demgegenüber, die »Perspektive« des sozialen Systems zu erfassen, das heißt zu klären, was »Führung«, was »Persönlichkeit« für den Interviewpartner bedeutet.

 Die Wirklichkeit eines sozialen Systems setzt sich zusammen aus unterschiedlichen Perspektiven verschiedener Personen. Ein Mitarbeiter in der Produktion sieht Probleme, die der Bereichsleiter aus seiner Perspektive nicht wahrnimmt, eine Kundin andere Aspekte des Vertriebs als die eigenen Mitarbeiter; eine Expertin aus der IT-Abteilung erfasst Aspekte, die den anderen verborgen bleiben, hat aber andererseits auch selbst ihre blinden Flecken. Man kann sich das gut an dem folgendem Bild verdeutlichen:

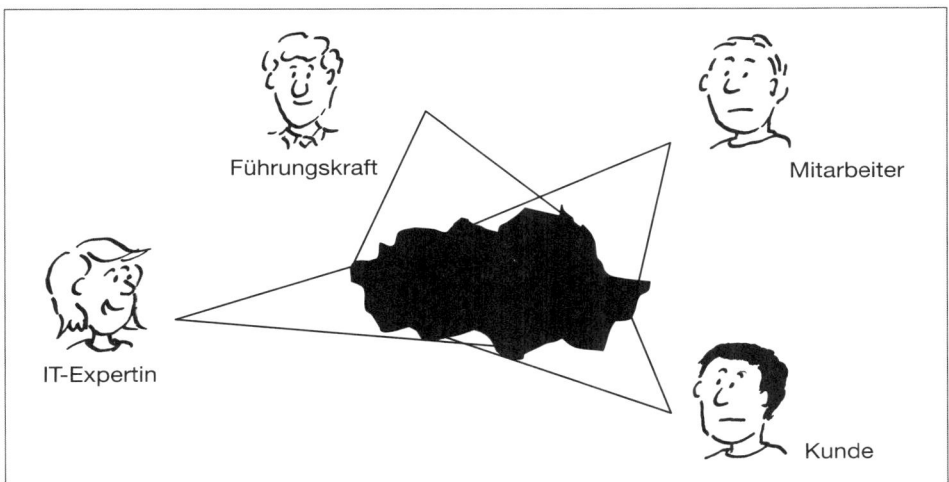

Konsequenz daraus ist, dass eine systemische Diagnose die »relevanten Perspektiven« des sozialen Systems zu erfassen hat. Wie sieht, um bei obigem Bild zu bleiben, ein Mitarbeiter die Situation, eine Führungskraft, ein Kunde?

Im Blick auf die Anwendung im Rahmen systemischer Organisationsberatung sollen im Folgenden die wichtigsten Diagnoseverfahren dargestellt werden.

Die Erfassung subjektiver Deutungen: Das Konstruktinterview

Grundlagen

Die »relevanten Perspektiven« des sozialen Systems zu erfassen bedeutet, die unterschiedlichen subjektiven Deutungen zu klären: Wie wird die Situation von Führungskräften, von Mitarbeitern, vom Vertrieb, von der Produktion, oder in einem Coachingprozess vom Coachee, von seinen Mitarbeitern, von Vorgesetzten und Kollegen gesehen? Wie wird die Situation bewertet? Wo werden Ursachen für Erfolge oder Probleme gesehen? Welche Lösungsmöglichkeiten werden genannt? Wie weit stimmen die subjektiven Sichtweisen einzelner Personen überein, wo bestehen Unterschiede?

Die unterschiedlichen Deutungen eines sozialen Systems zu erfassen bedeutet, die subjektiven Theorien der verschiedenen Personen zu erheben:

- Was sind die subjektiven Konstrukte (Begriffe), mit denen die Situation gedeutet wird?
- Welche Diagnosehypothesen werden aufgestellt, wie wird die Situation beschrieben und bewertet?
- Welche subjektiven Ziele werden aufgestellt?
- Welche Erklärungshypothesen gibt es?
- Welche subjektiven Strategien werden vorgeschlagen?

Zur Erhebung subjektiver Theorien sind im Rahmen der qualitativen Sozialforschung eine Reihe von unterschiedlichen Interviewverfahren entwickelt worden (Übersichten bei Bortz/Döring 2006, 308ff.; Flick 2006, 117ff.; Friebertshäuser 2003; Hopf 2005; Lamnek 2005, 356ff.; Mayring 2002, 65ff.). Gemeinsam ist all diesen Ansätzen, dass im Unterschied zu klassischen Fragebogenuntersuchungen keine Kategorien von außen vorgegeben werden, sondern dass versucht wird, die für den Interviewpartner selbst relevanten Konstrukte und die darauf basierenden subjektiven Deutungen zu erfassen. Wenn zum Beispiel in einem Fragebogen gefragt wird: »Erhalten Sie genügend Informationen, um ihre Arbeitsaufgaben erfüllen zu können?«, so wird von außen ein Konstrukt vorgegeben – in diesem Fall das Konstrukt »Information«. In einem qualitativen Interview ist demgegenüber zunächst zu klären, ob »Informationsweitergabe« für den Betreffenden überhaupt ein wichtiges Konstrukt ist.

Das bedingt eine Wendung zu »qualitativen Interviews« mit offenen Fragen, bei denen der Gesprächspartner die Möglichkeit hat, »seine persönliche Konstruktion der Wirklichkeit« zu entwickeln. Im Einzelnen lassen sich dabei folgende Ansätze unterscheiden:

- Das *fokussierte Interview* von Merton/Kendall (1993), bei dem es darum geht, zuvor formulierte Hypothesen über die Bedeutung und die Wirkungen bestimmter Aspekte einer Situation mithilfe unstrukturierter, halbstrukturierter und strukturierter Fragen zu überprüfen.

- Das *problemzentrierte Interview* von Witzel (1985), wobei auf der Basis des vorhandenen Wissenshintergrunds bestimmte gesellschaftliche Problemstellungen festgelegt werden, die dann mithilfe von Erzählbeispielen, durch Zurückspiegelung, Verständnisfragen und Konfrontation mit möglichen Widersprüchen und Ungereimtheiten geklärt werden.
- Das von Fritz Schütze entwickelte und insbesondere in der Biografieforschung verwendete »*narrative Interview*« (Schütze 1983; 1987; vgl. auch Holtgrewe 2002; Jakob 2003; Sackmann 2007), in dem der Interviewpartner aufgefordert wird, Phasen seiner Lebensgeschichte zu erzählen. Diesem Vorgehen liegt die Annahme zugrunde, dass im freien Erzählfluss die für den Gesprächspartner relevanten Konstrukte am wenigsten verfälscht auftreten und damit »Prozessstrukturen des individuellen Lebenslaufs« (Schütze 1983, S. 285) erkennbar werden.
- Das *Experteninterview* (z.B. Bogner u.a. 2005; Liebold/Trinczek 2002) als ein Leitfadeninterview mit der Zielsetzung, das »Deutungswissen«, das heißt die »subjektiven Relevanzen, Regeln, Sichtweisen und Interpretationen des Experten« über sein »spezifisches professionelles oder berufliches Handlungsfeld« zu erfassen (Bogner/Menz 2005, S. 43, S. 46).
- Das *Beobachtungsinterview* (Kuhlmann 2002), bei dem die subjektiven Theorien zu bestimmten Arbeitsabläufen erhoben werden: »Die Forschenden folgen den Untersuchungspersonen während des Arbeitsablaufs und stellen immer wieder Fragen, die der Einordnung des Geschehens dienen, ohne aber die jeweiligen Handlungsabläufe dabei zu stören oder zu sehr zu zerstückeln« (Kuhlmann 2002, S. 110).
- Das *Repertory-Grid-Interview* im Anschluss an Kelly (1955) und Fromm (1999; 2002), das versucht, Konstrukte durch Vergleich verschiedener Situationen zu erfassen: Wenn zum Beispiel ein Interviewpartner aufgefordert wird, zwei (oder mehrere) Vorgesetzte zu vergleichen, wird er bei dem Vergleich auf eben die Konstrukte zurückgreifen, die für ihn in dieser Situation wichtig sind.
- Schließlich das im Folgenden ausführlicher dargestellte *Konstruktinterview*, das als spezielle Diagnosemethode im Rahmen der systemischen Organisationsberatung von Eckard König und Gerda Volmer Ende der 1980er-Jahren entwickelt wurde. Es wird durch wenige offene »Leitfragen« gesteuert und unterscheidet sich von anderen Interviewformen durch den expliziten Fremdheitsgrundsatz, das heißt durch die Basisannahme, dass dem Interviewer die verschiedenen Konstruktionen der Wirklichkeit eines sozialen Systems zunächst grundsätzlich fremd und erst mithilfe bestimmter Methoden, zum Beispiel gezielten Nachfragens, zu klären sind.

Die Vorbereitung, die Durchführung und die Auswertung qualitativer Interviews erfordern ebenso ein professionelles Vorgehen wie die Entwicklung eines Fragebogens. Die einzelnen Schritte dabei möchten wir Ihnen in den folgenden Abschnitten vorstellen.

Die Vorbereitung des Interviews

Bei der Vorbereitung sind drei Fragen zu beantworten: Was will ich wissen? Wen befrage ich? Welche Fragen stelle ich? Daraus ergibt sich der folgende Ablauf.

 Schritt 1: Untersuchungsziel und Verwendungszweck bestimmen. »Wenn man nicht weiß, wohin man will, landet man mit hoher Wahrscheinlichkeit dort, wo man auf keinen Fall hinwollte.« Dies gilt gleichermaßen für Interviews: Wenn man nicht weiß, was man wissen will und warum man es wissen will, stellt man mit hoher Wahrscheinlichkeit die falschen Fragen und erhält am Schluss irrelevante oder verfälschte Ergebnisse. Das Festlegen des Ziels ist damit der Ausgangspunkt für die gesamte weitere Vorbereitung des Interviews. Dabei lässt sich zwischen dem Untersuchungsziel und dem Verwendungszweck unterscheiden:

Das *Untersuchungsziel* legt fest, was genau untersucht werden soll. Beispiele sind:

- Es sollen Stärken und Schwachstellen eines Werkes erhoben werden.
- Es soll untersucht werden, wie die Mitarbeiter den Informationsfluss in der Abteilung beurteilen.
- Es soll im Rahmen eines Coachingprozesses untersucht werden, wie die Führungskraft von ihren Mitarbeiterinnen eingeschätzt wird.

Der *Verwendungszweck* gibt an, wozu die Daten verwendet werden sollen, und ist damit ein praktischer Zweck, zum Beispiel:

- Es soll ein Veränderungsprozess des Werkes geplant und durchgeführt werden.
- Es sollen Schwachstellen im Informationsfluss behoben werden.
- Es sollen Schwerpunkte für den weiteren Coachingprozess festgelegt werden.

Untersuchungsziel und Verwendungszweck zielen somit in verschiedene Richtungen.

- Untersuchungsziel: Was will ich wissen?
- Verwendungszweck: Was soll mit den Ergebnissen getan werden?

Untersuchungsziel und Verwendungszweck legen die Blickrichtung für das weitere Vorgehen fest. Je genauer Verwendungszweck und Untersuchungsziel definiert (und unterschieden) sind, desto leichter und besser kann die Befragung anschließend durchgeführt werden.

 Schritt 2: Grundgesamtheit und Stichprobe festlegen. In quantitativen Untersuchungen wird die Grundgesamtheit oder Population definiert als »die Gesamtmenge aller N Beobachtungseinheiten, über die Aussagen getroffen werden sollen«. Aus dieser Grundgesamtheit wird dann eine Stichprobe gezogen, es wird festgelegt, welche Personen aus der Grundgesamtheit befragt werden sollen.

Ähnlich lassen sich auch im Konstruktinterview Grundgesamtheit und Stichprobe unterscheiden. Allerdings wird dabei die Grundgesamtheit anders definiert: Die Grundgesamtheit in einem Konstruktinterview sind alle die Personen, die Auskunft zum Untersuchungsgegenstand und Untersuchungsziel geben können. Dabei sind (denken Sie an das Bild zu Beginn dieses Kapitels auf Seite 289) in der Regel verschiedene Perspektiven zu berücksichtigen. Auskunft über Stärken und Schwächen eines Bereiches können sicherlich die Mitarbeiter und Führungskräfte des Bereiches geben, darüber hinaus aber auch Personen außerhalb des Bereichs: höhere Vorgesetzte, Stabsabteilungen des Werkes, Angehörige benachbarter Bereiche, Kunden, externe Berater und so weiter. Daraus ergeben sich für die Festlegung der Grundgesamtheit folgende Fragen:

- *Was ist der Gegenstand der Diagnose:* Soll ein Team, eine Abteilung, eine Organisation, ein Krankenhaus erfasst werden? Oder ist der Rahmen weiter gefasst: Potenzielle Teilnehmer eines Seminars, Personalentwicklerinnen, allgemein weibliche Führungskräfte?
- *Wie weit ist die Grundgesamtheit geschichtet:* Muss bei der Stärken-Schwächen-Analyse eines Bereichs zwischen verschiedenen Abteilungen (zum Beispiel zwischen Technik und Produktion) oder verschiedenen Führungsebenen, zwischen älteren und jüngeren Teilnehmern, zwischen Männern und Frauen unterschieden werden?
- *Sind für die Erfassung der subjektiven Sicht neben der internen Sicht auch externe Sichtweisen wichtig:* Denken Sie dabei an weitere Vorgesetzte, Kollegen aus anderen Bereichen, Abteilungen, die auch mit dem Team zu tun haben, Kunden, Lieferanten, Berater, Trainer, Experten zu dem Thema und so weiter.

Wer im Einzelnen zur Grundgesamtheit gehört, das heißt, wer Auskunft zum Beispiel über Stärken und Schwächen des Bereiches geben kann, lässt sich nicht von außen, sondern immer nur aus der Perspektive des sozialen Systems festlegen: Ob Mitarbeiter aus verschiedenen Abteilungen eine unterschiedliche Perspektive haben, können Angehörige des Systems (zum Beispiel der Ansprechpartner aus der Personalentwicklung) eher einschätzen als die externe Beraterin.

> Konsequenz daraus ist: Die verschiedenen Perspektiven grundsätzlich zusammen mit den Betroffenen (interne Ansprechpartner, möglicherweise Auftraggeber, Betriebsrat) klären!

Die Grundgesamtheit definiert die unterschiedlichen Perspektiven, von denen aus ein soziales System oder ein Seminar, eine Führungskraft und so weiter betrachtet werden kann. Die Stichprobe legt fest, welche Personen aus der Grundgesamtheit tatsächlich befragt werden. Bei manchen Fragestellungen ist es möglich, alle Personen der Grundgesamtheit (zum Beispiel das gesamte Projektteam) zu befragen. In den meisten Fällen wird man jedoch aus der Grundgesamtheit eine Stichprobe festlegen. Dabei ist in der Regel bei qualitativen Interviews die Zahl der Befragten deutlich geringer als bei Fragebogen. Für die Festlegung der Stichprobe gibt es folgende Kriterien:

- Entscheidend ist zunächst die Frage, ob die Grundgesamtheit homogen ist: Bei einer Schichtung der Grundgesamtheit wird man auch die Stichprobe schichten, das heißt die zu befragenden Interviewpartnerinnen und -partner nach verschiedenen Gruppen (jüngere und ältere Führungskräfte, Angehörige verschiedener Bereiche, externe Perspektiven) auswählen.
- Innerhalb einer »Zelle« einer geschichteten Stichprobe (zum Beispiel der Gruppe der Meister mit längerer Berufserfahrung) ist es zweckmäßig, wenigstens zwei bis drei Gesprächspartner zu befragen, um zufällige Einseitigkeiten auszuschließen.
- Begrenzt wird schließlich die Zahl der Interviews durch zwei Kriterien: Zum einen tritt ab einer bestimmten Zahl von Interviews (etwa 20 je nach der Homogenität der Gruppe) in der Regel eine »Sättigung« auf. Zusätzliche Interviews bringen dann kaum noch neue Ergebnisse. Zum anderen wird die Zahl der Interviews aus pragmatischen Gründen im Blick auf die zur Verfügung stehende Durchführungs- und Auswertungszeit begrenzt.

Letztlich geschieht die Festlegung der Stichprobe auf der Basis von Kosten-Nutzen-Gesichtspunkten: Zum einen im Blick auf Ziel und Schichtung der Grundgesamtheit, zum anderen im Blick auf die zur Verfügung stehenden Kapazitäten (Zeitbedarf, zur Verfügung stehende Mitarbeiter) ist zu entscheiden, wie aufwendig die Befragung durchgeführt wird. Wenn es darum geht, die Erwartungen der Teilnehmer an einen Teamentwicklungsworkshop zu klären, können vier bis fünf Interviews ausreichend sein. Eine Stärken-Schwächen-Analyse eines Werkes erfordert eher 20 bis 30 Interviews. Wenn es darum geht, mehrere Bereiche oder mehrere Werke für sich auszuwerten, wird sich die Stichprobe noch weiter vergrößern.

Es ist hilfreich, die Stichprobe in Form einer Matrix darzustellen. Hier ein Beispiel für die Organisationsanalyse eines Werkes mit ungefähr 300 Mitarbeitern:

	Zentrale	Produktion	Vertrieb	Technik	Externe Sicht
Werkleiter	1				
Bereichsleiter		1	1	1	
Abteilungsleiter		2	2	1	
Mitarbeiter		3	3	3	
Stabsstellen	3				
Betriebsrat	2				
Konzern					2
Externe Berater					2

Die Auswahl der konkreten Interviewpartner erfordert wieder Kenntnis des sozialen Systems. Gute Erfahrungen haben wir damit gemacht, das Anliegen deutlich zu machen: Es geht darum, unterschiedliche Perspektiven zu erfassen, um ein umfassendes Bild zu bekommen. Das heißt, es macht keinen Sinn, wenn der Werkleiter lediglich die Mitarbeiter auswählt, die ihm gegenüber positiv eingestellt sind. Was erforderlich ist, ist eine »gesunde Mischung« unterschiedlicher Interviewpartner: solche, die dem Werk (und dem Werksleiter) positiv gegenüberstehen, und solche, die eher kritisch sind. Hilfreich kann dafür sein, die Auswahl beispielsweise zusammen mit dem Werksleiter und dem Betriebsrat zu treffen.

 Schritt 3: Leitfragen sammeln. In der Beratung unterstützt die Beraterin den Klienten. Im Interview tut der Gesprächspartner etwas für den Interviewer. Als Interviewerin möchten Sie etwas von Ihrem Gesprächspartner wissen: Was sind für den Interviewpartner die in diesem Zusammenhang wichtigen Themen? Was sind die zentralen Konstrukte, unter denen er die Situation deutet? Welche Diagnose- und Erklärungshypothesen stellt er auf? Welche Vorschläge hat er?

Daraus ergibt sich eine deutliche Konsequenz für das methodische Vorgehen im Interview: Weg von einem umfangreichen Fragenkatalog, hin zu einem Leitfaden mit wenigen offenen Fragen, die dem Interviewpartner die Möglichkeit bieten, seine Auffassung zu entwickeln.

Doch wie sieht ein solcher Leitfaden aus? Wir verdeutlichen es einem Beispiel: Untersuchungsziel einer Organisationsanalyse ist es, die Stärken und die Schwachstellen des Werkes sowie Möglichkeiten der Verbesserung zu erfassen. Verwendungszweck ist, auf dieser Basis ein Konzept für einen Veränderungsprozess zu entwickeln. Zugrunde gelegt wurde folgender Leitfaden:

---

1. Was fällt Ihnen spontan an Schlagworten zum Werk ein?
2. Wie erfolgreich ist aus Ihrer Sicht das Werk? Schätzen Sie bitte das Werk zwischen 0 (völlig erfolglos) und 100 (könnte nicht erfolgreicher sein) ein. Im Blick auf diese Einschätzung: Wo sehen Sie Stärken und Schwachstellen des Werkes?
3. Stellen Sie sich vor, es ist ein Jahr vergangen, und das Werk ist höchst erfolgreich: Was ist dann anders?
4. Im Blick auf dieses Ziel: Was sollte geschehen?
5. Abgesehen von den Punkten, die wir bereits angesprochen haben: Gibt es zu diesem Themenbereich noch etwas zu ergänzen?

Bis ein solcher Leitfaden entsteht, ist es ein längerer und keineswegs einfacher Prozess. Der erste Schritt besteht darin, mögliche Leitfragen zu sammeln: Was sind im Blick auf Untersuchungsziel und Verwendungszweck mögliche offene Fragen? Diese Phase ist eine typische Brainstormingphase: Mögliche Leitfragen sammeln, ohne sie sogleich zu bewerten.

Es gibt unterschiedliche Möglichkeiten, Leitfragen zu formulieren.

- *Einstiegsleitfragen:* Die Einstiegsfrage hat die Aufgabe, den Interviewpartner zum Thema hinzuführen. Sie muss damit für den Gesprächspartner leicht und unproblematisch zu beantworten sein, soll aber zugleich zum Thema führen. Der Interviewpartner bekommt dadurch Zeit, sich auf das Thema einzustellen und sich »warm zu reden«. Mögliche Einstiegsfragen können sein:
  - Frage nach dem Aufgabenbereich des Betreffenden.
  - Frage nach seinem Werdegang im Unternehmen.
  - Frage nach dem Aufbau des Unternehmens und so weiter.
  - Freies Assoziieren: »Was fällt Ihnen spontan zu diesem Thema ein?« Dabei nennt der Interviewpartner diejenigen Begriffe, die ihm spontan zu dem Thema einfallen – der Interviewer erhält einen ersten Überblick über das Konstruktsystem.
- *Skalierungsfragen:* Die zweite Frage in obigem Beispiel ist eine Skalierungsfrage: Ein Sachverhalt (das Werk, das Team, das letzte Seminar, die Personalabteilung und so weiter) wird zum Beispiel auf einer Skala zwischen 0 und 100 (oder 1 bis 5) eingeschätzt: »Wie erfolgreich ist auf einer Skala von 0 bis 100 aus Ihrer Sicht das Werk?«, »Wie erfolgreich auf der Skala von 0 bis 100 war die letzte Teamsitzung?«, »Wie beurteilen Sie die Fortbildung zwischen 0 und 100?« Dabei kommt es im Grunde nicht auf die genaue Zahl an, sondern auf die daran anschließende offene Frage: »Bei einer Einschätzung von 60: Was sind aus Ihrer Sicht Stärken des Werkes, was sind Schwachstellen?«
- *Dissoziierte Fragen:* Wenn man einen Abteilungsleiter direkt fragt, wo er Schwachstellen innerhalb seiner Abteilung sieht, ist häufig mit Widerstand zu rechnen. Der Betreffende will nicht zugeben, dass es in seiner Abteilung solche Schwachstellen gibt. Hier fällt es leichter, »dissoziiert«, das heißt nach anderen Personen oder anderen Bereichen zu fragen: »Was für Schwachstellen bestehen in anderen Bereichen?« Unter der Hand wird dabei in der Regel (auch) das genannt, was für den Betreffenden selbst wichtig, aber bei direktem Nachfragen nicht zugänglich ist. Entsprechend ist es manchmal günstiger, Schwierigkeiten von anderen Kollegen in einer ähnlichen Position zu erfragen, als eigene Schwierigkeiten zu erheben.
- *Zirkuläre Fragen:* Zirkuläre Fragen sind eine besondere Form dissoziierter Fragen. Der Interviewpartner wird nach der Einschätzung anderer Personen gefragt: »Was meinen Sie, was würden Ihre Mitarbeiter als Stärken und Schwächen des Teams nennen?«
- *Nach vergangenen Situationen fragen:* Gefragt wird zum Beispiel, was früher Schwachstellen waren: »Gab es Schwierigkeiten, die Sie in Ihrer Anfangsphase als Abteilungsleiterin hatten?« Eine solche Frage unterstellt, dass diese Schwachstellen inzwischen beseitigt wurden. Dies kann man noch durch eine weitere Leitfrage »Was hat Ihnen geholfen, mit diesen Schwierigkeiten zurechtzukommen?« unterstützen.
- *Nach zukünftigen Situationen fragen:* Ebenso kann man nach möglichen zukünftigen Entwicklungen fragen, etwa »Wie könnte die Abteilung in einem Jahr ausschauen? Was wäre dabei die günstigste, was die ungünstigste Entwicklung?«

- *Die Geschichte zu einem Thema erzählen lassen:* In Anlehnung an das Vorgehen im narrativen Interview lässt man den Interviewpartner eine Geschichte erzählen. Das mag die Geschichte des Berufseinstiegs im Unternehmen sein (wenn es zum Beispiel darum geht, Schwachstellen in der Einarbeitung von neuen Mitarbeitern zu erfassen) oder die Geschichte der Veränderungen, die die Abteilung in den letzten Jahren durchlaufen hat. Aufgabe des Interviewers ist es, das »Thema« der Geschichte sowie Anfangs- und Endpunkt zu definieren: »Erzählen Sie Ihre Geschichte hier in diesem Unternehmen, von der Zeit, als Sie anfingen, bis heute!«, »Könnten Sie erzählen, wie sich die Abteilung in den letzten Jahren verändert hat? Vielleicht fangen Sie zu dem Zeitpunkt an, als Sie in diese Abteilung kamen!«
Im Verlauf des Interviews gilt es dann, den Gedankengang möglichst wenig zu unterbrechen, das heißt zuzuhören, zu nicken und zum Weiterreden zu ermutigen. Wenn Brüche oder Unklarheiten auftreten, kann dies als neue Geschichte definiert werden. Wenn zum Beispiel der Gesprächspartner erwähnt, dass sich das Klima in der Abteilung verschlechtert hat, so wäre dafür als neue Geschichte zu bestimmen: »Und wie kam es dazu, dass sich das Klima verschlechterte?«

- *Vergleichsfragen:* Vergleichsfragen stellen eine sehr effektive Möglichkeit dar, das jeweilige Konstruktsystem zu erfassen. Verglichen werden können dabei zwei Vorgesetzte (ein guter und ein schlechter), zwei Projektteams (ein erfolgreiches und ein weniger erfolgreiches), zwei verschiedene Unternehmen, zwei Situationen (die Abteilung vor einem Jahr und jetzt): »Erinnern Sie sich an zwei unterschiedliche Vorgesetzte, die Sie hatten!«, »Vergleichen Sie ein gutes Führungskräftetraining mit einem, das Sie weniger gut fanden!«

- *Erfragen von Metaphern:* Dies ist eine Variante zum freien Assoziieren: »Nennen Sie eine Metapher, die Ihnen spontan zu Ihrem Team einfällt: Das Team ist wie ein …« Auch hier wird das analoge Wissen aktualisiert: »Das Team ist wie ein müder Lastesel.« Entscheidend ist dann (denken Sie an die Hinweise zu analogen Verfahren im Beratungsprozess), wieder die Eigenschaften der Metapher zu übersetzen: »Was trägt das Team? Was heißt müde in Bezug auf das Team?«. Damit lassen sich verdeckte Bedeutungen leicht aufdecken. Entsprechend könnte man einen Interviewpartner auch ein Symbol für das Team suchen lassen und anhand dieses Symbols die Bedeutung erfragen.

- *Lautes Denken:* Unter der Bezeichnung »Lautes Denken« oder »Selbstkonfrontationsinterview« wurde dieses Verfahren ursprünglich in den 1980er-Jahren zur Erforschung subjektiver Theorien von Lehrern eingesetzt (z.B. Weidle/Wagner 1994): Eine reale Situation wird auf Video aufgenommen und dem Interviewpartner vorgeführt. Dieser stoppt die Videoaufzeichnung an den für ihn relevanten Stellen (gegebenenfalls kann auch der Interviewer unterbrechen) und erzählt dann, was ihm in dieser Situation »durch den Sinn« gegangen ist. Entsprechend lassen sich aber auch subjektive Strategien in Konferenzen oder im Umgang mit neuen Technologien erheben. Oder man legt dem Interviewpartner das Leitbild des Werkes vor und erhebt die subjektive Sicht zu jedem einzelnen Satz: »Wir übernehmen Verantwortung: Was geht Ihnen zu diesem Satz des Leitbilds durch den Kopf?«

● *Visualisierungsmethoden im Rahmen von Interviews:* Das klassische Visualisierungsverfahren im Rahmen von Interviews ist die von Norbert Groeben, Brigitte Scheele und Hans-Dietrich Dann in den 1980er-Jahren entwickelte Struktur-Lege-Technik (Scheele 1992). Es werden die für einen Themenbereich wichtigen Konstrukte erfragt, und der Interviewpartner wird dann aufgefordert, die zentralen Begriffe als Kärtchen auf einer Fläche anzuordnen, wobei die Relationen zwischen Begriffen (zum Beispiel »wenn – dann«, und »Voraussetzung für«) durch zusätzliche Symbole dargestellt werden. Damit kann ein relativ umfassendes Konstruktsystem deutlich gemacht werden. Entsprechend lassen sich auch andere Visualisierungsmethoden im Rahmen von Interviews einbinden, wobei die Spannweite über die Visualisierung von Regelkreisen, Einbindung von Elementen aus der Moderationsmethode, Mindmapping, bis zur Darstellung von Lebenslinien zum Beispiel von Selbsthilfegruppen reicht.

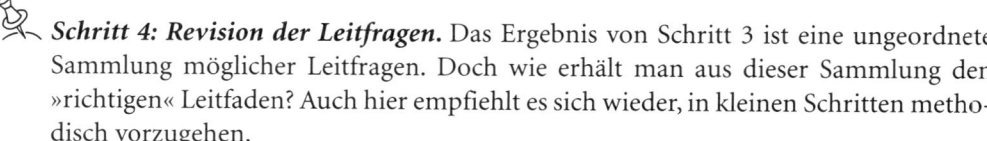

Schritt 4: Revision der Leitfragen. Das Ergebnis von Schritt 3 ist eine ungeordnete Sammlung möglicher Leitfragen. Doch wie erhält man aus dieser Sammlung den »richtigen« Leitfaden? Auch hier empfiehlt es sich wieder, in kleinen Schritten methodisch vorzugehen.

● *Auswahl geeigneter Leitfragen.* Die Auswahl geeigneter Leitfragen erfolgt im Blick auf Untersuchungsziel beziehungsweise Verwendungszweck sowie im Blick auf die jeweilige Zielgruppe. Zweckmäßig fängt man mit einer »Zelle«, das heißt einer Gruppe innerhalb der Stichprobe an. Bei unserem Beispiel etwa mit den Führungskräften im Unternehmen. Welche Fragen sind für diese Gruppe im Blick auf Untersuchungsziel und Verwendungszweck geeignet? Eine Einstiegsleitfrage »Erzählen Sie etwas über ihren beruflichen Werdegang« wäre im Rahmen einer Organisationsanalyse eines Werkes offensichtlich wenig geeignet. Sie lenkt die Gedanken in eine andere Richtung. Hilfreich ist es, sich selbst in die Situation des Interviewpartners zu versetzen: Wie würde ich auf diese Frage antworten? Könnte ich überhaupt darauf antworten?
● *Formulierung der Leitfragen überprüfen.* Leitfragen sollten klar, knapp, eindeutig formuliert sein, jedoch zugleich Raum geben, die eigenen Ansichten zu entwickeln. Also: Ist die Leitfrage für den Interviewpartner verständlich? Ist sie eindeutig? Ist sie offen genug?
● *Reihenfolge der Leitfragen festlegen.* Durch Leitfragen bedingte Sprünge führen dazu, dass der Gedankengang des Interviewpartners unterbrochen wird. So wäre es ein Bruch, nach einer Einstiegsleitfrage über die eigenen Aufgaben unmittelbar nach Stärken und Schwächen des gesamten Unternehmens zu fragen und erst danach wieder auf den eigenen Arbeitsbereich zurückzugehen. Für den Interviewpartner muss ein roter Faden erkennbar sein.
● *Nachfragekategorien festlegen.* Leitfragen werden so offen formuliert, dass sie dem Gesprächspartner die Möglichkeit geben, frei seine eigene Sichtweise zu erzählen. Nachfragekategorien lassen sich aus früheren Erhebungen, aufgrund der eigenen

Erfahrung oder auch aus theoretischen Konzepten wie Organisationstheorie, Kommunikationstheorie, Führungstheorie und so weiter gewinnen. So könnten zum Beispiel für eine Organisationsanalyse folgende Nachfragekategorien hilfreich sein:

– Strategie
– Prozesse
– Technik
– Mitarbeiter
– Führung
– Kommunikation
– Zusammenarbeit

Nachfragekategorien können den Blick weiten, können aber auch die Aufmerksamkeit des Gesprächspartners auf Bereiche lenken, die für ihn im Grunde keine Rolle spielen. So kann es zum Beispiel sein, dass der Gesprächspartner bei Nachfrage die Wichtigkeit kooperativer Führung betont (»natürlich ist kooperative Führung wichtig«), ohne dass dies seiner tatsächlichen Einstellung entspricht. Nach dem »Kriterium sozialer Erwünschtheit« spricht er das an, was seiner Meinung nach von ihm erwartet wird. Deshalb: Erst offen fragen (damit der Gesprächspartner das erwähnen kann, was für ihn wichtig ist), dann mögliche Nachfragekategorien ansprechen, aber immer offen lassen, ob der Gesprächspartner dazu etwas sagen möchte oder nicht.

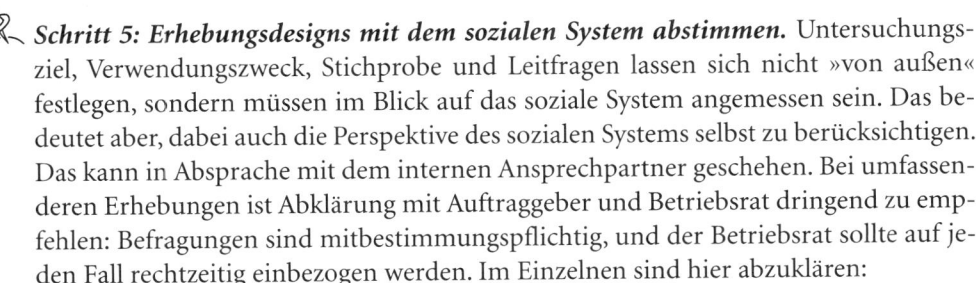 *Schritt 5: Erhebungsdesigns mit dem sozialen System abstimmen.* Untersuchungsziel, Verwendungszweck, Stichprobe und Leitfragen lassen sich nicht »von außen« festlegen, sondern müssen im Blick auf das soziale System angemessen sein. Das bedeutet aber, dabei auch die Perspektive des sozialen Systems selbst zu berücksichtigen. Das kann in Absprache mit dem internen Ansprechpartner geschehen. Bei umfassenderen Erhebungen ist Abklärung mit Auftraggeber und Betriebsrat dringend zu empfehlen: Befragungen sind mitbestimmungspflichtig, und der Betriebsrat sollte auf jeden Fall rechtzeitig einbezogen werden. Im Einzelnen sind hier abzuklären:

● *Abstimmung von Untersuchungsziel und Verwendungszweck:* Trifft das Untersuchungsziel das, was der Auftraggeber haben möchte? Kann sich der Betriebsrat darauf einlassen?
● *Festlegung der Stichprobe:* Insbesondere das namentliche Festlegen der Interviewpartner ist nur im gemeinsamen Gespräch möglich: Kann die ins Auge gefasste Interviewpartnerin zu diesem Thema etwas sagen? Bilden die Interviewpartner eine gesunde Mischung aus kritischen und positiv eingestellten Personen?
● *Wie werden die Interviewpartner informiert:* Information der Interviewpartner ist eine Aufgabe, die nicht von außen, sondern nur »aus dem System«, das heißt von der jeweiligen Führungskraft oder dem Werkleiter oder der Mitarbeiterin der Personalabteilung erfolgen kann. Wie wird informiert? Werden die einzelnen Inter-

viewpartner angeschrieben oder persönlich (telefonisch) informiert? Wie wird die zuständige Führungskraft darüber informiert, dass in ihrem Bereich Interviews geführt werden?

- *Sind die Leitfragen aus Sicht des sozialen Systems plausibel:* Können die Interviewpartner mit dieser Formulierung etwas anfangen? Gibt es aus Sicht des Betriebsrats Bedenken gegenüber der einen oder anderen Leitfrage?

Schließlich muss die Verwendung der Daten geklärt werden:

- Wie lässt sich die Anonymität sichern – oder lassen sich (zum Beispiel bei einer Teambefragung) alle Teammitglieder darauf ein, dass erkennbar ist, von wem die Aussagen stammen?
- In welcher Reihenfolge wird wie über die Ergebnisse informiert? Auch das ist im Vorfeld abzuklären. Hilfreich ist Information nach dem Grad der Betroffenheit: Wenn sich ein wesentlicher Teil der Kritik gegen den Werkleiter richtet, muss er die Möglichkeit haben, sich gedanklich darauf einzustellen, anstatt bei einer Präsentation im Managementteam davon überrollt zu werden. Ein Teamleiter sollte als Erster die kritische Einschätzung des Teams erfahren, erst dann die anderen Teammitglieder.
- Wie werden die Interviewpartner über die Ergebnisse informiert? Sie tun im Interview etwas »für« die Organisation: Sie opfern Zeit, bringen Ideen ein. Sie haben ein Recht, informiert zu werden – ob in einer Präsentation durch die Beraterin, die die Interviews geführt hat, oder durch den Vorgesetzten, hier gibt es unterschiedliche Möglichkeiten.
- Wie werden die Ergebnisse in die Organisation kommuniziert? Häufig besteht ja bei Befragungen die Befürchtung, dass Ergebnisse versanden. Wichtig ist demgegenüber die Botschaft: das ist das Ergebnis, und das sind die Konsequenzen, die wir daraus ziehen. Ob das im Rahmen einer Mitarbeiterversammlung, durch die jeweilige Führungskraft, durch Information in der Unternehmenszeitschrift oder auf andere Weise geschieht, ist zu diskutieren.

Schließlich: Leitfragen müssen in ein oder zwei Probe-Interviews zuvor getestet werden. Oft stellt man erst im Verlauf eines solchen Probe-Interviews fest, dass eine Leitfrage vom Gesprächspartner anders verstanden wird oder in eine falsche Richtung führt, und hat damit die Möglichkeit, Leitfragen nochmals zu überprüfen.

Die Durchführungsphase des Interviews

Im Interview will der Interviewer etwas wissen. Ein Interview ist somit kein alltägliches Gespräch, wo beide Gesprächspartner erzählen, sondern es ist durch eine bestimmte »Definition der Situation« gekennzeichnet. Eine Situation als Interview definieren bedeutet, ein bestimmtes soziales System (das System Interviewer – Interviewpartner) zu schaffen und Regeln festzulegen, die die Interaktion in diesem System und damit den Verlauf des Gesprächs steuern: Der Interviewer hat das Recht, Fragen zu stellen – der Interviewpartner ist bereit, auf diese Fragen zu antworten. Interview und Beratung sind somit durch eine unterschiedliche Definition der Situation gekennzeichnet:

- Im Beratungsgespräch ist es die Klientin, die ein Problem lösen möchte und dazu Unterstützung von der Beraterin bekommt.
- Im Interview ist es die Interviewerin, die etwas wissen möchte, und die Interviewpartnerin unterstützt gleichsam die Interviewerin, indem sie ihr Wissen und ihre Kenntnis mitteilt.

Trotzdem gibt es Gemeinsamkeiten zwischen Interview und Beratungsgespräch. So finden sich drei der vier Phasen des Beratungsgesprächs auch im Interview wieder: Es gibt eine Orientierungsphase, eine Erhebungsphase, die der Klärungsphase im Beratungsgespräch entspricht, sowie eine (in der Regel kürzere) Abschlussphase.

 Phase 1: Orientierungsphase. Stellen Sie sich vor, jemand kommt auf Sie zu und will Informationen über Ihre Abteilung. Vermutlich sind Sie erst misstrauisch: Wer will das wissen? Was will er wissen? Warum will er es wissen? Das heißt, der Interviewpartner benötigt zunächst einmal Orientierung. Eben das ist Aufgabe der Orientierungsphase. Es geht darum, das System Interviewer – Interviewpartner zu etablieren und über Ziel und Verwendungszweck zu informieren. Daraus ergeben sich folgende Schritte:

- *Sich innerlich auf das Interview einstellen.* Die Definition der Situation als Interview beginnt bei der Einstellung des Interviewers: Der Gesprächspartner spürt sehr schnell, ob der Interviewer tatsächlich an ihm interessiert ist oder ob er nur möglichst schnell bestimmte Fragen »abhaken« möchte. Diese Einstellung bestimmt die Beziehungsbotschaften, die ein Interviewer unbewusst sendet. Konkret heißt das: Sich Zeit nehmen, um sich auf das Interview vorzubereiten: Untersuchungsziel, Verwendungszweck und die Leitfaden nochmals durchlesen, sich aus dem Tagesgeschäft lösen. Und: Sich innerlich auf die Interviewsituation einstellen: »Mich interessiert jetzt Ihre Sichtweise zu diesem Thema.« Denken Sie daran: Es geht darum, die subjektive Sicht des Interviewpartners zu erfassen, dabei ist er der einzig kompetente Fachmann zu einem dem Interviewer ansonsten unzugänglichen Thema.
- *Das äußere Umfeld vorbereiten.* Wenn das Interview am Arbeitsplatz, eventuell noch unterbrochen von Telefongesprächen, durchgeführt wird, dann wird der Interviewpartner daraus negative Beziehungsbotschaften hören: »Sie sind mir nicht so wichtig, dass ich mir bei der Wahl des Raumes besondere Mühe mache!« Andererseits signalisiert ein ruhiges, ungestörtes Besprechungszimmer: »Sie sind mir wichtig.«

- *Kontakt zum Interviewpartner aufbauen.* Interviewer und Interviewpartner brauchen Zeit, sich aufeinander einzustellen. Für den Interviewer heißt das, sich und dem Gesprächspartner dafür Zeit lassen und nicht gleich mit der Tür ins Haus fallen.
  - Die passende Sitzposition wählen: Stimmt der räumliche Abstand zum Gesprächspartner? Stimmt die Richtung (nicht konfrontierend gegenüber, sondern etwas schräg hinsetzen)? Wie ist die Körperhaltung des Gesprächspartners? Ist meine Körperhaltung in Bezug darauf stimmig?
  - Dem Gesprächspartner danken, dass er gekommen ist: Der Gesprächspartner tut etwas für Sie und das Unternehmen, indem er Ihnen Informationen gibt.
  - Vielleicht etwas Small Talk zum Beispiel über die Einrichtung des Büros, über Fotos seiner Kinder, die der Gesprächspartner auf dem Schreibtisch hat.
  - Sich vorstellen: Der Interviewpartner will wissen, wer die Interviewerin ist. Ist es eine Mitarbeiterin des eigenen Unternehmens? Wurde sie vom Vorstand geschickt? Ist sie eine externe Beraterin? Auf diese Fragen benötigt er eine Antwort: Sich als Interviewerin vorstellen, einige Sätze über die eigene Position in der Organisation oder als externe Beraterin, über ihre Erfahrungen.
- *Ziel und Verwendungszweck des Interviews verdeutlichen.* Nur wenn dem Interviewpartner klar ist, worum es in diesem Gespräch geht und wozu es dient, wird er bereit sein, tatsächlich Informationen zu geben. Das heißt für die Interviewerin, sozusagen eine inhaltliche Einführung zu geben.
  - Wie sind die Interviews zustande gekommen: Handelt es sich um einen Auftrag in Verbindung mit einem Teamentwicklungsprozess oder um inoffizielle Interviews als Vorbereitung für ein neues Seminar?
  - Was ist das Untersuchungsziel: Was will ich als Interviewerin vom Gesprächspartner wissen?
  - Was ist der Verwendungszweck: Wozu werden die Daten erhoben? Soll auf dieser Basis ein Teamentwicklungsworkshop geplant oder ein neues Seminarkonzept entwickelt werden?
- *Weitere Punkte klären:*
  - Wie wird die Anonymität der Daten gesichert? Zum Beispiel dadurch, dass die Interviews extern ausgewertet werden? Ist überhaupt die Anonymität gesichert?
  - Wem werden die Daten präsentiert?
  - Wie werden die Interviewpartner über die Ergebnisse informiert?
  - Was geschieht anschließend mit den Daten? Interviews (beziehungsweise allgemein Befragungen) wecken Erwartungen, dass dann etwas geschieht. Als Interviewer kann man sicherlich die Umsetzung der Ergebnisse nicht garantieren (das ist eine Entscheidung des Auftraggebers), man kann aber garantieren, dass man die Daten unverzerrt weitergibt und Anstöße für den weiteren Prozess gibt. Auch das ist übrigens ein Punkt, der im Vorhinein mit dem Auftraggeber abzuklären ist.
  - Darf der Interviewer ein Tonband verwenden?

- *Die Orientierungsphase mit eindeutigen Kontrakten abschließen.* Kontrakte sind zu schließen über
  - die Definition der Situation als Interview, das heißt darüber, dass der Interviewer das Recht hat, Fragen zu stellen, und der Interviewpartner bereit ist, Fragen zu beantworten,
  - Untersuchungsziel und Verwendungszweck, das heißt darüber, dass der Interviewpartner zu diesem Thema interviewt wird,
  - Weitergabe und Verwendung der Daten,
  - Verwendung des Tonbands, Zeitrahmen und so weiter.

  Entscheidend ist, dass die Zustimmung des Interviewpartners zu diesen Kontrakten explizit erfolgt. Manchmal werden hier noch Bedenken geäußert, manchmal stimmt der Interviewpartner verbal zu, aber die Körpersprache drückt Ablehnung aus. Stimmt er hier wirklich zu? Bedenken des Interviewpartners müssen bearbeitet werden: Worauf genau beziehen sich diese Bedenken? Was kann getan werden, um diese Bedenken zu beseitigen?

 Phase 2: Erhebungsphase. Ziel der Erhebungsphase ist es, die Meinung des Interviewpartners zu einem bestimmten Thema zu erheben, das heißt, seine subjektiven Konstrukte, subjektiven Diagnosehypothesen, subjektiven Ziele sowie subjektiven Erklärungen und subjektiven Strategien zu erfassen. Dabei sind Leitfragen und Nachfragekategorien eine Hilfe, das Interview zu strukturieren.

Sinnvollerweise wird der Interviewpartner in dieser Phase zunächst frei seine subjektive Sicht zu der jeweiligen Leitfrage darstellen. Er muss mit dem jeweiligen Thema »warm« werden und sich darauf einstellen. Aufgabe des Interviewers in dieser freien Phase ist es, diesen Prozess durch Zuhören, Nicken, »hmhm« zu unterstützen.

Während es jedoch im Beratungsgespräch letztlich nicht darauf ankommt, dass der Berater die Sicht des Klienten versteht, ist es Ziel des Interviews zu verstehen, was der Gesprächspartner jeweils meint. Dabei kann der Interviewer nicht davon ausgehen, dass ihm die Konstruktion der Wirklichkeit des Interviewpartners von vornherein verständlich ist, sondern muss den Interviewpartner veranlassen, die von ihm verwendeten Konstrukte und damit auch die entsprechenden Diagnose- und Erklärungshypothesen sowie seine subjektiven Ziele und Strategien zu erläutern.

- *Fokussieren.* Um ein zunächst unbekanntes Konstrukt zu verstehen, ist es hilfreich, den Gesprächspartner eine konkrete Situation schildern (»fokussieren«) zu lassen: »Können Sie eine Situation schildern, in der deutlich wird, dass mit Ihrer Führungskraft schwer auszukommen ist?«
- *Erfragen verdeckter Informationen.* Mögliche Fragen bei einer Äußerung des Interviewpartners »man kann mit dem Vorgesetzten schwer auskommen« sind: »Was heißt für Sie, mit ihm schwer auskommen können?«, »Wer kann mit Ihrem Vorgesetzten schwer auskommen?«, »Was tut Ihr Vorgesetzter, dass man mit ihm schwer auskommen kann?«, »Was würden Sie sich von Ihrem Vorgesetzten wünschen, um mit ihm besser auskommen zu können?«

Aber: Beim Nachfragen das Ziel des Interviews im Auge behalten. Wenn im Rahmen einer Bildungsbedarfsanalyse der Interviewpartner davon spricht, dass seit einiger Zeit sich die Anforderungen an die Führungskräfte deutlich wandeln, dann muss man im Blick auf das Ziel nicht nachfragen, seit wann die sich gewandelt haben. Aber zu klären ist: Welche Anforderungen haben sich gewandelt? Welche Führungskräfte sind davon betroffen? Welche möglichen Bildungsmaßnahmen ergeben sich daraus?

● *Paraphrasieren und Strukturieren.* Paraphrasieren (widerspiegeln) bedeutet im Zusammenhang des Konstruktinterviews, sich als Interviewer zu vergewissern, dass man den Gesprächspartner richtig verstanden hat: »Heißt das, dass ein Vorgesetzter, der sich nicht von seiner Meinung abbringen lässt, einer wäre, mit dem schwer auszukommen ist?« »Bedeutet also ›schwer auskommen‹, mit ihm nicht gemeinsam über fachliche Fragen diskutieren können?«

Wichtig ist, dass die Widerspiegelung des Inhalts als Frage gemeint und auch so formuliert ist: »Heißt das, dass … ?«, »Verstehe ich Sie richtig, dass … ?« Nicht erforderlich ist, dass die Widerspiegelung tatsächlich genau das trifft, was der Gesprächspartner meint. Gegebenenfalls wird der Gesprächspartner von sich korrigieren: »Nein, nicht ganz …«

Strukturieren bedeutet, sich der Struktur einer Argumentation oder der Hauptpunkte zu einem Themenbereich zu vergewissern: »Habe ich Sie richtig verstanden, dass für Sie Kennzeichen einer guten Führungskraft ›fachlich etwas drauf haben‹, ›sagen, wo es langgeht‹ und ›gutes Verhalten zu Mitarbeitern‹ sind?«

Der Gesamtverlauf des Interviews ist somit durch die jeweiligen Leitfragen und Nachfragekategorien, durch freie Erzählphasen und gezieltes Nachfragen bestimmt.

 Phase 3: Abschlussphase. Die Abschlussphase ist bei Interviews in der Regel weniger aufwendig als bei Beratungsgesprächen. Drei Punkte sind hier zu beachten:

● Gibt es zu den Themen des Interviews (unabhängig von den Leitfragen) weitere Punkte, die der Gesprächspartner ergänzen möchte?

● Gibt es Kontrakte zwischen Interviewer und Gesprächspartner, die zu schließen oder nochmals abzusichern sind: etwa darüber, dass bestimmte Vorschläge weitergeleitet werden, dass der Interviewer sich dafür einsetzen wird, dass die befragten Mitarbeiter die gesamten Daten erhalten und so weiter.

● Dank an den Interviewpartner, dass er sich die Zeit genommen und seine Ideen eingebracht hat.

Inhaltsanalytische Auswertung

Denken Sie an das Beispiel der Stärken-Schwächen-Analyse eines Werkes zurück: 27 Interviews sind geführt, und es liegt eine Fülle von Daten vor. Doch was sind die

Kernaussagen? – Damit kommen wir zu dem oft gravierendsten Problem bei der Durchführung qualitativer Interviewverfahren: eine Fülle von Daten zu ordnen, zu komprimieren und die entscheidenden Ergebnisse zusammenzustellen.

Das im Folgenden dargestellte Vorgehen lehnt sich an die qualitative Inhaltsanalyse von Mayring an, die sich für den Einsatz in der Organisationsberatung gut bewährt hat. Es besteht aus folgenden Schritten:

Datenbasis festlegen. In aufwendigen Untersuchungen im Rahmen von Forschungsvorhaben wird häufig das gesamte Interview auf Tonband aufgenommen und verschriftlicht (transkribiert). Ein solches Vorgehen ist extrem zeitaufwendig und im Kontext von Organisationsberatung in der Regel nicht erforderlich. Man kann die Interviews auf Tonband aufnehmen und anschließend lediglich die relevanten Äußerungen transkribieren, um sie später als Belege benutzen zu können. Manchmal ist nur das Mitschreiben des Interviews möglich – sei es, dass der Interviewpartner keine Zustimmung zur Aufzeichnung gibt, sei es, dass keine Zeit zur Verschriftlichung zur Verfügung steht. Beim Mitschreiben besteht die Gefahr, dass zu viele Interpretationen des Interviewers einfließen. Daher gilt: Möglichst wörtlich aufschreiben, gegebenenfalls den Interviewpartner bitten, eine Äußerung zu wiederholen.

Relevante Textstellen kodieren. Die einzelnen Äußerungen müssen für die Auswertung kodiert werden. Das bedeutet im Einzelnen:

- *Relevante Textstellen identifizieren:* Im Blick auf Untersuchungsziel und Verwendungszweck werden nie alle Textstellen eines Interviews relevant sein. Da gibt es in der Orientierungsphase Nachfragen, oder der Interviewpartner schweift ab. Von daher ist die erste Frage: Enthält diese Textstelle relevante Informationen im Blick auf Untersuchungsziel und Verwendungszweck? Allerdings: Im Zweifelsfall lieber kodieren. Manchmal stellt sich erst im weiteren Verlauf heraus, dass ein bestimmter Abschnitt des Interviews relevant ist. Insgesamt ist es leichter, im Nachhinein irrelevante Äußerungen auszuscheiden, als mühsam anhand des Tonbands eine bestimmte Textstelle wieder zu suchen.
- *Möglichst kurze Kodiereinheiten wählen:* Kodiereinheit ist der kleinste Textbestandteil, der für sich ausgewertet werden kann. Grundsätzlich sollten Kodiereinheiten immer nur einen Kerngedanken enthalten, weil ansonsten die Zuordnung zu Kategorien unscharf ist.
- *Das Material sprachlich glätten:* Nicht inhaltstragende Bestandteile des Textes (»hm«, Wiederholungen innerhalb des Satzes und so weiter) können entfallen, ebenso können Sätze grammatikalisch geglättet werden.
- *Gegebenenfalls Kontextinformationen ergänzen,* die sich aus einer Leitfrage oder aus dem Kontext ergeben: »Viele Vorgesetzte haben Angst Kompetenz und Macht zu verlieren, weil sie etwas abgeben müssen.«

Als Beispiel seien einige Äußerungen aus einem Interview mit einem Abteilungsleiter aufgeführt:

IV-Nr.	Zelle	Kategorie	Äußerung
3	FK		*Warum soll ein Mitarbeiter seinem Meister noch vertrauen, wenn der versucht, seine Fehler zu vertuschen?*
3	FK		*Es müsste mehr Verantwortung runtergebrochen werden. Die Entscheidungswege sind manchmal überholt*
3	FK		*Das, was bei uns im Werk manchmal untergeht, ist das Menschliche*
3	FK		*Bei Besprechungen sind von sechs Leuten oft fünf gar nicht vorbereitet*
3	FK		Wir in unserem Produktionsteam ziehen an einem Strang, versuchen es zumindest

Die erste Spalte gibt die Nummer des Interviews an. Die zweite Spalte wurde eingefügt, um die Interviews der Führungskräfte und der Mitarbeiter getrennt auswerten zu können. Die Spalte 3 bleibt zunächst offen, sie dient dann der Zuordnung zu bestimmten Kategorien, Spalte 4 enthält die konkrete Äußerung.

 Kategoriensystem festlegen. Ergebnisse der Interviews müssen »strukturiert« werden: Einzelne Textäußerungen werden bestimmten Kategorien zugeordnet. Damit erweist sich die Bildung eines Kategoriensystems als der entscheidende Schritt für die Auswertung. Je sorgfältiger das Kategoriensystem festgelegt ist und je brauchbarer es ist, desto leichter fällt dann die weitere Auswertung.

Die Kategorienbildung wird umso schwieriger, je mehr Daten vorliegen. Von daher bietet sich an, als Basis für die Kategorienbildung nicht sämtliche, sondern zunächst nur zwei bis drei Interviews zu nehmen. Außerdem ist es meist wenig sinnvoll, sofort ein vollständiges Kategoriensystem zu bilden, bei dem sämtliche Äußerungen kategorisiert werden, sondern sich schrittweise vorzuarbeiten, indem man zunächst leichter fassbare Aussagen zusammenfasst und die entsprechenden Kategorien bildet, nicht sofort zuordenbare Äußerungen beiseite legt. In mehreren Runden (bei Heranziehung weiterer Interviews) werden dann die Kategorien erweitert oder auch wieder verworfen und verändert, bis sich ein brauchbares Kategoriensystem ergibt.

Wie Kategorien im Einzelnen festgelegt werden, dafür gibt es kein Patentrezept, sondern immer nur verschiedene Möglichkeiten:

- Eine erste Möglichkeit besteht darin, von den einzelnen Äußerungen auszugehen und »induktiv« Äußerungen mit derselben Thematik zusammenzufassen. Wenn Sie als Auswerter zwei Interviews einige Male durchlesen, erhalten Sie vermutlich schon einen ersten Eindruck, welche Themen hier angesprochen werden: das

Thema »Zusammenarbeit«, das Thema »menschlicher Umgang«, das Thema »Führung«. Eben daraus können die ersten Kategorien gebildet werden.

- Ein anderer Ansatz besteht darin, »deduktiv« aus theoretischen Konzepten Kategorien abzuleiten. So kann die in der Organisationstheorie geläufige Unterscheidung zwischen Aufbau- und Ablauforganisation eine Unterscheidung zwischen zwei Kategorien bilden. Entsprechend ließe sich die Unterscheidung zwischen verschiedenen Kompetenzbereichen (Fachkompetenz, Methodenkompetenz, Sozialkompetenz, Persönlichkeitskompetenz) als allgemeine Kategorien übernehmen.

- Manchmal ergeben sich Kategorien aus Leitfragen und Nachfragekategorien. Wenn zum Beispiel in einer Befragung als Vorbereitung für eine Seminarreihe folgende Leitfragen gestellt werden: »Was könnten Inhalte des Seminars sein?«, »Wie wünschen Sie sich den methodischen Ablauf?«, dann liegt es nahe, die Begriffe «Seminarinhalte« und »methodischer Ablauf« als Kategorien festzulegen.

- Die (zunächst naheliegende) Unterscheidung zwischen Stärken und Schwachstellen wäre als Gliederung für ein Kategoriensystem nur dann sinnvoll, wenn alle Interviewpartner bei dieser Bewertung übereinstimmen. Das ist aber eher die Ausnahme. Häufig wird zum Beispiel die Zusammenarbeit im Team von einigen positiv, von anderen negativ gesehen; oder ein Interviewpartner spricht sowohl positive als auch negative Punkte an. Hier ist eine thematische Gliederung sinnvoller: »Zusammenarbeit im Team« als Kategorie festzusetzen und innerhalb dieser Kategorie zwischen positiven und negativen Bewertungen zu unterscheiden.

Als Endergebnis entsteht in der Regel ein hierarchisch gegliedertes Kategoriensystem mit mehreren Ebenen von Ober- und Unterkategorien. Für das Thema »Informationsfluss« (hier als Kategorie 3 kodiert) könnte ein solches Kategoriensystem (es ist hier nur teilweise aufgeführt) etwa folgendermaßen ausschauen:

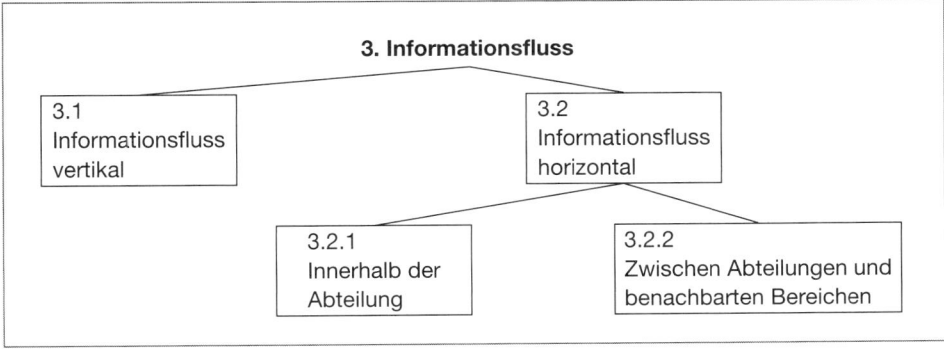

 Qualitative und quantitative Auswertung. In einem nächsten Schritt sind dann die einzelnen Äußerungen der jeweiligen Kategorie zuzuordnen. Bezogen auf obige Tabelle: Die Nummer der jeweiligen Kategorie wird in die Spalte 3 eingetragen, was dann die Möglichkeit gibt, mithilfe eines Sortierprogramms (Excel oder spezielle Programme zur inhaltsanalytischen Auswertung; vgl. Mayring 2003, S. 100ff.) eine nach

Kategorien gegliederte Gesamtauswertung zu erhalten. Dabei kann die Gesamtauswertung qualitativ und quantitativ erfolgen.

- *Qualitative Auswertung* bedeutet zu fragen, welche Auffassungen überhaupt vertreten werden: Welche Schwachpunkte des Teams werden genannt? Welche Lösungsvorschläge werden gegeben? Bei einer qualitativen Auswertung kommt es nicht auf die Zahl der Interviewpartner an: Eine Anregung kann wichtig sein, auch wenn sie nur von einer einzigen Interviewpartnerin genannt wurde.
- Bei der *quantitativen Auswertung* wird die Zahl der Interviewpartner genannt, die eine bestimmte Auffassung vertreten: Wie viele Interviewpartner sind der Auffassung, dass die Zusammenarbeit zwischen den Abteilungen ein Problem ist? Waren es zwei von fünfzehn Interviews oder waren es zehn? Quantitative Auswertungen ergeben Hinweise auf die Häufigkeit bestimmter Einschätzungen. Dabei empfiehlt es sich, die Häufigkeit in »Rohwerten« anzugeben, das heißt die Zahl derjenigen Interviewpartner zu nennen, die diese Auffassung vertreten haben: Von den befragten 27 Interviewpartnern sehen 18 den Informationsfluss zwischen Abteilungen als Problem an. Übrigens ist hierbei zu beachten, dass Interviews ein »nicht-reaktives« Messverfahren darstellen: Die Interviewpartner werden nicht nach dem Informationsfluss zwischen den Abteilungen gefragt, sondern sprechen das Thema an, wenn es aus ihrer Sicht relevant ist. Das bedeutet, dass die Zahl der Nennungen hierbei in der Regel geringer ist als bei direktem Nachfragen.
- In manchen Fällen ist es günstig, *typische Einzelinterviews* detailliert darzustellen. So ließe sich bei einer Befragung, wie Mitarbeiter das eigene Unternehmen sehen, das Interview eines »positiven Mitarbeiters« mit dem Interview eines »negativen« Mitarbeiters kontrastieren. Wenn man nach Kategorien gegliederte Ergebnisse der beiden Interviews einander gegenüberstellt, kann ein solches Verfahren der »Fallkontrastierung« (Gerhardt 1986, 86ff.; vgl. auch Bohnsack 2007, 139ff.) die Spannweite unterschiedlicher Auffassungen gut verdeutlichen.

Die Gesamtauswertung wird üblicherweise als Bericht oder als Präsentation dargestellt. Wichtig ist dabei die Anbindung an die Sprache der Interviewpartner: Für einen Bericht heißt das, die einzelnen Ergebnisse durch Zitate belegen, in einer Präsentation kann man sich auf eine Darstellung exemplarischer Zitate und die Angabe der Häufigkeiten beschränken.

Interpretation der Ergebnisse. Was sagen nun die Ergebnisse aus? Wo liegen die Schwerpunkte? An welche Konzepte kann man anknüpfen? Was sollte als Nächstes getan werden? Um diese Fragen zu beantworten, müssen die Ergebnisse abschließend interpretiert werden. Interpretation kann heißen:

- *Zusammenfassung der wichtigsten Ergebnisse.* In der Regel ergeben sich aus den Interviewdaten einige wenige zentrale Botschaften: »Besprechungen müssen optimiert werden«, »Führungskräfte können nicht coachen«. Diese zentralen Botschaften gilt es zu identifizieren. Basis dafür ist die Gesamtauswertung, die nunmehr in einer weiteren Runde nochmals durchgegangen wird: Was sind die drei bis sechs zentralen Botschaften, die sich im Blick auf Untersuchungsziel und Verwendungszweck aus der Auswertung ergeben?

- *Vergleich der Interviewergebnisse mit anderen Daten.* Wie weit stimmen die Interviewergebnisse zum Beispiel mit der vorhandenen Mitarbeiterbefragung oder mit anderen vorliegenden Daten überein?
- *Interpretation der Daten auf der Basis theoretischer Konzepte.* Wenn der fehlende menschliche Umgang von Führungskräften beklagt wird, so wird damit ein Thema angesprochen, das in der Literatur unter Begriffen wie »mitarbeiterorientierter Führungsstil« oder »Coachingfunktion von Führungskräften« behandelt wird. Oder lassen sich die Ergebnisse auf der Basis systemtheoretischer Überlegungen interpretieren? Allgemeiner formuliert: Lassen sich die Ergebnisse auf der Basis theoretischer Konzepte interpretieren?
- *Zentrale praktische Konsequenzen.* Hier wird abschließend nochmals die Verbindung zum Verwendungszweck der Untersuchung hergestellt: Was sind die zentralen Vorschläge zum Beispiel für einen Veränderungsprozess des Werkes, für die Gestaltung eines Bildungsprogramms, für einen Teamentwicklungsprozess? Wo sollte man ansetzen? Was wären die nächsten Schritte?

Die Interpretation der Ergebnisse ist zum einen eine Konzentrierung der Daten auf das Wesentliche, zum anderen auch Interpretation und damit stärker durch den Auswerter geprägt. Hier kommen seine Erfahrung mit vergleichbaren Prozessen und seine Expertenkompetenz zum Tragen. Hilfreich ist, das auch transparent zu machen: Was ergibt sich aus den Daten, wo fließen die Interpretation des Auswerters und sein theoretisches Wissen mit ein?

Fragebogen

Neben dem Interview ist der Fragebogen das zweite klassische Instrument im Rahmen der empirischen Sozialforschung. Dabei kommt im Fragebogen im Unterschied zum Interview die Perspektive des externen Beobachters zum Tragen: Er gibt Themen (Konstrukte) vor, stellt Hypothesen auf (zum Beispiel über den Zusammenhang von Anerkennung und Leistung) und formuliert im Blick darauf Items (Aussagen oder Fragen), mit deren Hilfe die Hypothesen überprüft werden sollen.

Das Vorgehen bei der Fragebogenkonstruktion entspricht in den Grundzügen dem Vorgehen beim Interview.

 Schritt 1: Festlegung von Untersuchungsziel und Verwendungszweck. Das Festlegen von Untersuchungsziel und Verwendungszweck ist der erste und entscheidende Schritt: Was soll erhoben und wozu sollen die Daten verwendet werden? Untersuchungsziel und Verwendungszweck bilden das Kriterium, das darüber entscheidet,

welche Items (Aussagen oder Fragen des Fragebogens) relevant sind – allerdings ein Kriterium, das meist in der Literatur überhaupt nicht aufgeführt wird (so z.B. Mummendey 2003, 53f.)

 Schritt 2: Festlegung von Grundgesamtheit und Stichprobe. Die Grundgesamtheit oder Population wird definiert als »die Gesamtmenge aller N Beobachtungseinheiten, über die Aussagen getroffen werden sollen«. Grundgesamtheit können alle Teammitglieder, alle Mitarbeiter des Werks, alle Führungskräfte, aber auch alle in den letzten drei Jahren durchgeführten Fortbildungen sein. Man kann eine Vollbefragung durchführen. Oder man befragt eine Stichprobe, somit nur einen Teil der Personen aus der Grundgesamtheit. Dabei sollte die Stichprobe »repräsentativ« sein, also in der Zusammensetzung der Grundgesamtheit möglichst ähneln.

 Schritt 3: Itemsammlung. Items sind die Aussagen oder Fragen des Fragebogens. Doch was sind mögliche Items? Hier gilt der bereits erwähnte Grundsatz, die Itemsammlung aus der Perspektive des sozialen Systems vorzunehmen. Also nicht sich als externer Beobachter an den Schreibtisch setzen und mögliche Items überlegen, sondern das soziale System befragen, was aus seiner Sicht wichtige Themen sind. Konkret bedeutet das:

- Basis der Itemsammlung können vorliegende qualitative Interviews sein, die man dann im Blick auf wichtige Themen und mögliche Formulierungen durchgeht: Die Äußerungen der Interviewpartner geben häufig wichtige Hinweise zur Itemformulierung.
- Man führt als Vorstudie eigene Interviews durch.
- Oder man erarbeitet mit dem betreffenden sozialen System relevante Themen im Rahmen von Gruppendiskussionen, wobei sich auch bereits hier mögliche Fragen formulieren lassen. Der Rückgriff auf andere Fragebogen kann dann später als Formulierungshilfe dienen, weniger als inhaltliche Quelle.

Grundsätzlich gelten für die Itemsammlung die klassischen Brainstormingregeln: in einem ersten Schritt mögliche Themen oder Items ohne Bewertung zusammenstellen.

 Schritt 4: Itemrevision. In einer zweiten Runde sind die endgültigen Items festzulegen sowie auf ihre Formulierung hin zu überprüfen: Welche Items sind geeignet? Sind die Items verständlich? Sind die Sätze nicht zu kompliziert? Sind Items suggestiv formuliert? Im Einzelnen stellen sich hier folgende Fragen:

- *Welche Items werden endgültig in den Fragebogen übernommen?* Kriterien für die Auswahl sind Untersuchungsziel beziehungsweise Verwendungszweck und die befragte Zielgruppe: Welche Items sind im Blick auf Untersuchungsziel und Verwendungszweck wichtig? Welche Items sind für die Zielgruppe passend?

- *Werden die Items als Frage oder als Aussage (Statement) formuliert?* Aussagen führen häufig dazu, dass eigene Einstellungen und Meinungen deutlicher erfasst werden als bei Fragen: »Ich kriege von meinem Vorgesetzten die Informationen, die ich für meine Arbeit brauche« zwingt die befragte Person zu einer eindeutigeren Stellungnahme als die Frage »Kriegen Sie von Ihrem Vorgesetzten die Informationen, die Sie für Ihre Arbeit brauchen?«. Für die Erhebung konkreter Sachverhalte oder auch Bewertungen sind demgegenüber oft Fragen geeigneter.

- *Sind die verwendeten Begriffe für die befragten Personen eindeutig und verständlich?* Eine Frage »Wie beurteilen Sie die Interdependenz zwischen Führung und Zusammenarbeit?« ist wenig aussagekräftig, weil kaum ein Befragter verstehen wird, was »Interdependenz« in diesem Zusammenhang bedeutet. Von daher: verständliche Begriffe wählen!

- *Ist der Satzbau verständlich?* Items sollen knapp und einfach formuliert sein und jeweils nur einen einzigen Gedanken enthalten. Doppelte Verneinungen sind ebenso problematisch wie komplizierte Sätze mit Über- und Unterordnung: »Um den Anwendungsbezug der betrieblichen Weiterbildung nicht aus dem Blick zu verlieren, muss die betriebliche Weiterbildung nicht mittels Theorien erweitert werden«: Was bedeutet es, wenn Sie hier ankreuzen, »stimme nicht zu«?

- *Begünstigen einzelne Items als Antworttendenz »soziale Erwünschtheit«:* Auf die Frage »Wie wichtig ist für Sie als Führungskraft ganzheitliches Denken« werden mit hoher Wahrscheinlichkeit die meisten Befragten mit »sehr wichtig« oder »wichtig« antworten – was aber nichts über ihre tatsächliche Einstellung aussagt, sondern daraus resultiert, dass »ganzheitliches Denken« allgemein als positiv gesehen wird, das heißt sozial erwünscht ist.

- *Ist der Antwortbezug eindeutig:* Wird die Aussage »Von meinem Vorgesetzten hole ich mir häufig Rat bei persönlichen Problemen« mit nein beantwortet, lässt sich diese Antwort nicht eindeutig interpretieren: Holt sich der Betreffende keinen Rat, weil er keine persönlichen Probleme hat, oder liegt es am Verhalten der Führungskraft, dass er sie nicht anspricht? Also umformulieren: »Bei persönlichen Problemen kann ich mir Rat von meiner Führungskraft holen.«

Schritt 5: Definition der Antwortformate. Das Antwortformat legt fest, wie die befragten Personen auf ein Item antworten sollen: Sollen sie auf eine offene Frage frei antworten oder zwischen verschiedenen möglichen Antworten wählen, eine Äußerung bewerten? Die meisten Fragebogen verwenden geschlossene Fragen, was die Auswertung erleichtert und die Objektivität bei der Auswertung erhöht. Geschlossene Fragen geben mögliche Antworten vor, wobei unterschiedliche »Skalenniveaus« angesetzt werden können.

- *Nominalskala:* Hier werden die Antworten verschiedenen Begriffen (Klassen) zugeordnet. Die einfachste Nominalskala ist »ja/nein«, eine andere Form sind Auswahlantworten:

An welchen der folgenden Fortbildungsveranstaltungen haben Sie in den letzten zwölf Monaten teilgenommen

○ Projektmanagement I

○ Projektmanagement II

○ Systemisches Projektmanagement

○ Ich habe an keiner dieser Veranstaltungen teilgenommen

- *Ordinalskala:* Hier werden mehr als zwei Antwortkategorien vorgegeben, die die befragte Person in eine Rangordnung bringen soll. Möglichkeiten sind:
  - Rangordnung in Bezug auf die Zustimmung wie: »trifft nicht zu, trifft ansatzweise zu, trifft zum Teil zu, trifft im Wesentlichen zu, trifft vollständig zu«.
  - Rangordnung in Bezug auf Häufigkeiten: »nie, selten, häufiger, meistens, immer«.
  - Verschiedene Auswahlmöglichkeiten sollen in eine Rangordnung gebracht werden. So lassen sich zum Beispiel die unterschiedlichen Erwartungen an eine Führungskraft in eine Rangordnung bringen: »Kennzeichnen Sie bitte den für Sie wichtigsten Punkt mit (1), den zweitwichtigsten mit (2), den nächsten mit (3) und so weiter!«

  Man kann auch die einzelnen Kategorien durch Zahlen kennzeichnen (−3 bis +3 oder 0 bis 5) oder verbale Bezeichnung und Zahlen kombinieren.

  Es gibt Argumente ebenso für eine ungerade wie für eine gerade Anzahl der Kategorien: Eine gerade Anzahl (zum Beispiel 1 bis 6) zwingt die befragte Person, sich zu entscheiden. Andererseits gibt es durchaus Situationen, wo ein »teils-teils« angemessen ist, was nur eine ungerade Anzahl adäquat wiedergibt. Manchmal wählt man eine 6er-Skala und fasst jeweils zwei Kategorien für die Auswertung zusammen: Die befragte Person wird gezwungen, sich zu entscheiden, andererseits werden die Ergebnisse zu einem Mittelbereich zusammengefasst.
- *Intervall- und Relationsskala:* Während bei einer Ordinalskala die Abstände zwischen den einzelnen Kategorien nicht fest definiert sind (der Abstand zwischen +2 und +3 kann für verschiedene Personen unterschiedlich sein), sind bei der Intervallskala die Unterschiede zwischen den Kategorien gleich groß; bei der Relationsskala ist zusätzlich ein fester Nullpunkt definiert. Gebräuchliche Beispiele für Intervall- beziehungsweise Ratioskalen sind Häufigkeit und Dauer: Wie viele E-Mails erhalten Sie durchschnittlich am Tag? Wie lange dauern Teambesprechungen durchschnittlich?
- *Offene Fragen innerhalb des Fragebogens:* Nicht selten erhält man durch offene Fragen über die geschlossenen Fragen hinaus noch Hinweise auf zusätzliche, nicht erwartete Themen. Allerdings müssen diese offenen Fragen dann eigens inhaltsanalytisch ausgewertet werden.

Schritt 6: Aufbau des Fragebogens. In welcher Reihenfolge werden die Fragen angeordnet? Während man bei der Konstruktion von Tests in der Regel versucht, einzelne Fragen zufällig anzuordnen, kann ein Fragebogen im Rahmen eines Organisationsberatungsprozesses auch thematisch gegliedert sein. Für die Grobstruktur ist zu beachten, dass der Eingangsteil für die befragte Person anregend sein sollte (um ihn zum weiteren Lesen und Ausfüllen zu veranlassen), während am Schluss die Konzentration nachlässt, was leicht zu beantwortende, kürzere Items nahelegt. Zu überlegen ist auch noch die einleitende Instruktion, die Untersuchungsziel und Verwendungszweck deutlich machen und Anonymität zusichern muss – nur so können das Interesse am Ausfüllen geweckt und mögliche Widerstände ausgeräumt werden.

 Schritt 7: Abstimmung des Fragebogens mit dem sozialen System. Im Rahmen der Testkonstruktion werden häufig umfangreiche Pretests durchgeführt, bei denen man Rückschlüsse über die Häufigkeitsverteilung der Variablen erhalten und ungeeignete Items ausschließen kann.

Wichtig im Rahmen eines systemischen Ansatzes ist ein Pretest mit dem sozialen System selbst. Nur so lässt sich überprüfen, ob der Fragebogen anschlussfähig in Bezug auf das soziale System ist, das heißt, ob aus der Perspektive der Betroffenen das Anschreiben, die einzelnen Items und der Gesamtaufbau plausibel sind. Zweckmäßigerweise wählt man dafür eine kleine Gruppe aus der Grundgesamtheit: ein bis zwei Vertreter der Geschäftsleitung, Betriebsrat, jeweils ein bis zwei Angehörige verschiedener Führungsebenen, gegebenenfalls unterschiedliche Bereiche oder Werke. Die betreffenden Personen werden aufgefordert, die Instruktion durchzulesen und den Fragebogen auszufüllen. Anschließend können dann Instruktion und einzelne Fragen durchgesprochen werden:

- Welche Fragen bereiteten Schwierigkeiten?
- Wo sind Missverständnisse und Unklarheiten aufgetreten?
- Wo gibt es noch Themen, die darüber hinaus nachzufragen wären?

Fast immer erhält man dabei noch wichtige Hinweise für die Überarbeitung des Fragebogens, die man von außen nicht vermutet hatte. Zwei weitere Punkte sind dabei zu bedenken:

- *Abstimmung mit dem Betriebsrat:* Fragebogen sind mitbestimmungspflichtig: den Betriebsrat rechtzeitig in die Fragebogenkonstruktion einbinden!
- *Organisation der Befragung:* Die Rücklaufquote von Fragebogen kann zwischen 10 und 90 Prozent liegen, wobei geringer Rücklauf wenig Gewähr für zuverlässige Ergebnisse bietet. Von daher: mit dem sozialen System abklären, wie die Durchführung organisiert und der Rücklauf erhöht werden können. Dabei sind unterschiedliche Möglichkeiten denkbar:
  - Schriftliche Versendung des Fragebogens (mit dem Risiko eines geringen Rücklaufs).

- Durchführung als (standardisiertes) Einzelinterview.
- Ausfüllen des Fragebogens zum Beispiel am Schluss einer Fortbildung, einer Teambesprechung oder auch einer Mitarbeiterversammlung.
- Onlinebefragung im Intranet oder Internet.
- Erinnerung an den Fragebogen durch zusätzliche E-Mail oder im Rahmen von Teambesprechungen, Ansprache durch Betriebsrat und so weiter.
- Organisation der Rückgabe in einzelnen Abteilungen, beispielsweise durch »Wahllokale«.

Was die Auswertung von Fragebogen betrifft, so liegt hier das Schwergewicht auf quantitativen Daten. Dabei ist das einfachste Verfahren die deskriptive Darstellung statistischer Kennwerte: Modalwert (derjenige Wert, der am häufigsten vorkommt), Median (der die Häufigkeitsverteilung halbiert) und arithmetisches Mittel als Maße der zentralen Tendenz sowie Varianz und Standardabweichung als Maße, wie weit die Ergebnisse gestreut sind. Darüber hinaus bieten Varianzanalysen Möglichkeiten, Zusammenhänge zwischen verschiedenen Faktoren zu untersuchen.

Davon zu unterscheiden ist die praktische Frage, wie die Ergebnisse aufbereitet und präsentiert werden: Welche Ergebnisse sind wirklich aussagekräftig? Wie sollen sie grafisch dargestellt werden? Wem werden welche Ergebnisse präsentiert? Wie erhalten die befragten Mitarbeiter die Information?

Ein Fragebogen basiert auf einem von außen vorgegebenen Konstruktsystem, dessen Relevanz für das soziale System häufig nicht gesichert ist. Nachteil ist ferner, dass ein Auswerter die Bedeutung, die einzelne Antworten für den Befragten haben, nicht weiter klären kann. Vorteil ist, dass aufgrund der größeren Stichprobe zuverlässigere Aussagen über die Häufigkeit verschiedener Auffassungen oder den Zusammenhang zwischen verschiedenen Faktoren möglich sind.

Damit bieten sich zugleich Möglichkeiten der Verknüpfung von qualitativen und quantitativen Vorgehensweisen: Ein Fragebogen gewinnt, wenn die Items im Rahmen einer qualitativen Vorstudie »aus der Perspektive des sozialen Systems« entwickelt werden. Andererseits können sich Interviews durchaus auch an einen Fragebogen anschließen, indem zum Beispiel bei auffälligen Ergebnissen einer Mitarbeiterbefragung mithilfe von Konstruktinterviews nachgefragt wird, wo genau die Probleme liegen und was Möglichkeiten zur Lösung wären.

Die Autoren

Professor Dr. Eckard König hat einen Lehrstuhl an der Universität Paderborn mit dem Arbeitsschwerpunkt Weiterbildung/Organisationsberatung. Er verfügt über langjährige internationale Erfahrung bei der Beratung von Organisationen und führt – zusammen mit Gerda Volmer – seit über 20 Jahren Ausbildungen in Systemischer Organisationsberatung durch.

Dr. rer. soc., MA phil. Regina Mahlmann unterstützt und begleitet Unternehmen in Veränderungsprozessen in Form von Prozessberatung, Coaching on- und off-the-job, lösungsorientierten Workshops, Moderation und Vorträgen im Dreieck CH-D-A. Themenschwerpunkte sind Persönlichkeitsarbeit, Führung und Zusammenarbeit, Unternehmenskultur, Konfliktmanagement und Teamentwicklung. Als Autorin zahlreicher Artikel und Bücher berät sie bei der Erstellung von Vorträgen, Artikeln und Büchern.
Kontakt: www.dr-mahlmann.de, E-Mail: info@dr-mahlmann.de.

Dr. Björn Migge, studierte Medizin und soziale Verhaltenswissenschaft. Er hat in Zürich als Oberarzt und Universitätsdozent gearbeitet, bevor er in Westfalen ein Trainingsinstitut für Coaching und psychologische Beratung gründete.
Homepage: www.drmigge.de

Gabriele Müller, Jg. 1961, Senior Coach und Mitglied des Sachverständigen Rates im DBVC (Deutscher Bundesverband Coaching), Dipl.-Soz.-Pädagogin und der Vorstand der ISCO AG (Institut für Systemisches Coaching und Organisationsberatung). Sie arbeitet seit 1993 als Coach, Organisationsberaterin und Trainerin. Schwerpunkte: Coaching, Konfliktmanagement, Teamentwicklung, Prozessarbeit.
Homepage: www.isco-ag.de

Dr. Gerda Volmer ist nach mehrjähriger Forschungs- und Projekttätigkeit Leiterin des Wissenschaftlichen Instituts für Beratung und Kommunikation (WIBK) in Paderborn. Arbeitsschwerpunkte sind Beratung von Organisationen, Coaching, Teamberatung und Ausbildungen in Systemischer Organisationsberatung.
Homepage: www.wibk.net

Coaching ist Prozessbegleitung

Regina Mahlmann
Einzel-Coaching:
Kompetenz entwickeln
Grundsätzliches, Schattentage
und Dialogbeispiele.
155 Seiten. Gebunden.
ISBN 978-3-407-36377-0

Regina Mahlmann gibt Einblick in
den praktischen Prozess des Einzel-
Coachings: angefangen vom ersten
Kontakt über die sogenannten Schattentage, an denen sie ihre Klienten
am Arbeitsplatz begleitet, bis hin zu
konkreten Dialogen in den Sitzungen.

»Dieses Buch wird vielen Führungskräften Lust auf Coaching machen. ...
Während die Autorin ihre Coaching-
Gespräche schildert, öffnet sie quasi
nebenbei einen gut gefüllten Werk-
zeugkasten«
wirtschaft & weiterbildung

Gabriele Müller
Systemisches Coaching
im Management
Das Praxisbuch für Neueinsteiger
und Profis.
161 Seiten. Gebunden.
ISBN 978-3-407-36445-6

Gabriele Müller stellt in diesem
Buch ihr einzigartiges integratives
Methodenkonzept vor.

»Auf der Basis ihrer eigenen Erfahrung als Coach bietet sie dem Leser
Übungen und Fragebogen als praktische und direkt umsetzbare Hilfe.
Sehr gut strukturiert leitet sie den
Leser nach einem Überblick über
fünf theoretische Ansätze im systemischen Coaching durch die einzelnen Phasen des Coachings. ... Ein
durchaus hilfreiches Anwenderbuch.«
managerSeminare

Beltz Verlag · Weinheim und Basel · Weitere Infos und Ladenpreise: www.beltz.de